Angewandte Hydromechanik

Von

Dr.-Ing. Walther Kaufmann
o. Professor der Mechanik an der Techn. Hochschule Hannover

Erster Band

Einführung in die Lehre vom Gleichgewicht und von der Bewegung der Flüssigkeiten

Mit 146 Textabbildungen

Berlin
Verlag von Julius Springer
1931

ISBN 978-3-7091-3184-8 ISBN 978-3-7091-3220-3 (eBook)
DOI 10.1007/978-3-7091-3220-3

Softcover reprint of the hardcover 1st edition 1931

Der Technischen Hochschule Hannover

zur Feier ihres 100 jährigen Bestehens

gewidmet

Vorwort.

Die sprunghafte Entwicklung, welche die Hydrodynamik in den letzten Jahrzehnten erfahren hat, und die bereits in vielen Anwendungsgebieten der Strömungslehre ihren Niederschlag findet, macht eine gewissenhafte Ausbildung unserer Studierenden der Technik und Physik in diesem wichtigen Zweige der Mechanik zur unabweisbaren Notwendigkeit. So ist es auch erklärlich, daß — nachdem mittlerweile ein gewisser Stillstand in der Entwicklung der Hydrodynamik eingetreten ist und die weitere Forschung sich mehr mit den Anwendungen beschäftigt — in letzter Zeit eine Anzahl hervorragender Hand- und Lehrbücher über diesen Wissenszweig entstand, welche die inzwischen gewonnenen Erkenntnisse einer breiteren Öffentlichkeit zu vermitteln suchen. Indessen setzen diese Darstellungen fast durchweg eine solche Beherrschung der mathematischen Hilfsmittel voraus, daß der mehr an den Anwendungen interessierte Leser nicht ohne ein gewisses Vorstudium zu seinem Rechte kommt. In dem vorliegenden Buche — welches aus Vorlesungen des Verfassers über angewandte Hydromechanik entstanden ist — wird deshalb der Versuch gemacht, die grundlegenden Theorien und Methoden auch solchen Lesern nahe zu bringen, deren Kenntnisse in der Mathematik und Mechanik sich etwa im Rahmen dessen bewegen, was an den Technischen Hochschulen in der Vorprüfung verlangt wird, darüber hinaus aber die wichtigsten technischen Anwendungen in knapper und für die Praxis verwendbarer Form zu behandeln, soweit das zur Zeit möglich ist.

Dieser Gesichtspunkt führt zwanglos zur Gliederung des gesamten Stoffes in zwei Hauptteile, die aus Zweckmäßigkeitsgründen in zwei selbständigen Bänden erscheinen. Während der erste Band in der Hauptsache eine Einführung in die Theorie — mit gelegentlichen Übungsbeispielen — darstellt, soll sich der zweite Band mit Anwendungen aus der technischen Strömungslehre beschäftigen.

Die erste Abteilung des hier vorliegenden Bandes gibt einen kurzen Abriß der Hydrostatik oder Lehre vom Gleichgewicht der Flüssigkeiten. Die zweite Abteilung dagegen behandelt die Theorie der Flüssigkeitsbewegung und ist in drei Unterteile zerlegt: 1. Theorie des Stromfadens, 2. Allgemeine Theorie der idealen Flüssigkeiten, 3. Allgemeine Theorie der zähen Flüssigkeiten. Diese Gruppierung wurde aus folgenden Gründen gewählt: Einmal ist es für den Leser, welcher noch keine hydrodynamischen Vorkenntnisse besitzt, einfacher, zunächst die „eindimensionale“ Strömung“ (Stromfadentheorie) kennen zu lernen, weil sie wesentlich geringere Anforderungen an das Verständnis stellt, zweitens aber kann die Technik auf die Stromfadentheorie und die aus ihr gewonnenen Ergebnisse solange nicht verzichten, als die Methoden der dreidimensionalen Bewegung nicht vollständiger entwickelt sind wie das bisher der Fall ist. Aus diesem Grunde wurde der Stromfadentheorie ein besonderer Abschnitt eingeräumt. In diesem sind die Gesetze der „verlustlosen Strömung" und der „Strömung mit Verlusten" nebeneinander behandelt, wobei im letzteren Falle weitgehend auf die experimentellen Ergebnisse der Versuchsanstalten Rücksicht genommen wird.

Die allgemeine Theorie dagegen wird für ideale und zähe Flüssigkeiten in zwei getrennten Abschnitten behandelt. Begründet ist das einmal durch die historische Entwicklung der klassischen Hydrodynamik, die sich zunächst nur mit idealen Flüssigkeiten beschäftigte, andererseits aber durch das vielfach vollständig verschiedenartige physikalische Verhalten der beiden Flüssigkeitsarten, das durch die Zähigkeit bedingt ist. Während nun die Theorie der idealen Flüssigkeiten im Laufe der Zeit bis zu einem hohen Grade der Vollendung entwickelt werden konnte, liegen für die Bewegung der zähen Flüssigkeiten — von einigen Sonderfällen abgesehen — vorerst nur die grundlegenden Ansätze vor, ohne daß es bislang gelungen wäre, allgemeine Lösungen dafür anzugeben. So ist es denn erklärlich, daß der letzte Abschnitt, welcher sich mit den zähen Flüssigkeiten beschäftigt, nur einen sehr provisorischen Charakter besitzt. Immerhin ist auch hier der Versuch gemacht worden, den Leser mit den zur Zeit herrschenden Anschauungen und Methoden bekannt zu machen, um ihm die Möglichkeit zu geben, die weitere Entwicklung dieses wichtigen Gebietes der Mechanik zu verfolgen bzw. an ihr teilzunehmen.

Zum Schluß möchte ich nicht versäumen, meinen Assistenten, den Herren Dipl.-Ing. Waltking und Dipl.-Ing. Saul, für ihre wertvolle Hilfe beim Entwerfen der Abbildungen und Lesen der Korrekturen, sowie der Verlagsbuchhandlung Julius Springer für die freundliche Übernahme und gute Ausstattung des Buches meinen besten Dank auszusprechen.

Hannover, im April 1931.

W. Kaufmann.

Inhaltsverzeichnis.

Einleitung.

Seite

1. Eigenschaften der Flüssigkeiten und Gase 1
2. Begriff des Flüssigkeitsdruckes 4

Erste Abteilung.

Hydrostatik.

1. Die Gleichgewichtsbedingungen von L. Euler 7
2. Druck in einer Flüssigkeit unter Einwirkung der Schwere 11
3. Flüssigkeit in relativer Ruhe gegen ein beschleunigt bewegtes Gefäß . . 15
4. Flüssigkeit in gleichförmiger Drehung um eine feste Achse 17
5. Druck in einer gepreßten Flüssigkeit bei Vernachlässigung der Schwere . 21
6. Druck der ruhenden Flüssigkeit gegen Behälterwände.
   a) Druck auf ebene Flächen 23
   b) Druck auf gekrümmte Flächen. 27
7. Auftrieb einer ruhenden Flüssigkeit 30
8. Stabilität schwimmender Körper 34
9. Oberflächenspannung. 38

Zweite Abteilung.

Theorie der Flüssigkeitsbewegung.

Vorbemerkung. 43

I. Theorie des Stromfadens. (Eindimensionale Strömung). . . . 44
   1. Stromlinie und Stromröhre. Stationäre Bewegung 44
   2. Kontinuitätsgleichung. 45
   3. Eulersche Bewegungsgleichungen 46
   4. Bernoullische Druck- oder Energiegleichung 48
   5. Einige Anwendungen der Bernoullischen Gleichung. 52
      a) Venturirohr 52
      b) Ausfluß aus einer kleinen Öffnung 53
      c) Saugwirkung strömender Flüssigkeit. 54
   6. Die Energiegleichung für nichtstationäre Strömungen 56
   7. Die Impulssätze 58
      Stationäre Strömungen 59
   8. Einige Anwendungen der Impulssätze 60
      a) Druck der strömenden Flüssigkeit auf die Wandungen eines Rohrkrümmers 60
      b) Rückdruck austretender Strahlen (Strahlreaktion). 61
      c) Druck eines freien Strahles gegen eine Wand. 62
      d) Druck der strömenden Flüssigkeit auf einen gleichförmig rotierenden Kanal 64
      e) Wassersprung in einem offenen Gerinne 65
   9. Übergang zu Strömungen mit Verlusten 67
   10. Elementaransatz für die Flüssigkeitsreibung 71
   11. Strömung in Schichten. Gesetz von Hagen-Poiseuille. 72
      Strömung zwischen zwei parallelen Ebenen 75
   12. Messung und Größe des Zähigkeitskoeffizienten 76
   13. Turbulente Strömung. Erfahrungsgrundlagen 79
   14. Ansatz für die turbulente Strömung im Kreisrohr 81
   15. Reynolds' Ähnlichkeitsgesetz. 85
   16. Einsatz der Turbulenz. Kritische Geschwindigkeit 87

Seite

17. Widerstandsgesetz der turbulenten Strömung 88
  a) Glatte Kreisrohre 90
  b) Glatte Rohre von nicht kreisförmigem Querschnitt 94
  c) Rauhe Rohre 95
18. Geschwindigkeitsverteilung 99

II. Allgemeine Theorie der Bewegung idealer Flüssigkeiten . . 105

A. Grundbegriffe und Grundgleichungen 105
  Vorbemerkung 105
  1. Kontinuitätsgleichung. Satz von Gauß 106
  2. Eulersche Bewegungsgleichungen 108
  3. Wirbelbewegung und wirbelfreie Bewegung 110
  4. Zirkulation. Satz von Thomson 114
  5. Satz von Stokes 116

B. Potentialbewegung 118
  1. Geschwindigkeitspotential 118
  2. Energiegleichung 120
  3. Ebene Potentialbewegung 123
  4. Konforme Abbildung 128
  5. Einige Anwendungen auf ebene Strömungen 133
    a) Quell- bzw. Senkenströmung 133
    b) Flüssigkeitsbewegung in einem von zwei ebenen Wänden gebildeten Winkelraum 138
    c) Quelle und Senke von gleicher Ergiebigkeit 140
    d) Parallelströmung um einen Kreiszylinder. 145
    e) Überlagerung verschiedener Strömungsbilder 148
  6. Ebene Potentialströmung in beliebig gekrümmten Kanälen . . . 151
  7. Strömung mit Zirkulation 156
    a) Strömung in konzentrischen Kreisen. 156
    b) Parallelströmung und Zirkulation 157
    c) Ebene Strömung um ein Tragflügelprofil (Joukowskysche Abbildung) 159
  8. Axialsymmetrische Potentialströmung. 165
  9. Potentialströmung um Rotationskörper 168
  10. Potentialbewegung mit Trennungsflächen 175
  11. Hydrodynamischer Auftrieb 176

C. Wirbelbewegung 180
  1. Grundbegriffe und Grundgesetze 180
  2. Geschwindigkeitsverteilung in der Umgebung von Wirbeln . . . 183
  3. Geradlinige, parallele Wirbel in einer sonst drehungsfreien Flüssigkeit 187
  4. Wirbelschichten 189
  5. Wirbelstraßen (Kármánsche Wirbel) 191
  6. v. Kármáns Theorie des Flüssigkeitswiderstandes 195

III. Allgemeine Theorie der Bewegung zäher Flüssigkeiten . . . 198
  1. Die Navier-Stokesschen Bewegungsgleichungen 198
  2. Reibungsströmung zwischen zwei planparallelen Platten 203
  3. Die Ansätze von Stokes und von Oseen für die „langsame" Bewegung 205
  4. Oseens Grenzübergang zu verschwindend kleiner Zähigkeit . . . 207
  5. Die Prandtlsche Theorie der Grenzschicht 210
    a) Grundsätzliche Bemerkungen 210
    b) Differentialgleichung der Grenzschicht 211
    c) Impulssatz für die Grenzzschicht 213
  6. Folgerungen aus der Grenzschichtentheorie 214
  7. Der Flüssigkeitswiderstand 217
    a) Allgemeines über den Widerstand von Flüssigkeiten gegen bewegte Körper 217
    b) Die Widerstandszahl 219
    c) Reibungswiderstand an einer ebenen Platte 222

Sachverzeichnis 229

Einleitung.

1. Eigenschaften der Flüssigkeiten und Gase.

Hydromechanik ist die Lehre vom Gleichgewicht und von der Bewegung der Flüssigkeiten. Unter einer Flüssigkeit versteht man einen materiellen, stetig zusammenhängenden Körper, welcher im Gegensatz zum festen Körper durch leichte Verschieblichkeit seiner Teilchen ausgezeichnet ist, bzw. einer Formänderung keinen oder doch nur einen geringen Widerstand entgegensetzt. Dieses Verhalten der Flüssigkeit läßt vermuten, daß zwischen den Flüssigkeitselementen keine oder nur geringe Tangentialkräfte auftreten, so daß man zunächst zu der Annahme geneigt ist, von solchen Tangentialkräften überhaupt abzusehen. Die Erfahrung hat gelehrt, daß sich auf Grund dieser von L. Euler zuerst aufgestellten Hypothese der Gleichgewichtszustand sowie gewisse Flüssigkeitsbewegungen in guter Übereinstimmung mit der Wirklichkeit beschreiben lassen, andere dagegen nicht. Das abweichende Verhalten im letzteren Falle führt man darauf zurück, daß tatsächlich in den Berührungsflächen zweier Flüssigkeitselemente, die relativ gegeneinander bewegt werden, Tangentialkräfte oder, wie man auch sagt, Reibungswiderstände auftreten (ähnlich wie bei der Gleitreibung fester Körper), welche vom Stoff und von der Größe der Relativgeschwindigkeit abhängen (vgl. S. 72). Sie sind wie gesagt bei gewissen Bewegungsvorgängen ohne wesentliche Bedeutung und kommen besonders für ruhende Flüssigkeiten überhaupt nicht in Frage, da hier keine Geschwindigkeitsunterschiede zwischen den einzelnen Teilchen vorhanden sind. Bei anderen — und zwar gerade den technisch wichtigsten — Flüssigkeitsbewegungen spielt indessen die Reibung eine große, ja eine entscheidende Rolle, und es bedarf dann eines besonderen Ansatzes, um dieser Tatsache Rechnung zu tragen. Das ist z. B. der Fall bei der Bewegung des Wassers in Röhren, Flüssen, Kanälen usw., bei der Ermittlung des Widerstandes, den ein in eine unbegrenzte Flüssigkeit eingetauchter Körper der strömenden Flüssigkeit entgegensetzt, und bei vielen anderen Aufgaben der Hydromechanik. Eine Flüssigkeit, welcher innere Reibung als nicht zu vernachlässigende physikalische Eigenschaft beigelegt werden muß, heißt eine zähe oder viskose Flüssigkeit.

Tropfbar-flüssige Körper oder Flüssigkeiten im engeren Sinne erfahren in einem entsprechend widerstandsfähigen Gefäße oder Behälter selbst unter sehr hohem äußeren Drucke nur eine verschwindend kleine Zusammendrückung, so daß man bei fast allen praktisch wichtigen Vorgängen der Hydromechanik die tropfbar-flüssigen Körper als nicht zusammendrückbar (inkompressibel) ansehen kann. So beträgt z. B. die Raumverminderung des Wassers bei 0 Grad Celsius für je 1 [kg/cm²] Druck nur etwa 50 Millionenteile (0,05 ‰) des ursprünglichen Volumens, bei steigender Temperatur sogar noch weniger[1]. Das heißt also, ein solcher Flüssigkeitskörper besitzt praktisch ein unveränderliches Volumen und demnach eine konstante Dichte (Dichte = Masse : Volumen). Eine Flüssigkeit, welche in dem oben erläuterten Sinne als frei von inneren Reibungen und außerdem als unzusammendrückbar gelten darf, wird im Gegensatz zur natürlichen als ideale oder vollkommene Flüssigkeit bezeichnet. Die charakteristischen Eigenschaften einer solchen sind also Reibungsfreiheit und Raumbeständigkeit. Durch diese Idealisierung gelangt die „vollkommene" Flüssigkeit zur „wirklichen" oder „natürlichen" Flüssigkeit in ein ähnliches Verhältnis wie der „starre" Körper zum deformierbaren festen Körper. In beiden Fällen handelt es sich um vereinfachende Annahmen, durch die aber eine Reihe von Erscheinungen in befriedigender Weise und mit relativ einfachen Mitteln erklärt werden kann.

Die meisten Anwendungen der Hydromechanik beziehen sich auf das Wasser, von dem sie auch ihren Namen erhalten hat. Das spezifische Gewicht (Gewicht der Raumeinheit) des Wassers ist bekanntlich mit dem Druck und der Temperatur etwas veränderlich, indessen sind diese Unterschiede so gering, daß sie für die meisten technischen Anwendungen der Hydromechanik unberücksichtigt bleiben dürfen. Bei den in diesem Buche anzustellenden Rechnungen soll deshalb das spezifische Gewicht des Wassers als eine konstante Größe angesehen und mit dem Werte $\gamma = 1000$ [kg/m³] = 1 [t/m³] eingeführt werden. Das gleiche gilt von der Dichte ϱ des Wassers, welche mit dem spezifischen Gewicht durch die Beziehung verknüpft ist $\varrho = \frac{\gamma}{g}$, wo $g = 9{,}81 \left[\frac{\text{m}}{\text{sec}^2}\right]$ die Beschleunigung der Schwere bezeichnet. Seine größte Dichte besitzt luftfreies Wasser bei 4° C. Im übrigen gelten für γ und ϱ bei Temperaturen zwischen 0° und 100° folgende Werte[2]:

Temp. in °C	0°	10°	20°	40°	60°	80°	100°
$\gamma \left[\frac{\text{kg}}{\text{m}^3}\right]$	1000	1000	998	992	983	972	958
$\varrho \left[\frac{\text{kg}\,\text{sec}^2}{\text{m}^4}\right]$	101,9	101,9	101,7	101,1	100,2	99,1	97,8

Im Gegensatz zu den tropfbar-flüssigen Körpern sind die Gase (Flüssigkeiten im weiteren Sinne, z. B. Luft) nicht raumbeständig. Sie suchen vielmehr jeden verfügbaren Raum unter Änderung ihrer Dichte gleichförmig zu erfüllen und können nur durch die Wirkung

---

[1] Über die Kompressibilität verschiedener Stoffe vergleiche Auerbach-Hort: Handb. physik. techn. Mechanik 5, S. 2 u. f.

[2] Hütte 1, 25. Aufl., S. 333.

äußerer Druckkräfte auf einen bestimmten Raum beschränkt werden. Außerdem ist ihr Volumen bei konstant gehaltenem Drucke noch wesentlich von der Temperatur abhängig.

Bezeichnet $p\left[\frac{\text{kg}}{\text{m}^2}\right]$ den Einheitsdruck (vgl. S. 4), $V = \frac{1}{\gamma}\left[\frac{\text{m}^3}{\text{kg}}\right]$ den Rauminhalt der Gewichtseinheit, $T = 273^0 + t^0$ C die absolute Temperatur (gerechnet vom absoluten Nullpunkt aus) und $R\left[\frac{\text{m}}{\text{Celsiusgrade}}\right]$ die sogenannte Gaskonstante, so wird der oben angedeutete Zusammenhang zwischen Volumen, Druck und Temperatur für ideale Gase durch das Gay-Lussac-Mariottesche Gesetz (oder die Zustandsgleichung) zum Ausdruck gebracht

$$pV = RT\,.$$

Bei gleichbleibender Temperatur (isothermische Zustandsänderung) folgt daraus das Boyle-Mariottesche Gesetz

$$pV = \text{const}\,,$$

während bei gleichbleibendem Drucke das Gay-Lussacsche Gesetz gilt, wonach das Einheitsvolumen eines idealen Gases proportional der absoluten Temperatur ist. Die Gaskonstante R hat für trockene Luft den Wert $R = 29{,}27$ für mittelfeuchte $R = 29{,}4\left[\frac{\text{m}}{^0\text{C}}\right]$.

Bei der Verdichtung eines Gases (Kompression) steigt seine Temperatur. Das Boyle-Mariottesche Gesetz kann demnach in solchen Fällen nur dann gültig sein, wenn dem Gase zugleich Wärme entzogen wird; das Entgegengesetzte ist der Fall bei der Verdünnung (Expansion). Besteht eine solche Möglichkeit der Wärmeab- bzw. -zuführung nicht, so gilt nach den Lehren der Thermodynamik die adiabatische Zustandsgleichung

$$pV^\varkappa = p_1 V_1^\varkappa = \text{const},$$

wobei $\varkappa = \frac{c_p}{c_v}$ das Verhältnis der spezifischen Wärmen bei unveränderlichem Drucke und unveränderlichem Volumen bezeichnet. Für Luft vom Atmosphärendruck ist $\varkappa = 1{,}405$.

Die Erfahrung hat gelehrt, daß die Dichteänderungen, welche bei der strömenden Bewegung eines Gases relativ gegen einen festen Körper oder bei der Relativbewegung eines festen Körpers in einem Gase (Flugzeuge) auftreten, nur gering sind, solange es sich um Geschwindigkeiten handelt, die erheblich kleiner sind als die Schallgeschwindigkeit. So ergibt sich z. B. für Luft von gewöhnlichem Druck und normaler Temperatur bei einer Geschwindigkeit von 50 [m/sec] = 180 [km/st] eine Dichteänderung von ca. 1% (vgl. S. 122). Vernachlässigt man derartige Schwankungen der Dichte, so können die für raumbeständige Flüssigkeiten geltenden Bewegungsgesetze näherungsweise auch für Gase angewandt werden, wovon insbesondere bei Problemen der Flugtechnik in vorteilhafter Weise Gebrauch gemacht wird.

In dem vorliegenden Buche werden nur raumbeständige Flüssigkeiten behandelt, was aber nicht ausschließt, daß an geeigneten

Stellen auf den Einfluß einer Dichteänderung besonders hingewiesen wird.

Für das spez. Gewicht und die Dichte der Luft gelten bei 760 mm Barometerstand folgende Werte[1]:

Temp. in °C	-20^0	-10^0	0^0	10^0	20^0	40^0	60^0	80^0	100^0
$\gamma\left[\frac{\text{kg}}{\text{m}^3}\right]$	1,39	1,34	1,29	1,24	1,20	1,12	1,06	0,99	0,94
$\varrho\left[\frac{\text{kg}\,\text{sec}^2}{\text{m}^4}\right]$	0,142	0,137	0,132	0,127	0,123	0,114	0,108	0,101	0,096

2. Begriff des Flüssigkeitsdruckes.

Denkt man sich aus dem Innern einer raumbeständigen Flüssigkeit ein Teilchen herausgeschnitten, so müssen auf dessen Oberfläche von der es umgebenden Flüssigkeit Kräfte ausgeübt werden, welche in Verbindung mit den an dem Teilchen außerdem wirksamen Massenkräften (Schwerkraft usw.) dessen Bewegungs- oder Ruhezustand bedingen. Diese an der Oberfläche des Teilchens angreifenden Kräfte können im Falle der reibungsfreien Flüssigkeit offenbar nur Normaldrücke sein, da Schub- d. h. Tangentialkräfte nach Voraussetzung ausgeschlossen sind und Zugkräfte von der Flüssigkeit nicht übertragen werden können.

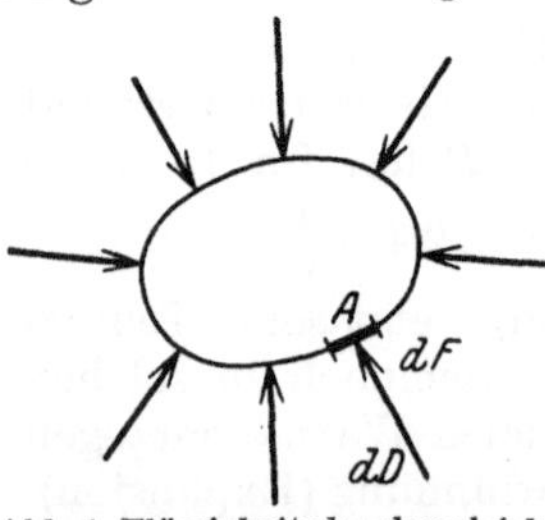

Abb. 1. Flüssigkeitsdruck p gleich Druckkraft dD normal zum Flächenelement dF durch Flächenelement dF.

Bezeichnet nun dF ein durch einen beliebigen Punkt A der Oberfläche des betrachteten Flüssigkeitsteilchens gehendes Flächenelement und dD die auf dieses Element entfallende normale Druckkraft (Abb. 1), so heißt der Quotient

$$p = \frac{dD}{dF}$$

der auf die Flächeneinheit entfallende Flüssigkeitsdruck oder kurz der Druck an der Stelle A. Er ist seinem Wesen nach eine Spannung und hat wie diese die Dimension $\left[\frac{\text{kg}}{\text{cm}^2}\right]$. Von dem Drucke p läßt sich zeigen, daß seine Größe in einem beliebigen Punkte A einer reibungsfreien Flüssigkeit unabhängig von der Schnittrichtung durch diesen Punkt ist.

Um dieses zu beweisen, mache man den Punkt A zum Ursprung eines räumlichen, rechtwinkligen Koordinatensystems und zeichne eine schiefe Ebene, welche auf den Achsen die Strecken dx, dy, dz abschneidet (Abb. 2). Das so entstehende unendlich kleine Tetraeder möge jetzt ein aus dem Innern herausgetrenntes Flüssigkeitsteilchen dar-

[1] Hütte 1, 25. Aufl., S. 333.

stellen, dessen eine Ecke der Punkt A ist. Bezeichnen nun p_x, p_y, p_z die Einheitsdrücke in Richtung der Koordinatenachsen und p denjenigen normal zur schiefen Tetraederfläche vom Inhalte dF, so ergeben sich die aus Abb. 2 ersichtlichen, an der Tetraederoberfläche angreifenden Normaldrücke. Außer diesen greifen an dem Flüssigkeitsteilchen auch noch Massenkräfte, z. B. die Schwerkraft, an. Während die Normaldrücke den Inhalten ihrer Angriffsflächen proportional sind, ist die Schwerkraft, wie jede andere Massenkraft, proportional dem Flüssigkeitsvolumen. Sieht man nun die Tetraederflächen als klein von der 2. Ordnung an, so sind alle Massenkräfte als kleine Größen von der 3. Ordnung einzuführen, können also gegen die Normaldrücke vernachlässigt werden. Aus dieser Überlegung folgt, daß die auf das unendlich kleine Tetraeder der Abb. 2 wirkenden Normaldrücke für sich allein die statischen Gleichgewichtsbedingungen erfüllen müssen.

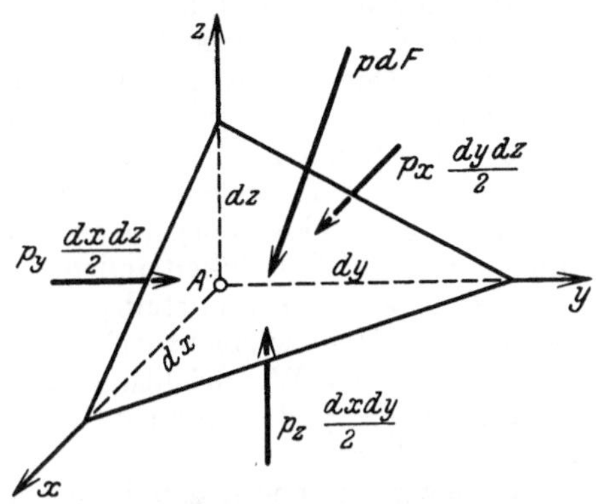

Abb. 2. Druckverhältnisse am unendlich kleinen Tetraeder. Der Einheitsdruck hat nach jeder Richtung den gleichen Wert; $p_x = p_y = p_z = p$.

Die Winkel, welche die Normale zur Fläche dF mit den Richtungen der Koordinatenachsen X, Y, Z bildet, seien α, β, γ. Dann bestehen, wie aus Abb. 2 ersichtlich, folgende 3 Beziehungen:

$$\left.\begin{aligned} dF \cdot \cos\alpha &= \frac{dy \cdot dz}{2}\,, \\ dF \cdot \cos\beta &= \frac{dx \cdot dz}{2}\,, \\ dF \cdot \cos\gamma &= \frac{dx \cdot dy}{2}\,. \end{aligned}\right\} \tag{1}$$

Andererseits folgt aus den Gleichgewichtsbedingungen für die am Tetraeder angreifenden Kräfte unter Vernachlässigung aller Massenkräfte:

$$0 = p_x \frac{dy \cdot dz}{2} - p \cdot dF \cdot \cos\alpha\,,$$

$$0 = p_y \frac{dx \cdot dz}{2} - p \cdot dF \cdot \cos\beta\,,$$

$$0 = p_z \frac{dx \cdot dy}{2} - p \cdot dF \cdot \cos\gamma\,.$$

Somit erhält man unter Beachtung von (1)

$$p = p_x = p_y = p_z\,,$$

d. h. also: unter der Voraussetzung, daß dx, dy, dz unendlich kleine Größen sind, wobei die Fläche dF sich dem Punkte A unbegrenzt nähert, herrscht in den durch die vier Tetraederflächen bestimmten, durch A gelegten Schnittrichtungen der gleiche Einheitsdruck p. Da aber die Richtung der schiefen Tetraederfläche ganz beliebig wählbar ist, so folgt, daß p für jede durch A gehende Richtung denselben Wert hat. An einer anderen Stelle A' der Flüssigkeit herrscht im allgemeinen ein anderer Druck p', jedoch ist auch dieser wieder von der Richtung unabhängig. Der Flüssigkeitsdruck ändert sich demnach nur mit dem Orte, er ist also eine reine Ortsfunktion.

Die vorstehenden Überlegungen gelten nun nicht nur für solche Flüssigkeitsteilchen, welche aus dem Innern eines stetig zusammenhängenden Flüssigkeitskörpers herausgeschnitten sind, sondern auch dann, wenn ein Flüssigkeitsteilchen mit einem festen Körper, etwa einer Gefäßwand, in unmittelbarer Berührung steht. Der Druck, welcher auf ein Flächenelement dF der Gefäßwand ausgeübt wird, ist unabhängig von der Wandrichtung, steht normal zu dieser und besitzt die Größe $dD = p \cdot dF$, wenn p den Einheitsdruck an der betreffenden Stelle bezeichnet.

Das hier gefundene Ergebnis, wonach der Druck in einer Flüssigkeit unabhängig von der Schnittrichtung ist, gilt für ideale Flüssigkeiten, gleichgültig, ob sie sich im Zustand der Ruhe oder der Bewegung befinden, für zähe Flüssigkeiten dagegen nur dann, wenn keine Formänderungen des Flüssigkeitskörpers auftreten, da nur in diesem Falle die Tangentialkräfte verschwinden.

Erste Abteilung.

Hydrostatik.

1. Die Gleichgewichtsbedingungen von L. Euler[1].

Vorausgesetzt wird eine raumbeständige Flüssigkeit, die sich in einem Gefäße oder Behälter in Ruhe befindet. Eine solche besitzt nach den Ausführungen auf S. 2 ein konstantes spezifisches Gewicht γ und eine konstante Dichte ϱ, stellt also einen homogenen Körper dar. Soll ein solcher Flüssigkeitskörper, als Ganzes betrachtet, im Gleichgewicht sein, so müssen die an ihm angreifenden Massenkräfte (Schwere usw.) in Verbindung mit den von den Gefäßwandungen bzw. der freien Oberfläche her auf ihn ausgeübten Normaldrücken die Bedingungen des Gleichgewichts erfüllen. Nun ist aber die Größe und Verteilung der Normaldrücke über die Gefäßwandungen zunächst unbekannt. Sie kann erst angegeben werden, nachdem der auf S. 4 definierte Einheitsdruck p für jede beliebige Stelle des Flüssigkeitskörpers bekannt ist. Um die gesuchte Beziehung für p zu finden, trenne man aus dem Innern der Flüssigkeit ein unendlich kleines Parallelepiped von den Kantenlängen dx, dy, dz heraus, dessen eine Ecke der Punkt A mit den Koordinaten x, y, z sei. Der im Punkte A unabhängig von der Schnittrichtung herrschende Druck p ist eine Funktion des Ortes $A(x, y, z)$, also

$$p = f(x, y, z). \tag{2}$$

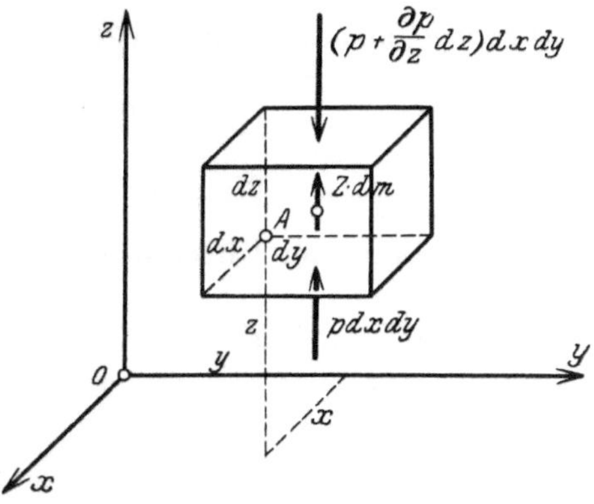

Abb. 3. Gleichgewicht am unendlich kleinen Parallelepiped. Die Kraftkomponenten nach der X- und Y-Achse sind fortgelassen.

Auf die untere Fläche des Parallelepipeds wirkt der Normaldruck $p \cdot dx \cdot dy$. Geht man in Richtung der Z-Achse von der unteren zur oberen Quaderfläche über, so ändert sich z um dz, während x und y unverändert bleiben. Der Einheitsdruck wird sich dementsprechend mit Rücksicht auf (2) um $\frac{\partial p}{\partial z} dz$ ändern, so daß an der oberen Quaderfläche die Druckkraft $\left(p + \frac{\partial p}{\partial z} dz\right) dx \cdot dy$ anzubringen ist (Abb. 3). Ähnliche

[1] Euler, L.: Principes généraux de l'état de l'équilibre des fluides. Hist. de l'Acad. 11. Berlin 1755.

Überlegungen gelten für die seitlichen Flächen des betrachteten Parallelepipeds.

Außer diesen Oberflächenkräften greifen an dem Flüssigkeitskörperchen auch noch Massenkräfte an, und zwar handelt es sich dabei meistens nur um die Schwerkraft. Hier möge jedoch ganz allgemein mit einer beliebig gerichteten Massenkraft gerechnet werden, deren Komponenten — bezogen auf die Masseneinheit — mit X, Y, Z bezeichnet sein mögen. Da nun die Masse des Flüssigkeitsteilchens

$$dm = \varrho \cdot dx \cdot dy \cdot dz$$

beträgt, so ist die in Richtung der Z-Achse wirkende Massenkraft (Abb. 3)

$$Z \cdot dm = Z \varrho \, dx \cdot dy \cdot dz \, .$$

Im Gegensatz zu den Erläuterungen auf S. 5 darf hier die Massenkraft nicht mehr vernachlässigt werden, da sie zwar gegenüber den am Flüssigkeitskörperchen wirkenden Oberflächenkräften immer noch unendlich klein ist, dagegen von derselben Größenordnung wie deren Änderung beim Übergang von einer Quaderfläche zur gegenüberliegenden.

Als Gleichgewichtsbedingung für die Z-Achse ergibt sich somit:

$$p \, dx \, dy + Z \varrho \, dx \, dy \, dz - \left(p + \frac{\partial p}{\partial z} dz\right) dx \, dy = 0$$

oder

$$Z \varrho \, dz = \frac{\partial p}{\partial z} dz \tag{3}$$

und entsprechend für die beiden anderen Koordinatenachsen:

$$\left.\begin{aligned} X \varrho \, dx &= \frac{\partial p}{\partial x} dx \, , \\ Y \varrho \, dy &= \frac{\partial p}{\partial y} dy \, . \end{aligned}\right\} \tag{4}$$

Durch Addition der Gleichungen (3) und (4) erhält man:

$$\varrho (X \, dx + Y dy + Z \, dz) = \frac{\partial p}{\partial x} dx + \frac{\partial p}{\partial y} dy + \frac{\partial p}{\partial z} dz \, ,$$

woraus wegen

$$\frac{\partial p}{\partial x} dx + \frac{\partial p}{\partial y} dy + \frac{\partial p}{\partial z} dz = dp$$

folgt

$$dp = \varrho (X \, dx + Y dy + Z \, dz) \, . \tag{5}$$

Schreibt man die Gleichungen (3) und (4) in der Form:

$$\varrho X = \frac{\partial p}{\partial x}; \qquad \varrho Y = \frac{\partial p}{\partial y}; \qquad \varrho Z = \frac{\partial p}{\partial z} \, , \tag{6}$$

so folgt unmittelbar:

$$\frac{\partial X}{\partial y} = \frac{\partial Y}{\partial x}; \qquad \frac{\partial X}{\partial z} = \frac{\partial Z}{\partial x}; \qquad \frac{\partial Y}{\partial z} = \frac{\partial Z}{\partial y} \, .$$

Das sind aber die drei notwendigen und hinreichenden Bedingungen dafür, daß die Komponenten X, Y, Z der auf die Masseneinheit bezogenen Massenkraft ein Potential U besitzen, dergestalt, daß

$$X = -\frac{\partial U}{\partial x}; \qquad Y = -\frac{\partial U}{\partial y}; \qquad Z = -\frac{\partial U}{\partial z} \tag{7}$$

ist (konservative oder energiehaltende Kräfte)[1]. Man erhält somit den wichtigen Satz: In einer idealen Flüssigkeit kann Gleichgewicht nur dann bestehen, wenn die eingeprägten Kräfte X, Y, Z sich aus einem Potentiale ableiten lassen.

Unter Beachtung von (7) geht (5) über in:

$$dp = -\varrho\left(\frac{\partial U}{\partial x}dx + \frac{\partial U}{\partial y}dy + \frac{\partial U}{\partial z}dz\right) = -\varrho\, dU,$$

woraus durch Integration folgt:

$$p = -\varrho U + C. \tag{8}$$

Bezeichnet nun U_0 das Potential der Massenkraft an einer Stelle A_0, an welcher der Flüssigkeitsdruck p_0 herrscht, so ist

$$p_0 = -\varrho U_0 + C,$$

und man erhält schließlich aus (8) nach Einführung des Wertes C

$$p = p_0 - \varrho(U - U_0) \tag{9}$$

als Druck an der Stelle $A(x, y, z)$.

Für den Druck p gilt, wie oben gezeigt, die Beziehung

$$p = f(x, y, z),$$

welche besagt, daß jeder beliebigen Stelle in der Flüssigkeit im allgemeinen ein anderer Druck entspricht. Denkt man sich nun alle Punkte, für welche der gleiche Druck p gilt, durch eine Fläche

$$f(x, y, z) = c$$

verbunden, wobei $c =$ const., und legt der Konstanten c nacheinander verschiedene Werte bei, so erhält man eine Schar von Flächen, die dadurch ausgezeichnet sind, daß jeder von ihnen ein konstanter Flüssigkeitsdruck entspricht. Sie werden als Flächen gleichen Drucks oder Niveauflächen bezeichnet und sind wegen der zwischen p und dem Potential U bestehenden Beziehung (8) identisch mit den Flächen gleichen Potentials (Äquipotentialflächen). Durch jeden Punkt der Flüssigkeit geht immer nur eine Niveaufläche.

Da beim Fortschreiten auf einer Niveaufläche eine Änderung des Druckes p nicht eintritt, demnach $dp = 0$ ist, so gilt für eine solche Fläche unter Beachtung von (5)

$$X\,dx + Y\,dy + Z\,dz = 0. \tag{10}$$

[1] Vgl. etwa W. Kaufmann: Einführung in die Mechanik starrer Körper, S. 382. Hannover 1927.

Es bezeichne nun (Abb. 4) $\mathfrak{K}$ die auf die Masseneinheit bezogene Massenkraft im Punkte A; X, Y, Z ihre Komponenten, $d\mathfrak{s} = \overrightarrow{A A_1}$ ein Längenelement auf der durch A gehenden Niveaufläche, dx, dy, dz dessen Komponenten. Dann stellt die linke Seite der Gleichung (10) das innere Produkt von $\mathfrak{K}$ und $d\mathfrak{s}$ dar, und man kann dafür schreiben

$$\mathfrak{K} \cdot d\mathfrak{s} = 0.$$

Das ist aber nur möglich, wenn die beiden Vektoren $\mathfrak{K}$ und $d\mathfrak{s}$ den Winkel $\varphi = 90^0$ einschließen. Mit anderen Worten heißt das: Eine Niveaufläche steht in jedem Punkte rechtwinklig zur Richtung der dort herrschenden Massenkraft.

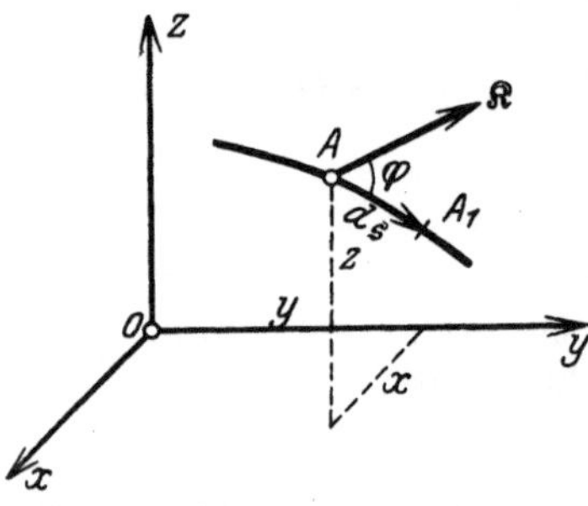

Abb. 4. Die Massenkraft $\mathfrak{K}$ steht an jeder Stelle rechtwinklig zur Niveaufläche; $\varphi = 90^0$.

Die in den Gleichungen (6) auftretenden partiellen Differentialquotienten $\frac{\partial p}{\partial x}, \frac{\partial p}{\partial y}, \frac{\partial p}{\partial z}$ geben den Druckanstieg (Druckzunahme pro Längeneinheit) in Richtung der drei Koordinatenachsen an. Da nun die Wahl des der Abb. 3 zugrunde gelegten Koordinatensystems hinsichtlich der Achsrichtungen ganz willkürlich ist, so sprechen die Gleichungen (6) den Satz aus: An einer beliebigen Stelle einer ruhenden Flüssigkeit ist der Druckanstieg nach jeder Richtung verhältnisgleich der in diese Richtung fallenden Komponente der Massenkraft.

Durch geometrische Addition der Gleichungen (6) erhält man:

$$\varrho(\mathfrak{i} X + \mathfrak{j} Y + \mathfrak{k} Z) = \left(\mathfrak{i}\frac{\partial p}{\partial x} + \mathfrak{j}\frac{\partial p}{\partial y} + \mathfrak{k}\frac{\partial p}{\partial z}\right), \tag{11}$$

wenn $\mathfrak{i}$, $\mathfrak{j}$, $\mathfrak{k}$ die den Koordinatenrichtungen entsprechenden Einheitsvektoren bezeichnen. Die linke Seite des vorstehenden Ausdrucks stellt den Vektor $\varrho\,\mathfrak{K}$ dar, da X, Y, Z die Komponenten von $\mathfrak{K}$ sind. Für den auf der rechten Seite von (11) stehenden Vektor hat man eine besondere Bezeichnung eingeführt und nennt ihn den Gradienten von p. Man schreibt dafür grad p, so daß (11) übergeht in

$$\varrho\,\mathfrak{K} = \operatorname{grad} p. \tag{12}$$

Da nun für das Massenelement dm die Beziehung

$$dm = \varrho \cdot dx\,dy\,dz$$

besteht, so ist

$$\varrho = \frac{dm}{dx\,dy\,dz}$$

und

$$\varrho\,\mathfrak{K} = \frac{\mathfrak{K}\,dm}{dx\,dy\,dz} = \mathfrak{P}$$

die auf die Volumeneinheit entfallende Massenkraft. Gleichung (12) lautet also in Worten: Der Druckgradient ist gleich der auf die Raumeinheit bezogenen Massenkraft und mit dieser gleich gerichtet:

$$\operatorname{grad} p = \mathfrak{P}.$$

Als Betrag $|\operatorname{grad} p|$ des Druckgradienten, dessen Komponenten $\frac{\partial p}{\partial x}, \frac{\partial p}{\partial y}, \frac{\partial p}{\partial z}$ sind (Gleichung (11)), erhält man schließlich

$$|\operatorname{grad} p| = \sqrt{\left(\frac{\partial p}{\partial x}\right)^2 + \left(\frac{\partial p}{\partial y}\right)^2 + \left(\frac{\partial p}{\partial z}\right)^2} = \frac{\partial p}{\partial n},$$

wenn n die Richtung der Normalen zur Niveaufläche angibt.

2. Druck in einer Flüssigkeit unter Einwirkung der Schwere.

Das für irdische Verhältnisse wichtigste Beispiel einer Kraft, die sich aus einem Potentiale ableiten läßt, ist die Schwerkraft. Die ihr entsprechende Beschleunigung wird als Fallbeschleunigung oder Beschleunigung der Schwere bezeichnet und bei technischen Rechnungen mit dem mittleren Wert $g = 9{,}81 \left[\frac{\text{m}}{\text{sec}^2}\right]$ eingeführt.

a) In einem beliebig gestalteten, oben offenen Gefäße befinde sich eine homogene Flüssigkeit in Ruhe. Die auf die Flüssigkeit wirkende Massenkraft — die Schwere — kann bei den kleinen Abmessungen des Gefäßes gegenüber denjenigen der Erde an jeder Stelle als eine lotrecht abwärts gerichtete Kraft angesehen werden. Daraus folgt nach den Überlegungen auf Seite 10, daß die Niveauflächen sämtlich horizontale Ebenen sind, da sie normal zur Massenkraft stehen müssen. Dies gilt auch für die „freie Oberfläche“, den „Wasserspiegel“, für welchen der nahezu konstante Atmosphärendruck p_0 maßgebend ist. Unter der Voraussetzung kleiner Gefäßabmessungen bildet also der Wasserspiegel eine horizontale Ebene.

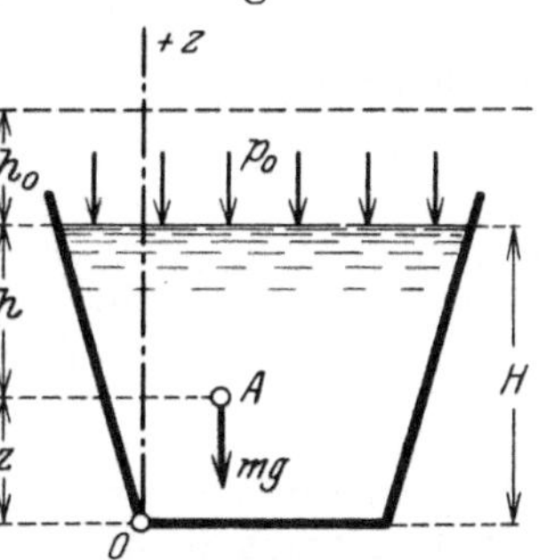

Abb. 5. Flüssigkeit, die sich in einem Gefäße mit „freier Oberfläche“ im Gleichgewicht befindet.

Das betrachtete Gefäß sei auf ein rechtwinkliges Achsenkreuz mit lotrecht aufwärts gerichteter Z-Achse bezogen (Abb. 5). Dann ist für ein beliebiges Massenteilchen im Abstande z von O

$$X = Y = 0; \quad Z = -g,$$

somit nach (5)

$$dp = -\varrho g\,dz = -\gamma\,dz$$

oder

$$p = -\gamma z + C. \tag{13}$$

Ist nun der Druck p' an irgendeiner Stelle z' bekannt, so gilt

$$p' = -\gamma z' + C,$$

womit (13) übergeht in

$$p = p' + \gamma(z' - z). \tag{14}$$

Insbesondere gilt für $z' = H$

$$p = p_0 + \gamma h, \tag{14a}$$

wo p_0 den atmosphärischen Luftdruck und h die Tiefe unter dem Wasserspiegel angibt. Alle Punkte der Flüssigkeit, die sich in gleicher Tiefenlage h befinden, erleiden den gleichen Druck p, bilden also eine Niveaufläche.

Gleichung (14) bleibt auch dann bestehen, wenn der an der oberen Begrenzungsfläche der betrachteten Flüssigkeit herrschende Druck nicht durch die atmosphärische Luft, sondern etwa durch einen auf die Flüssigkeit drückenden festen oder flüssigen Körper hervorgebracht wird. Die aus (14a) sich ergebende Höhe

$$h = \frac{p - p_0}{\gamma}$$

wird als „Druckhöhe" bezeichnet und liefert ein Maß für die Differenz der an den Enden der Flüssigkeit herrschenden Drücke.

Der auf die Oberfläche einer ruhenden Flüssigkeit wirkende Luftdruck kann durch das Gewicht einer Flüssigkeitssäule von bestimmter Höhe h_0 dargestellt werden. Zu diesem Zwecke setze man nur

$$p_0 = \gamma h_0,$$

woraus folgt

$$h_0 = \frac{p_0}{\gamma}.$$

Denkt man sich jetzt einen ideellen Wasserspiegel, auf welchen kein Luftdruck wirkt, in der Höhe h_0 über dem wirklichen (Abb. 5), so gilt für den Druck an der Stelle A der Wert

$$p = \gamma(h + h_0) = p_0 + \gamma h$$

in Übereinstimmung mit (14).

Nun beträgt in der Höhe des Meeresspiegels der normale Atmosphärendruck bei 0° C im Mittel $p_0 = 10333 \left[\frac{\text{kg}}{\text{m}^2}\right] \left(\text{bzw. } 1{,}0333 \left[\frac{\text{kg}}{\text{cm}^2}\right]\right)$. Mit $\gamma = 1000 \left[\frac{\text{kg}}{\text{m}^3}\right]$ für Wasser ergibt sich also

$$h_0 = \frac{10333}{1000} = 10{,}333\,[\text{m}]$$

als Höhe einer Wassersäule, welche durch ihr Gewicht einen Druck von gleicher Größe wie der Atmosphärendruck erzeugt[1].

b) In einem beliebig gestalteten, oben offenen Gefäße mögen sich mehrere Flüssigkeiten von verschiedenem spez. Gewicht, welche sich nicht mischen, in Ruhe befinden.

Die Erfahrung lehrt, daß in solchen Fällen die verschiedenen Flüssigkeiten horizontale Schichten bilden, dergestalt, daß die spezifisch schwerste Flüssigkeit zuunterst, die leichteste zuoberst liegt. Dieses Verhalten erklärt sich ohne weiteres aus Gleichgewichtsüberlegungen,

---

[1] Im Gegensatz zur „physikalischen" Atmosphäre 1 Atm. $= 1{,}0333 \left[\frac{\text{kg}}{\text{cm}^2}\right]$ heißt 1 at $= 1 \left[\frac{\text{kg}}{\text{cm}^2}\right]$ eine „technische" Atmosphäre.

da stabiles Gleichgewicht der ganzen Flüssigkeitsmasse nur dann möglich ist, wenn der Gesamtschwerpunkt die tiefste Lage einnimmt, welche bei den gegebenen Verhältnissen überhaupt möglich ist. Die horizontalen Trennungsschichten zwischen zwei Flüssigkeiten verschiedener Dichte sind wie alle übrigen Horizontalebenen Niveauflächen.

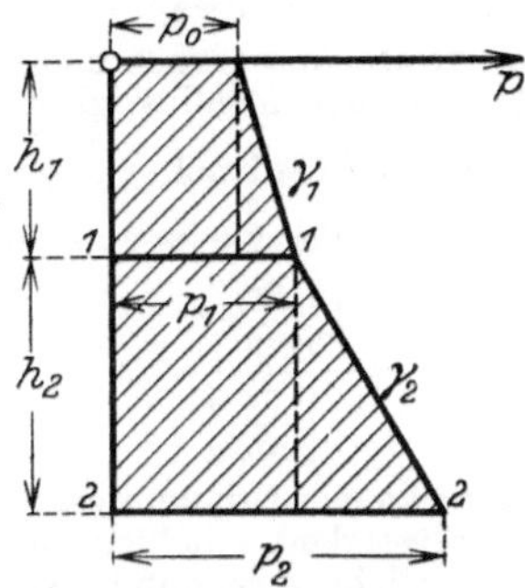

Abb. 6. Druckdiagramm für Flüssigkeiten verschiedenen spezifischen Gewichts im Gleichgewichtsfalle.

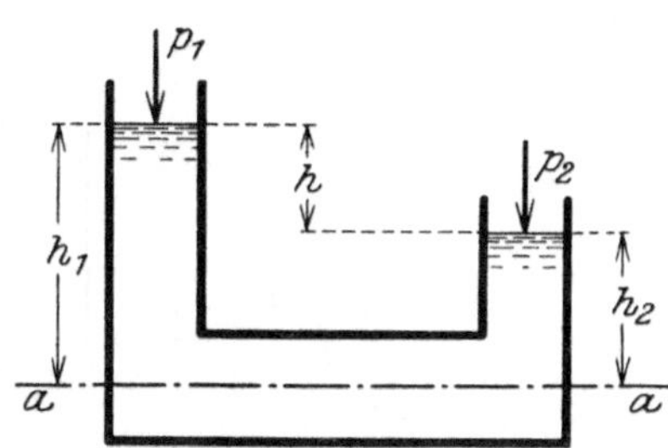

Abb. 7. Kommunizierendes Gefäß. Ist $p_1 = p_2$, so steht die Flüssigkeit in beiden Schenkeln gleich hoch.

Bezeichnen $\gamma_1, \gamma_2, \ldots$ die spezifischen Gewichte von oben gerechnet, $(\gamma_1 < \gamma_2, \ldots)$, so gilt für den Druck in der ersten Trennungsschicht *1—1* (Abb. 6)

$$p_1 = p_0 + \gamma_1 h_1,$$

für denjenigen in der zweiten Trennungsschicht

$$p_2 = p_1 + \gamma_2 h_2 = p_0 + \gamma_1 h_1 + \gamma_2 h_2$$

usw.

c) Kommunizierende Gefäße. In einem kommunizierenden Gefäße mit zwei nach oben offenen Schenkeln befinde sich eine homogene Flüssigkeit in Ruhe. Dabei möge auf die freie Oberfläche des einen Schenkels der Druck p_1, auf diejenige des andern der Druck p_2 wirken (Abb. 7). Auch hier müssen alle horizontalen Ebenen Niveauflächen sein, und der Druck in der Ebene *a—a* läßt sich sowohl in der Form

$$p_a = p_1 + \gamma h_1$$

als in der Form

$$p_a = p_2 + \gamma h_2$$

darstellen. Aus der Gleichheit beider Werte folgt

$$p_2 - p_1 = \gamma (h_1 - h_2) = \gamma h\,.$$

Wird insbesondere $p_2 = p_1$, so folgt $h = 0$, d. h. bei gleichem Oberflächendruck stellen sich die Flüssigkeitsspiegel in beiden Schenkeln gleich hoch ein.

1. Beispiel (Manometer). Die vorstehenden Überlegungen finden Anwendung bei den Flüssigkeitsmanometern (Druckmessern) zur Messung von Druckunterschieden. Soll z. B. der Druck p gemessen werden, welcher innerhalb eines mit Dampf oder Gas gefüllten, allseitig geschlossenen Gefäßes herrscht, so ordne man gemäß Abb. 8 eine Manometervorrichtung A—B an, welche mit Flüssigkeit gefüllt und deren Standrohr bei B offen ist. Dann ergibt sich der auf den Flüssigkeitsspiegel bei A wirkende Dampfdruck zu

$$p = p_0 + \gamma h,$$

bzw. der Überdruck im Behälter gegen die äußere Luft zu

$$p - p_0 = \gamma h,$$

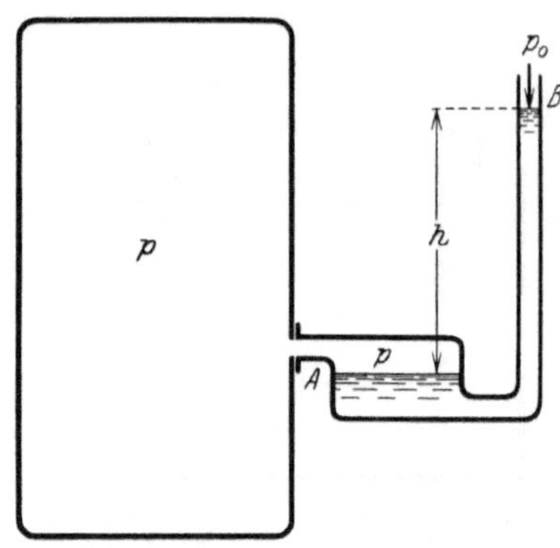

Abb. 8. Manometer. Die Höhe der Flüssigkeitssäule h gibt den Überdruck im Behälter an.

wo p_0 den Atmosphärendruck und γ das spez. Gewicht der Meßflüssigkeit bezeichnen. Einem Überdruck von $1\left[\frac{\text{kg}}{\text{cm}^2}\right]$ entspricht eine Flüssigkeitssäule von

$$h = \frac{1\left[\frac{\text{kg}}{\text{cm}^2}\right]}{\gamma\left[\frac{\text{kg}}{\text{cm}^3}\right]}.$$

Zur Messung kleiner Druckunterschiede muß eine Flüssigkeit mit kleinem spezifischem Gewicht γ verwandt werden (z. B. Wasser oder Alkohol).

2. Beispiel (Barometer). Abb. 9 stelle ein oben offenes, mit Flüssigkeit gefülltes Gefäß G dar, welches mit einem lotrechten, oben geschlossenen Rohre R verbunden ist. Wäre das Rohr oben ebenfalls offen, so würde die Flüssigkeit nach Seite 13 beiderseits gleich hoch stehen. Denkt man sich aber die Luft aus dem

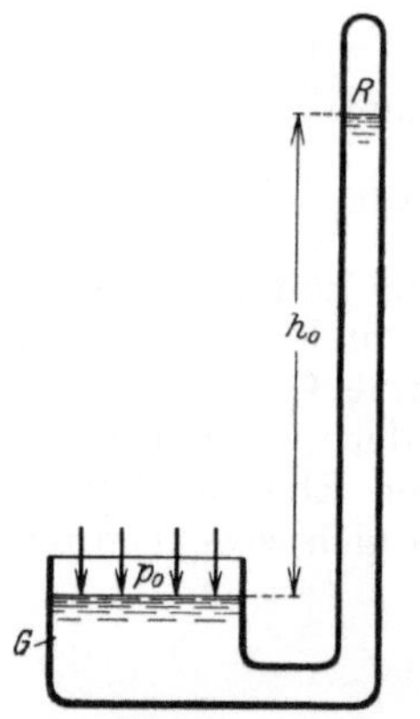

Abb. 9. Barometer. Die Höhe h_0 gibt den Luftdruck an.

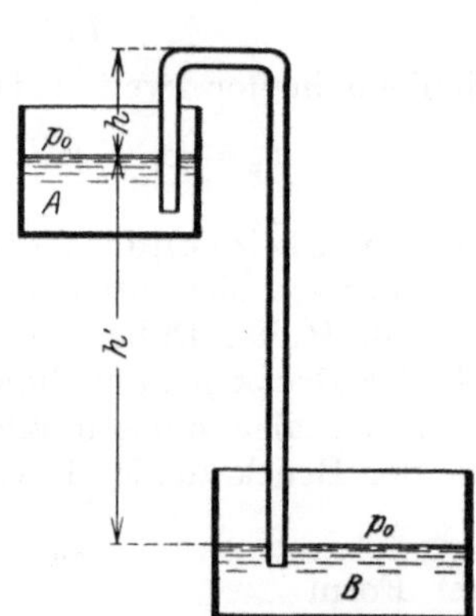

Abb. 10. Heberrohr. Die Flüssigkeit strömt von A nach B.

Rohre R entfernt und schließt dieses oben ab, so steigt die Flüssigkeit in ihm um h_0 Meter, so zwar, daß

$$p_0 = \gamma h_0 \quad \text{oder} \quad h_0 = \frac{p_0}{\gamma}$$

ist. Für Wasser ist nach Seite 12 $h_0 = 10{,}333$ [m], für Quecksilber dagegen, wegen $\gamma_q = 13600\left[\frac{\text{kg}}{\text{m}^3}\right]$ und $p_0 = 10333\left[\frac{\text{kg}}{\text{m}^2}\right]$ (bei 0° C),

$$h_0 = \frac{10\,333}{13\,600} = 0{,}76\ [\text{m}].$$

Ändert sich der Luftdruck p_0, so muß sich auch h_0 entsprechend ändern. Auf dieser Überlegung beruht das Barometer.

3. Beispiel (Heber)[1]. In zwei oben offene Gefäße A und B sei gemäß Abb. 10 ein umgekehrtes U-Rohr (Heberrohr) getaucht. Das U-Rohr sei (durch Ansaugen der Flüssigkeit) vollkommen von dieser erfüllt. Denkt man sich zunächst den oberen Horizontalschenkel durch einen Schieber abgeschlossen, so wirkt auf diesen von links nach rechts der Druck $p_1 = p_0 - \gamma h$, von rechts nach links der Druck $p_2 = p_0 - \gamma(h + h')$, so daß ein von links nach rechts gerichteter Überdruck $p_1 - p_2 = \gamma h'$ vorhanden ist. Beim Öffnen des Schiebers strömt also die Flüssigkeit aus dem Gefäße A in das Gefäß B. Damit $p_1 > 0$ ist, muß $p_0 > \gamma h$, d. h. die „Betriebshöhe" des Hebers $h < \frac{p_0}{\gamma}$ sein, da andernfalls der Flüssigkeitsfaden im Heberrohr abreißen würde.

3. Flüssigkeit in relativer Ruhe gegen ein beschleunigt bewegtes Gefäß.

In Ziffer 1 dieses Abschnitts wurden die Druckverhältnisse im Innern einer ruhenden Flüssigkeit untersucht. An den dort gefundenen Ergebnissen kann sich offenbar nichts ändern, wenn das die Flüssigkeit enthaltende Gefäß eine gleichförmige Parallelverschiebung von konstanter Geschwindigkeit erleidet, denn auch in diesem Falle behalten die auf Seite 8 und folgenden aufgestellten Gleichgewichtsbedingungen unverändert Gültigkeit.

Auch bei einer gleichförmig beschleunigten Parallelverschiebung des Gefäßes bzw. der Flüssigkeit können die früheren Überlegungen mit einer kleinen Abänderung zur Anwendung gelangen. In diesem Falle denke man sich an den einzelnen Flüssigkeitselementen die der Beschleunigung $\mathfrak{b}$ entsprechenden Trägheitswiderstände $-m\mathfrak{b}$ (negative Massenbeschleunigungen) angebracht und behandele die Aufgabe als eine solche des relativen Gleichgewichts gegen das bewegte Gefäß (Prinzip von d'Alembert). Für das beliebige Flüssigkeitselement m kommen dann als Massenkräfte die Schwere $m\mathfrak{g}$ und der Trägheitswiderstand $-m\mathfrak{b}$ in Betracht, die zur „scheinbaren" Massenkraft $m\mathfrak{q}$ zusammengesetzt werden können (Abb. 11). Soll sich nun die Flüssigkeit in relativem Gleichgewichte gegen das bewegte Gefäß befinden, so müssen an jedem Flüssigkeitselement die scheinbare Massenkraft $m\mathfrak{q}$ und die Oberflächenkräfte (Normaldrücke) die Bedingungen des Gleichgewichts erfüllen. Man kann also die Überlegungen aus Ziffer 1 hier unmittelbar anwenden, wenn man

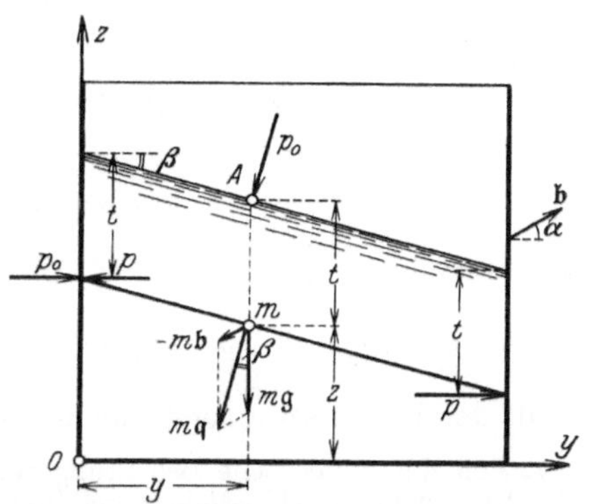

Abb. 11. Flüssigkeitsbehälter in gleichförmig beschleunigter Parallelverschiebung. Die Niveauflächen sind schräge Ebenen.

[1] Keck-Hotopp: Vorträge über Mechanik, 2. Teil, 5. Aufl., S. 239.

an Stelle der auf die Masseneinheit bezogenen Massenkraft $\mathfrak{K}$ die Größe $\mathfrak{q}$ einführt. Insbesondere folgt sofort, daß nach Eintritt des Gleichgewichts die Niveauflächen parallele Ebenen sein müssen, welche normal zur Richtung von $\mathfrak{q}$ stehen, und zwar gilt dieses auch für den Flüssigkeitsspiegel. Die vorstehenden Überlegungen haben natürlich nur so lange Gültigkeit, als $\mathfrak{b}$ und damit $\mathfrak{q}$ von der Zeit unabhängig sind. Bei veränderlicher Beschleunigung $\mathfrak{b}$ kann die Gleichgewichtslage der Flüssigkeit nicht aufrechterhalten werden, der Flüssigkeitsspiegel wird also gewissen Schwankungen unterworfen sein, da die Richtung von $\mathfrak{q}$ sich ständig ändert.

Bezeichnen q_x, q_y, q_z die Komponenten von $\mathfrak{q}$ nach drei mit dem Gefäße fest verbundenen Koordinatenachsen (Abb. 11, X-Achse nach vorn), so folgt aus Gleichung (5) durch Integration

$$p = \varrho \int (q_x dx + q_y dy + q_z dz) + C\,.$$

Die Beschleunigung $\mathfrak{b}$ des Gefäßes möge mit der Y-Achse den Winkel α, mit der X-Achse den Winkel $\frac{\pi}{2}$ einschließen. Dann ist

$$q_x = 0, \qquad q_y = -b\cos\alpha; \qquad q_z = -b\sin\alpha - g\,,$$

somit

$$p = \varrho\{-b\cos\alpha\cdot y - (b\sin\alpha + g)z\} + C\,.$$

Bei oben offenem Gefäße herrscht am Flüssigkeitsspiegel der Luftdruck p_0. Für den Punkt A lotrecht über m gilt also mit den Bezeichnungen der Abb. 11

$$p_0 = \varrho\{-b\cos\alpha\cdot y - b\sin\alpha(t+z) - g(t+z)\} + C\,,$$

so daß

$$p - p_0 = \varrho(bt\sin\alpha + gt)$$

oder, wegen $\varrho = \frac{\gamma}{g}$,

$$p = p_0 + \gamma t\left(1 + \frac{b}{g}\sin\alpha\right), \tag{15}$$

womit der Druck an jeder beliebigen Stelle der Flüssigkeit bestimmt ist.

1. Beispiel. Praktische Bedeutung gewinnen die vorstehenden Überlegungen z. B. bei einem mit Flüssigkeit gefüllten Tankwagen, der sich in gleichförmig beschleunigter Bewegung befindet. Mit $\alpha = 0$ geht (15) über in

$$p = p_0 + \gamma t\,;$$

der Druck hängt also lediglich von der in lotrechter Richtung gemessenen Tiefe t unter dem Flüssigkeitsspiegel ab. Da im vorliegenden Falle $\mathfrak{b}$ horizontal gerichtet ist, so besteht für den Winkel β, den $\mathfrak{q}$ mit $\mathfrak{g}$ einschließt, die Beziehung

$$\operatorname{tg}\beta = \frac{b}{g}\,,$$

womit gleichzeitig die Neigung der Niveaufläche gegen die Horizontale festgelegt ist (Abb. 11). Auf die Gefäßwandungen wirkt der Druck p normal zur Wandfläche; seine Größe ist diejenige, welche der betreffenden Niveaufläche entspricht. Da nun von außen her auf die Wandungen noch der Luftdruck wirkt, so stellt der Ausdruck

$$p - p_0 = \gamma t$$

die Größe des auf die Gefäßwand entfallenden inneren Überdruckes dar.

2. Beispiel. Wird ein mit Flüssigkeit gefülltes Gefäß lotrecht aufwärts mit der Beschleunigung $\mathfrak{b}$ bewegt, so ist die scheinbare Massenkraft $m\mathfrak{q}$ lotrecht abwärts gerichtet, die Niveauflächen sind also horizontal. Für den Druck p in der Tiefe t erhält man wegen $\alpha = \frac{\pi}{2}$ aus Gleichung (15)

$$p = p_0 + \gamma t \left(1 + \frac{b}{g}\right).$$

Bei einer Abwärtsbewegung mit der Beschleunigung b gilt bezüglich der Niveauflächen dasselbe wie vorher, der Druck dagegen wird wegen $\alpha = \frac{3}{2}\pi$

$$p = p_0 + \gamma t \left(1 - \frac{b}{g}\right).$$

Insbesondere erhält man $p = p_0 = \text{const.}$ für $b = g$.

4. Flüssigkeit in gleichförmiger Drehung um eine feste Achse.

In einem feststehenden zylindrischen Gefäße vom Radius r befinde sich eine homogene Flüssigkeit in gleichförmiger Drehbewegung um die Gefäßachse. Die Bewegung denke man sich etwa dadurch erzeugt, daß lotrechte Flügel mit konstanter Winkelgeschwindigkeit ω um die Gefäßachse rotieren (in Abb. 12 punktiert angedeutet). Nach Eintritt des Beharrungszustandes zeigt sich, daß der ursprünglich horizontale Flüssigkeitsspiegel in der Mitte abgesenkt, nach den Gefäßwandungen zu aber angehoben ist. Zur Untersuchung der Druckverhältnisse in der Flüssigkeit bringe man wieder — ähnlich wie in Ziffer 3 — an jedem Flüssigkeitselement m den seiner Zentripetalbeschleunigung entsprechenden Trägheitswiderstand (Zentrifugal- oder Fliehkraft) an und setze ihn mit der Schwere zur „scheinbaren" Massenkraft $m\mathfrak{q}$ zusammen. Dann kann die gleichförmige Drehbewegung behandelt werden als relatives Gleichgewicht der Flüssigkeit gegen das um die Z-Achse rotierende Koordinatensystem.

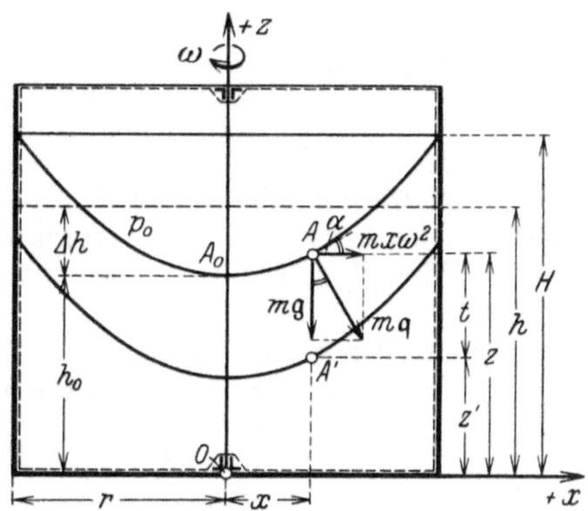

Abb. 12. Gleichförmig rotierende Flüssigkeit in einem Gefäße. Die Niveauflächen sind Umdrehungsparaboloide.

Zunächst sei ein beliebiger, in der XZ-Ebene liegender Punkt A (Abb. 12) im Abstande x von der Drehachse betrachtet. Die ihm entsprechende Fliehkraft ist $\frac{m v^2}{x} = m x \omega^2$, und zwar von der Drehachse weggerichtet. Als resultierende Massenkraft erhält man die gegen die

Lotrechte um den Winkel α geneigte „Scheinkraft" $m\mathfrak{q}$. Daraus folgt zunächst, daß das durch den Punkt A gehende, in die XZ-Ebene fallende Längenelement der Spiegelfläche normal zu $m\mathfrak{q}$ stehen, also gegen die Horizontale um den Winkel α geneigt sein muß. Gleiches gilt offenbar für alle Punkte der Spiegelfläche, die sich im Abstande x von der Achse befinden, und man erkennt, daß die Spiegelfläche eine Umdrehungsfläche sein muß. Es genügt also, wenn in der Folge nur noch der in der XZ-Ebene liegende Meridianschnitt untersucht wird. Da der Winkel α mit wachsendem x ständig größer wird, so folgt, daß die Meridiankurve nach dem Rande zu immer steiler geneigt sein muß.

In der Spiegelfläche herrscht überall der äußere Luftdruck p_0, sie ist also eine Niveaufläche. Für eine solche gilt nach (10)

$$dp = 0 = X\,dx + Y\,dy + Z\,dz,$$

und zwar ist im vorliegenden Falle an der Stelle A $X = x \cdot \omega^2$, $Y = 0$, $Z = -g$, also

$$0 = x\omega^2\,dx - g\,dz.$$

Durch Integration folgt daraus

$$0 = \frac{x^2\,\omega^2}{2} - g\,z + C. \tag{16}$$

Diese Gleichung muß auch für den Scheitelpunkt A_0 gelten, d. h. es ist mit $x = 0$ und $z = h_0$

$$0 = -g h_0 + C,$$

womit (16) übergeht in

$$\frac{x^2\omega^2}{2} = g(z - h_0). \tag{17}$$

Damit ist die Gleichung der Meridiankurve gefunden. Sie stellt wie ersichtlich eine Parabel mit lotrechter Achse dar, deren Scheitel in A_0 liegt; die Spiegelfläche selbst ist also das zugehörige Umdrehungsparaboloid.

Für den Druck in einem beliebigen Punkte A', welcher um die Höhe t lotrecht unter A liegt, erhält man unter Beachtung von Gleichung (5)

$$dp = \varrho(x\,\omega^2\,dx - g\,dz)$$

oder

$$p = \varrho\left(\frac{x^2\omega^2}{2} - g z'\right) + C,$$

wo z' die z-Koordinate für A' bedeutet. Nun gilt für den Druck p_0 an der Stelle A die Beziehung:

$$p_0 = \varrho\left(\frac{x^2\omega^2}{2} - g z\right) + C,$$

so daß

$$p - p_0 = \gamma(z - z')$$

oder, wegen $z - z' = t$,

$$p = p_0 + \gamma t. \tag{18}$$

Da dieser Ausdruck nur von der Tiefe t abhängig ist, so erkennt man, daß für alle Punkte in gleicher Tiefe unter der Spiegelfläche derselbe Druck p gilt. Die Niveauflächen sind also sämtlich der Spiegelfläche kongruente Umdrehungsparaboloide um die Z-Achse.

Aus Gleichung (18) folgt weiter, daß der Druck auf den Behälterboden am kleinsten in der Mitte ist, nämlich $p_m = p_0 + \gamma h_0$, während am Gefäßrand der größte Druck $p_{\max} = p_0 + \gamma H$ herrscht. In jeder Horizontalebene wächst der Druck parabolisch von der Mitte nach dem Rande zu.

Es bleibt jetzt noch die Berechnung des Wertes h_0 übrig, welcher angibt, wie tief der Flüssigkeitsspiegel in der Mitte abgesenkt wird. Dazu dient die geometrische Bedingung, daß das Flüssigkeitsvolumen in der Ruhe dasselbe sein muß wie während der Drehbewegung. Bezeichnet h die Höhe der ruhenden Flüssigkeit im Gefäße, H die maximale Höhe am Rande während der Bewegung, so liefert der Vergleich der Volumina:

$$\pi r^2 h = \pi r^2 H - \tfrac{1}{2} \pi r^2 (H - h_0)$$

oder

$$2h = H + h_0 .$$

Nun folgt aber aus (17) für den höchsten Randpunkt mit $x = r$ und $z = H$

$$\frac{r^2 \omega^2}{2g} = H - h_0 ,$$

also wird

$$h_0 = h - \frac{r^2 \omega^2}{4g} . \tag{19}$$

Hier wurde zunächst vorausgesetzt, daß die Drehung der Flüssigkeit durch die Anordnung von Flügeln bewirkt werden sollte, während das Gefäß selbst ruht. Ebenso könnte man ein sich drehendes Gefäß benutzen, in welches zur Mitnahme der Flüssigkeit Querwände eingebaut sind. Derartige Maßnahmen sind notwendig, solange es sich um r e i b u n g s f r e i e Flüssigkeiten handelt. Bei den n a t ü r l i c h e n Flüssigkeiten genügt schon die an den Gefäßwandungen und im Innern auftretende Reibung, um die Drehung des Gefäßes (ohne Querwände) auf die Flüssigkeit zu übertragen. Gelangt das Gefäß zur Ruhe, so hört vermöge der Reibung nach einiger Zeit auch die Bewegung der Flüssigkeit wieder auf.

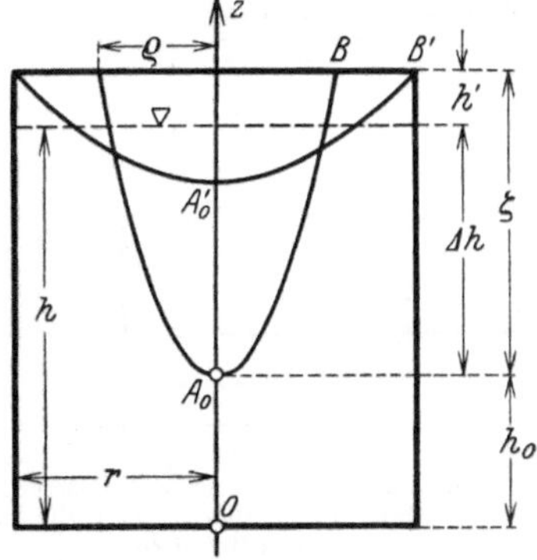

Abb. 13. Gleichförmig rotierende Flüssigkeit in einem oben geschlossenen Gefäße.

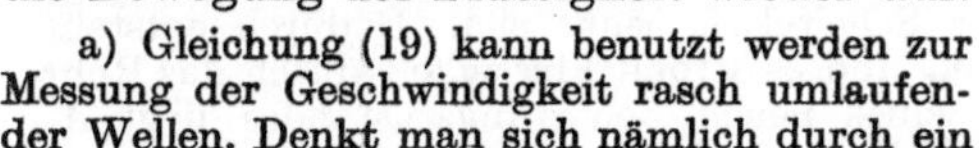
a) Gleichung (19) kann benutzt werden zur Messung der Geschwindigkeit rasch umlaufender Wellen. Denkt man sich nämlich durch ein Vorgelege ein mit Flüssigkeit gefülltes Gefäß mit der Welle gekoppelt, so daß deren Umdrehung auf das Gefäß übertragen wird, so kann aus der Höhe der Spiegelabsenkung auf die Größe von ω geschlossen werden, und zwar erhält

man nach (19) mit $h - h_0 = \Delta h$

$$\omega = \frac{2}{r}\sqrt{\Delta h \cdot g}. \tag{20}$$

Man braucht also an einem durchsichtigen Glasgefäße nur eine entsprechende Skala anzubringen und kann dann ω sofort ablesen.

In dieser Form besitzt die Anordnung jedoch zwei Nachteile, nämlich einmal die quadratische Abhängigkeit von ω und Δh und zweitens den Umstand, daß bei großen Geschwindigkeiten die Steighöhe H sehr groß wird. Dieser Übelstand läßt sich vermeiden, wenn man nach Braun das Gefäß oben durch einen Deckel abschließt, so daß nur ein geringer Luftraum von der Höhe h' über der Flüssigkeit vorhanden ist (Abb. 13)[1]. Die Spiegelfläche bleibt auch jetzt ein Umdrehungsparaboloid, dessen Höhe mit ζ und dessen oberer Radius mit ϱ bezeichnet sei. Für den Punkt B des Meridianschnitts der Spiegelfläche gilt nach (17)

$$\frac{\varrho^2 \omega^2}{2} = g\zeta;$$

außerdem besteht die geometrische Bedingung

$$\pi r^2 h' = \tfrac{1}{2}\pi \varrho^2 \zeta.$$

Durch Elimination von ϱ folgt daraus:

$$r^2 h' = \frac{\zeta^2 g}{\omega^2} \quad \text{oder} \quad \omega = \frac{\zeta}{r}\sqrt{\frac{g}{h'}},$$

wo ω jetzt direkt proportional dem abzulesenden Werte ζ ist. Der untere Grenzwert von ω, für welchen die vorstehende Gleichung gerade noch Gültigkeit besitzt, ergibt sich, wenn die Spiegelfläche durch den Punkt B' geht (Abb. 13). Dann ist $\zeta = 2\,h'$, also

$$\omega = \frac{2}{r}\sqrt{g\,h'}.$$

Für kleinere Geschwindigkeiten gilt Gleichung (20).

b) Abb. 14 zeigt eine Anordnung, bei welcher das Gefäß G, in dem eine Flüssigkeit rotiert, durch ein in Richtung der Gefäßachse durch den Boden eintretendes Rohr mit einem größeren Flüssigkeitsbehälter B verbunden ist. (Ob dabei das Gefäß die Drehbewegung mit ausführt oder nicht, sei dahingestellt; vgl. die Bemerkung auf Seite 19.)

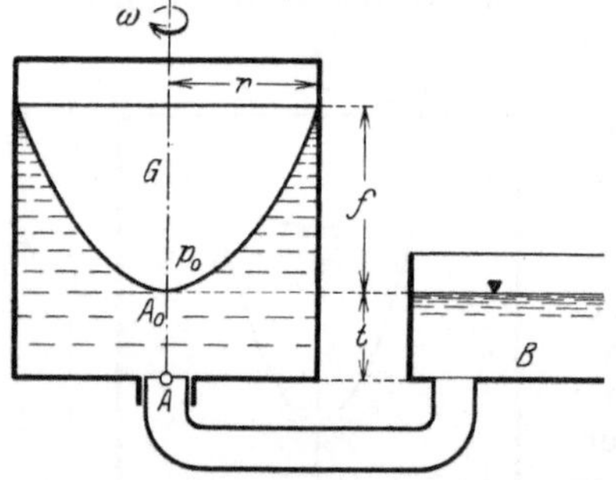

Abb. 14. Rotierende Flüssigkeit in Verbindung mit einem großen Behälter B. Der tiefste Punkt A_0 im Gefäße G liegt in gleicher Höhe mit dem Spiegel von B.

Solange die Flüssigkeit im Gefäße ruht, stellt sich ihr Spiegel genau so hoch ein wie im Behälter (kommunizierende Gefäße). Wird ihr aber eine Drehbewegung erteilt, so bildet sich im Gefäße eine parabolische Spiegelfläche aus. Im Punkte A lotrecht unter A_0 herrscht der Druck $p = p_0 + \gamma t$. Im Beharrungszustande muß dieser Druck genau so groß sein wie der an der Stelle A durch die Druckhöhe des Behälters B erzeugte, also muß A_0 in gleicher Höhe mit dem Behälterspiegel liegen. Vergrößert man nun die Winkelgeschwindigkeit ω, so steigt die Flüssigkeit am Gefäßrande, der Scheitel A_0 senkt sich. Dadurch entsteht aber vom Behälter her ein Überdruck, und es strömt Flüssigkeit durch das Rohr in das Gefäß G. Nach Erreichung eines neuen Beharrungszustandes liegt A_0 wieder in gleicher Höhe mit dem Behälterspiegel, die Flüssigkeit steht aber am

[1] Lorenz, H.: Techn. Hydromechanik **1910**, 373.

Gefäßrande höher als früher, und zwar erhält man als Steighöhe nach (17) für $x = r$ und $z - h_0 = f$

$$\frac{r^2 \omega^2}{2g} = f.$$

Diese Vorrichtung stellt also eine Möglichkeit zum Heben von Flüssigkeit dar.

5. Druck in einer gepreßten Flüssigkeit bei Vernachlässigung der Schwere.

In einem ringsum geschlossenen, vollkommen mit einer raumbeständigen Flüssigkeit gefüllten Gefäße (Abb. 15) befinde sich bei A' eine Öffnung, durch welche vermittels eines verschiebbaren Kolbens eine Pressung p' auf die Flüssigkeit ausgeübt werden kann. Die Größe dieser Pressung sei bekannt. Bezieht man das Gefäß gemäß Abb. 15 auf ein rechtwinkliges Achsenkreuz mit lotrecht aufwärts gerichteter Z-Achse, so ergibt sich nach Gleichung (14), Seite 11, der Druck p an der beliebigen Stelle A im Innern der Flüssigkeit zu

$$p = p' + \gamma (z' - z). \tag{21}$$

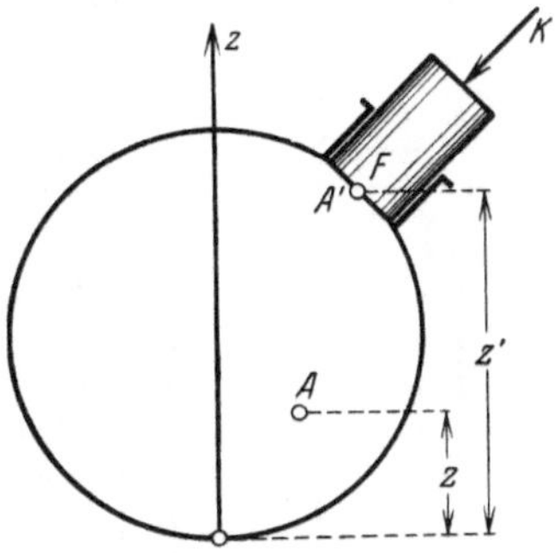

Abb. 15. In einer gepreßten Flüssigkeit ist bei Vernachlässigung der Schwere der Druck konstant.

In einzelnen Fällen der praktischen Anwendung ist die Pressung p' so groß, daß ihr gegenüber der Einfluß der Schwere, d. h. also das zweite Glied der vorstehenden Gleichung, ganz unbedeutend gegenüber p' ist und deshalb unberücksichtigt bleiben kann. Man erhält dann für den Druck p einfach

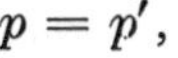

$$p = p',$$

und da dieser Wert für jeden beliebigen Punkt A der Flüssigkeit gilt, so ergibt sich der wichtige Satz, daß in einer im Gleichgewicht befindlichen, gepreßten Flüssigkeit ohne Einwirkung der Schwere an jeder Stelle und nach jeder Richtung der gleiche Druck herrscht (Satz von Pascal).

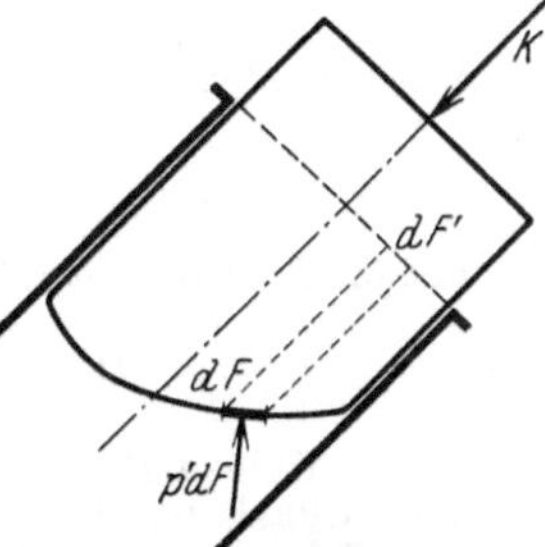

Abb. 16. Der resultierende Flüssigkeitsdruck in Richtung der Kolbenachse ist unabhängig von der Form des Kolbens.

Die Flüssigkeit drückt auf jedes Flächenelement dF der Kolbenoberfläche — soweit sie mit dieser in Berührung steht — mit einer Kraft $p' dF$. Die Form des Kolbens sei an der Vorderseite ganz beliebig angenommen (Abb. 16). Bezeichnet nun α den Winkel der Normalen zum Flächenelement dF gegen die Kolbenachse, so ergibt sich als resultierender Flüssigkeitsdruck in Richtung dieser Achse

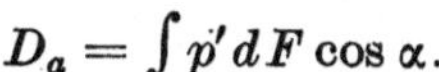

$$D_a = \int p' dF \cos \alpha.$$

Nun ist aber $dF \cos\alpha = dF'$ die Projektion des Flächenelements dF auf die zur Kolbenachse normale Querschnittsebene des Kolbens. Demnach wird

$$D_a = p' \int dF' = p' F,$$

wenn F den Kolbenquerschnitt angibt. Der resultierende Flüssigkeitsdruck in Richtung der Kolbenachse ist also unabhängig von der besonderen Form des Kolbens; er hängt vielmehr nur vom Kolbenquerschnitt F ab. Bei reibungsfreier Führung des Kolbens muß demnach zur Erzeugung der Pressung p' auf den Kolben eine Kraft $K = p'F$ ausgeübt werden.

Die vorstehenden Überlegungen finden Anwendung bei der hydraulischen Presse, die in Abb. 17 schematisch dargestellt ist. Wird der kleine Kolben K_1 vom Querschnitt F_1 vermittels eines bei O befestigten Hebels angehoben, so schließt sich das Druckventil a, dagegen öffnet sich das Saugventil b, und es strömt Flüssigkeit aus dem Behälter B in den kleinen Zylinder ein. Wird dagegen der Kolben K_1 herabgedrückt, so schließt sich b, und a öffnet sich, so daß jetzt die Flüssigkeit in den großen Zylinder einströmt und den Kolben K vom Querschnitt F anhebt. Den großen Pressungen gegenüber, um die es sich hier handelt, spielt das Flüssigkeitsgewicht keine Rolle, der Druck kann also als konstant angesehen werden.

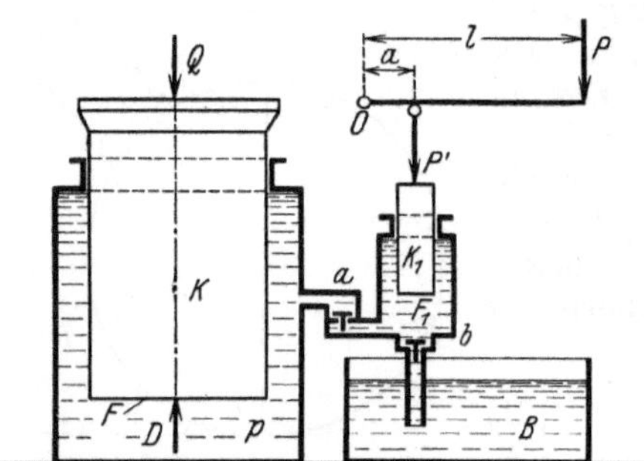

Abb. 17. Schematische Darstellung der hydraulischen Presse.

Drückt man mit der Kraft P auf den Hebel, so erhält der Kolben K_1 die Axialkraft $P' = \frac{Pl}{a}$, demnach errechnet sich die Pressung in der Flüssigkeit zu

$$p = \frac{P'}{F_1} = \frac{Pl}{aF_1}.$$

Auf den großen Kolben wirkt von unten her der Druck

$$D = F \cdot p = P\frac{l}{a}\frac{F}{F_1}.$$

Damit die Last Q angehoben werden kann, muß $D = Q$ werden, also

$$Q = P\frac{l}{a} \cdot \frac{F}{F_1} \qquad \text{bzw.} \qquad P = Q\frac{a}{l}\frac{F_1}{F}.$$

Wird der Kolben K_1 um die Höhe h_1 herabgedrückt, so ist im Falle einer unzusammendrückbaren Flüssigkeit und starrer Gefäßwandungen eine Flüssigkeitsmenge $F_1 h_1$ in den großen Zylinder eingetreten; dadurch wird der Kolben K um die Höhe h gehoben, und zwar errechnet sich h aus der geometrischen Bedingung

$$F \cdot h = F_1 \cdot h_1 \quad \text{oder} \quad h = \frac{F_1 h_1}{F}.$$

Die Höhe h ist also im Verhältnis der Querschnitte $\frac{F_1}{F}$ kleiner als h_1. Die von den Kräften D und P' geleisteten Arbeiten sind

$$Dh = P\frac{l}{a}\frac{F}{F_1}\frac{F_1}{F}h_1 = P\frac{l}{a}h_1$$

und

$$P' h_1 = P \frac{l}{a} h_1 ,$$

sie stimmen also überein. Das gilt unter der Voraussetzung einer raumbeständigen Flüssigkeit und reibungsloser Bewegung der Kolben in den Führungen. Beide Voraussetzungen treffen in Wirklichkeit nicht zu. Tatsächlich muß, besonders wegen der Reibung in den Führungen, die aufgewendete (effektive) Arbeit A_e größer sein als die Nutzarbeit A_n. Das Verhältnis beider, nämlich $\eta = \frac{A_n}{A_e}$ wird als **Wirkungsgrad** der Presse bezeichnet.

6. Druck der ruhenden Flüssigkeit gegen Behälterwände.

a) Druck auf ebene Flächen.

Ein beliebig gestaltetes, oben offenes Gefäß mit ebenen Wandflächen sei mit Flüssigkeit gefüllt. In einer unter dem Winkel α gegen die Lotrechte geneigten Seitenwand sei eine Fläche F abgegrenzt. Der Druck der Flüssigkeit auf diese Fläche F errechnet sich als Summe der Teildrücke, welche auf die Flächenelemente dF entfallen, deren Gesamtheit die Fläche bildet.

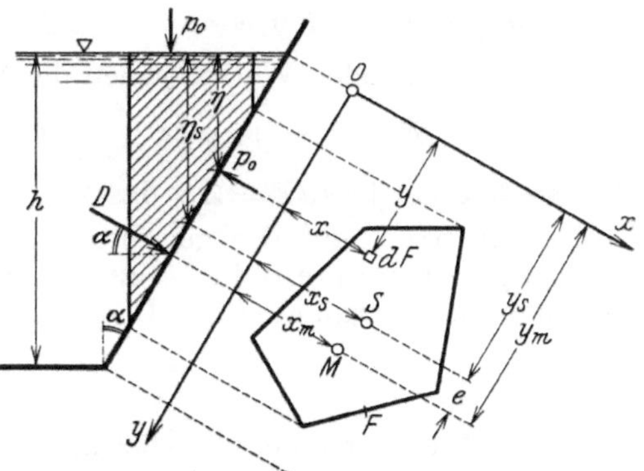

Abb. 18. Druck ruhender Flüssigkeit auf eine ebene Fläche.

In Abb. 18 ist die betreffende Gefäßwand dargestellt und in die Zeichenebene umgeklappt. Bezeichnet η den lotrechten Abstand des beliebigen Flächenelementes von der horizontalen Spiegelfläche, so entfällt auf dF von innen der Normaldruck

$$p \cdot dF = (p_0 + \gamma \eta)\, dF .$$

Im allgemeinen ist nun, wie hier angenommen sei, die gedrückte Fläche von außen her dem atmosphärischen Luftdruck unterworfen; dann wirkt auf dF von außen die Druckkraft $p_0\, dF$, und als resultierender Überdruck bleibt allein übrig $dD = \gamma\, \eta\, dF$. Durch Integration über die ganze Fläche F ergibt sich daraus der Gesamtdruck

$$D = \gamma \int \eta\, dF ,$$

welcher normal zu F gerichtet sein muß, da alle Teildrücke normal zu ihren Flächenelementen wirken. Bezeichnet nun η_s den lotrechten Abstand des Schwerpunktes S der Fläche vom Flüssigkeitsspiegel, so ist

$$\int \eta\, dF = \eta_s F ,$$

und demnach wird

$$D = \gamma\, \eta_s F , \tag{22}$$

d. h. also: der auf die Fläche F entfallende Überdruck ist gleich dem Produkt aus der gedrückten Fläche und dem Einheitsdruck $\gamma\eta_s$ des Flächenschwerpunkts.

Die Richtungslinie der Druckresultante D müßte durch den Schwerpunkt S gehen, falls der Flüssigkeitsdruck p über die Fläche F gleichmäßig verteilt wäre. Da dieses aber nicht zutrifft, so wird D die Druckfläche in einem anderen Punkte, dem sogenannten Druckmittelpunkte M, schneiden, dessen Lage noch bestimmt werden muß. Zu diesem Zwecke denke man sich F auf ein rechtwinkliges Achsenkreuz in der Gefäßwand bezogen, dessen X-Achse in Höhe der Spiegelfläche liegt (Abb. 18); M sei der gesuchte Druckmittelpunkt, x_m und y_m seine Koordinaten. Dann ist nach dem Momentensatz

$$D x_m = \int dD \cdot x; \qquad D y_m = \int dD \cdot y,$$

wo

$$D = \gamma \eta_s F = \gamma F y_s \cos\alpha; \qquad dD = \gamma \eta \, dF = \gamma \, dF \, y \cos\alpha.$$

Mit den vorstehenden Werten gehen die Momentengleichungen über in

$$F y_s x_m = \int x y \, dF; \qquad F y_s y_m = \int y^2 \, dF.$$

Nun stellt aber $\int xy\,dF = Z_{xy}$ das Zentrifugalmoment der Druckfläche F in bezug auf das gewählte Koordinatensystem, $\int y^2 dF = J_x$ das Trägheitsmoment in bezug auf die X-Achse dar. Demnach erhält man als Koordinaten des Druckmittelpunktes:

$$x_m = \frac{Z_{xy}}{F y_s}; \qquad y_m = \frac{J_x}{F y_s}. \tag{23}$$

Die zweite der vorstehenden Gleichungen läßt sich noch in einer für die Rechnung etwas bequemeren Form schreiben, wenn man beachtet, daß

$$J_x = J_s + F \cdot y_s^2$$

ist, wobei J_s das Trägheitsmoment von F in bezug auf die zur X-Achse parallele Schwerpunktsachse bezeichnet. Demnach wird

$$y_m = \frac{J_s + F \cdot y_s^2}{F \cdot y_s} = \frac{J_s}{F \cdot y_s} + y_s$$

oder

$$e = y_m - y_s = \frac{J_s}{F \cdot y_s}, \tag{24}$$

wo e den in Richtung der Y-Achse gemessenen Abstand von S und M angibt. Da J_s immer positiv ist, gilt dieses auch für e; M liegt also stets tiefer als S.

Besitzt die gedrückte Fläche parallel zur Y-Achse eine Symmetrieachse, und macht man diese zur Y-Achse, so wird das Zentrifugalmoment $Z_{xy} = 0$, also auch $x_m = 0$; d. h. M liegt auf der Symmetrieachse und zwar um das Maß e unter S; es genügt dann bereits Gleichung (24) zur Bestimmung von M.

Bodendruck. Der auf den Gefäßboden ausgeübte Flüssigkeitsdruck wird als Bodendruck bezeichnet. Ist nun h die Höhe der Spiegelfläche über dem horizontalen Gefäßboden, so entfällt auf jedes Flächenelement dF desselben der Überdruck

$$dD = p\,dF = \gamma\,h\,dF\,.$$

Demnach wird der gesamte Bodendruck

$$D = \gamma\,h\,F\,, \tag{22a}$$

wo F den Inhalt der Bodenfläche angibt. Da hier der Flüssigkeitsdruck gleichmäßig über die Bodenfläche verteilt ist (p = const.), so geht D durch deren Schwerpunkt, M und S fallen also zusammen. Die Größe des Bodendruckes hängt außer von F nur von der Druckhöhe h,

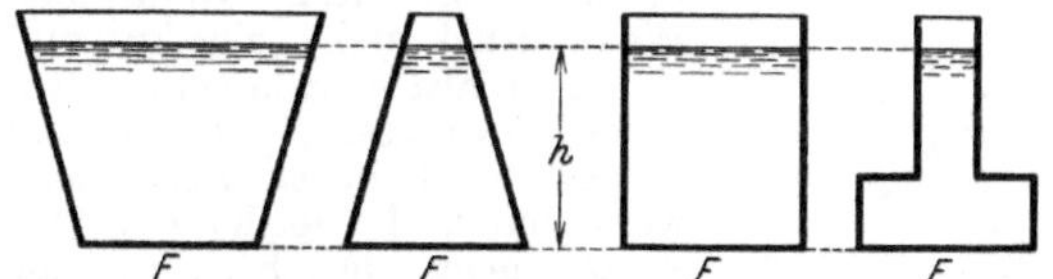

Abb. 19. Der Bodendruck ist in einem Gefäße nur von der Größe der Bodenfläche, nicht aber von der Gefäßform abhängig.

nicht aber von der besonderen Gestalt des Gefäßes über dem Boden ab. So hat z. B. D für die sämtlichen in Abb. 19 dargestellten Gefäße den gleichen, durch (22a) gegebenen Wert (hydrostatisches Paradoxon).

Soll nicht der Überdruck der Flüssigkeit über den äußeren Luftdruck bestimmt werden, sondern der tatsächliche Druck auf den inneren Behälterboden, so wird

$$D = (p_0 + \gamma h)\,F\,.$$

1. Beispiel. Als Überdruck auf eine recheckige, lotrecht stehende Fläche von der Breite b und der Höhe h, deren Oberkante den Abstand t vom Flüssigkeitsspiegel hat (Abb. 20), erhält man nach (22) mit

$$\eta_s = \frac{h}{2} + t$$

$$D = \gamma\,b\,h\left(\frac{h}{2} + t\right).$$

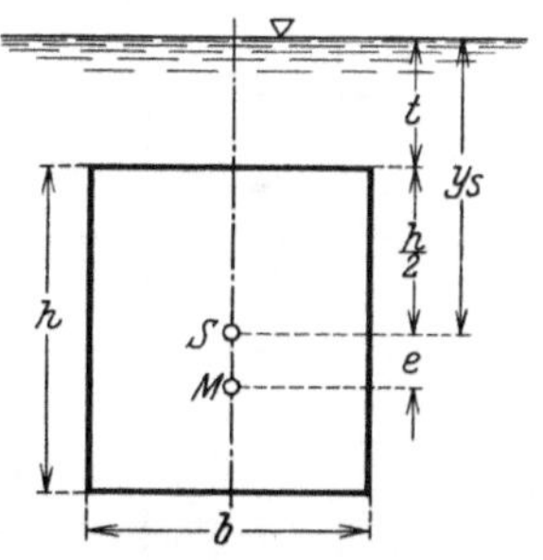

Abb. 20. Seitendruck auf eine Rechtecksfläche. Der Druckmittelpunkt M liegt unter dem Schwerpunkt S der Fläche.

Der Druckmittelpunkt M liegt auf der lotrechten Symmetrieachse; sein Abstand e vom Schwerpunkt S ist nach (24)

$$e = \frac{\dfrac{b\,h^3}{12}}{b\,h\left(t + \dfrac{h}{2}\right)} = \frac{h^2}{12\left(t + \dfrac{h}{2}\right)}\,. \tag{25}$$

Fällt die Oberkante des Rechtecks in die Spiegelfläche, so wird mit $t = 0$

$$D = \gamma\,b\,\frac{h^2}{2}\,; \qquad e = \frac{h}{6}\,;$$

der Druckmittelpunkt liegt in diesem Falle im unteren Drittel der Rechteckshöhe.

Bezieht man den Wert für D auf die Breite $b = 1$ [m] und setzt das spezifische Gewicht $\gamma = 1 \left[\frac{t}{m^3}\right]$ (Wasser), so ergibt sich, wenn auch h in Metern ausgedrückt wird,

$$D = \frac{h^2}{2} [t].$$

Der Wasserdruck läßt sich demnach darstellen als Inhalt eines gleichschenkligen, rechtwinkligen Dreiecks von der Schenkellänge h. Die Richtungslinie von D geht durch den Dreiecksschwerpunkt (Abb. 21).

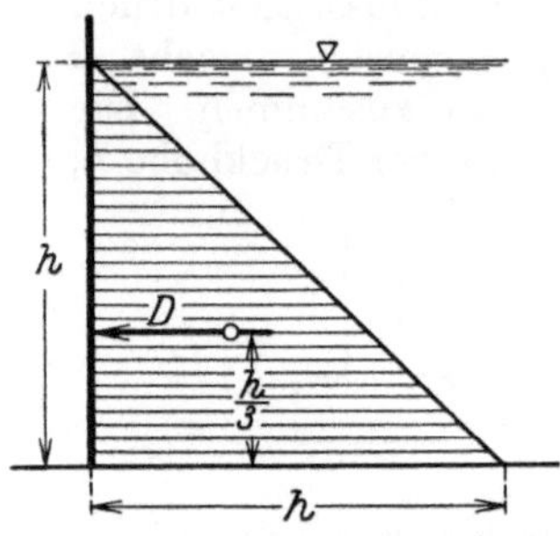

Abb. 21. Diagramm des Seitendruckes auf eine Rechtecksfläche bis zum Flüssigkeitsspiegel

2. Beispiel[1]. Nach (25) wird e mit wachsendem t bei sonst gleichen Verhältnissen kleiner, d. h. bei steigendem Flüssigkeitsspiegel rückt M näher an S heran. Ordnet man nun gemäß Abb. 22 in einer lotrechten Wand, die unter einseitigem Wasserdruck steht, eine um die horizontale Achse $A-A$ drehbare, rechteckige Klappe an, so bleibt diese geschlossen, solange M unterhalb der Achse $A-A$ liegt. Bei einem gewissen Grenzwert von t, der leicht aus (25) berechnet werden kann, geht die Richtungslinie von D durch $A-A$. Steigt der Wasserspiegel noch weiter, so kommt D oberhalb von $A-A$ zu liegen, die Klappe wird also geöffnet, so daß Wasser durch sie ausströmen kann. Bei fallendem Wasserspiegel schließt sie sich selbsttätig wieder.

3. Beispiel. Der Überdruck auf eine lotrechte Kreisfläche (Abb. 23) vom Radius r, deren Schwerpunkt den Abstand t vom Spiegel hat, ist nach (22)

$$D = \gamma t \pi r^2.$$

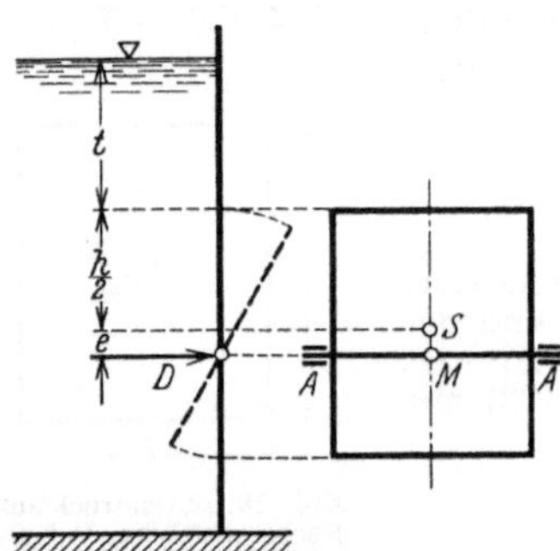

Abb. 22. Selbsttätige Klappe zum Öffnen und Schließen eines Durchlasses. Bei steigendem Wasserspiegel öffnet sich die Klappe, bei fallendem schließt sie sich.

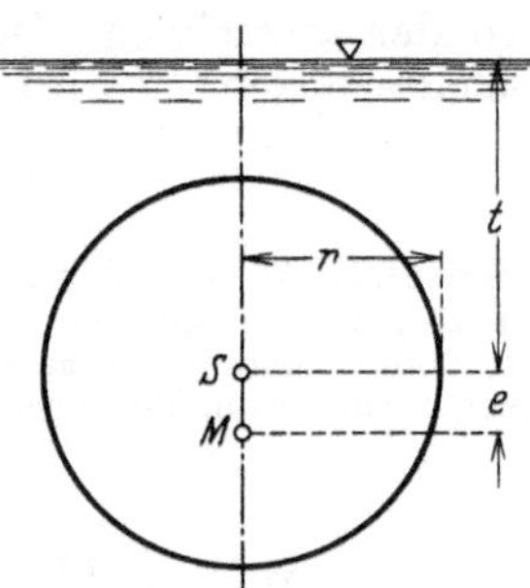

Abb. 23. Seitendruck auf eine lotrechte Kreisfläche.

Für die Lage des Druckmittelpunktes M lotrecht unter S erhält man nach (24) das Maß

$$e = \frac{\pi r^4}{4 \pi r^2 t} = \frac{r^2}{4 t}.$$

4. Beispiel. Eine Spundwand stehe beiderseits unter Wasserdruck; die Spiegelhöhen seien h_1 und h_2 (Abb. 24). Auf jeden Meter Länge der Wand entfällt von links der Wasserdruck $D_1 = \frac{h_1^2}{2} [t]$ (s. oben), dessen Angriffspunkt von der Sohle

[1] Keck-Hotopp: Vorträge über Mechanik, 2. Teil, 5. Aufl., S. 188.

um $\frac{h_1}{3}$ entfernt ist, von rechts der Druck $D_2 = \frac{h_2^2}{2}$ [t], welcher in der Höhe $\frac{h_2}{3}$ von der Sohle angreift. Beide Drücke werden durch gleichschenklige, rechtwinklige Dreiecke dargestellt. Der resultierende Druck hat die Größe

$$R = D_2 - D_1 = \tfrac{1}{2}(h_2^2 - h_1^2)\,;$$

der Abstand a seines Angriffspunktes von der Sohle ergibt sich aus der Momentengleichung

$$R \cdot a = D_2 \cdot \frac{h_2}{3} - D_1 \cdot \frac{h_1}{3}$$

zu

$$a = \frac{D_2 h_2 - D_1 h_1}{3R}.$$

Das in Abb. 24 schraffierte Trapez stellt die resultierende Druckfläche dar; durch ihren Schwerpunkt geht die Richtungslinie von R.

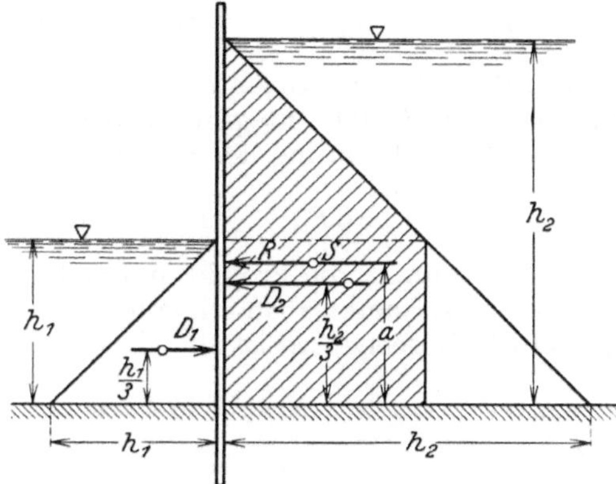

Abb. 24. Spundwand unter beiderseitigem Wasserdruck von verschiedener Druckhöhe.

b) Druck auf gekrümmte Flächen.

Das in Abb. 25 gezeichnete Flächenstück F möge einem beliebig gekrümmten, oben offenen Gefäße angehören, welches mit Flüssigkeit gefüllt ist, während außen der atmosphärische Luftdruck als wirksam angenommen sei. Die betrachtete Fläche werde auf ein rechtwinkliges Koordinatensystem bezogen, dessen XY-Ebene mit der Spiegelfläche der Flüssigkeit zusammenfällt. Die Z-Achse ist lotrecht abwärts gerichtet. Ein beliebiges in der Tiefe z unter dem Spiegel liegendes Flächenelement dF erfährt einen inneren Überdruck, dessen Größe

$$dD = p\,dF = \gamma z\,dF\,,$$

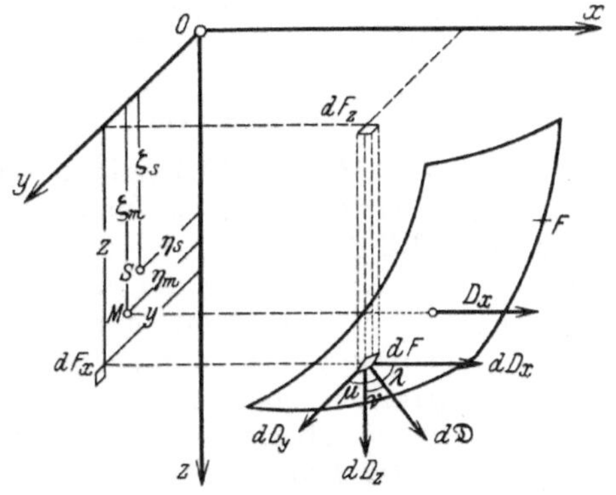

Abb. 25. Druck auf eine gekrümmte Fläche.

und dessen Richtung durch die Normale zu dF bestimmt ist. Bezeichnen nun λ, μ, ν die Richtungswinkel dieser Normalen gegen die Koordinatenachsen X, Y, Z, dann sind

$$dD_x = \gamma z\,dF \cos\lambda\,; \quad dD_y = \gamma z\,dF \cos\mu\,; \quad dD_z = \gamma z\,dF \cos\nu \qquad (26)$$

die Druckkomponenten in Richtung dieser Achsen. λ, μ, ν sind aber auch die Winkel, welche das Flächenelement mit den Koordinatenebenen YZ, XZ und XY einschließt, so daß

$$dF \cos\lambda = dF_x\,; \qquad dF \cos\mu = dF_y\,; \qquad dF \cos\nu = dF_z$$

die Projektionen von dF auf die entsprechenden Koordinatenebenen darstellen. Die Gleichungen (26) können also in der Form geschrieben werden:

$$dD_x = \gamma\, z\, dF_x\,; \qquad dD_y = \gamma\, z\, dF_y\,; \qquad dD_z = \gamma\, z\, dF_z\,. \tag{26a}$$

Drei analoge Ausdrücke gelten für jedes Flächenelement der gekrümmten Fläche F. Durch Integration über F erhält man demnach als Gesamtdrücke in Richtung der drei Achsen:

$$D_x = \gamma \int z\, dF_x\,; \qquad D_y = \gamma \int z\, dF_y\,; \qquad D_z = \gamma \int z\, dF_z\,. \tag{27}$$

Bezeichnet nun F_x die Projektion der Fläche F auf die YZ-Ebene und ζ_s den Schwerpunktsabstand von F_x in bezug auf den Flüssigkeitsspiegel (XY-Ebene), so ist

$$\int z\, dF_x = \zeta_s F_x\,,$$

und

$$D_x = \gamma\, \zeta_s F_x\,. \tag{28}$$

Die Richtungslinie von D_x möge die YZ-Ebene im Punkte M schneiden, ζ_m und η_m seien dessen Koordinaten (Abb. 25). Dann ist nach dem Momentensatz

$$D_x \cdot \zeta_m = \int dD_x \cdot z\,; \qquad D_x \cdot \eta_m = \int dD_x \cdot y\,,$$

woraus unter Beachtung der Gleichungen (26a) und (28) folgt:

$$\zeta_m = \frac{\int z^2\, dF_x}{\zeta_s F_x} = \frac{J_y}{\zeta_s F_x}\,; \qquad \eta_m = \frac{\int y\, z\, dF_x}{\zeta_s F_x} = \frac{Z_{yz}}{\zeta_s F_x}\,, \tag{29}$$

und zwar stellt J_y das Trägheitsmoment der Flächenprojektion F_x in bezug auf die Y-Achse, Z_{yz} ihr Zentrifugalmoment in bezug auf die Achsen Y und Z dar.

Unter Berücksichtigung der unter Ziffer a) dieses Abschnitts gefundenen Ergebnisse erkennt man aus (28) und (29), daß die Druckkraft D_x genau so zu bestimmen ist, als handele es sich um eine der YZ-Ebene parallele ebene Fläche von der Größe F_x.

Ganz ähnliche Überlegungen gelten für die Druckkraft D_y, nur daß an die Stelle der Projektion F_x die Projektion F_y auf die XZ-Ebene tritt. Da aber die Richtung einer der horizontalen Koordinatenachsen ganz beliebig gewählt werden kann, so läßt sich das Ergebnis der vorstehenden Betrachtungen wie folgt zusammenfassen: Der in beliebiger Richtung gemessene Horizontaldruck einer ruhenden Flüssigkeit auf eine gekrümmte Fläche ist gleich dem Drucke, welchen die Projektion dieser Fläche auf eine zur angenommenen Richtung normale Ebene erleidet.

Zeigt sich beim Projizieren, daß einzelne Flächenteile sich überschneiden, so sind diese Teile bei der Bestimmung von F_x auszuschalten, da die auf sie entfallenden Horizontaldrücke sich gegenseitig tilgen. So kommt z. B. bei der Berechnung des Druckes D_x auf die gekrümmte

Fläche ABC in Abb. 26 als Projektion F_x nur die Fläche $A'C'$ in der YZ-Ebene in Betracht.

Als vertikale Komponente des auf das Flächenelement dF entfallenden Druckes dD ergab sich nach (26a):

$$dD_z = \gamma z dF_z\,. \tag{30}$$

Nun ist aber $z \cdot dF_z$ gleich dem Inhalt der Flüssigkeitssäule, welche auf dF lastet; das in der dritten Gleichung von (27) auftretende Integral $\int z\, dF_z$ stellt also das Volumen V des ganzen auf der Fläche F ruhenden Flüssigkeitskörpers bis zur Spiegelfläche dar, und man erkennt, daß der gesamte auf F entfallende Vertikaldruck gleich dem Gewicht dieses Flüssigkeitskörpers ist. Formelmäßig ergibt sich also

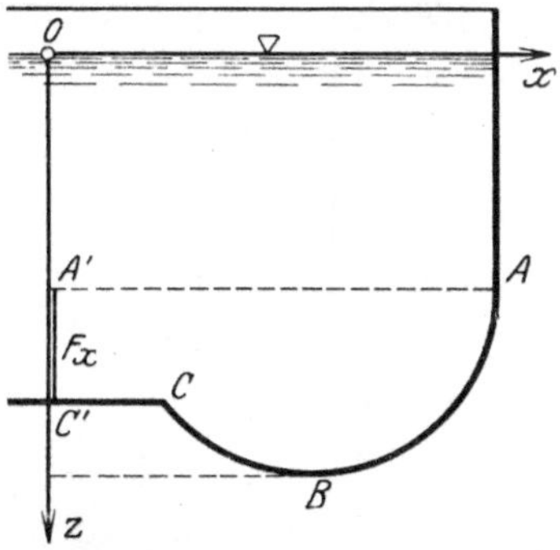

$$D_z = \gamma V\,.$$

Die Richtungslinie von D_z geht durch den Schwerpunkt von V, womit D_z nach Größe und Richtung bestimmt ist.

Abb. 26. Für die Berechnung des Horizontaldruckes D_x auf die Fläche ABC ist nur die Projektion F_x dieser Fläche maßgebend.

Der Ausdruck (30) gilt auch für ein Flächenelement, welches, wie in Abb. 27 angegeben, einen aufwärts gerichteten Vertikaldruck dD_z erfährt. Soll also der Vertikaldruck auf die gekrümmte Fläche AB bestimmt werden, so hat man nur das Volumen V einer über AB als Druckfläche „ruhend gedachten" Flüssigkeit zu bestimmen, durch dessen Schwerpunkt der Vertikaldruck $D_z = \gamma V$ geht.

Bei beliebiger Form der gekrümmten Fläche F gehen die drei in Richtung der Koordinatenachsen gemessenen Gesamtdrücke D_x, D_y, D_z im allgemeinen nicht durch einen Punkt, können also auch nicht zu einer Einzelkraft zusammengefaßt werden. Nach den Methoden der räumlichen Kräftezusammensetzung lassen sich diese Drücke aber stets auf eine **Einzelkraft** und ein **Moment** reduzieren, wobei die Wahl des Reduktionspunktes beliebig ist. Unter den unendlich vielen Möglichkeiten dieser Reduktion gibt es eine, bei welcher der Druck und der Momentenvektor gleiche Richtung haben; sie bilden zusammen eine **Druckdyname**[1].

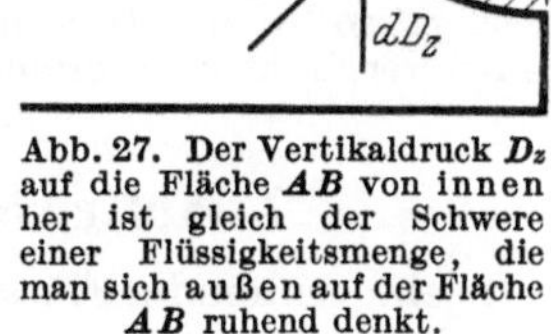

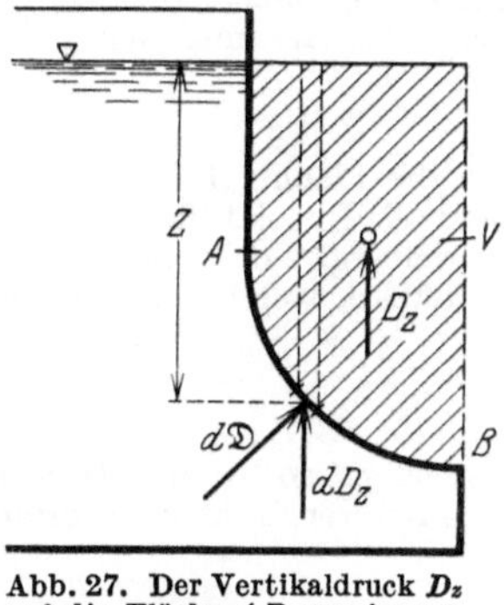

Abb. 27. Der Vertikaldruck D_z auf die Fläche AB von innen her ist gleich der Schwere einer Flüssigkeitsmenge, die man sich außen auf der Fläche AB ruhend denkt.

In gewissen Fällen ist die Zusammensetzung zu einer Einzelkraft jedoch möglich, so z. B. wenn das Flächenstück F einer Kugelfläche angehört, da in diesem Falle alle Elementardrücke durch den Kugelmittelpunkt gehen müssen.

[1] Vgl. etwa W. Kaufmann: Einf. in d. Mechanik starrer Körper, S. 102. Hannover 1927.

Auch beim ebenen Problem, bei welchem alle Teildrücke in parallelen Ebenen liegen, kann der Gesamtdruck als Einzelkraft dargestellt werden; es genügt dann die Angabe seiner Vertikal- und Horizontalkomponente.

Beispiel[1]. Abb. 28 zeigt ein Kreis-Segmentschütz ABC, durch welches ein Druckstollen von der Breite b und der Höhe h abgeschlossen werden kann. Es soll der Gesamtdruck D auf das Schütz angegeben werden.

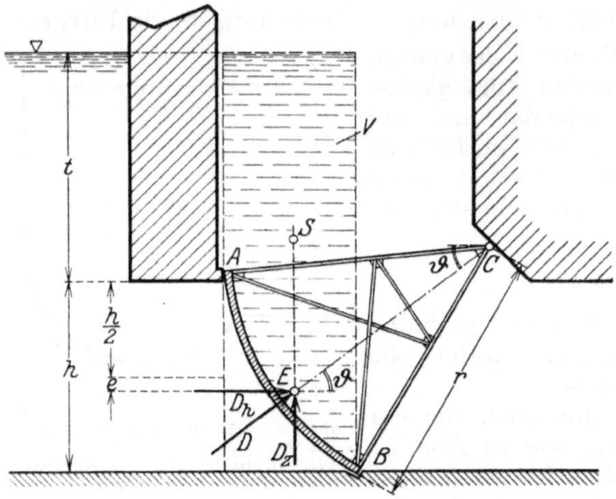

Abb. 28. Druck auf ein Kreissegmentschütz.

Der Horizontaldruck D_h ist gleich dem Wasserdruck auf die Vertikalprojektion der gekrümmten Fläche AB, d. h.

$$D_h = \gamma\left(t + \frac{h}{2}\right) b\, h .$$

Seine Lage ist durch die Strecke

$$e = \frac{h^2}{12\left(t + \frac{h}{2}\right)}$$

bestimmt [Gleichung (25)]. Der Vertikaldruck D_z ist nach oben gerichtet und hat die Größe

$$D_z = \gamma\, V ,$$

wo V das (in Abb. 28 schraffierte) Volumen der über AB ruhend gedachten Flüssigkeitsmenge bis zum Wasserspiegel bezeichnet; er geht durch den Schwerpunkt S dieses Volumens. Schließlich bestimmt der Schnittpunkt E von D_h und D_z die Lage des Gesamtdruckes D; seine Größe ist:

$$D = \sqrt{D_h^2 + D_z^2} .$$

Da die Fläche AB dem Mantel eines Kreiszylinders vom Radius r angehört, so sind alle Druckdifferentiale dD radial gerichtet, schneiden also die Zylinderachse C; dasselbe gilt demnach auch für den resultierenden Druck D. Hat man nun den Winkel ϑ, welchen D mit der Horizontalen einschließt, aus

$$\operatorname{tg} \vartheta = \frac{D_z}{D_h}$$

berechnet, so bestimmen ϑ und C schon die Lage von D, ohne daß es nötig wäre, den Schwerpunkt S zu ermitteln.

7. Auftrieb einer ruhenden Flüssigkeit.

In eine ruhende Flüssigkeit sei ein fester Körper vollkommen eingetaucht und etwa durch Aufhängen an einem Faden im Gleichgewicht gehalten (Abb. 29). Dann wird die Flüssigkeit auf diesen Körper Drücke ausüben, die sich in ähnlicher Weise berechnen lassen wie im vorigen Abschnitt die Drücke auf Gefäßwandungen. Denkt man sich zunächst

[1] Streck, O.: Aufgaben aus dem Wasserbau, S. 32. Berlin 1924.

den Körper, dessen äußere Gestalt ganz beliebig sei, auf zwei vertikale Koordinatenebenen XZ und YZ projiziert, so sind die auf Seite 28 mit F_x und F_y bezeichneten Flächenprojektionen (unter Beachtung der Bemerkung auf Seite 29) für den ganzen Körper je gleich Null; dasselbe gilt demnach auch von den Horizontaldrücken D_x und D_y.

Zur Bestimmung des Vertikaldruckes D_z der Flüssigkeit gegen den eingetauchten Körper seien jetzt zwei lotrecht übereinander liegende Flächenelemente seiner Oberfläche betrachtet. Bezeichnen z' und z'' deren Abstände vom Flüssigkeitsspiegel, dann sind unter Beachtung von (26a) die Vertikalkomponenten der auf sie entfallenden Drücke

$$dD_z' = (p_0 + \gamma z')\,dF_z$$

und

$$dD_z'' = (p_0 + \gamma z'')\,dF_z\,.$$

Aus beiden Teildrücken resultiert ein lotrecht aufwärts gerichteter Druck von der Größe

$$dD_z = dD_z'' - dD_z' = \gamma\,(z'' - z')\,dF_z\,.$$

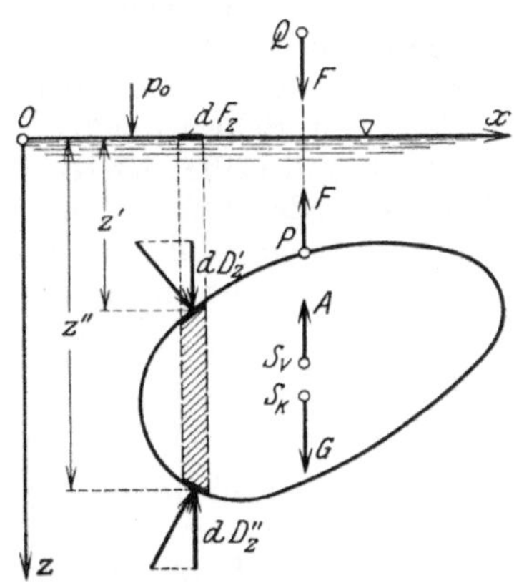

Abb. 29. Der Auftrieb A einer ruhenden Flüssigkeit ist gleich dem Gewicht der von dem eingetauchten Körper verdrängten Flüssigkeitsmenge.

Der Ausdruck $(z'' - z')\,dF_z$ stellt das Volumen des von den beiden betrachteten Flächenelementen begrenzten vertikalen Prismas von der Höhe $z'' - z'$ dar. Durch Summation über den ganzen Körper erhält man somit wegen $\gamma = \text{const.}$ als gesamten, **aufwärts** gerichteten Druck

$$D_z = A = \gamma V\,,$$

wo V das Körpervolumen oder das Volumen der „vom Körper verdrängten Flüssigkeit" bezeichnet. Der Vertikaldruck $D_z = A$ heißt der **Auftrieb** des Körpers durch die Flüssigkeit. Er ergibt sich als Resultante einer aus lauter parallelen und gleichgerichteten Kräften bestehenden Kräftegruppe und muß als solche durch den Mittelpunkt dieser Kräftegruppe, d. h. durch den Schwerpunkt des Volumens V gehen.

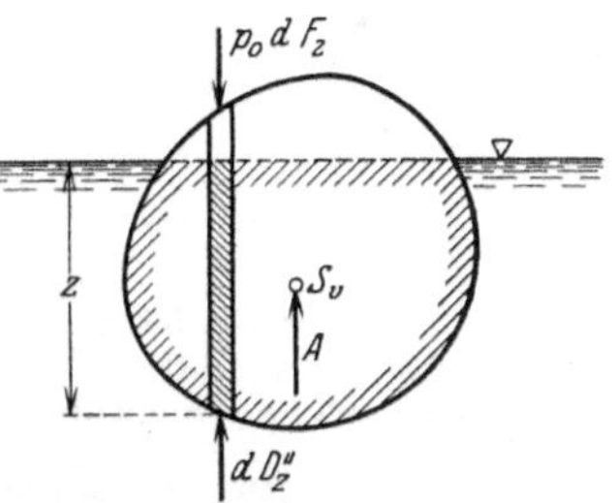

Abb. 30. Auch bei einem nur teilweise eingetauchten Körper ist der Auftrieb gleich dem Gewicht der verdrängten Flüssigkeit.

Man erhält somit den wichtigen Satz: **Der Auftrieb einer ruhenden Flüssigkeit gegen einen in sie eingetauchten Körper ist seiner Größe nach gleich dem Gewicht der vom Körper verdrängten Flüssigkeitsmenge (auch kurz Verdrängung genannt); er ist aufwärts gerichtet und geht durch den Schwerpunkt des verdrängten Volumens.**

Der vorstehende Satz gilt auch für Körper, die nur teilweise in Flüssigkeit eingetaucht sind (Abb. 30). In diesem Falle ist

$$dD_z = dD_z'' - p_0\,dF_z = (p_0 + \gamma z)\,dF_z - p_0\,dF_z = \gamma\,z\,dF_z$$

und somit

$$D_z = A = \gamma V ,$$

wobei V das Volumen des eingetauchten Teiles, d. h. eben die Verdrängung, bezeichnet. A geht durch den Schwerpunkt S_v der Verdrängung.

Zunächst möge noch einmal der in Abb. 29 dargestellte, vollkommen eingetauchte Körper betrachtet werden. An diesem greifen als äußere Kräfte an: im Körperschwerpunkt S_k das Körpergewicht G, ferner der durch den Schwerpunkt S_v der Verdrängung V gehende Auftrieb $A = \gamma V$ und schließlich die Fadenspannung F. Soll nun der eingetauchte Körper in der Flüssigkeit in Ruhe sein, so müssen diese drei Kräfte die statischen Gleichgewichtsbedingungen erfüllen, d. h. die Punkte P, S_v und S_k müssen in dieselbe Lotrechte fallen, und ferner muß sein:

$$F = G - A = G - \gamma V . \tag{31}$$

Der Wert

$$G' = F = G - A$$

wird auch als „scheinbares" Gewicht des in die Flüssigkeit eingetauchten Körpers bezeichnet. Der obige Satz über den Auftrieb läßt sich dann in der folgenden Form aussprechen: Ein in eine Flüssigkeit eingetauchter Körper verliert (scheinbar) so viel an Gewicht als das Gewicht der von ihm verdrängten Flüssigkeit (A) beträgt (Prinzip des Archimedes).

Mit Hilfe dieses Satzes ist man in der Lage, das spezifische Gewicht γ_1 eines homogenen Körpers zu bestimmen, vorausgesetzt, daß $\gamma_1 > \gamma$ ist. Zu diesem Zwecke ermittele man zunächst das wahre Gewicht $G = \gamma_1 V$, darauf durch Messung der Fadenspannung F mittels einer Wage das scheinbare Gewicht G'. Dann wird

$$G' = G - \gamma V = G - \gamma \frac{G}{\gamma_1}$$

oder

$$\gamma_1 = \gamma \frac{G}{G - G'} .$$

Für feine Messungen ist bei der Bestimmung von G und G' darauf Rücksicht zu nehmen, daß sowohl der Körper als auch die Gewichtsstücke in der Luft ebenfalls einen (wenn auch geringen) Auftrieb erleiden.

Wird der von der Flüssigkeit auf einen ganz oder teilweise eingetauchten Körper ausgeübte Auftrieb A gerade gleich dem Körpergewicht G, ist also

$$G = A = \gamma V , \tag{32}$$

so wird die Fadenspannung F in Gleichung (31) gleich Null; man sagt dann, der Körper schwimmt in der Flüssigkeit. Die Bedingung (32) genügt aber allein noch nicht zur Aufrechterhaltung seines Gleichgewichts. Dazu ist weiter erforderlich, daß die Kräfte G und A kein Moment bilden, welches eine Drehung des Körpers zur Folge hätte. Die Richtungslinien dieser Kräfte müssen sich also decken, und das ist der Fall, wenn die Verbindungslinie des Körperschwerpunkts S_k und des Schwerpunkts S_v der Verdrängung — die sogenannte Schwimmachse — vertikal steht.

Ist $G > \gamma V$, dann sinkt der (nicht mehr aufgehängte) Körper in der Flüssigkeit; wenn dagegen $G < \gamma V$ ist, dann steigt er so lange nach oben, bis durch entsprechende Erhebung eines Teiles seiner Oberfläche über den Flüssigkeitsspiegel die Verdrängung so klein geworden ist, daß schließlich wieder $G = A$ wird.

Beispiel. Abb. 31 zeigt einen Schiffskörper, dessen normale Schwimmlage durch den Wasserspiegel $E-E$ gegeben sei. Für diese Lage ist $G = A = \gamma V$, wo V die in der Abbildung schraffierte Verdrängung bezeichnet, welche der Gleichgewichtslage entspricht. Wird das Schiff durch irgendeine äußere Störung seines Gleichgewichts tiefer in das Wasser getaucht, etwa so weit, daß jetzt $E'-E'$ die relative Lage des Wasserspiegels zum Schiff bezeichnet, so wird der Auftrieb größer als G, da ja die Verdrängung größer geworden ist. Der Auftrieb wird also das Schiff anheben, und zwar so weit, bis wieder die normale Verdrängung vorhanden ist. In dieser Lage kann der Schiffskörper aber nicht beharren, da er durch den vergrößerten Auftrieb eine Aufwärtsgeschwindigkeit erhalten hat; er hebt sich also über die normale Lage $E-E$ hinaus. Dadurch wird $A < G$, die Schwere gewinnt die Oberhand und wird das Schiff nach abwärts ziehen. Auf diese Weise entstehen Schwingungen um die Gleichgewichtslage, die sich näherungsweise wie folgt berechnen lassen.

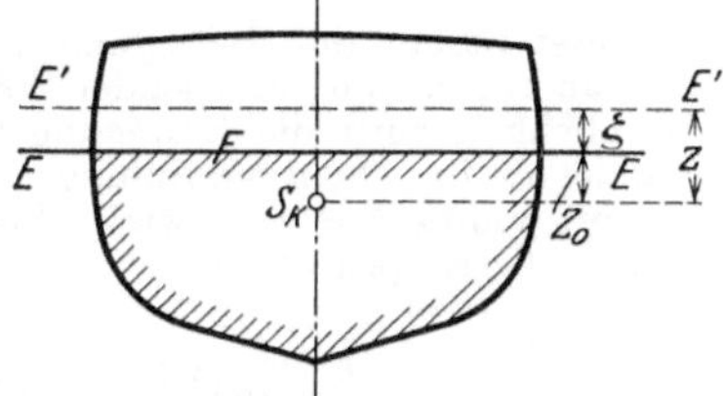

Abb. 31. Lotrechte Schwingung eines Schiffskörpers.

Es bezeichne z_0 den als gegeben anzusehenden Abstand des Schiffsschwerpunktes S_k vom Spiegel $E-E$, z denjenigen in bezug auf $E'-E'$. Nach dem Satz von der Bewegung des Schwerpunktes ist

$$G - A - A' = \frac{G}{g} \cdot \frac{d^2 z}{d t^2},$$

wo A den der Gleichgewichtslage entsprechenden Auftrieb, A' dagegen den infolge des tieferen Eintauchens entstehenden zusätzlichen Auftrieb bezeichnet. Wegen $G = A$ kann man auch einfacher schreiben:

$$\frac{d^2 z}{d t^2} = -\frac{g}{G} A'. \tag{33}$$

Für die Folge sollen nur kleine Schwingungen betrachtet und außerdem soll vorausgesetzt werden, daß der in die Wasserspiegelebene fallende Querschnitt F des Schiffskörpers sich bei der Schiffsbewegung nicht oder doch nur wenig ändert. Dann wird

$$A' = \gamma F (z - z_0),$$

womit (33) übergeht in

$$\frac{d^2 z}{d t^2} = -\frac{g \gamma F}{G} (z - z_0).$$

Setzt man noch zur Abkürzung

$$\frac{g \gamma F}{G} = \alpha^2 \tag{34}$$

und

$$z - z_0 = \zeta,$$

dann wird wegen $z_0 = \text{const.}$ $\frac{d^2 z}{d t^2} = \frac{d^2 \zeta}{d t^2}$, und man erhält als Bewegungsgleichung des Schiffes

$$\frac{d^2 \zeta}{d t^2} = -\alpha^2 \zeta.$$

Die Lösung dieser Differentialgleichung 2. Ordnung lautet:

$$\zeta = A \sin(\alpha t) + B \cos(\alpha t)\,, \tag{35}$$

wovon man sich durch zweimalige Differentiation leicht überzeugt. Nun sei für $t = 0$, $z = z_0$, d. h. $\zeta = 0$. Dann folgt aus (35) $B = 0$ und somit

$$\zeta = A \sin(\alpha t)\,. \tag{36}$$

Man erkennt also, daß es sich hier um eine einfache harmonische Schwingung des Schiffskörpers um seine Ruhelage E—E handelt. Die Dauer einer vollen Schwingung ist unter Beachtung von (34)

$$T = \frac{2\pi}{\alpha} = 2\pi \sqrt{\frac{G}{g \gamma F}}\,.$$

Die hier betrachtete Bewegung des Schiffes würde theoretisch unendlich lange fortdauern, da mit wachsender Zeit die Werte ζ sich periodisch wiederholen. In Wirklichkeit wird die Bewegung jedoch durch die auftretenden Reibungswiderstände an den Schiffswandungen und die Eigenbewegung der Flüssigkeit gedämpft und nach einer gewissen Zeit zur Ruhe kommen, sofern die sonstigen Umstände dieses gestatten[1].

8. Stabilität schwimmender Körper.

Auf Seite 32 war bereits gezeigt, daß für das Gleichgewicht eines schwimmenden Körpers zwei Bedingungen erfüllt sein müssen, nämlich erstens muß das Körpergewicht G gleich dem Auftriebe $A = \gamma V$ sein, und zweitens muß die Schwimmachse, d. h. die Verbindungslinie des Körperschwerpunkts S_k und des Schwerpunkts S_v der Verdrängung, vertikal stehen. Damit ist aber noch nicht erwiesen, ob das Gleichgewicht des Körpers auch stabil sei, d. h. unempfindlich gegen kleine äußere Störungen, die ihn aus seiner Gleichgewichtslage herauszudrängen suchen.

Zur Entscheidung dieser besonders für die Schiffstechnik wichtigen Frage kann man wie folgt vorgehen: Man denkt sich den (als starr vorausgesetzten) Körper durch irgend eine beliebige äußere Ursache aus seiner Gleichgewichtslage um ein kleines Maß entfernt und untersucht, ob die am Körper in dieser neuen Lage wirkenden Kräfte das Bestreben haben, den ursprünglichen Gleichgewichtszustand wiederherzustellen oder nicht. Ist dieses der Fall, so nennt man den Gleichgewichtszustand stabil; haben die angreifenden Kräfte dagegen das Bestreben, die störende Ursache zu verstärken, d. h. den Körper noch weiter aus der Gleichgewichtslage zu entfernen, so ist letztere als labil zu bezeichnen. Zeigen schließlich bei der betrachteten kleinen Lagenänderung die äußeren Kräfte weder das eine noch das andere Bestreben, so nennt man das Gleichgewicht des Körpers indifferent.

Ein schwimmender Körper, der die oben genannten zwei Bedingungen ($G = A$, Schwimmachse vertikal) erfüllt, befindet sich hinsichtlich einer Parallelverschiebung in lotrechter Richtung im stabilen Gleichgewicht (vgl. das Beispiel auf Seite 33), hinsichtlich einer Parallelverschiebung in

[1] Eine allgem. Theorie der Schiffsschwingungen ist enthalten in der Enzykl. der mathem. Wissensch. **4**, 3, S. 536ff. Ref. von A. Kriloff u. C. H. Müller.

Richtung seiner Längs- oder Querachse und hinsichtlich einer Drehung um die Schwimmachse im indifferenten Gleichgewicht, da — unter Voraussetzung einer idealen Flüssigkeit — in keinem dieser drei letztgenannten Fälle die äußeren Kräfte das Bestreben haben, eine derartige Lagenänderung aufzuhalten oder zu vergrößern. Maßgebend für die Beurteilung der Stabilität bleibt also nur eine Drehung um zwei die Schwimmachse rechtwinklig schneidende Achsen.

Abb. 32a stelle den schwimmenden Körper in der Gleichgewichtslage dar; seine Schwimmachse steht vertikal. Die Ebene $E-E$, in welcher der Flüssigkeitsspiegel den Körper schneidet, wird als Schwimmebene, die in ihr liegende Körperfläche als Schwimmfläche bezeichnet. O sei der Schnittpunkt von Schwimmachse und Schwimmebene, V die Verdrängung. Zur Untersuchung der Stabilität des Körpers

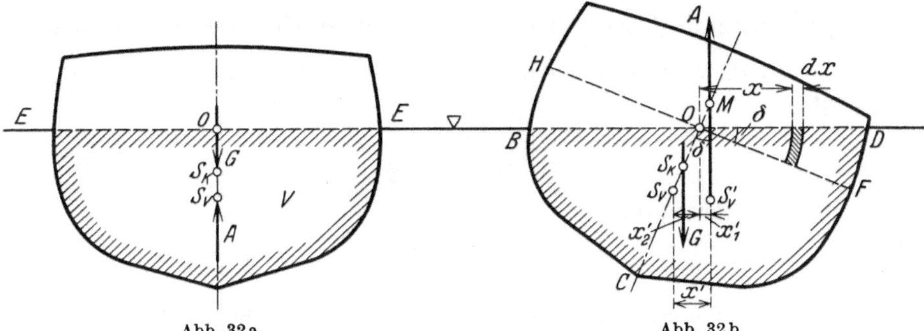

Abb. 32a. Abb. 32b.

Abb. 32a und b. Stabilität schwimmender Körper. Das Metazentrum M muß oberhalb des Körperschwerpunkts S_k auf der Schwimmachse liegen.

denke man sich ihn jetzt um die durch O gehende, zur Bildebene normale Achse gedreht; δ sei der als klein angenommene Drehwinkel (Abb. 32b). Bezeichnet nun dF ein beliebiges Flächenelement der Schwimmfläche im Abstande x von der Achse O, dann wird die durch die kleine Drehung bedingte Änderung der Verdrängung

$$\Delta V \approx \int x\,\delta\,dF = \delta \int x\,dF,$$

wobei das Integral über die ganze Schwimmfläche zu erstrecken ist. Nun wird $\Delta V \approx 0$, wenn $\int x \cdot dF = 0$, d. h. die Drehachse O eine Schwerachse der Schwimmfläche ist. In diesem Falle ändert auch der Auftrieb A seine Größe nicht. Dagegen ändert sich seine relative Lage gegen den schwimmenden Körper. Bezeichnet nämlich in der gedrehten Lage S_v' den Schwerpunkt der Verdrängung, so geht A jetzt durch diesen Punkt, muß also mit der Schwere G des Körpers ein Kräftepaar bilden. Sofern nun dieses Kräftepaar die dem Körper erteilte Drehung rückgängig zu machen sucht (was z. B. für Abb. 32b zutrifft), ist die Gleichgewichtslage, von welcher ausgegangen wurde, stabil, im andern Falle dagegen labil.

Der Punkt, in welchem der Auftrieb A die Schwimmachse schneidet, sei mit M bezeichnet. Über die Lage dieses Punktes M läßt sich eine bestimmte Aussage machen, durch welche die Frage der Stabilität sofort entschieden wird. Zu diesem Zwecke soll zunächst der horizontale Abstand x' des Schwerpunkts S'_v (in der gedrehten Lage) vom Punkte S_v bestimmt werden. Unter der Voraussetzung, daß bei der kleinen Drehung um den Winkel δ $\Delta V \approx 0$ ist (s. oben), stellt der durch S'_v gehende Auftrieb $A = \gamma \cdot \text{Vol.}\,(BCD)$ die Resultierende aus dem durch S_v gehenden Auftriebe $A = \gamma \cdot \text{Vol.}\,(HCF)$, dem durch das zusätzliche Volumen (OFD) bedingten Auftriebe und dem durch das ausgetauchte Volumen (OBH) bedingten Abtriebe (negativen Auftriebe) dar. Schreibt man also den Momentensatz in bezug auf die in der Schwimmebene liegende Achse O an, so ergibt sich mit den Bezeichnungen der Abb. 32b

$$-A \cdot x'_1 = A \cdot x'_2 - \gamma \int_{(r)} (x\,\delta\,dF)\,x - \gamma \int_{(l)} (x\,\delta\,dF)\,x,$$

wobei die Integrale $\int_{(r)}$ und $\int_{(l)}$ sich über den rechten Keil (OFD) bzw. den linken Keil (OBH) erstrecken. Da nun $A = \gamma V$ und $x'_1 + x'_2 = x'$, so folgt

$$x' = \frac{\delta \int_{(F)} x^2\,dF}{V} = \frac{\delta J_0}{V}, \tag{37}$$

und zwar bezeichnet dabei

$$\int_{(F)} x^2\,dF = J_0$$

das Trägheitsmoment der Schwimmfläche F des Körpers in bezug auf die Drehachse durch O. Andererseits ist, da δ als klein angenommen wurde (Abb. 32b),

$$x' \approx \overline{MS_v} \cdot \delta$$

oder, wenn zur Abkürzung

$$\overline{MS_k} = h_m \quad \text{und} \quad \overline{S_kS_v} = e$$

gesetzt wird,

$$x' = (h_m + e)\,\delta,$$

weshalb unter Beachtung von (37) folgt:

$$h_m = \frac{J_0}{V} - e. \tag{38}$$

Durch die Strecke h_m wird der Abstand des Punktes M vom Körperschwerpunkt S_k bestimmt. Ist nun $h_m > 0$, d. h. liegt der Punkt M oberhalb des Körperschwerpunktes S_k, so bilden A und G ein rückdrehendes Kräftepaar, das Gleichgewicht ist also stabil.

Wie aus (38) ersichtlich, ist h_m bei kleinem Drehwinkel δ von diesem unabhängig; bei stärkeren Neigungen der Schwimmachse trifft das jedoch nicht mehr zu. Andererseits hängt h_m vom Trägheitsmoment J_0 der Schwimmfläche, der Verdrängung V und dem Abstand e der Punkte S_k und S_v ab, wird also bei anderen Tauchtiefen als der hier vorausgesetzten seinen Wert ändern. Der auf der Schwimmachse im Abstande h_m von S_k liegende Punkt M heißt das Metazentrum des Körpers für die hier betrachtete Drehung um die Längsachse; die Strecke h_m wird entsprechend als **metazentrische Höhe** bezeichnet. Den kleinsten Wert erreicht h_m für das kleinste J_0; dieses ist für die Beurteilung der Stabilität maßgebend. Handelt es sich um Körper, die eine vertikale Symmetrieebene besitzen, so lassen sich die Hauptachsen der Schwimmfläche sofort angeben, welche dann das größte und kleinste Trägheitsmoment J_0 liefern. Bei Schiffen besitzt das auf die Längsachse durch O bezogene Trägheitsmoment J_0 den kleinsten Wert. Für die Beurteilung der Stabilität kommt somit die zu dieser Achse gehörige metazentrische Höhe in Frage.

Am fertigen Schiff kann die metazentrische Höhe auch durch einen Versuch festgestellt werden. Verschiebt man nämlich auf dem anfänglich gerade schwimmenden Schiff eine schwere Last Q um die Strecke s nach der Seite, so erleidet die vertikale Schwimmachse eine Neigung δ (Krängung), während gleichzeitig G und A ein rückdrehendes Moment von der Größe

$$G h_m \delta = Q s$$

liefern. Nachdem δ durch Beobachtung gefunden ist, ergibt sich die metazentrische Höhe aus vorstehender Gleichung zu

$$h_m = \frac{Q s}{G \delta}. \qquad (39)$$

Die metazentrische Höhe der Schiffe ist je nach dem Zwecke, dem sie dienen, verschieden; für Kriegsschiffe 0,8 bis 1,2 [m], für Segelschiffe 1,0 bis 1,4 [m], für Schnelldampfer 0,3 bis 0,7 [m][1].

Bei vollkommen untergetauchten Körpern, für welche die Bedingung $G = \gamma V$ erfüllt ist, verlieren die hier angestellten Überlegungen ihre Bedeutung, da eine Schwimmebene nicht mehr vorhanden ist. In diesem Falle kann stabiles Gleichgewicht nur bestehen, wenn der Körperschwerpunkt S_k lotrecht unter dem Schwerpunkt S_v der Verdrängung liegt.

1. Beispiel. Eine homogene, kreiszylindrische Walze ist gegen Drehen offenbar im indifferenten Gleichgewicht; dreht man sie nämlich um die Zylinderachse, so geht der Auftrieb nach wie vor durch den Körperschwerpunkt. Die Kräfte G und A können also kein Kräftepaar bilden und somit die Drehung weder verstärken noch rückgängig machen.

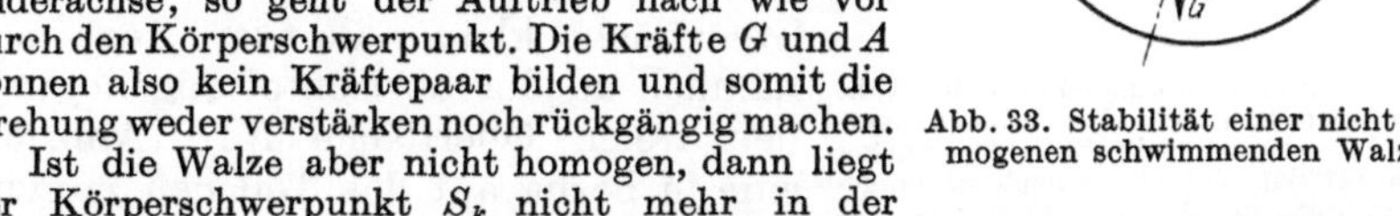

Abb. 33. Stabilität einer nicht homogenen schwimmenden Walze.

Ist die Walze aber nicht homogen, dann liegt der Körperschwerpunkt S_k nicht mehr in der Zylinderachse. Bei einer Drehung der Walze geht auch hier der Auftrieb durch die Zylinderachse, bildet also mit dem Gewicht G ein Kräftepaar (Abb. 33). Dieses ist rückdrehend, das Gleichgewicht also stabil, wenn S_k unterhalb der Zylinderachse liegt. Die metazentrische Höhe $h_m = \overline{S_k M}$ ist hier durch den Abstand des Körperschwerpunktes von der Zylinderachse gegeben.

2. Beispiel. Für den in Abb. 34 in der Längs- und Seitenansicht dargestellten homogenen Quader mit den Kantenlängen a, b, c soll die Bedingung der Stabilität

[1] Neudeck, G.: Der moderne Schiffbau, S. 180. Leipzig: Teubner 1912.

ermittelt werden. Bezeichnet γ_1 das spezifische Gewicht des Quaders und t die Tauchtiefe, so folgt aus $A = \gamma V = G$

$$\gamma\, a\, b\, t = \gamma_1\, a\, b\, c$$

oder

$$t = \frac{\gamma_1}{\gamma} c; \qquad (\text{wo } \gamma_1 < \gamma).$$

Die kleinste metazentrische Höhe h_m ergibt sich, wenn $a > b$ vorausgesetzt wird, bei der Drehung um die Längsachse O. Nach (38) erhält man dafür

$$h_m = \frac{a b^3}{12 a b t} - \frac{c-t}{2} = \frac{b^2}{12 t} - \frac{c-t}{2}.$$

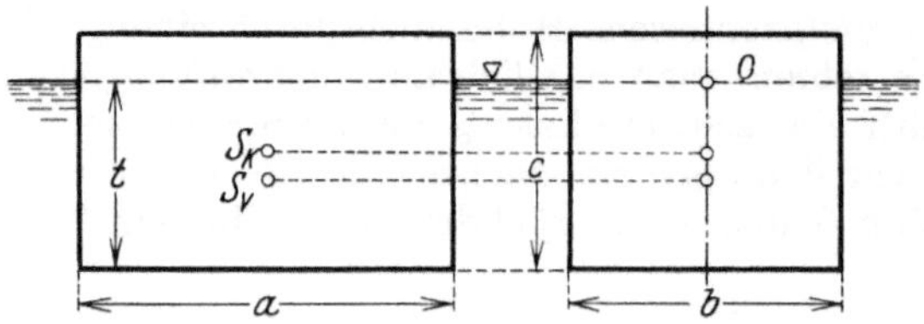

Stabilität ist vorhanden, wenn $h_m > 0$, d. h.

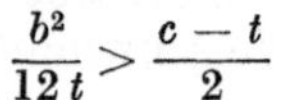

$$\frac{b^2}{12 t} > \frac{c-t}{2}$$

wird. Setzt man in den vorstehenden Ausdruck $t = \frac{\gamma_1}{\gamma} c$ ein, so geht dieser über in

Abb. 34. Stabilität eines homogenen Quaders.

$$\frac{b^2}{6 \frac{\gamma_1}{\gamma} c} > c \left(1 - \frac{\gamma_1}{\gamma}\right)$$

oder

$$\frac{b}{c} > \sqrt{6 \frac{\gamma_1}{\gamma} \left(1 - \frac{\gamma_1}{\gamma}\right)}.$$

9. Oberflächenspannung[1].

Auf jedes Teilchen einer ruhenden Flüssigkeit werden von seiner Umgebung molekulare Kohäsionskräfte ausgeübt, die aber nur innerhalb eines sehr kleinen Wirkungsbereiches vom Radius r bemerkbar sind. Befindet sich ein solches Teilchen mindestens um das Maß r von einer Grenzfläche entfernt, so werden sich diese von allen Richtungen her wirkenden Kräfte gegenseitig aufheben, das betreffende Molekül also unbeeinflußt lassen. Anders ist es jedoch bei einem Molekül, dessen Abstand a von der Grenzfläche kleiner als r ist. Legt man nämlich zu der horizontal angenommenen freien Oberfläche NN (Abb. 35) eine in bezug auf das Teilchen m symmetrische Ebene $N'N'$, so heben sich an diesem die Wirkungen aller Flüssigkeitsmoleküle auf, welche zwischen den Ebenen NN und $N'N'$ liegen. Dagegen werden diejenigen Flüssigkeitsteilchen, welche — innerhalb des in Frage kommenden Wirkungs-

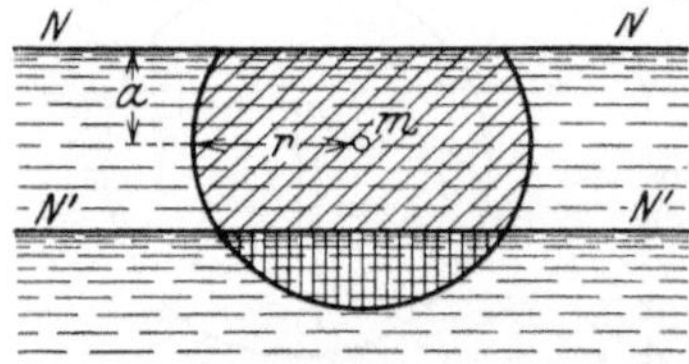

Abb. 35. Flüssigkeitsmolekül in der Nähe einer freien Oberfläche. Die Teilchen innerhalb des senkrecht schraffierten Bereiches üben auf das Molekül m nach unten gerichtete molekulare Kräfte aus.

[1] Pockels, F.: Kapillarität, in Winkelmanns Handb. d. Physik **1**. Leipzig 1908. Minkowski, H.: Kapillarität, in der Enzykl. d. math. Wiss. **5**, 1 (1907). Gyemant, A.: Kapillarität, im Handb. der Physik von H. Geiger u. K. Scheel **7** (1927).

bereiches — unterhalb der Ebene $N'N'$ liegen, auf das Molekül einen Zug nach unten ausüben.

Die Tangentialkomponenten der molekularen Anziehungskräfte erzeugen in der Oberfläche eine Spannung, welche — auf die Längeneinheit des Linienelements normal zur Spannungsrichtung bezogen — als Oberflächenspannung T (auch Kapillaritätskonstante) bezeichnet wird. Letztere hat an allen Punkten der Oberfläche unabhängig von der Richtung dieselbe Größe und besitzt die Dimension $\left[\frac{\text{gr-Gewicht}}{\text{cm}}\right]$. Auf ihr Vorhandensein ist das Bestreben einer Flüssigkeit, einen Körper kleinster Oberfläche zu bilden, zurückzuführen (Tropfenbildung).

Grenzen mehrere Medien aneinander (Flüssigkeiten, die sich nicht mischen, oder Flüssigkeiten und Gase), so unterliegen die Moleküle in der Nähe der Grenzfläche der Wirkung der Molekularkräfte beider Medien. Die Grenzflächenspannung T und mit ihr die Form der Grenzfläche hängt dann von der Natur der beiden aneinander grenzenden Medien ab. Hierauf beruht z. B. die bekannte Erscheinung, daß bei gegebenen Voraussetzungen ein auf eine Flüssigkeit gebrachter Tropfen einer leichteren Flüssigkeit als Tropfen erhalten bleibt (Wassertropfen auf Schwefelkohlenstoff), während in anderen Fällen ein solcher Tropfen infolge der Oberflächenspannung in die Länge gezogen wird und schließlich sich als dünne Haut über die Oberfläche der schwereren Flüssigkeit ausbreitet (Öl auf Wasser, Wasser auf Quecksilber). In der nachstehenden Tabelle sind die Werte T für einige wichtige Flüssigkeiten angegeben[1]:

Wasser	gegen	Luft	0,0770	$\left[\frac{\text{gr-Gewicht}}{\text{cm}}\right]$
Quecksilber	„	„	0,470	„
Alkohol	„	„	0,0258	„
Olivenöl	„	„	0,0327	„
„	„	Wasser . . .	0,021	„
Alkohol	„	„ . . .	0,0023	„

Auch bei der Berührung von Flüssigkeiten mit festen Körpern spielen die Molekularkräfte eine Rolle. Eine „Benetzung" des betreffenden Körpers durch die Flüssigkeit tritt nur dann ein, wenn die vom Körper herrührenden Molekularkräfte die Kohäsionskräfte der Flüssigkeitsteilchen überwiegen. Die Flüssigkeit wird in diesem Falle an den Wandungen des Körpers hochgezogen (vgl. Seite 41).

Weiter oben war gezeigt, daß die Oberflächenspannung T eine in der Oberfläche liegende, normal zu den Begrenzungslinien eines Flächenelementes wirkende Kraft darstellt. Ist das betreffende Flächenelement eben, so fallen die zugehörigen Spannungskomponenten in die Ebene des Elements und heben sich in ihrer Wirkung am Flächenelement auf. Ist letzteres dagegen gekrümmt, so liefern die an ihm wirkenden Spannungskomponenten eine in die Richtung der Flächennormalen fallende Resultierende, welche als Krümmungs- oder Kapillardruck bezeichnet wird und der Krümmung proportional ist.

[1] Nach G. Gehlhoff: Lehrb. techn. Physik 1, 107. Leipzig 1924.

Zur Ermittlung dieses Krümmungsdrucks werde das in Abb. 36 skizzierte, räumlich gekrümmte Flächenelement dF betrachtet, welches durch die — zwei normalen Hauptschnitten entsprechenden — Linienelemente ds_1 und ds_2 begrenzt sei. Die zugehörigen Krümmungsradien seien mit ϱ_1 und ϱ_2, die Öffnungswinkel mit ϑ_1 und ϑ_2 bezeichnet. Infolge der vorausgesetzten

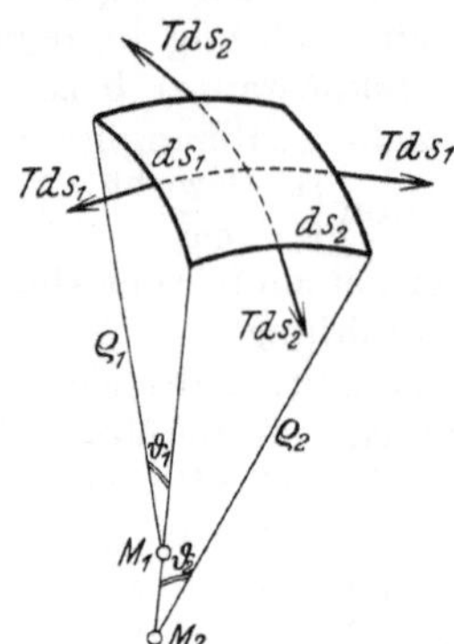

Abb. 36.

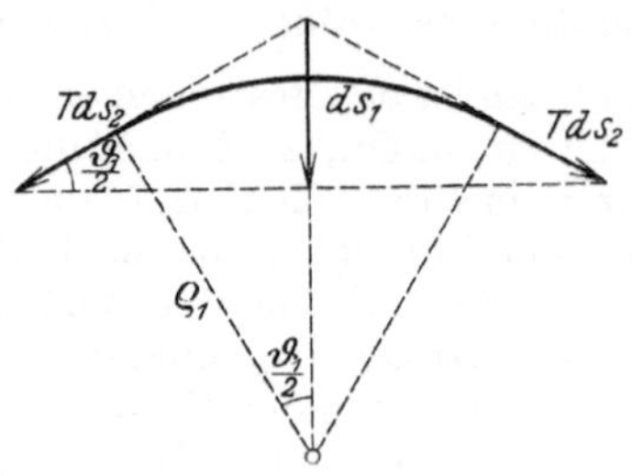

Abb. 36a.

Abb. 36 u. 36a. Gekrümmtes Oberflächenelement unter der Wirkung von Oberflächenspannungen.

Krümmung liefern die Oberflächenspannungen T eine normal zur Fläche dF stehende Resultierende von der Größe (Abb. 36a)

$$N = T\,ds_2\vartheta_1 + T\,ds_1\vartheta_2 = T\,(ds_2\vartheta_1 + ds_1\vartheta_2)\,,$$

woraus mit

$$\vartheta_1 = \frac{ds_1}{\varrho_1}\,;\quad \vartheta_2 = \frac{ds_2}{\varrho_2}\,;\quad N = P\,ds_1\,ds_2$$

folgt

$$P = T\left(\frac{1}{\varrho_1} + \frac{1}{\varrho_2}\right). \tag{40}$$

P ist der gesuchte Krümmungsdruck, bezogen auf die Flächeneinheit; seine Dimension ist $\left[\frac{\text{gr-Gewicht}}{\text{cm}^2}\right]$. P wird positiv, d. h. nach dem Innern der Flüssigkeit gerichtet, sofern das Flächenelement wie in Abb. 36 einer nach außen konvexen Oberfläche angehört; im andern Falle sind die Krümmungsradien negativ einzuführen, und das Flächenelement erfährt einen Zug nach außen.

Kapillarröhren. Taucht man ein zylindrisches Kapillarrohr (Haarröhrchen) vom Radius R in eine benetzende Flüssigkeit, so steigt letztere erfahrungsgemäß um ein gewisses Maß im Kapillarrohre in die Höhe. Die Oberfläche der Flüssigkeit im Rohre bildet dabei eine nach innen konvexe Umdrehungsfläche (Abb. 37). Ein beliebiger Punkt A derselben im Abstand r von der Rohrachse möge in bezug auf das Niveau des äußeren, normalen Flüssigkeitsspiegels um die Höhe z angehoben sein. Bezeichnen nun p_0 den als konstant angenommenen atmosphärischen Luftdruck und γ das spezifische Gewicht der Flüssigkeit, so herrscht an der Stelle A' lotrecht unter A und im Niveau der äußeren Oberfläche der Druck

$$p'_A = p_0 + \gamma z + P\,,$$

wo P den Krümmungsdruck darstellt. Da aber p'_A gleich dem Druck p_0 auf den äußeren horizontalen Flüssigkeitsspiegel sein muß, so wird

$$P = -\gamma z. \tag{41}$$

Nun handelt es sich hier, wie bereits bemerkt, im Kapillarrohr um eine nach innen konvexe Oberfläche; die Krümmungsradien ϱ_1 und ϱ_2 sind also unter Beachtung der obigen Bemerkung mit negativem Vorzeichen einzuführen. Demnach folgt aus (40) und (41)

$$T\left(\frac{1}{\varrho_1} + \frac{1}{\varrho_2}\right) = \gamma z. \tag{42}$$

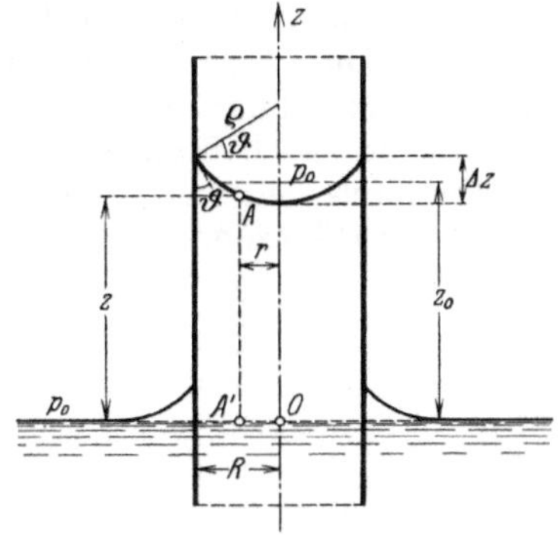

Abb. 37. Benetzende Flüssigkeit in einem Kapillarrohr; die Flüssigkeit steigt im Rohre.

Macht man jetzt die Annahme, daß die Oberfläche der Flüssigkeit im Kapillarrohr sich angenähert als Kugelfläche ausbildet und vernachlässigt ferner die kleinen Höhenunterschiede der einzelnen Punkte A gegenüber ihrem Mittelwerte z_0 (Abb. 37), so geht (42) mit $\varrho_1 = \varrho_2 = \varrho$ und $z = z_0$ über in

$$T = \frac{\varrho}{2}\gamma z_0 = \frac{\gamma z_0}{2}\frac{R}{\cos\vartheta}, \tag{43}$$

wo ϑ den „Randwinkel" der Oberfläche gegen den Rohrmantel darstellt. Aus dieser Gleichung kann die Kapillarkonstante T berechnet werden, sobald die mittlere Erhebung z_0 und der Randwinkel ϑ durch Beobachtung gefunden sind. Zur Bestimmung des letzteren kann man die Höhe Δz des sogenannten Meniskus (Abb. 37) messen und daraus den Randwinkel ϑ mittels der Beziehung

$$\Delta z = \varrho(1 - \sin\vartheta) = \frac{R}{\cos\vartheta}(1 - \sin\vartheta)$$

berechnen. Aus (43) folgt

$$z_0 = \frac{2T}{\gamma R}\cos\vartheta,$$

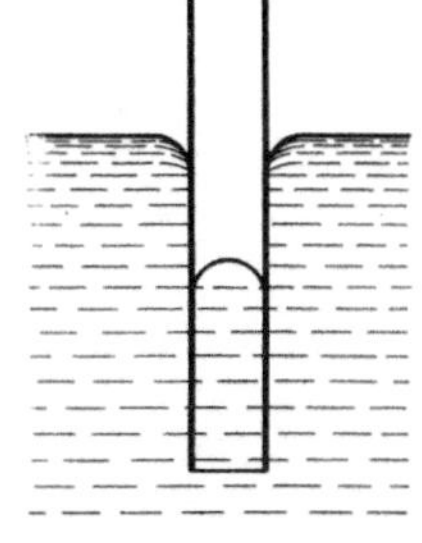
Abb. 38. Nicht benetzende Flüssigkeit; die Flüssigkeit sinkt im Rohre.

und man erkennt, daß die Steighöhe der Flüssigkeit dem Radius R des Kapillarrohres umgekehrt proportional ist. Nimmt man näherungsweise für sehr enge Rohre die Oberfläche der Flüssigkeit als Halbkugel an, so wird $\vartheta = 0$ und demnach mit $d = 2R$ als Rohrdurchmesser

$$z_0 = \frac{4T}{\gamma d},$$

so daß die Steighöhe berechnet werden kann, wenn T bekannt ist. Nach Seite 39 ist für Wasser gegen Luft $T = 0{,}077\left[\frac{\text{gr}}{\text{cm}}\right] = 0{,}0077\left[\frac{\text{gr}}{\text{mm}}\right]$. Als Steighöhe des Wassers in einem Rohre vom Durchmesser d [mm] ergibt sich somit wegen $\gamma = 1\left[\frac{\text{gr}}{\text{cm}^3}\right] = \frac{1}{1000}\left[\frac{\text{gr}}{\text{mm}^3}\right]$

$$z_0 = \frac{4 \cdot 0{,}0077 \cdot 1000}{1 \cdot d} \approx \frac{30}{d}[\text{mm}].$$

Bei der vorstehenden Betrachtung war eine die Rohrwandung benetzende Flüssigkeit vorausgesetzt, bei welcher ein Ansteigen im Kapillarrohr zu beobachten ist. Handelt es sich dagegen um eine das Rohr nicht benetzende Flüssigkeit (z. B. Quecksilber in Glasröhrchen), so tritt infolge Überwiegens der Molekularkräfte aus dem Innern der Flüssigkeit eine sogenannte Kapillardepression, d. h. ein Sinken der Flüssigkeit im Kapillarrohr ein, wobei der Meniskus nach außen konvex ist (Abb. 38). Die obigen Rechnungen können auch auf diesen Fall sinngemäße Anwendung finden.

Ähnliche Erscheinungen, die auf der Kapillarwirkung beruhen, sind das Emporsteigen von Flüssigkeiten in porösen Körpern sowie den Fasern der Pflanzen.

Zweite Abteilung.

Theorie der Flüssigkeitsbewegung.

Vorbemerkung.

Während in der „starren" Mechanik die Lehre von der Bewegung eines einzelnen (freien oder in bestimmter Weise geführten) Massenpunktes einen breiten Raum einnimmt und auf eine große Reihe technischer Probleme unmittelbar anwendbar ist, handelt es sich in der Hydromechanik um die Bewegung ausgedehnter Flüssigkeitsmengen, deren einzelne Teilchen in jedem Augenblick unter der Wirkung ihrer Umgebung stehen und somit ihre Bewegung gegenseitig ständig beeinflussen. Um also die Bewegung einer solchen Flüssigkeitsmasse in allen ihren Einzelheiten vollkommen beschreiben zu können, wäre es notwendig, daß für jedes Element der zeitliche Verlauf der Bewegung angegeben würde, etwa in der Weise, daß man seine augenblicklichen Koordinaten x, y, z als Funktionen der Zeit darstellt. Bei den Aufgaben der technischen Praxis kommt es jedoch im allgemeinen gar nicht darauf an, die Bewegung der Flüssigkeitsteilchen einzeln zu verfolgen. Man will vielmehr wissen, wie groß jeweilig Geschwindigkeit und Druck an jeder Stelle der Flüssigkeit sind. Dazu ist notwendig, daß die drei Geschwindigkeitskomponenten sowie der Druck für jeden Raumpunkt des ganzen Flüssigkeitsgebietes als Funktionen der Zeit dargestellt werden. Von dieser Vorstellung ausgehend, hat zuerst Leonhard Euler die allgemeinen Bewegungsgesetze der reibungsfreien Flüssigkeit entwickelt und damit die Grundlage für die moderne Hydrodynamik geschaffen (vgl. S. 108). Bei der Anwendung dieser Gesetze, welche ihren Ausdruck in einer Gruppe partieller Differentialgleichungen finden, auf natürliche Strömungsvorgänge stellen sich leider erhebliche Schwierigkeiten ein. Sie sind z. T. rein mathematischer Natur, zum andern Teil beruhen sie auf dem nicht idealen Verhalten der wirklichen Flüssigkeiten, so daß die dreidimensionale Behandlung gerade der technisch wichtigsten Strömungsvorgänge — abgesehen von einigen Sonderfällen — noch wenig Aussicht auf Erfolg verheißt, ja z. T. unmöglich ist.

Wesentlich einfacher als bei den dreidimensionalen liegen die Verhältnisse bei den zweidimensionalen oder ebenen Strömungen, worunter man solche Bewegungen versteht, bei welchen sich alle Flüssigkeitselemente in Ebenen bewegen, die einer festen Ebene parallel sind, und zwar so, daß die Strömung in jeder Ebene die gleiche ist. Sofern dabei die Flüssigkeit als reibungsfrei betrachtet werden darf, lassen sich diese Strömungen in theoretisch recht befriedigender Weise nach besonderen Methoden behandeln, wovon in einem späteren Abschnitt noch ausführlich die Rede sein wird (vgl. S. 123).

Den Schwierigkeiten einer strengen mathematischen Erfassung der verschiedenartigsten Strömungsvorgänge steht die Notwendigkeit gegenüber, für die in der Technik vorkommenden, äußerst mannigfaltigen Flüssigkeitsbewegungen praktisch brauchbare Gesetze zu entwickeln. Dieser Umstand führt bei einer Reihe von Problemen zu einer mehr summarischen Behandlung, indem man die dreidimensionale Darstellung durch eine eindimensionale ersetzt, d. h. man betrachtet nur die in der Hauptrichtung der Strömung auftretenden Vorgänge und beschränkt sich dabei auf mittlere Verhältnisse. Durch Beifügung von experimentell zu ermittelnden Koeffizienten oder Beiwerten müssen dann die theoretischen Überlegungen mit den wirklichen Erscheinungen so gut als möglich in Übereinstimmung gebracht werden. Das umfangreiche Lehrgebiet, welches sich auf dieser vereinfachten, eindimensionalen Darstellung aufbaut, wird als Hydraulik bezeichnet.

Eine wichtige Aufgabe der modernen Forschung muß darin erblickt werden, einen Ausgleich zwischen der mathematischen Hydrodynamik und der technischen Hydraulik nach der Richtung herbeizuführen, daß letzten Endes eine Hydrodynamik entsteht, die, auf mechanisch einwandfreien Gesetzen aufgebaut, die inzwischen gewonnenen Erfahrungen über die physikalischen Eigenschaften der natürlichen Flüssigkeiten berücksichtigt, wozu das reiche Versuchsmaterial der Hydraulik wertvolle Dienste leisten kann.

I. Theorie des Stromfadens. (Eindimensionale Strömung.)

1. Stromlinie und Stromröhre. Stationäre Bewegung.

In der obigen Vorbemerkung wurde bereits darauf hingewiesen, daß es bei einer Flüssigkeitsbewegung von besonderem Interesse ist, für jeden Raumpunkt Größe und Richtung der Strömungsgeschwindigkeit zu kennen. Das Gesamtbild der Geschwindigkeitsverteilung wird besonders übersichtlich durch die Einführung der Stromlinien. Das sind Linien, die an jeder Stelle der Flüssigkeit in der Richtung der dort herrschenden Geschwindigkeit verlaufen. Im allgemeinen werden sich bei einer beliebigen Flüssigkeitsbewegung die Geschwindigkeiten an allen Stellen des Raumes nach Größe und Richtung ändern, woraus folgt, daß auch die Stromlinien ihre Gestalt mit der Zeit ändern werden. Indessen gibt es auch Strömungen, die zeitlich konstant verlaufen, bei denen also an einem bestimmten Raumpunkt unabhängig von der Zeit stets die gleiche Geschwindigkeit vorhanden ist. Derartige Strömungen bezeichnet man als stationär. Bei der stationären Bewegung sind die Stromlinien ihrer Gestalt nach unveränderlich; die Bahnen der einzelnen Flüssigkeitsteilchen fallen dann mit den Stromlinien zusammen. Bei nichtstationärer Bewegung trifft dieses jedoch nicht zu. Zwei Stromlinien können sich niemals schneiden, da sonst ja an einem bestimmten Raumpunkt (nämlich dem Schnittpunkt) gleichzeitig zwei verschiedene Geschwindigkeiten existieren müßten, was nicht möglich ist.

Man denke sich nun im Innern der strömenden Flüssigkeit eine kleine geschlossene Kurve (Abb. 39) und ziehe durch jeden Punkt derselben die zugehörige Stromlinie. (Bei nichtstationärer Bewegung fasse man zur Erlangung eines Augenblicksbildes einen bestimmten Zeitpunkt ins Auge.) Die Gesamtheit der eingezeichneten Stromlinien bildet eine sogenannte Stromröhre, deren flüssiger Inhalt als Stromfaden bezeichnet wird. Ist die Bewegung stationär, so hat die Stromröhre unveränderliche Gestalt. Dann bewegt sich die Flüssigkeit, welche sich einmal in der Stromröhre befindet, gerade so wie in einem festen Rohre. Denkt man sich schließlich die ganze Flüssigkeitsmenge in lauter Stromfäden aufgeteilt, so ist die Bewegung der Flüssigkeit bekannt, wenn die Bewegung jedes Stromfadens bekannt ist. In vielen Fällen der praktischen Anwendung (Strömung in Röhren usw.) betrachtet man die ganze Flüssigkeit als einen einzigen Stromfaden und rechnet dann mit mittleren Geschwindigkeiten (vgl. S. 70).

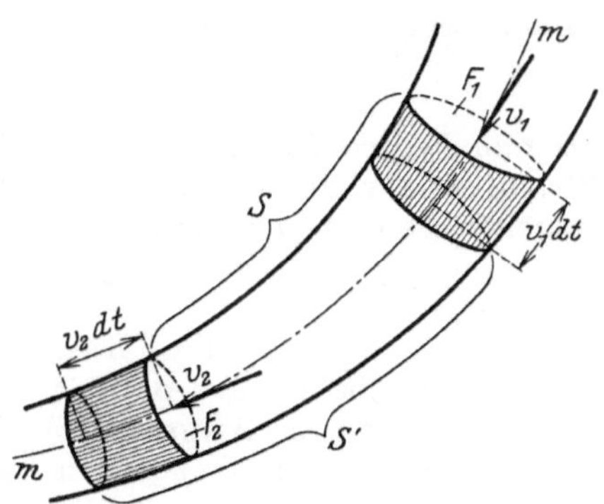

Abb. 39. Darstellung der Kontinuität in der Stromröhre; $v_1 F_1 = v_2 F_2$.

Ein normal zur Mittellinie eines Stromfadens gelegter Schnitt heißt Querschnitt des Stromfadens (Abb. 39). Wird er hinreichend klein gewählt, so darf angenommen werden, daß alle den Stromfaden bildenden Stromlinien — und somit die entsprechenden Geschwindigkeiten — normal zum Stromfadenquerschnitt stehen. Des weiteren dürfen in diesem Falle die den einzelnen Stromlinien entsprechenden Geschwindigkeiten als nahezu gleich groß angesehen und durch eine über den ganzen Querschnitt genommene mittlere Geschwindigkeit ersetzt werden.

2. Kontinuitätsgleichung.

Zur Ableitung einer für die Folge wichtigen Beziehung sei jetzt ein bestimmtes Stück S einer Stromröhre abgegrenzt, welches zur Zeit t die beiden (kleinen) Endquerschnitte F_1 und F_2 besitzen (Abb. 39) und die Flüssigkeitsmasse M enthalten möge. Die Flüssigkeit sei wieder als unzusammendrückbar angenommen, außerdem sei vorausgesetzt, daß sie die ganze Stromröhre zu jeder Zeit lückenlos ausfüllt. Während des auf t folgenden Zeitelements dt verschieben sich die Flüssigkeitsteilchen, welche zusammen die Masse M bilden, um ein gewisses Stück innerhalb der Stromröhre, erfüllen also nach Ablauf der Zeit dt einen andern Raum S' als zur Zeit t. Da aber bei konstanter Dichte ϱ die Masse M sich nicht ändern kann, so ist $S = S'$. Es seien nun v_1 und v_2 die den Querschnitten F_1 und F_2 entsprechenden Geschwindigkeiten zur Zeit t. Dann verschieben sich die im Querschnitt F_1 liegenden Teilchen während dt um $v_1\,dt$, die im Querschnitt F_2 liegenden Teilchen um $v_2\,dt$. Durch die Wandungen der Stromröhre kann Flüssigkeit weder aus- noch eintreten; der Raum S' läßt sich also in der Form darstellen:

$$S' = S - F_1 v_1\,dt + F_2 v_2\,dt\,,$$

woraus wegen $S = S'$ folgt:

$$F_1 v_1 = F_2 v_2\,.$$

Da nun F_1 und F_2 zwei ganz beliebige Querschnitte des betrachteten Stromfadens sind, so kann an Stelle des vorstehenden Ausdrucks allgemeiner geschrieben werden

$$F\,v = \text{const.}\,,$$

womit die sogenannte Kontinuitätsgleichung für den Stromfaden gefunden ist. Sie sagt aus, daß für alle Querschnitte eines Stromfadens in jedem Augenblick das Produkt aus Querschnitt und zugehöriger Geschwindigkeit konstant ist.

Das Produkt

$$Q = F\,v \left[\frac{\text{m}^3}{\text{sec}}\right]$$

stellt die Flüssigkeitsmenge dar, welche in der Zeiteinheit durch den Querschnitt F des Stromfadens fließt, und wird als sekundliche Durchflußmenge bezeichnet.

3. Eulersche Bewegungsgleichungen[1].

In einer reibungsfreien, nur der Wirkung der Schwere unterworfenen Flüssigkeit denke man sich ein prismatisches Flüssigkeitselement abgetrennt, welches in Richtung der augenblicklichen Geschwindigkeit (Stromlinienrichtung) die Länge ds, normal dazu den Querschnitt dF haben möge (Abb. 40). Auf dieses Element wende man das Newtonsche Kraftgesetz

$$K_s = m\,b_s$$

an, wo K_s die Summe der äußeren Kräfte in Richtung der Stromlinie, b_s seine Tangentialbeschleunigung und m seine Masse bezeichnen. An äußeren Kräften kommen bei reibungsfreien Flüssigkeiten in Betracht: der Druck $p\,dF$ am oberen Querschnitt, der Druck $\left(p + \frac{\partial p}{\partial s}\,ds\right)dF$ am unteren Querschnitt und die in die Bewegungsrichtung fallende Schwerekomponente. Bezeichnet man noch mit φ den Winkel, welchen die Schwere und die Stromlinienrichtung einschließen, dann lautet die

[1] Vgl. hierzu die allgemeineren Ausführungen auf Seite 108.

Newtonsche Grundgleichung

$$p\,dF - \left(p + \frac{\partial p}{\partial s}\,ds\right)dF + mg\cos\varphi = m\,b_s\,, \tag{44}$$

wobei mit ϱ als Bezeichnung der Dichte

$$m = \varrho\,ds\,dF$$

zu setzen ist. Der obere Querschnitt des betrachteten Flüssigkeitsteilchens sei durch die Höhenkoordinate z in bezug auf eine beliebige horizontale Nullebene festgelegt (Abb. 40).

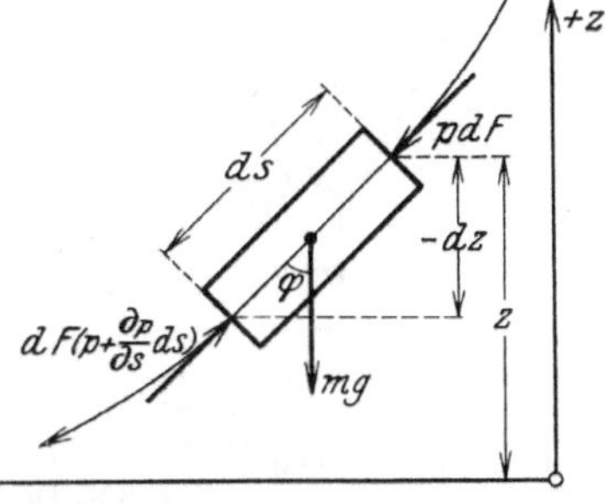

Abb. 40. Flüssigkeitselement unter der Wirkung der Schwere und der in die Stromlinienrichtung fallenden Druckkräfte.

Dann ist

$$\cos\varphi = -\frac{\partial z}{\partial s}$$

und demnach

$$mg\cos\varphi = -\varrho\,g\,ds\,dF\,\frac{\partial z}{\partial s}\,.$$

Mit diesem Werte und nach Division durch $\varrho\,ds\,dF$ erhält man aus (44) als Beschleunigung längs der Stromlinie

$$b_s = -\frac{1}{\varrho}\frac{\partial p}{\partial s} - g\frac{\partial z}{\partial s} = \frac{dv}{dt}\,. \tag{45}$$

Da die Geschwindigkeit v im allgemeinen eine Funktion des Ortes (s) und der Zeit (t) ist, so gilt wegen $v = \frac{ds}{dt}$

$$b_s = \frac{dv}{dt} = \frac{\partial v}{\partial s}\frac{ds}{dt} + \frac{\partial v}{\partial t} = v\frac{\partial v}{\partial s} + \frac{\partial v}{\partial t}\,, \tag{46}$$

so daß (45) übergeht in

$$v\frac{\partial v}{\partial s} + \frac{\partial v}{\partial t} = -\frac{1}{\varrho}\frac{\partial p}{\partial s} - g\frac{\partial z}{\partial s}\,. \tag{47}$$

Für den besonderen Fall der stationären Bewegung sind Druck und Geschwindigkeit von der Zeit unabhängig; infolgedessen wird $\frac{\partial v}{\partial t} = 0$. Beachtet man noch die Beziehung

$$v\frac{\partial v}{\partial s} = \frac{\partial}{\partial s}\left(\frac{v^2}{2}\right)$$

und ersetzt, da jetzt alle Größen nur noch Funktion des Ortes sind, die partiellen durch gewöhnliche Differentialzeichen, so erhält man aus (47)

$$\frac{1}{2}\frac{dv^2}{ds} = -\frac{1}{\varrho}\frac{dp}{ds} - g\frac{dz}{ds}\,. \tag{48}$$

Zur Ermittlung der Beschleunigung quer zur Stromlinienrichtung (Zentripetalbeschleunigung) betrachte man ein prismatisches Flüssigkeitsteilchen von der Länge dn quer zur Stromlinie und dem in Richtung der Stromlinie gemessenen Querschnitt dF (Abb. 41). Die positive

Richtung von n sei nach dem Krümmungsmittelpunkt hin angenommen, r bezeichne den Krümmungsradius. Dann gilt in radialer Richtung wieder das Newtonsche Kraftgesetz

$$K_n = m b_n ,$$

und zwar ist die Zentripetalbeschleunigung b_n mit der Geschwindigkeit v durch die Beziehung verknüpft

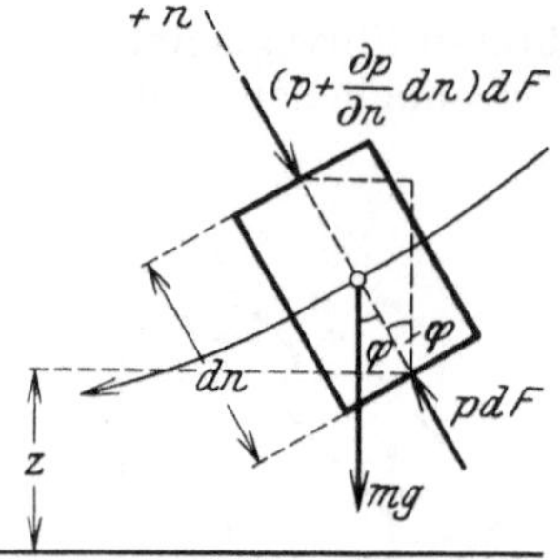

Abb. 41. Flüssigkeitselement unter der Wirkung der Schwere und der quer zur Stromlinienrichtung auftretenden Druckkräfte.

$$b_n = \frac{v^2}{r} .$$

Unter Beachtung der aus Abb. 41 ersichtlichen Bezeichnungen folgt also in ähnlicher Weise wie früher:

$$b_n = -\frac{1}{\varrho}\frac{\partial p}{\partial n} - g\frac{\partial z}{\partial n} = \frac{v^2}{r} . \tag{49}$$

Die Ausdrücke (45) und (49) stellen die Eulerschen Bewegungsgleichungen für reibungsfreie Flüssigkeiten dar.

Bei manchen Strömungsvorgängen ist der Einfluß der Schwere ohne Bedeutung. Unterdrückt man für solche Fälle in (49) das Glied mit g, so folgt:

$$\frac{\partial p}{\partial n} = -\varrho\frac{v^2}{r} ,$$

und man erkennt, daß ein Druckabfall quer zur Stromlinienrichtung gegen den Krümmungsmittelpunkt hin stattfindet. Bei geraden Stromlinien ist dieser wegen $r = \infty$ gleich Null.

4. Bernoullische Druck- oder Energiegleichung.

Da in (48) sämtliche Glieder Differentialquotienten nach s sind (stationäre Strömung), so läßt sich dieser Ausdruck unmittelbar integrieren, und man erhält

$$\frac{v^2}{2} + \frac{p}{\varrho} + g z = \text{const.} \tag{50}$$

oder, nach Division durch g und Beachtung der Beziehung $\varrho = \frac{\gamma}{g}$, die Bernoullische Gleichung

$$\frac{v^2}{2g} + \frac{p}{\gamma} + z = \text{const.}, \tag{50a}$$

welche gewöhnlich als Druckgleichung der stationären Bewegung bezeichnet wird. Sie wurde erstmalig von Dan. Bernoulli aufgestellt[1], schon bevor Euler seine Theorie der idealen Flüssigkeit entwickelt hatte und ist von grundlegender Bedeutung für die ganze Hydrodynamik geworden.

[1] Bernoulli, D.: Hydrodynamica. Straßburg 1738.

Die drei Glieder der linken Seite von (50a) stellen ihrer Dimension nach Längen dar, und zwar ist das erste Glied die aus der Punktmechanik bekannte Geschwindigkeitshöhe. Das zweite Glied wird als Druckhöhe bezeichnet (vgl. S. 12), während das letzte Glied die geometrische Höhe (Ortshöhe) des Flüssigkeitsteilchens über einer beliebig gewählten horizontalen Nullebene angibt. Die Summe dieser drei Höhen heißt die hydraulische Höhe des betreffenden Punktes. Gleichung (50a) spricht demnach das wichtige Gesetz aus: Bei der stationären Bewegung einer idealen Flüssigkeit ist für alle Punkte längs einer Stromlinie die Summe aus Geschwindigkeits-, Druck- und geometrischer Höhe konstant. Die Größe dieser Konstanten ändert sich im allgemeinen beim Übergang von einer Stromlinie zu einer anderen. In dem besonderen Falle der stationären und wirbelfreien Strömung hat sie dagegen — wie später gezeigt wird — für das ganze Flüssigkeitsgebiet einen unveränderlichen Wert (vgl. S. 121).

Die Bernoullische Gleichung läßt noch eine andere für die Folge wichtige Deutung zu, wenn man bedenkt, daß $\frac{m}{2}v^2$ die kinetische Energie und — bei alleiniger Wirkung von Schwerekräften — $m g z$ die potentielle Energie eines Flüssigkeitsteilchens von der Masse m bezeichnen. In Gleichung (50) stellt somit $\frac{v^2}{2}$ die kinetische und $g z$ die potentielle Energie der Masseneinheit dar. Aus Dimensionsgründen folgt dann ohne weiteres, daß auch $\frac{p}{\varrho}$ eine auf die Einheit der Masse bezogene Energieform sein muß, welche hinfort als Druckenergie bezeichnet werden soll. In diesem Zusammenhange wird der Ausdruck (50) auch die Energiegleichung der stationären Strömung genannt. Sie sagt aus, daß die sog. Strömungsenergie, d. h. die Summe aus kinetischer, potentieller und Druckenergie eines Teilchens zeitlich unveränderlich ist und für alle Punkte längs einer Stromlinie denselben Wert hat.

Das vorstehend gefundene Ergebnis ist nur daraus zu erklären, daß bei der Herleitung der Gleichung (50) keinerlei „Verluste“ berücksichtigt worden sind. Derartige Verluste treten aber bei den Bewegungen der wirklichen Flüssigkeiten in mehr oder minder starkem Maße auf, wobei der Strömung Energie entzogen und zu anderen Zwecken verbraucht wird. Um auf solche Strömungen mit Verlusten, wie sie in der technischen Praxis fast ausschließlich die Regel bilden, die Bernoullische Gleichung anwenden zu können, bedarf es noch der Hinzufügung eines Korrektionsgliedes, worauf später genauer eingegangen wird (vgl. S. 67).

Eine graphische Darstellung des durch Gleichung (50a) zum Ausdruck kommenden Gesetzes zeigt Abb. 42, in welcher über den geometrischen Höhen der Schwerpunkte zweier Stromfadenquerschnitte *1* und *2* die entsprechenden Geschwindigkeits- und Druckhöhen aufgetragen sind. Die Endpunkte dieser Streckensummen liegen in einer horizontalen Ebene, dem ideellen Niveau des betreffenden Stromfadens.

Multipliziert man die Ordinaten der Abb. 42 mit $\gamma = \varrho g$, so erhält man für die beiden betrachteten Querschnitte die Beziehung

$$\varrho \frac{v_1^2}{2} + p_1 + \gamma z_1 = \varrho \frac{v_2^2}{2} + p_2 + \gamma z_2 = \text{const.}$$

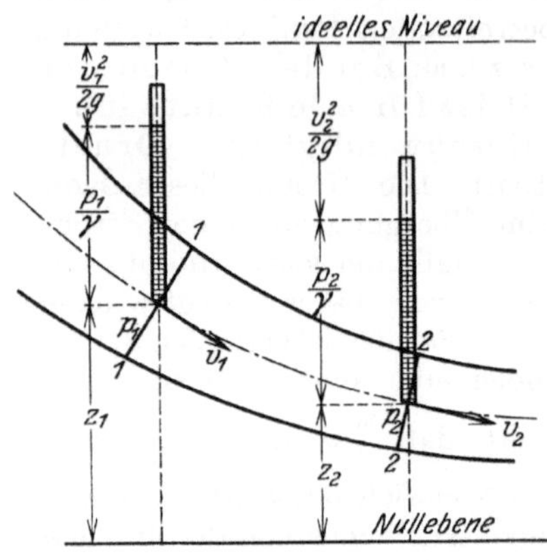

Abb. 42. Schematische Darstellung der Bernoullischen Druckgleichung
$\frac{v^2}{2g} + \frac{p}{\gamma} + z = \text{const.}$

Bei gleichen geometrischen Höhen $z_1 = z_2$ folgt daraus

$$\varrho \frac{v_1^2}{2} + p_1 = \varrho \frac{v_2^2}{2} + p_2 = \text{const.}$$

Der größte Druck p_1 tritt dann an derjenigen Stelle auf, für welche $v_1 = 0$ wird (z. B. beim Stau vor einem Hindernis). Er ist

$$p_1 = \varrho \frac{v_2^2}{2} + p_2. \tag{51}$$

In der Technik wird p_2 gewöhnlich als statischer Druck, $\varrho \frac{v_2^2}{2}$ als dynamischer oder Staudruck und p_1 als Gesamtdruck bezeichnet. Die Messung des Staudrucks $p_1 - p_2 = \frac{\varrho}{2} v_2^2$ kann zur Berechnung der Strömungsgeschwindigkeit benutzt werden (siehe unten).

Die Druckhöhen $\frac{p}{\gamma}$ — und damit die Drücke selbst — lassen sich mittels sogenannter Piezometer messen. Führt man nämlich ein dünnes Manometerrohr bis an diejenige Stelle der Flüssigkeit heran, deren Druck gemessen werden soll (Abb. 43a und 43b), so steigt die Flüssigkeit vermöge des Druckes p im Rohre in die Höhe. Bei Verwendung eines oben geschlossenen und luftleer gemachten Rohres gibt die Steighöhe unmittelbar den Wert $\frac{p}{\gamma}$ an (Abb. 43a). Hat man dagegen, wie das bei praktischen Wassermessungen gewöhnlich der Fall ist, ein oben offenes Rohr, so liefert die Steighöhe den Wert $\frac{p - p_a}{\gamma}$, wo p_a den atmosphärischen Luftdruck bezeichnet (Abb. 43b).

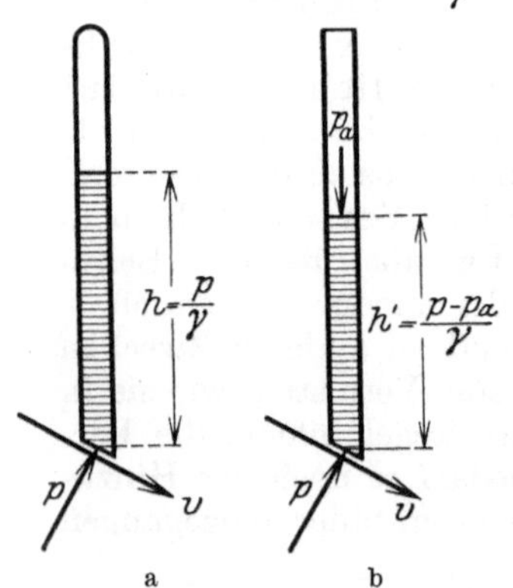

Abb. 43a u. b. Oben geschlossenes und oben offenes Piezometerrohr.

Um die durch das Einbringen der Piezometer bedingten Störungen der Strömung möglichst gering zu halten, werden die Piezometer zweckmäßig nach Abb. 44 ausgebildet, indem man ein dünnes, mit seitlichen

Schlitzen versehenes Rohr in die Bewegungsrichtung legt und dieses mit dem Manometerrohr in Verbindung bringt.

Abb. 45 zeigt ein „Staugerät", d. h. eine Vorrichtung zur unmittelbaren Messung der Strömungsgeschwindigkeit[1]. Ein dünnes Rohr ABC, ein sogenanntes Pitotrohr, ist so angeordnet, daß seine Mündung A normal zur Richtung der Stromlinien steht. Die mittelste Stromlinie muß sich am „Staupunkt" A teilen, da im Rohre ABC keine Strömung stattfinden kann; dort ist also $v_1 = 0$, während außen die Vorrichtung (annähernd) mit der ungestörten Geschwindigkeit v umströmt wird. Der dem Werte $v_1 = 0$ im Schenkel AB entsprechende Druck ist nach (51)

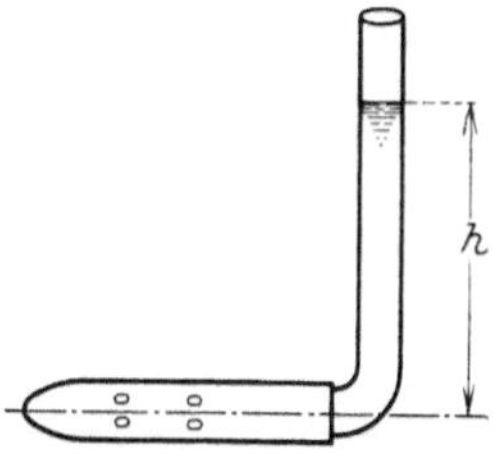

$$p_1 = \varrho \frac{v^2}{2} + p\,,$$

die Flüssigkeit wird also im vertikalen Schenkel BC auf die Höhe

Abb. 44. Piezometerrohr mit horizontalem Schenkel.

$$h_1' = \frac{p_1 - p_a}{\gamma} = \frac{v^2}{2g} + \frac{p - p_a}{\gamma}$$

steigen (p_a = Atmosphärendruck). Bringt man nun mit dem Pitotrohr ein Piezometer in Verbindung, welches ersteres gemäß Abb. 45 umhüllt, so steigt im Piezometer die Flüssigkeit entsprechend dem Drucke p um die Höhe

$$h' = \frac{p - p_a}{\gamma}$$

empor. Die Höhendifferenz in beiden Vertikalschenkeln

$$h_1' - h' = \frac{v^2}{2g}$$

gibt also sofort die Geschwindigkeitshöhe an und damit v selbst, wobei noch ein durch Eichung des Staugerätes zu bestimmender Berichtigungsfaktor zu berücksichtigen ist.

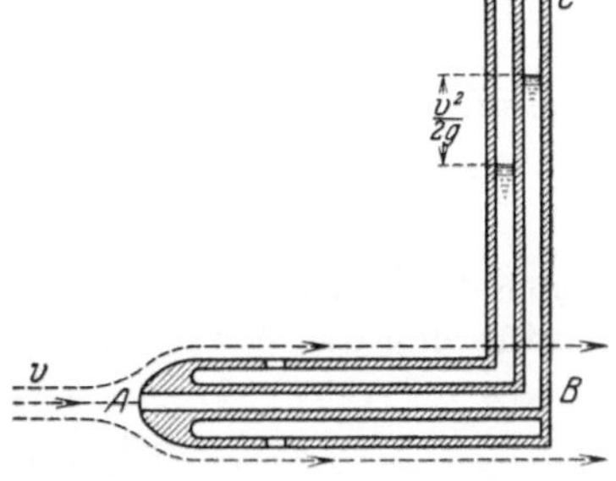

Abb. 45. Staugerät nach Prandtl zur Messung der Strömungsgeschwindigkeit.

Mit Hilfe der oben besprochenen Vorrichtungen ist man imstande, die Druck- bzw. Geschwindigkeitshöhen unmittelbar zu messen und damit die Aussage der Bernoullischen Gleichung nachzuprüfen. Dabei zeigt sich nun, daß in fast allen praktischen Fällen eine mehr oder weniger große Abweichung von der Theorie festzustellen ist, insofern nämlich, als längs einer Stromlinie die hydraulische Höhe (S. 49) tatsächlich nicht konstant ist, sondern in der Strömungsrichtung allmählich abnimmt. Die Ursache dieser Abweichung liegt, wie oben bereits bemerkt, in dem Umstande, daß die Eulersche Theorie auf die unvermeidlichen Energieverluste infolge der Reibung keine Rücksicht nimmt.

[1] Prandtl, L.: Abriß der Lehre von der Flüssigkeits- und Gasbewegung, S. 37. Abdruck aus dem Handwörterbuch der Naturwissenschaften 4.

In welcher Weise eine Ergänzung der Theorie nach dieser Richtung hin zu erfolgen hat, um zu befriedigenden Ergebnissen zu gelangen, wird später gezeigt werden (S. 67).

5. Einige Anwendungen der Bernoullischen Gleichung.

a) Venturirohr.

Zur Messung von Wassermengen in Rohrleitungen bedient man sich in der Technik vielfach der sogenannten Venturischen Wassermesser. Diese bestehen im wesentlichen aus einem horizontalen, sich nach der Mitte zu allmählich verjüngenden Rohre (Abb. 46), welches in die zu untersuchende Wasserleitung eingebaut wird. Bezeichnen F den normalen, F_1 den eingeengten Querschnitt, v und v_1 die bezüglichen Geschwindigkeiten, p und p_1 die bezüglichen Drücke, so folgt aus der Bernoullischen Gleichung wegen $z = z_1$

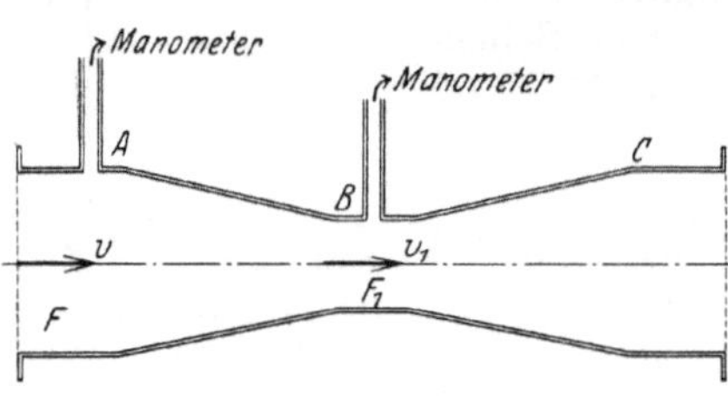

Abb. 46. Venturirohr.

$$\frac{v^2}{2\,g} + \frac{p}{\gamma} = \frac{v_1^2}{2\,g} + \frac{p_1}{\gamma}.$$

Außerdem liefert das Kontinuitätsgesetz die Beziehung

$$F v = F_1 v_1 \quad \text{bzw.} \quad v_1 = v\,\frac{F}{F_1},$$

wobei das ganze Rohr als eine einzige Stromröhre aufgefaßt wird. Nach Einführung des Wertes für v_1 geht die Bernoullische Gleichung über in

$$\frac{v^2}{2g}\left\{\left(\frac{F}{F_1}\right)^2 - 1\right\} = \frac{p - p_1}{\gamma}$$

oder

$$v^2 F^2 \left(\frac{1}{F_1^2} - \frac{1}{F^2}\right) = 2g\,\frac{p - p_1}{\gamma},$$

woraus für die sekundliche Durchflußmenge folgt

$$Q = vF = \sqrt{2g\,\frac{p - p_1}{\gamma\left(\frac{1}{F_1^2} - \frac{1}{F^2}\right)}}.$$

Die Drücke p und p_1 werden mittels zweier an den betreffenden Stellen des Venturirohrs angeordneter Manometer unmittelbar abgelesen. Die Druckänderung ist an der allmählichen Verengung $A-B$ des Querschnitts und nicht an der darauf folgenden Erweiterung $B-C$ zu ermitteln, da erstere (wie später gezeigt wird) geringere Strömungsverluste bedingt als die Erweiterung. Zur Erlangung genauer Ergebnisse ist eine empirische Eichung der Vorrichtung erforderlich.

b) Ausfluß aus einer kleinen Öffnung.

Aus einem Gefäße, dessen Flüssigkeitsspiegel durch entsprechenden Zufluß auf konstanter Höhe erhalten wird, möge durch eine im Verhältnis zum Gefäßquerschnitt kleine Öffnung in der Tiefe h unter dem Spiegel Flüssigkeit ausströmen (Abb. 47). Die Bewegung ist in diesem Falle stationär. Die Gefäßwandung sei an der Ausflußstelle mit einem gut abgerundeten Ansatzstück versehen, an welches sich die austretenden Stromlinien anschmiegen können.

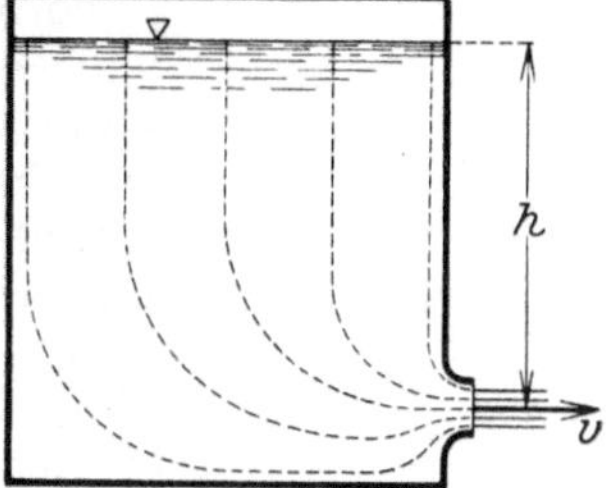

Abb. 47. Ausfluß aus einer kleinen Öffnung.

Bezeichnen p_0 und v_0 die Werte für Druck und Geschwindigkeit in der Höhe des Spiegels, p und v die entsprechenden Werte an der Ausflußöffnung, so liefert die Bernoullische Gleichung unter der Annahme einer idealen Flüssigkeit

$$\frac{v_0^2}{2g} + \frac{p_0}{\gamma} + h = \frac{v^2}{2g} + \frac{p}{\gamma},$$

woraus für die Ausflußgeschwindigkeit folgt

$$v = \sqrt{v_0^2 + 2g\left(\frac{p_0 - p}{\gamma} + h\right)}. \qquad (52)$$

Unter Benutzung der Kontinuitätsgleichung läßt sich v_0 durch v ausdrücken, nämlich $v_0 = v\frac{F}{F_0}$, wenn F_0 den Spiegel- und F den Ausflußquerschnitt bezeichnen. Ist nun, wie vorausgesetzt, F klein gegenüber F_0, dann wird v_0 klein gegenüber v, so daß v_0^2 in (52) vernachlässigt werden darf. Grenzen außerdem Flüssigkeitsspiegel und Ausflußöffnung an die Luft, so herrscht an beiden Stellen der Atmosphärendruck, weshalb $p_0 - p = 0$ ist, womit (52) übergeht in

$$v = \sqrt{2gh} \quad \text{(Torricellisches Theorem).} \qquad (53)$$

Die der Geschwindigkeit v entsprechende sekundliche Ausflußmenge ist

$$Q = vF = F\sqrt{2gh}.$$

Tatsächlich zeigt sich nun bei praktischen Versuchen, daß v immer kleiner ist, als sich nach den obigen Formeln ergeben müßte. Der Grund dafür ist in der Vernachlässigung der Flüssigkeitsreibung zu suchen, durch welche ein Energieverlust der Strömung bedingt ist. Man bringt dieses dadurch zum Ausdruck, daß man an Stelle von (53) schreibt

$$v = \varphi\sqrt{2gh}, \qquad (53\text{a})$$

wo φ ein Berichtigungsfaktor, der sogenannte Geschwindigkeitskoeffizient ist, der durch Versuche bestimmt werden kann, und dessen mittlerer Wert für Wasser nach J. Weisbach $\varphi_m = 0{,}97$ beträgt.

Mit dem Ausfluß in enger Verbindung steht eine weitere Erscheinung, die man als Einschnürung oder Kontraktion des austretenden Strahles bezeichnet. Sieht man nämlich an der Ausflußöffnung nicht wie in Abb. 47 ein abgerundetes Ansatzstück vor, sondern läßt die Flüssigkeit unmittelbar durch eine scharfkantige Öffnung in der Gefäßwand austreten (Abb. 48), so können die Stromlinien die Ausflußöffnung nicht rechtwinklig schneiden, da ja diejenigen, welche in unmittelbarer Nähe der Gefäßwand verlaufen, nicht plötzlich umbiegen können. Die Stromlinien konvergieren noch beim Durchschreiten der Gefäßwand und laufen erst in einiger Entfernung von dieser parallel (im Gegensatz zu Abb. 47); der austretende Strahl erleidet also eine Einschnürung. Bezeichnet F den Querschnitt in der Gefäßwand und F_e den Querschnitt des eingeschnürten Strahles, so nennt man den Quotienten

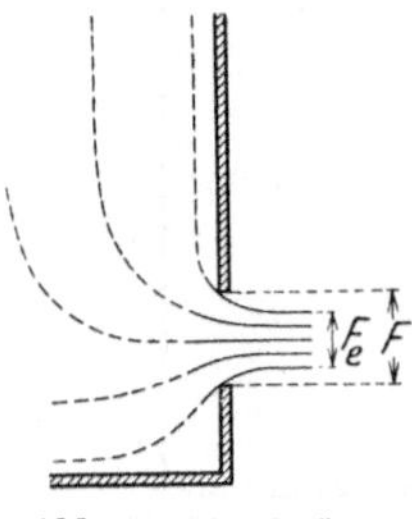

Abb. 48. Einschnürung des Ausflußstrahles.

$$\psi = \frac{F_e}{F}$$

die Einschnürungsziffer (oder den Kontraktionskoeffizienten). Mit $F_e = \psi F$ erhält man demnach als sekundliche Ausflußmenge

$$Q = v F_e = \varphi \psi F \sqrt{2 g h}.$$

Anstatt nun die beiden Beiwerte φ und ψ getrennt zu ermitteln, ersetzt man ihr Produkt durch einen neuen Faktor, die sogenannte Ausflußziffer $\mu = \varphi\psi$, womit die Ausflußmenge übergeht in

$$Q = \mu F \sqrt{2 g h}.$$

Der Koeffizient μ ist im allgemeinen nur empirisch bestimmbar; für spezielle Fälle läßt er sich jedoch mittels der Potentialtheorie berechnen (vgl. S. 128). Die Frage des Ausflusses aus Gefäßen wird im zweiten Bande unter besonderer Berücksichtigung der technischen Bedürfnisse genauer behandelt werden. Hier sei nur kurz erwähnt, daß für scharfkantige, kreisförmige Öffnungen, die sich in größerer Entfernung von den Gefäßwandungen und vom Wasserspiegel befinden, $\mu = 0{,}61$ bis $0{,}63$ beträgt.

c) Saugwirkung strömender Flüssigkeit.

In einem Gefäße, welches nach Abb. 49 bei F_e einen stark eingeschnürten Querschnitt besitzt, befinde sich Flüssigkeit in stationärer Bewegung. F_a sei die Ausflußöffnung, h deren Tiefe unter dem Flüssigkeitsspiegel. Das bei F_e angeschlossene, mit dem Gefäß A in Verbindung stehende Rohr denke man sich zunächst entfernt. Bezeichnen nun h_e die Tiefenlage des Querschnitts F_e unter dem Spiegel, v_e und p_e die zu F_e gehörigen Werte für Geschwindigkeit und Druck, so erhält man aus der Bernoullischen Gleichung

$$\frac{v_0^2}{2g} + \frac{p_0}{\gamma} + h_e = \frac{v_e^2}{2g} + \frac{p_e}{\gamma}$$

oder, in etwas anderer Form geschrieben,

$$\frac{p_0 - p_e}{\gamma} = \frac{v_e^2 - v_0^2}{2g} - h_e.$$

Aus der Kontinuitätsgleichung folgt ferner

$$v_e = v_a \frac{F_a}{F_e}; \quad v_0 = v_a \frac{F_a}{F_0},$$

womit die obige Gleichung übergeht in

$$\frac{p_0 - p_e}{\gamma} = \frac{v_a^2 F_a^2}{2g}\left(\frac{1}{F_e^2} - \frac{1}{F_0^2}\right) - h_e. \tag{54}$$

Bei sehr kleinem Werte F_e gegenüber F_0 darf $\frac{1}{F_0^2}$ gegen $\frac{1}{F_e^2}$ vernachlässigt werden; setzt man außerdem noch $v_a = \sqrt{2gh}$, so folgt aus (54)

$$\frac{p_0 - p_e}{\gamma} = h\left(\frac{F_a}{F_e}\right)^2 - h_e. \tag{55}$$

$\frac{p_0 - p_e}{\gamma}$ wird positiv, d. h. der Atmosphärendruck p_0 ist größer als p_e, wenn

$$h_e < h\left(\frac{F_a}{F_e}\right)^2, \quad \text{bzw.} \quad \frac{F_a}{F_e} > \sqrt{\frac{h_e}{h}}$$

ist. Würde man in diesem Falle das Gefäßrohr bei F_e anbohren, so könnte dort keine Flüssigkeit ausströmen; vielmehr würde von außen her durch den überwiegenden Atmosphärendruck Luft in das Gefäß hineingepreßt.

Man denke sich nun an der Stelle F_e ein vertikal stehendes Rohr angeschlossen, welches mit seiner unteren Öffnung in ein Gefäß A taucht, das die gleiche Flüssigkeit enthält (Abb. 49). Vermöge des auf dem Flüssigkeitsspiegel lastenden Druckes p_0 wird die Flüssigkeit in dem Rohre in die Höhe steigen. Ist nun das Gewicht dieser Flüssigkeitssäule

$$\zeta\gamma < p_0 - p_e,$$

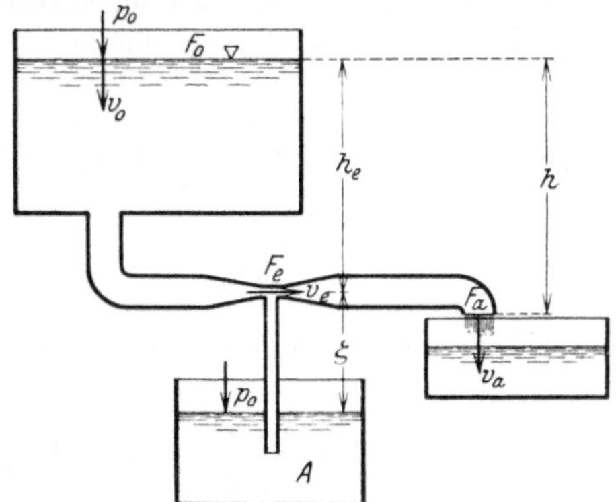

Abb. 49. Saugwirkung strömender Flüssigkeit. Bei entsprechend kleinem Querschnitt F_e wird Flüssigkeit aus dem Behälter A angesaugt und mit weggeführt.

so wird durch den Überdruck $p_0 - p_e$ Flüssigkeit aus dem Gefäße A in das obere Gefäß gedrückt, bzw. es wird durch den bei F_e herrschenden Unterdruck Flüssigkeit angesogen und in dem horizontalen Rohre mit fortgeführt. Damit dieser Fall eintreten kann, muß also

$$\zeta < \frac{p_0 - p_e}{\gamma} = h\left(\frac{F_a}{F_e}\right)^2 - h_e,$$

d. h.

$$\frac{F_a}{F_e} > \sqrt{\frac{\zeta + h_e}{h}}$$

sein.

Auf dieser Saugwirkung strömender Flüssigkeit an entsprechend angeordneten Einengungsstellen beruht die Wirkungsweise der Saugstrahlpumpe. Allerdings kann für das wirkliche Verhalten der Flüssigkeit die vorstehende Ableitung nur in qualitativer Hinsicht einen Anhaltspunkt liefern, da infolge der praktisch vorhandenen Verluste nicht unerhebliche Abweichungen von der Theorie eintreten.

Durch sehr starke Einengung des Querschnitts F_e kann man es erreichen, daß der Druck $p_e = 0$ wird. Bei der hier betrachteten „verlustlosen“ Strömung tritt dieser Fall ein, wenn, wie aus (55) hervorgeht,

$$\frac{F_a}{F_e} = \sqrt{\frac{\frac{p_0}{\gamma} + h_e}{h}}$$

wird. Da jetzt die Flüssigkeitsteilchen jenseits des Querschnitts F_e infolge Mangels an entsprechendem Druck nicht mehr gegen die Wandungen des sich erweiternden Gefäßes gepreßt werden können, so strömt die Flüssigkeit eine gewisse Strecke weiter, ohne das Gefäß voll auszufüllen (Freistrahlbildung).

6. Die Energiegleichung für nichtstationäre Strömungen.

Die Energiegleichung (50) der stationären Bewegung einer reibungsfreien Flüssigkeit war gefunden als Integral der Bewegungsgleichung (48), in welcher das von der Zeit abhängige Glied nicht mehr enthalten ist. Um für nichtstationäre Bewegungen einen entsprechenden Ausdruck zu finden, gehe man auf Gleichung (47) zurück, welche auch wie folgt geschrieben werden kann:

$$\frac{\partial}{\partial s}\left(\frac{v^2}{2} + \frac{p}{\varrho} + g\,z\right) + \frac{\partial v}{\partial t} = 0\,.$$

Durch Integration längs der Stromlinie folgt daraus

$$\frac{v^2}{2} + \frac{p}{\varrho} + g\,z + \int\limits_0^s \frac{\partial v}{\partial t}\,ds = \text{const.} \tag{56}$$

Die ersten drei Größen des vorstehenden Ausdrucks haben die gleiche Bedeutung wie die entsprechenden Werte in Gleichung (50), stellen also wieder die kinetische, Druck- und potentielle Energie der Masseneinheit dar. Das neu hinzugekommene Glied muß aus Dimensionsgründen ebenfalls eine Energieform sein, bezogen auf die Masseneinheit, und ist durch die zeitliche Veränderlichkeit des Strömungsvorganges bedingt.

Faßt man zwei beliebige Punkte der Stromlinie *1* (oberhalb) und *2* (unterhalb) ins Auge, so erhält man

$$\frac{v_1^2}{2} + \frac{p_1}{\varrho} + g\,z_1 + \int\limits_0^{s_1} \frac{\partial v}{\partial t}\,ds = \frac{v_2^2}{2} + \frac{p_2}{\varrho} + g\,z_2 + \int\limits_0^{s_2} \frac{\partial v}{\partial t}\,ds$$

oder

$$\frac{v_1^2}{2} + \frac{p_1}{\varrho} + g z_1 - \left(\frac{v_2^2}{2} + \frac{p_2}{\varrho} + g z_2\right) = \int_{s_1}^{s_2} \frac{\partial v}{\partial t}\, ds\,. \tag{57}$$

Beispiel: Schwingungen in einem offenen U-Rohr. In einem U-förmig gebogenen Rohre von konstantem Querschnitt F (Abb. 50), dessen Schenkel oben offen sind, befinde sich eine reibungsfreie Flüssigkeit in Ruhe. Dann steht nach dem Gesetz der kommunizierenden Röhren (S. 13) die Flüssigkeit in beiden Schenkeln gleich hoch. Denkt man sich durch irgendeine äußere Ursache das Gleichgewicht vorübergehend gestört, so führt die sich selbst überlassene Flüssigkeit unter der Einwirkung der Schwere in dem Rohre Schwingungen aus; es liegt also der Fall einer nichtstationären Bewegung vor. Die Geschwindigkeit v hat mit Rücksicht auf die Kontinuitätsbedingung an jeder Stelle des Rohres die gleiche Größe, ist im übrigen aber von der Zeit abhängig. Bezeichnet man die linke Spiegelfläche mit *1*, die rechte mit *2*, so lautet Gleichung (57) wegen $v_1 = v_2$, $p_1 = p_2$, $z_1 = h + \zeta$, $z_2 = h - \zeta$

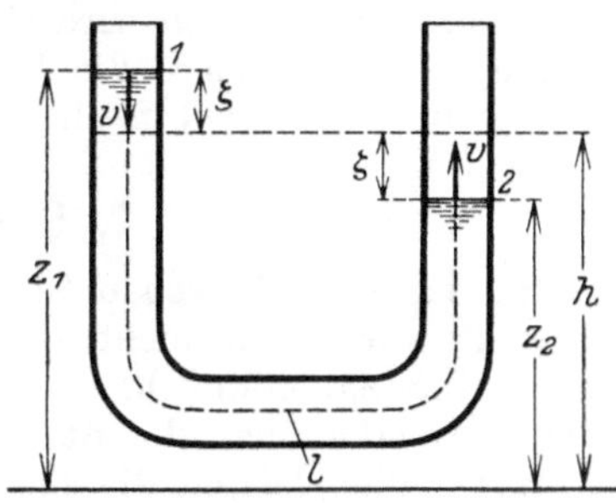

Abb. 50. Schwingende Flüssigkeit in einem U-Rohr.

$$2 g \zeta = \int_1^2 \frac{\partial v}{\partial t}\, ds\,. \tag{58}$$

Da $\frac{\partial v}{\partial t}$ vom Orte unabhängig ist, so kann der Integralwert rechts auch in der Form geschrieben werden

$$\int_1^2 \frac{\partial v}{\partial t}\, ds = \frac{dv}{dt} \cdot l\,,$$

wenn l die Länge der schwingenden Wassersäule *1—2* bezeichnet, so daß (58) übergeht in

$$2 g \zeta = \frac{dv}{dt}\, l\,.$$

Nun ist $v = -\frac{d\zeta}{dt}$, da nach Abb. 50 dem positiven Sinne von v eine Abnahme von ζ entspricht. Man erhält also

$$\frac{d^2\zeta}{dt^2} = -\frac{2g}{l}\,\zeta\,.$$

Der vorstehende Ausdruck stellt die Differentialgleichung einer einfachen harmonischen Schwingung dar, deren Integral mit $\zeta = 0$ für $t = 0$ und $\alpha = \sqrt{\frac{2g}{l}}$ den Wert hat

$$\zeta = A \sin(\alpha t)\,,$$

wovon man sich durch Ausdifferenzieren leicht überzeugen kann. Die Amplitude A stellt den größten Ausschlag $\zeta_{\max}$ über der Ausgleichslage (Ruhezustand) dar. Für die Dauer einer vollen Schwingung erhält man

$$T = \frac{2\pi}{\alpha} = 2\pi\sqrt{\frac{l}{2g}},$$

während $T' = \frac{T}{4}$ die Zeit zwischen dem größten Ausschlag $\zeta_{\max}$ und der Nullage darstellt. Theoretisch würde diese Bewegung unendlich lange fortdauern. Tatsächlich wird sie jedoch durch die vorhandenen Widerstände — insbesondere die Reibung an der Rohrwand — gedämpft, so daß die Flüssigkeit nach kurzer Zeit wieder zur Ruhe gelangt.

7. Die Impulssätze.

Bei vielen technischen Strömungsvorgängen kommt es, wie schon bemerkt wurde, gar nicht auf die Kenntnis der Bewegung jedes einzelnen Flüssigkeitsteilchens an, sondern es genügt schon eine summarische Angabe über die Strömung der ganzen Flüssigkeitsmasse. In solchen Fällen leisten die Impulssätze häufig gute Dienste, die im wesentlichen nichts anderes darstellen als den Schwerpunkts- bzw. Flächensatz der Mechanik der Punktsysteme.

Um zu einer Formulierung dieser Sätze zu gelangen, denke man sich eine beliebige Flüssigkeitsmasse M aus der gesamten Flüssigkeit abgetrennt, welche zur Zeit t einen bestimmten Raum S erfüllen möge. Nach dem Satz von der Bewegung des Schwerpunkts ist[1]

$$\sum \mathfrak{K} = M\frac{d\mathfrak{v}_s}{dt} = \frac{d(M\mathfrak{v}_s)}{dt} = \frac{d}{dt}\sum(m\mathfrak{v}), \tag{59}$$

wenn $\sum\mathfrak{K}$ die geometrische Summe der an der Masse M angreifenden äußeren Kräfte, $\mathfrak{v}_s$ den Geschwindigkeitsvektor des Massenmittelpunktes $\left(\frac{d\mathfrak{v}_s}{dt}\text{ also dessen Beschleunigung}\right)$, m die Masse eines beliebigen, der Gesamtmasse M angehörigen Flüssigkeitselements und $\mathfrak{v}$ dessen Geschwindigkeitsvektor bezeichnen. (Die inneren Kräfte heben sich bei der Summierung nach dem Wechselwirkungsgesetz gegenseitig auf.) Das Produkt $m\mathfrak{v}$ heißt die Bewegungsgröße oder der Impuls $\mathfrak{J}$ des betreffenden Massenpunktes und hat die Richtung der zugehörigen Geschwindigkeit $\mathfrak{v}$. Gleichung (59) spricht also den Satz aus: Die zeitliche Änderung des Impulses der Masse $M = \sum m$ ist gleich der geometrischen Summe der an ihr angreifenden äußeren Kräfte. Als solche kommen in Betracht die Schwere (sofern andere Massenkräfte ausgeschlossen sind) und die auf die Berandung der Masse M wirkenden Kräfte.

Ein analoger Satz gilt hinsichtlich der Momente. Bezeichnet $\mathfrak{r}$ den Radiusvektor von einem beliebigen Festpunkt O nach dem beliebigen Massenpunkt m, so ist $\sum[m\mathfrak{v}\,\mathfrak{r}]$ das statische Moment des Impulses

[1] Vgl. etwa W. Kaufmann: Einführung in die Mechanik starrer Körper, S. 494. Hannover 1927.

in bezug auf den Punkt O. (Die eckige Klammer stellt das *äußere Produkt* der Vektoren $m\mathfrak{v}$ und $\mathfrak{r}$ dar.) Nun lautet der *Flächensatz* der allgemeinen Mechanik[1]

$$\frac{d}{dt}\sum[m\,\mathfrak{v}\,\mathfrak{r}] = \sum\mathfrak{M}\,, \tag{60}$$

wobei $\sum\mathfrak{M}$ die geometrische Summe der auf O bezogenen statischen Momente aller äußeren Kräfte darstellt. Gleichung (60) sagt also aus: *Die zeitliche Änderung des Impulsmomentes der Masse M in bezug auf einen beliebig gewählten Momentenpunkt ist gleich der geometrischen Summe der Momente aller an M wirkenden äußeren Kräfte in bezug auf denselben Punkt.*

Jede der Vektorgleichungen (59) und (60) kann durch drei Komponentengleichungen ersetzt werden; in vielen Fällen genügt schon *eine* Komponentengleichung zur Lösung der gestellten Aufgabe.

Stationäre Strömungen. Eine raumbeständige Flüssigkeit führe durch einen stetig gekrümmten Kanal eine stationäre oder doch im Mittel stationäre (vgl. S. 80) Bewegung aus. Von der ganzen Flüssigkeit denke man sich eine Masse M abgegrenzt, welche zur Zeit t den Raum S mit den Endquerschnitten F_1 und F_2 erfüllen möge (Abb. 51), und deren gesamter Impuls zu dieser Zeit $\mathfrak{J}$ sei. Während des Zeitelements dt findet eine Fortbewegung aller die Masse M bildenden Flüssigkeitsteilchen in dem Kanale statt, und zwar tritt bei F_2 die Masse $\varrho F_2\,ds_2$ aus dem Raume S aus, bei F_1 dagegen strömt neue Flüssigkeit von der Masse $\varrho F_1\,ds_1$ nach. Bezeichnet man den bei F_2 in der Zeit dt austretenden Impuls mit $\mathfrak{J}_2$, den bei F_1 eintretenden mit $\mathfrak{J}_1$ und die dem Raume S entsprechende Impulsänderung mit $\Delta\mathfrak{J}$, so ist die Impulsänderung der Masse M während der Zeit dt

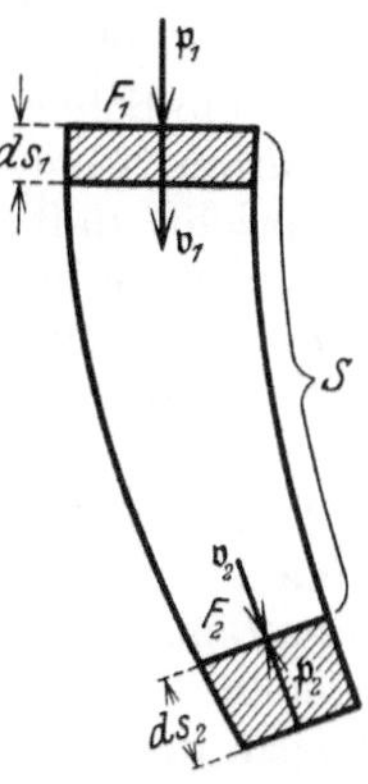

Abb. 51. Bei stationärer Strömung ist die zeitliche Impulsänderung der durch F_1 und F_2 abgegrenzten Flüssigkeitsmasse gleich dem Überschuß des bei F_2 austretenden über den bei F_1 eintretenden Impuls.

$$(\mathfrak{J} + \Delta\mathfrak{J} + \mathfrak{J}_2 - \mathfrak{J}_1) - \mathfrak{J} = \Delta\mathfrak{J} + \mathfrak{J}_2 - \mathfrak{J}_1\,.$$

Nun ist bei der hier vorausgesetzten *stationären* (bzw. *mittelstationären*) Bewegung die Impulsmenge im Raume S unveränderlich, d. h. $\Delta\mathfrak{J} = 0$. Die Impulsänderung der Masse M im Zeitelement dt kann also nur bestehen aus dem Überschuß des Impulses der bei F_2 austretenden Masse $\varrho F_2\,ds_2$ über den Impuls der bei F_1 eintretenden Masse $\varrho F_1\,ds_1$. Die entsprechenden Impulse (Masse mal Geschwindigkeitsvektor) sind aber, wenn $\mathfrak{v}_1$ bzw. $\mathfrak{v}_2$ die Vektoren der Geschwindigkeiten bei F_1 bzw. F_2 bezeichnen und Q die sekundliche Durchflußmenge darstellt,

$$\varrho F_2\,ds_2\,\mathfrak{v}_2 = \varrho F_2\,v_2\,dt\,\mathfrak{v}_2 = \varrho\,Q\,\mathfrak{v}_2\,dt$$

und

$$\varrho F_1\,ds_1\,\mathfrak{v}_1 = \varrho\,Q\,\mathfrak{v}_1\,dt\,,$$

[1] Vgl. das vorhergehende Zitat, S. 588.

womit die auf die Zeiteinheit bezogene Impulsänderung der ganzen Flüssigkeitsmasse M den Wert annimmt

$$\frac{d\mathfrak{J}}{dt} = \varrho Q(\mathfrak{v}_2 - \mathfrak{v}_1). \tag{61}$$

Nach (59) ist diese Impulsänderung gleich der geometrischen Summe der an der Masse M angreifenden äußeren Kräfte. Es mögen nun bezeichnen: $\mathfrak{G}$ die Schwere der Masse M, $\mathfrak{P}_w$ die Resultante der von den Kanalwandungen auf die Masse M ausgeübten Kräfte und $\mathfrak{p}_1$ bzw. $\mathfrak{p}_2$ die „mittleren" Drücke bei F_1 bzw. F_2 (Abb. 51). Wird von Tangentialkräften in den Querschnittsflächen F_1 und F_2 abgesehen, so ist

$$\sum \mathfrak{K} = \mathfrak{G} + \mathfrak{P}_w + \mathfrak{p}_1 F_1 + \mathfrak{p}_2 F_2,$$

und man erhält aus (59) und (61)

$$\mathfrak{G} + \mathfrak{P}_w + \mathfrak{p}_1 F_1 + \mathfrak{p}_2 F_2 = \varrho Q(\mathfrak{v}_2 - \mathfrak{v}_1). \tag{62}$$

In ähnlicher Weise ist bei der Anwendung von Gleichung (60) zu verfahren, welche im Falle stationärer Strömung einfach den Satz ausspricht, daß das Moment des aus dem abgegrenzten Bereich austretenden Impulses vermindert um das Moment des eintretenden Impulses in bezug auf einen beliebigen Festpunkt gleich der Summe der Momente der äußeren Kräfte in bezug auf diesen Punkt ist. Ein Beispiel dafür findet sich auf S. 64.

Wie aus der obigen Darstellung ersichtlich ist, liefern die Impulssätze bei stationären bzw. mittelstationären Strömungen bestimmte Anhaltspunkte über die Verhältnisse an den Grenzflächen einer strömenden Flüssigkeit, ohne daß dabei die Kenntnis der Vorgänge im Innern des betreffenden Flüssigkeitsgebietes erforderlich wäre. Aus diesem Grunde hat sich ihre Anwendung bei einer Reihe von Aufgaben der praktischen Hydraulik — und zwar auch solchen, die mit „Energieverlusten" verbunden sind (vgl. S. 67) — als besonders fruchtbar erwiesen.

8. Einige Anwendungen der Impulssätze.

a) Druck der strömenden Flüssigkeit auf die Wandungen eines Rohrkrümmers.

Abb. 52 stelle ein einfach gekrümmtes Rohrstück in horizontaler Ebene dar. Am Eintrittsquerschnitt F_1 herrschen die Geschwindigkeit $\mathfrak{v}_1$ und der Druck $\mathfrak{p}_1$, am Austrittsquerschnitt F_2 die entsprechenden Werte $\mathfrak{v}_2$ und $\mathfrak{p}_2$. Dann gilt hinsichtlich des resultierenden Druckes $\mathfrak{P}_w$ der Rohrwandung auf die durch das Rohr strömende Flüssigkeit Gleichung (62). Sieht man von der Schwerewirkung ab, so übt die Flüssigkeit nach dem Wechselwirkungsgesetz auf das Rohrstück eine Kraft

$\mathfrak{R} = -\mathfrak{P}_w$ aus, die als Reaktion der Flüssigkeit bezeichnet wird. Für diese gilt nach (62)

$$\mathfrak{R} = \varrho Q \mathfrak{v}_1 + \mathfrak{p}_1 F_1 - \varrho Q \mathfrak{v}_2 + \mathfrak{p}_2 F_2$$

oder, wegen $Q = v_1 F_1 = v_2 F_2$,

$$\mathfrak{R} = F_1 (\varrho v_1 \mathfrak{v}_1 + \mathfrak{p}_1) + F_2 (\varrho v_2 [-\mathfrak{v}_2] + \mathfrak{p}_2) .$$

Der Reaktionsdruck der Flüssigkeit gegen die Rohrwand setzt sich demnach aus zwei Kräften $F_1(\varrho v_1 \mathfrak{v}_1 + \mathfrak{p}_1)$ und $F_2(\varrho v_2[-\mathfrak{v}_2] + \mathfrak{p}_2)$ zusammen, welche die Richtung der Querschnittsnormalen beim Ein- bzw. Austritt besitzen und beide nach dem Innern des Rohrstückes gerichtet sind. Ihre Beträge sind $F_1(\varrho v_1^2 + p_1)$ bzw. $F_2(\varrho v_2^2 + p_2)$, womit die Resultante $\mathfrak{R}$ nach Größe und Lage sofort angegeben werden kann (Abb. 52).

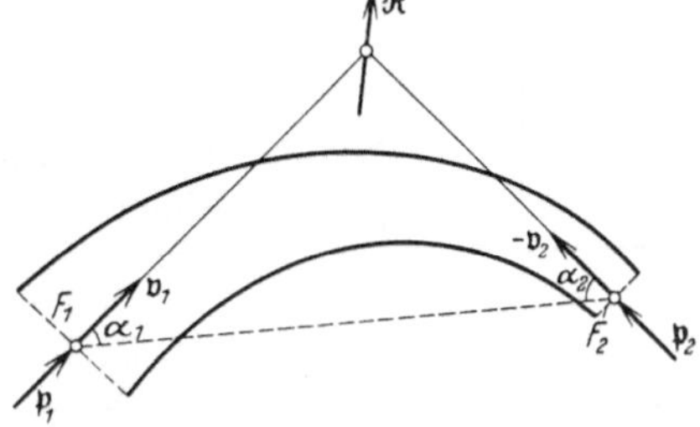

Abb. 52. Reaktionsdruck der strömenden Flüssigkeit auf die Wandung eines Rohrkrümmers.

Für den Sonderfall des kreisförmig gekrümmten Rohres von konstantem Querschnitt F wird $F_1 = F_2 = F$, $v_1 = v_2 = v$ und bei „verlustloser" Strömung nach der Bernoullischen Gleichung $p_1 = p_2 = p$. Damit ergibt sich der Betrag R des Reaktionsdruckes zu

$$R = 2F(\varrho v^2 + p) \sin \alpha ,$$

wenn α den Neigungswinkel der Rohrsehne gegen die Normale der Endquerschnitte bezeichnet (Abb. 52). (Über die in Rohrkrümmern auftretenden Verluste wird im 2. Bande besonders berichtet.)

b) Rückdruck austretender Strahlen (Strahlreaktion).

Ein Behälter von der in Abb. 53 dargestellten Form besitze eine Ausflußöffnung F, die um h Meter unter dem Flüssigkeitsspiegel liegt und als klein gegen den Behälterquerschnitt angesehen werden darf. Durch einen Zufluß von oben werde der Flüssigkeitsspiegel auf konstanter Höhe erhalten, so daß die Strömung stationär ist. Dann beträgt die „ideale" Ausflußgeschwindigkeit nach (53) $v = \sqrt{2gh}$.

Die zeitliche Änderung des Impulses der den Behälter augenblicklich erfüllenden Flüssigkeitsmasse ist in horizontaler Richtung lediglich bedingt durch den bei F in der Zeiteinheit austretenden Impuls $\varrho Q v = \varrho F v^2$. Dieser Impulsänderung entspricht eine auf die Flüssigkeitsmasse von den Gefäßwandungen ausgeübte Horizontalkraft von gleicher Größe und Richtung. (Der äußere Luftdruck hält sich an beiden Seiten des Gefäßes einschließlich der Öffnung F das Gleichgewicht.) Umgekehrt übt die strömende Flüssigkeit auf die Behälterwände eine Horizontalreaktion aus, welche der Ausflußgeschwindigkeit entgegengesetzt gerichtet, und deren Größe $R = \varrho F v^2$ ist. Mit $v^2 = 2gh$ folgt daraus

$$R = 2 F \gamma h\,,$$

d. h. doppelt so groß wie der hydrostatische Druck auf die Ausflußöffnung F.

Findet beim Austritt eine Einschnürung des Strahles statt, so ist der austretende Impuls, wenn man noch den Geschwindigkeitskoeffizienten φ berücksichtigt, $\varrho Q \varphi \sqrt{2gh}$, wo $Q = \varphi \psi F \sqrt{2gh}$ (vgl. S. 54). Demnach wird

$$R = 2F \gamma h \varphi^2 \psi = 2F \gamma h \varphi \mu\,.$$

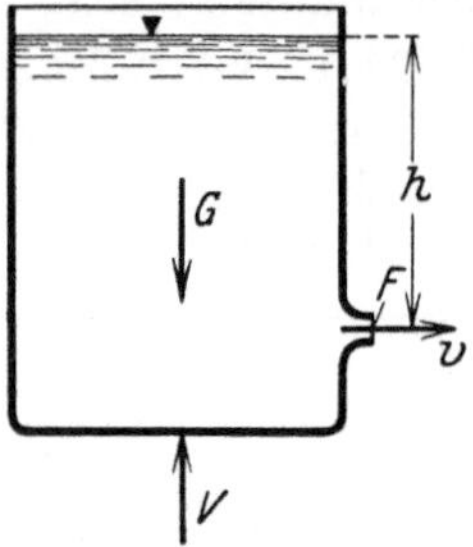

Abb. 53. Der bei F austretende Flüssigkeitsstrahl übt auf die Gefäßwandung einen Reaktionsdruck aus.

Bei beweglicher Anordnung des Behälters kann die Reaktion des Strahles einen entsprechenden Widerstand überwinden, also zur Arbeitsleistung herangezogen werden. Die durch sie hervorgerufene Verschiebung des Gefäßes erfolgt in entgegengesetzter Richtung zur Ausflußgeschwindigkeit.

Bezeichnet F_0 den Behälterquerschnitt in der Spiegelfläche und v_0 die zugehörige Geschwindigkeit, so ist die zeitliche Änderung des Impulses in lotrechter Richtung $-\varrho Q v_0 = -\varrho F_0 v_0^2$. In dieser Richtung wirken auf die Flüssigkeit die Schwere G und der lotrecht nach aufwärts gerichtete Druck des Behälterbodens V. Demnach wird

$$-\varrho F_0 v_0^2 = G - V\,; \qquad V = G + \varrho F_0 v_0^2\,.$$

Sieht man von der Schwere ab, die auch im Ruhezustande wirksam ist, so wird

$$Z = \varrho F_0 v_0^2$$

der abwärts gerichtete Reaktionsdruck der strömenden Flüssigkeit gegen das Gefäß. Bei der hier vorausgesetzten kleinen Ausflußöffnung F ($F \ll F_0$) ist wegen $F v = F_0 v_0$ $\quad v_0^2 = v^2 \left(\frac{F}{F_0}\right)^2$ ein sehr kleiner Wert, so daß Z im vorliegenden Falle praktisch keine Rolle spielt.

c) Druck eines freien Strahles gegen eine Wand.

α) **Gerader Strahldruck.** Trifft ein aus einer Düse austretender Strahl eine feste Wand, so übt er auf diese einen Druck aus, der als Strahldruck bezeichnet wird. Beim Auftreffen auf die Wand ändern die einzelnen Flüssigkeitselemente ihre anfängliche Richtung und werden in die zur Wand parallele Richtung abgebogen, sofern die Wand eine hinreichend große Ausdehnung besitzt, was hier vorausgesetzt sei. Man denke sich nun gemäß Abb. 54 einen Teil der austretenden Flüssigkeitsmasse abgegrenzt, und zwar so, daß die Grenzfläche sowohl den noch nicht von der Wand beeinflußten Strahl als auch die bereits abgelenkte Flüssigkeit trifft, nachdem diese ihre neue Geschwindigkeitsrichtung angenommen hat. Nach dem Impulssatze muß dann bei stationärer Strömung wieder der Überschuß des in der Zeiteinheit aus dem abgegrenzten Bereiche austretenden Impulses über den eintretenden gleich der geometrischen Summe der auf die abgegrenzte Flüssigkeitsmasse wirkenden äußeren Kräfte sein. Bezeichnet man die Richtung des Strahls als x-Richtung, so ist der austretende x-Impuls Null, da die neue Geschwindigkeit ja rechtwinklig zum Strahle steht, der eintretende dagegen $\varrho Q v$, wenn v die Strahlgeschwindigkeit an der Grenzfläche und Q die sekundliche Ausflußmenge aus der Düse bezeichnet. Die einzige in der x-Richtung auf den abgegrenzten Bereich wirkende äußere Kraft ist der Druck P der festen Wand. Demnach wird

$$P = \varrho Q v ,$$

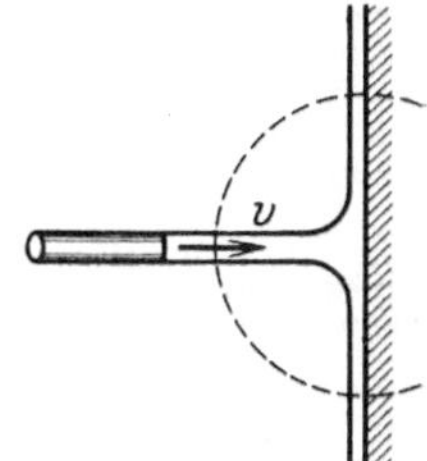

Abb. 54. Der Druck eines freien Strahles gegen eine feststehende lotrechte Wand ist $P = \varrho Q v$.

und dieser Druck ist nach dem Wechselwirkungsgesetz das Entgegengesetzte des Strahldrucks gegen die Wand. (Der äußere Luftdruck p_0 hält sich beiderseits das Gleichgewicht, da die Wand von rechts her ebenfalls unter seinem Einfluß steht, und der Druck im ankommenden Strahle $p = p_0$ ist.)

F. Reich[1] hat in seiner Dissertation: „Umlenkung eines freien Flüssigkeitsstrahles an einer zur Strömungsrichtung senkrecht stehenden ebenen Platte" die Druckverhältnisse eines aus einer Düse austretenden Strahles experimentell untersucht und die obige Formel für den Strahldruck gut bestätigt gefunden. Danach ist der tatsächliche Wert von P ca. 4 bis 6% kleiner als der theoretische. Reich hat auch die Plattengröße ermittelt, welche zur vollkommenen Umlenkung des Strahles erforderlich ist, wobei ein senkrecht abwärts fließender Strahl und eine horizontale Platte zu Grunde gelegt wurden. Er gibt dafür den Wert $D = \frac{5d}{\sqrt{n}}$ an, wo D den Plattendurchmesser, d den Durchmesser des Strahles und nd den Abstand der Platte von der Düsenöffnung bezeichnet.

Wird die Wand (bzw. Platte) mit der Geschwindigkeit $u < v$ in der Strahlrichtung bewegt, so kommt für die Beurteilung des Strahldruckes nur die relative Geschwindigkeit $v - u$ des Strahles gegen die Wand in Betracht, und man erhält

$$P = \varrho Q (v - u) .$$

Die Leistung des Strahldruckes ist dann

$$L = P u = \varrho Q u (v - u) \left[\frac{\text{kgm}}{\text{sec}}\right] ,$$

bzw. in Pferdestärken (1 PS = 75 kgm/sec)

$$N = \frac{1}{75} \varrho Q u (v - u) \text{ PS} .$$

Sie wird ein Maximum für $\frac{dL}{du} = 0 = v - 2u$; d. h. $u = \frac{v}{2}$.

[1] Dissert. Techn. Hochschule Hannover. VDI-Verlag 1926.

β) Schiefer Strahldruck. Trifft der mit der Geschwindigkeit v ankommende Strahl eine gegen ihn um den Winkel α geneigte feste Wand (Abb. 54a), so zerlege man v nach $v_n = v \sin \alpha$ normal und $v_t = v \cos \alpha$ tangential zur Wand. Dann erhält man bei Vernachlässigung der Schwere als Normalkomponente N des Strahldrucks

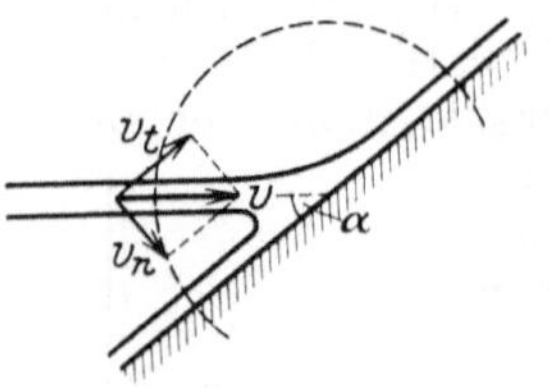

$$N = \varrho\, Q\, v_n = \varrho\, Q\, v \sin \alpha\,.$$

Abb. 54a. Schiefer Strahldruck. Die Normalkomponente (⊥ zur Wand) ist $N = \varrho\, Q v \sin \alpha$.

Ginge die Bewegung der längs der Wand abströmenden Flüssigkeit vollkommen reibungsfrei vor sich — was in Wahrheit natürlich nicht der Fall ist —, dann könnte in der Wandrichtung auf den abgegrenzten Flüssigkeitsbereich auch keine äußere Kraft wirken. N würde dann den gesamten Strahldruck auf die Wand darstellen. Tatsächlich hat — besonders bei rauhen Wänden — der Strahldruck auch eine Komponente nach der Wandrichtung.

Die in die Richtung des Strahles fallende Seitenkraft von N — der sogenannte Paralleldruck — hat die Größe

$$X = N \sin \alpha = \varrho\, Q\, v \sin^2 \alpha\,.$$

d) Druck der strömenden Flüssigkeit auf einen gleichförmig rotierenden Kanal.

Abb. 55 stelle einen durch zwei Schaufeln einer Wasserturbine gebildeten Kanal dar, der sich in gleichförmiger Drehbewegung um die feste Achse O des Laufrades befindet. $\mathfrak{w}_1$ und $\mathfrak{w}_2$ seien die relativen Eintritts- bzw. Austrittsgeschwindigkeiten des Wassers, $\mathfrak{u}_1$ bzw. $\mathfrak{u}_2$ die entsprechenden Umfangs-(Führungs-)Geschwindigkeiten. Dann gilt für die absoluten Geschwindigkeiten $\mathfrak{c}_1 = \mathfrak{u}_1 + \mathfrak{w}_1$, $\mathfrak{c}_2 = \mathfrak{u}_2 + \mathfrak{w}_2$. Nach dem Impulssatze ist das Moment des in der Zeiteinheit bei B aus dem Kanal austretenden Impulses vermindert um das Moment des bei A eintretenden Impulses in bezug auf O gleich dem Moment der äußeren Kräfte, welche auf die im Kanale augenblicklich befindliche Flüssigkeitsmasse wirken. Das Moment der äußeren Kräfte wird — da die Schwere keinen Beitrag in bezug auf die lotrechte Achse O liefert — nur von den Schaufeldrücken auf das Wasser gebildet. Ein entgegengesetzt gleich großes Moment übt das strömende Wasser auf die Schaufelwandungen aus. Für das gesamte Reaktionsmoment, d. h. also das Drehmoment an der Turbinenwelle, liefert der Impulssatz den Wert

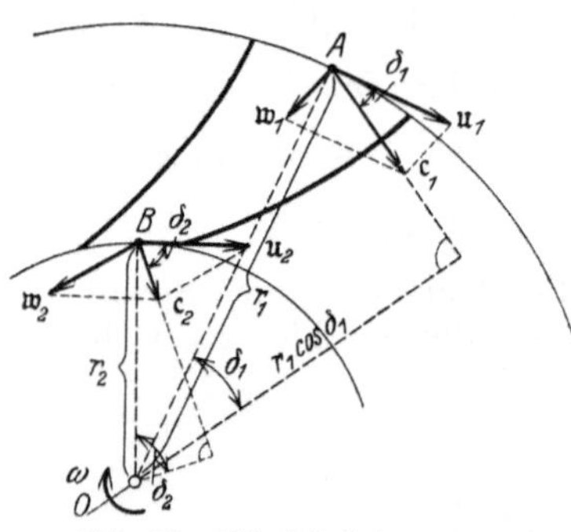

Abb. 55. Flüssigkeitsbewegung im Schaufelkanal einer Wasserturbine.

$$M_d = \varrho\, Q\, (c_1 r_1 \cos \delta_1 - c_2 r_2 \cos \delta_2)\,, \tag{63}$$

wenn Q die durch die Turbine in der Sekunde strömende Wassermenge bezeichnet. Demnach ist die **Leistung** der Turbine $L = M_d\,\omega$ (ω = Winkelgeschwindigkeit). Mit $u_1 = r_1\,\omega$ und $u_2 = r_2\,\omega$ folgt daraus

$$L = \varrho\,Q\,(c_1\,u_1 \cos\delta_1 - c_2\,u_2 \cos\delta_2)\,.$$

Wird speziell $\delta_2 = 90^0$, d. h. fällt $\mathfrak{c}_2$ in die Richtung des Radius r_2, dann verschwindet das negative Glied, und man erhält

$$L = \varrho\,Q\,c_1\,u_1 \cos\delta_1\,.$$

Gleichung (63) heißt die **Eulersche Turbinengleichung** (Hauptgleichung der Turbinentheorie) und spielt bei der Berechnung der Turbinen eine wichtige Rolle. Ihrer Ableitung liegt die Voraussetzung zugrunde, daß die in den Schaufelkanal eintretenden Wasserteilchen sich sämtlich in Richtung der Mittellinie dieses Kanals bewegen, d. h. also durch die Schaufeln in gleicher Weise geführt bzw. abgelenkt werden. Es ist einleuchtend, daß diese Annahme nur bei relativ geringen Schaufelabständen zulässig ist, bei größeren dagegen nicht, weil dann ein eigentlicher Kanal nicht mehr vorliegt. Aus diesem Grunde ist man neuerdings bestrebt, die Theorie der Turbinen auf einer anderen Grundlage aufzubauen, indem man sich das Schaufelrad als ein System dünner Flügel vorstellt, welches in die strömende Flüssigkeit gesetzt ist, und die Strömung um diese Flügel untersucht. Im 2. Bande wird über diesen Gegenstand genauer berichtet.

e) Wassersprung in einem offenen Gerinne.

Befindet sich in der Sohle eines offenen Gerinnes ein Knick, dergestalt, daß oberhalb des Knickes ein größeres Sohlengefälle und damit eine größere Wassergeschwindigkeit vorhanden ist als unterhalb des Knickes (Abb. 56), so zeigt sich, daß bei hinreichend großer Geschwindigkeit des ankommenden Wassers ein sogenannter **Wassersprung** (Wechselsprung) auftritt, d. h. eine sprunghafte Änderung der Spiegelhöhe von t_1 auf t_2.

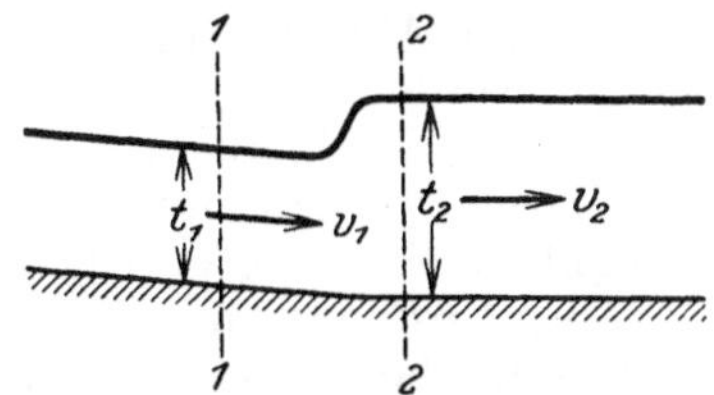

Abb. 56. Wassersprung in einem offenen Gerinne infolge eines Gefällsknickes.

Zur Untersuchung dieses Vorganges soll wieder der Impulssatz herangezogen werden. Zu diesem Zwecke trenne man den durch die Linien *1—1* und *2—2* gekennzeichneten Bereich ab, welcher den Wassersprung enthält, und ermittle wieder (stationäre Strömung vorausgesetzt) den Überschuß des in der Zeiteinheit austretenden über den eintretenden Impuls. Bezeichnen b die Breite des rechteckig angenommenen Gerinnes, v_1 und v_2 die „mittleren" Geschwindigkeiten (vgl. S. 70) im Zulauf- bzw. Ablaufgerinne, so ist die zeitliche Impulsänderung $\varrho\,Q(v_2 - v_1)$, wo $Q = t_1 b\,v_1 = t_2 b\,v_2$ die sekundliche Durchflußmenge darstellt. Diese Impulsänderung muß gleich der Summe der in der Bewegungsrichtung auf die abgegrenzte Flüssigkeitsmasse wirkenden äußeren Kräfte sein.

Hinsichtlich dieser Kräfte werden folgende vereinfachende Annahmen gemacht: 1. Die in die Strömungsrichtung fallende Schwerekomponente kann bei der relativ geringen Sohlenneigung vernachlässigt werden. 2. Desgleichen dürfen die am Gerinnerand auf das Wasser übertragenen Reibungskräfte außer acht bleiben, da die Längenausdehnung des Bereiches, in dem der Wassersprung erfolgt, klein ist, der Einfluß der Wandreibung also nur von geringer Bedeutung sein kann. 3. Die Drücke in den Querschnitten *1—1* und *2—2* werden nach der Tiefe als „statisch verteilt“ angenommen, mit anderen Worten heißt das, der Druck wächst proportional mit der Tiefe ($p = \gamma z$, wo z vom Spiegel aus nach unten gerechnet wird, vgl. S. 11).

Auf den Querschnitt *1—1* entfällt also die Druckkraft $D_1 = \frac{\gamma t_1^2 b}{2}$, auf den Querschnitt *2—2* $D_2 = \frac{\gamma t_2^2 b}{2}$. Unter diesen Voraussetzungen liefert der Impulssatz folgende Gleichung:

$$\varrho Q(v_2 - v_1) = \frac{\gamma}{2} b(t_1^2 - t_2^2),$$

oder, wegen $Q = v_1 t_1 b = v_2 t_2 b$ und $v_2 = v_1 \frac{t_1}{t_2}$,

$$\varrho t_1 v_1^2 \left(\frac{t_1}{t_2} - 1\right) = \frac{\gamma}{2} t_2^2 \left(\frac{t_1^2}{t_2^2} - 1\right),$$

$$\varrho t_1 v_1^2 = \frac{\gamma}{2} t_2^2 \left(\frac{t_1}{t_2} + 1\right).$$

Nach t_2 aufgelöst folgt daraus:

$$t_2 = -\frac{t_1}{2} \underset{(-)}{+} \sqrt{\frac{t_1^2}{4} + \frac{2 t_1 v_1^2}{g}}. \tag{64}$$

Ist also für das Zulaufgerinne t_1 und v_1 bekannt, so kann aus (64) die Tiefe t_2 im Ablaufgerinne und damit die Sprunghöhe $h = t_2 - t_1$ berechnet werden.

Obwohl die Voraussetzungen, welche der Ableitung von Gleichung (64) zugrunde liegen, nur näherungsweise zutreffen, steht das gewonnene Ergebnis doch in guter Übereinstimmung mit neueren Versuchen des „Miami Conservancy District“ (Nordamerika) vom Jahre 1916, wonach die theoretisch gewonnenen Rechnungswerte im Maximum nicht über 10,8% von den Versuchswerten abweichen. In der Mehrzahl der Versuche ist der Unterschied sogar noch wesentlich geringer, womit die praktische Brauchbarkeit der Gleichung (64) erwiesen ist[1].

Um zu sehen, unter welcher Bedingung ein solcher Wassersprung überhaupt auftreten kann, setze man in (64) $t_2 = t_1$; dann ergibt sich

$$v_1 = \sqrt{t_1 g} = v_{gr}. \tag{65}$$

Solange die Geschwindigkeit im Oberwasserlauf kleiner als dieser Grenzwert v_{gr} ist, kann ein Sprung sich nicht einstellen. Drückt man noch

[1] Vgl. K. Safranez: Bauing. **1927**, H. 49, 898ff. Flachsbart, O.: Ebenda **1929**, H. 17, 297.

die Geschwindigkeit v_1 durch die sekundliche Wassermenge Q aus, nämlich $v_1 = \frac{Q}{t_1 b}$, so erhält man aus (65) als Grenztiefe

$$t_{gr} = \sqrt[3]{\frac{Q^2}{g b^2}}. \tag{65a}$$

Der aus (64) errechneten Tiefe t_2 im Ablaufgerinne entspricht eine Geschwindigkeit $v_2 = \frac{Q}{t_2 b}$. Hat nun das Ablaufgerinne gerade ein derartiges Gefälle, daß sich diese Geschwindigkeit einstellen kann, so bildet sich ein „stehender" oder „ruhender" Wassersprung an der Stelle des Gefällsknickes aus. Bei zu kleinem Gefälle und demnach zu kleiner Geschwindigkeit v_2' kann die Wassermenge Q bei der errechneten Tiefe t_2 dagegen nicht weggeführt werden, d. h. es würde mehr Wasser zu- als abfließen. In diesem Falle verlegt sich der Wassersprung stromaufwärts. Das Entgegengesetzte ist der Fall bei zu großem Gefälle des Ablaufgerinnes. Auf diese Erscheinungen wird im 2. Bande bei der Besprechung der Wasserbewegung in offenen Gerinnen noch genauer eingegangen.

9. Übergang zu Strömungen mit Verlusten.

Auf S. 51 wurde bereits darauf hingewiesen, daß die unter Anwendung der Bernoullischen Gleichung gewonnenen Rechnungsergebnisse von dem tatsächlichen Verhalten der strömenden Flüssigkeiten in vielen Fällen erheblich abweichen, und daß diese Unterschiede auf Energieverluste zurückzuführen sind, deren Ursache wesentlich dem nicht idealen Charakter der natürlichen Flüssigkeiten zuzuschreiben ist.

Freilich kann von einem „Energieverlust" im physikalischen Sinne nicht die Rede sein, denn das Prinzip von der Erhaltung der Energie lehrt ja, daß der in der Natur vorhandene Energievorrat zwar in den verschiedensten Formen auftreten, in seinem Gesamtbetrage aber weder verkleinert noch vergrößert werden kann. Bei der Bewegung der natürlichen Flüssigkeiten ist aber erfahrungsgemäß zur Aufrechterhaltung des Strömungsvorganges ein ständiger Aufwand von mechanischer Arbeit erforderlich, welche nicht in mechanische Energie, sondern in andere Energieformen (Wärme, Schall) umgesetzt wird und deshalb für den rein mechanischen Vorgang der Strömung als Energieverlust angesprochen werden muß.

Immerhin läßt sich auch in solchen Fällen durch Einführung von Zusatzgliedern in die Bernoullische Gleichung ein Ausdruck ableiten, welcher eine summarische Beurteilung des betreffenden Vorganges gestattet. Hinsichtlich der Größe des Energieverlustes ist man dabei allerdings in weitgehendem Maße auf Versuchsergebnisse angewiesen.

Nach Gleichung (50a) ist für ideale Flüssigkeiten bei stationärer Strömung die hydraulische Höhe, d. h. die Summe aus Geschwindigkeits-, Druck- und geometrischer Höhe, längs einer Stromlinie konstant. Faßt man also zwei beliebige Querschnitte *1* und *2* (Abb. 42) eines reibungsfreien Stromfadens ins Auge, so wird

$$\frac{v_1^2}{2g} + \frac{p_1}{\gamma} + z_1 = \frac{v_2^2}{2g} + \frac{p_2}{\gamma} + z_2 \tag{66}$$

bzw.

$$\frac{v_1^2}{2} + \frac{p_1}{\varrho} + g z_1 = \frac{v_2^2}{2} + \frac{p_2}{\varrho} + g z_2 , \tag{66a}$$

wobei der zweite Ausdruck die Konstanz der Strömungsenergie pro Masseneinheit ausspricht. Tatsächlich zeigt sich nun bei der Bewegung der natürlichen Flüssigkeiten, daß die rechte Summe von (66) kleiner ausfällt als die linke. Unter Beachtung von (66a) heißt das: die Strömungsenergie nimmt beim Fortschreiten auf einer Stromlinie in der Bewegungsrichtung ab. Dabei hat man sich zu erinnern, daß die Bernoullische Gleichung auf Grund der Eulerschen Hypothese vom Flüssigkeitsdruck gewonnen worden ist, wonach in der idealen Flüssigkeit nur Druck- aber keine Schubspannungen auftreten, was für die natürlichen Flüssigkeiten in Wahrheit nicht zutrifft. Diese können vielmehr bei auftretenden Formänderungen, d. h. Relativverschiebungen der einzelnen Flüssigkeitselemente, Schubspannungen übertragen, und hierin ist wesentlich die Abweichung ihres Verhaltens von den Aussagen der Gleichungen (66) und (66a) zu suchen.

Gegenüber einem idealen Stromfaden treten bei einem wirklichen sowohl an der Oberfläche als auch im Innern zwischen den einzelnen Elementen Schubspannungen auf, sobald die dazu notwendigen Voraussetzungen gegeben sind. Durch die Wirkung dieser Schubspannungen erfährt die hydraulische Höhe auf der rechten Seite von (66) eine Änderung, die aus Dimensionsgründen wieder durch eine Höhe dargestellt werden kann. Trennt man dabei den Einfluß der Schubspannungen an der Oberfläche des Stromfadens von demjenigen der inneren Schubspannungen und bezeichnet ersteren mit h', letzteren mit h'', so kann (66) in der Form geschrieben werden

$$\frac{v_1^2}{2g} + \frac{p_1}{\gamma} + z_1 - \left(\frac{v_2^2}{2g} + \frac{p_2}{\gamma} + z_2\right) = h' + h'' . \tag{67}$$

Durch Multiplikation der vorstehenden Gleichung mit g erhält man unmittelbar die durch die Wirkung der Schubspannungen bedingte Änderung der Strömungsenergie.

Für die Folge sollen nur solche Stromfäden betrachtet werden, die sich entweder frei bewegen (ohne von benachbarten Stromfäden beeinflußt zu werden), oder solche, die vollständig von festen Wandungen (Rohren oder dgl.) eingeschlossen sind. Im ersteren Falle sind an der Mantelfläche keine Schubspannungen vorhanden. Im zweiten Falle findet erfahrungsgemäß kein Gleiten der natürlichen Flüssigkeit längs der festen Wandung statt (vgl. S. 73); die am Stromfadenmantel auftretenden Schubspannungen können also bei der Bewegung des Stromfadens keine Arbeit leisten, demnach auch keine Energieänderung hervorrufen. Die beobachtete Verminderung der Strömungsenergie ist also (wenn man von dem unbedeutenden Einfluß der in den Endquerschnitten *1* und *2* des Stromfadens wirksamen Tangentialspannungen absieht) nur noch eine Folge der inneren Spannungen. Da sie für den eigentlichen Bewegungsvorgang verloren ist, bezeichnet man die ihr entsprechende Höhe $h'' = h_v$ (s. oben) als Verlusthöhe, während $h' = 0$ gesetzt werden kann, womit Gleichung (67) übergeht in

$$\frac{v_1^2}{2g} + \frac{p_1}{\gamma} + z_1 - \left(\frac{v_2^2}{2g} + \frac{p_2}{\gamma} + z_2\right) = h_v\,. \qquad (67\,\text{a})$$

Durch diese Erweiterung der Bernoullischen Gleichung wird also nur zum Ausdruck gebracht, daß bei natürlichen Flüssigkeiten die hydraulische Höhe an der Stelle *1* gleich der Summe aus der hydraulischen Höhe an der Stelle *2* und der Verlusthöhe h_v zu setzen ist (Abb. 57).

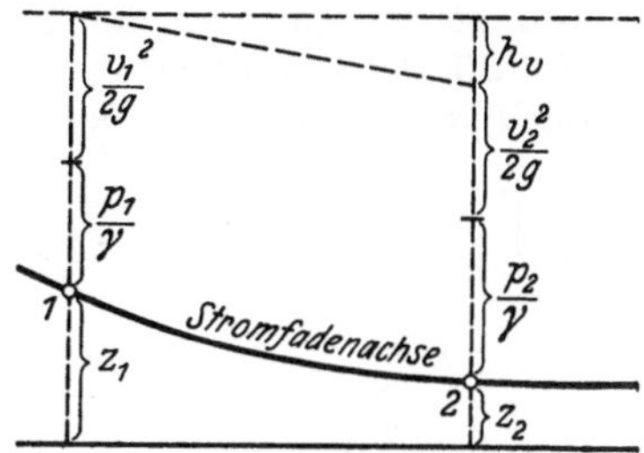

Abb. 57. Schematische Darstellung der Verlusthöhe h_v.

Gleichung (67a) gilt zunächst nur für stationäre Strömungen. Sie kann aber auch bei solchen nicht stationären Bewegungen angewandt werden, deren zeitliche Mittelwerte als stationäre Strömung angesehen werden dürfen. Derartige Bewegungen spielen gerade in der Technik eine große Rolle, worauf später noch genauer eingegangen wird (vgl. S. 79). Ist dieses nicht der Fall, so muß auf Gleichung (57) zurückgegriffen werden, welche nach Division durch g und Hinzufügung der Verlusthöhe h_v lautet

$$\frac{v_1^2}{2g} + \frac{p_1}{\gamma} + z_1 - \left(\frac{v_2^2}{2g} + \frac{p_2}{\gamma} + z_2\right) = h_v + \frac{1}{g}\int_{s_1}^{s_2} \frac{\partial v}{\partial t}\, ds\,. \qquad (68)$$

Unter Berücksichtigung der oben gemachten Voraussetzung hinsichtlich der Begrenzung des Stromfadens kann dieser Ausdruck als die verallgemeinerte Bernoullische Gleichung für nicht ideale Flüssigkeiten bezeichnet werden[1].

Die hydraulische Höhe $h = \frac{v^2}{2g} + \frac{p}{\gamma} + z$ stellt die auf die Einheit der Schwere bezogene Strömungsenergie dar. Bezeichnet nun $dQ\left[\frac{\text{m}^3}{\text{sec}}\right]$ das sekundliche Durchflußvolumen, so gibt $\gamma\, dQ\left(\frac{v_1^2}{2g} + \frac{p_1}{\gamma} + z_1\right)$ die am Querschnitt *1* des Stromfadens in der Zeiteinheit zur Verfügung stehende Strömungsenergie an, und die Differenz

$$\gamma\, dQ\left[\left(\frac{v_1^2}{2g} + \frac{p_1}{\gamma} + z_1\right) - \left(\frac{v_2^2}{2g} + \frac{p_2}{\gamma} + z_2\right)\right] - \frac{\gamma}{g}\, dQ \int_{s_1}^{s_2} \frac{\partial v}{\partial t}\, ds$$
$$= \gamma\, dQ\, h_v = \mathfrak{V} \qquad (69)$$

liefert den Leistungsverlust $\mathfrak{V}$ auf der Strecke *1*—*2*, der durch die Überwindung der inneren Widerstände bedingt ist.

[1] Vgl. hierzu R. v. Mises: Elemente der techn. Hydromechanik **1914**, 149.

Die Gleichungen (67a), (68) und (69) gelten ihrer Herleitung entsprechend nur für Stromfäden von sehr kleinen (theoretisch unendlich kleinen) Querschnittsabmessungen. In der technischen Praxis werden sie jedoch gewöhnlich auch auf Stromfäden mit großen Querschnitten (z. B. Wasser in Rohren oder Gerinnen) angewandt. Man faßt dann v und p als Mittelwerte des betreffenden Querschnitts auf, führt z als geometrische Höhe des Querschnittsschwerpunkts ein und an Stelle von dQ das sekundliche Durchflußvolumen Q.

Will man in solchen Fällen eine Verschärfung der Rechnung durchführen, so zerlege man den Stromfaden von endlichem Querschnitt F in ein Bündel unendlich dünner Stromfäden, wende auf letztere Gleichung (69) an und integriere über F. Dann erhält man:

$$\gamma \int_{(F)} \left[\left(\frac{v_1^2}{2g} + \frac{p_1}{\gamma} + z_1\right) - \left(\frac{v_2^2}{2g} + \frac{p_2}{\gamma} + z_2\right)\right] dQ - \frac{\gamma}{g} \int_{s_1}^{s_2} ds \int_{(F)} \frac{\partial v}{\partial t} dQ = \gamma \int_{(F)} dQ\, h_v . \tag{70}$$

Zwecks Vereinfachung des vorstehenden Ausdrucks setze man

$$\int_{(F)} v^2\, dQ = \alpha c^2 Q, \tag{71}$$

wo c die mittlere Geschwindigkeit des Querschnitts F bezeichnet, Q die durch diesen strömende sekundliche Flüssigkeitsmenge und α einen zunächst unbekannten Zahlenfaktor, durch welchen die ungleichmäßige Verteilung der Geschwindigkeit über den Querschnitt berücksichtigt werden soll. Daraus folgt wegen $dQ = v\,dF$ und $Q = cF$,

$$\alpha = \frac{\int_{(F)} v^3\, dF}{c^3 F}, \tag{72}$$

wobei das Integral über den ganzen Querschnitt zu erstrecken ist. Sofern nun das Verteilungsgesetz der Geschwindigkeit bekannt oder durch Beobachtung gefunden ist, kann aus (72) α bestimmt werden. Für künstliche Gerinne ist je nach der Rauhigkeit der Wandungen $\alpha = 1{,}04$ bis $1{,}15$[1].

Der Integralwert $\int_{(F)} \frac{\partial v}{\partial t} dQ$ in Gleichung (70) läßt sich auf die Form

$$\int_{(F)} \frac{\partial v}{\partial t} dQ = \int_{(F)} v \frac{\partial v}{\partial t} dF = \frac{1}{2} \frac{\partial}{\partial t} \int_{(F)} v^2\, dF = \frac{1}{2} \frac{\partial}{\partial t} (\alpha' c^2 F) = \alpha' F c \frac{\partial c}{\partial t} = \alpha' Q \frac{\partial c}{\partial t} \tag{73}$$

bringen, wobei

$$\int v^2\, dF = \alpha' c^2 F; \qquad \alpha' = \frac{\int v^2\, dF}{c^2 F}$$

[1] v. Mises: Elemente der techn. Hydromech., S. 155. Z. ang. Math. Mech. **1923**, 276.

gesetzt wurde. Auch dieser Faktor α' soll die ungleichmäßige Geschwindigkeitsverteilung berücksichtigen; für künstliche Gerinne ist $\alpha' = 1{,}03$ bis $1{,}05$[1].

Setzt man schließlich für den Druck p näherungsweise seinen über den Querschnitt genommenen Mittelwert und für die geometrische Höhe z die Höhe des Querschnittsschwerpunktes, so erhält man aus (70) mit Rücksicht auf (71) und (73) den Leistungsverlust auf der Strecke *1—2*

$$\gamma Q\left\{\left(\frac{\alpha_1 c_1^2}{2g}+\frac{p_1}{\gamma}+z_1\right)-\left(\frac{\alpha_2 c_2^2}{2g}+\frac{p_2}{\gamma}+z_2\right)\right\}-\frac{\gamma}{g}\alpha' Q\int\limits_{s_1}^{s_2}\frac{\partial c}{\partial t}\,ds=\mathfrak{B}\,. \tag{74}$$

Nach Division mit γQ folgt daraus die Druckgleichung

$$\left[\frac{\alpha c^2}{2g}+\frac{p}{\gamma}+z\right]_2^1=h_v+\frac{\alpha'}{g}\int\limits_{s_1}^{s_2}\frac{\partial c}{\partial t}\,ds\,, \tag{75}$$

wo $h_v = \dfrac{\mathfrak{B}}{\gamma Q}$ wieder die Verlusthöhe auf der Strecke *1—2* bezeichnet. Für stationäre oder mittelstationäre Strömungen fällt in (74) und (75) das von der Zeit abhängige Glied weg.

Bei der praktischen Anwendung der vorstehend entwickelten Gleichungen kommt es wesentlich darauf an, für die Verlusthöhe h_v einen geeigneten Ausdruck zu finden, der den tatsächlichen Verhältnissen möglichst weitgehend Rechnung trägt. Seine Ermittlung spielt bei allen Aufgaben der praktischen Hydraulik eine wichtige Rolle und ist zur Zeit nur unter Heranziehung experimenteller Ergebnisse möglich (vgl. S. 90).

In ähnlicher Weise, wie hier die Verluste infolge innerer Reibung durch eine Verlusthöhe dargestellt werden, lassen sich bei der Strömung in geschlossenen Leitungen die durch Querschnitts- und Richtungsänderungen sowie Einbauten der verschiedensten Art bedingten Verluste durch weitere Verlusthöhen in Ansatz bringen (siehe 2. Band, Strömung in Rohren).

10. Elementaransatz für die Flüssigkeitsreibung.

Die Tatsache des Energieverlustes bzw. der Bedarf an Energieaufwand zur Aufrechterhaltung einer Strömung führt zu dem Schluß, daß bei der Bewegung der natürlichen Flüssigkeiten Widerstandskräfte ausgelöst werden, welche durch die den Flüssigkeiten eigene Zähigkeit oder Viskosität sowie die Rauhigkeit der die Flüssigkeit einschließenden Wände bedingt sind. Unter Zähigkeit versteht man dabei die Eigenschaft einer natürlichen Flüssigkeit, Spannungen in der Berührungsfläche zweier relativ gegeneinander bewegter Flüssigkeitsteilchen übertragen zu können; diese Spannungen werden als Flüssigkeitsreibung bezeichnet.

---

[1] v. Mises: Elemente der techn. Hydromech., S. 176. In der techn. Praxis werden sowohl α als auch α' gewöhnlich gleich 1 gesetzt.

Auf Newton geht die Vorstellung zurück, daß die innere Reibung zwischen zwei unmittelbar benachbarten Flüssigkeitsteilchen unabhängig von dem dort herrschenden Normaldruck, dagegen proportional der Geschwindigkeitsänderung beim Übergang von dem einen zum andern Teilchen ist. Faßt man also zwei unendlich nahe Flüssigkeitsschichten ins Auge, deren Strömung parallel einer beliebigen x-Richtung erfolgt, während die Geschwindigkeit v in der rechtwinklig zu x liegenden z-Richtung veränderlich ist, so läßt sich die auf die Flächeneinheit entfallende Reibungskraft τ wie folgt anschreiben

$$\tau = \mu \frac{dv}{dz}; \qquad (76)$$

μ bezeichnet den sogenannten Zähigkeitskoeffizienten[1], der außer von den physikalischen Eigenschaften der betreffenden Flüssigkeit wesentlich von der Temperatur abhängig ist. Besonders zähe Flüssigkeiten sind Glyzerin und Öl, während z. B. Quecksilber und Wasser nur geringe Zähigkeit besitzen (vgl. S. 78). Da τ eine Spannung mit der Dimension [kg/cm²] darstellt, so ist die Dimension des Zähigkeitskoeffizienten

$$[\mu] = \left[\tau \frac{dz}{dv}\right] = \left[\frac{\text{kg sec}}{\text{cm}^2}\right].$$

Von den beiden benachbarten Elementen zweier Flüssigkeitsschichten wird dasjenige, welches die größere Geschwindigkeit besitzt, durch die innere Reibung verzögert, das andere beschleunigt. Dabei ändern sich infolge der Wirkung von τ die ursprünglich rechten Kantenwinkel eines prismatischen Teilchens, es tritt also eine Deformation desselben ein (vgl. S. 111).

11. Strömung in Schichten. Gesetz von Hagen-Poiseuille.

Mit Hilfe des obigen Elementaransatzes für die Flüssigkeitsreibung ist es bereits möglich, die Vorgänge bei einer gewissen Klasse von Strömungen, den sogenannten Laminar- oder Schichtenströmungen, rechnerisch zu erfassen. Man versteht darunter solche Flüssigkeitsbewegungen, bei denen sich alle Teilchen in geordneten, nebeneinander laufenden Schichten bewegen, die sich weder durchsetzen noch miteinander vermischen. Derartige Verhältnisse liegen z. B. vor bei der Bewegung von Flüssigkeiten in geraden Kreisrohren bzw. zwischen parallelen Wänden, sofern die Größe der Strömungsgeschwindigkeit unterhalb einer gewissen Grenze bleibt (vgl. S. 87). Die Beobachtung hat gelehrt, daß die unter Einführung des Ansatzes (76) aufgestellte Theorie der Laminarbewegung sich in vollständiger Übereinstimmung mit den Versuchsergebnissen befindet; mit anderen Worten heißt das, im Falle der Schichtenströmung ist die Gültigkeit des Reibungsgesetzes (76) experimentell bestätigt.

---

[1] In der Physik wird an Stelle von μ gewöhnlich die Bezeichnung η gebraucht.

Es sei jetzt die stationäre Strömung in einem geraden, zylindrischen Rohre vom Radius r betrachtet, dessen Achse gegen die Horizontale um den Winkel α geneigt sei. Unter bestimmten Voraussetzungen ist — wie oben bemerkt — eine solche Bewegung laminar, wobei die Geschwindigkeit jedes Teilchens parallel der Rohrachse verläuft. Weiter muß aus allen darüber gemachten Beobachtungen gefolgert werden, daß die zähe Flüssigkeit an der Rohrwand haftet; die Strömungsgeschwindigkeit besitzt also dort den Wert Null. Im übrigen darf die Geschwindigkeitsverteilung innerhalb eines Querschnitts als axial-symmetrisch angenommen werden, d. h. alle Teilchen im gleichen Abstand von der Achse haben gleiche Geschwindigkeit.

Man denke sich nun einen zylindrischen Flüssigkeitskörper von der Länge l und dem Radius z herausgeschnitten, dessen Achse mit der Rohrachse zusammenfällt (Abb. 58). Bezeichnen p_1 bzw. p_2 die „mitt-

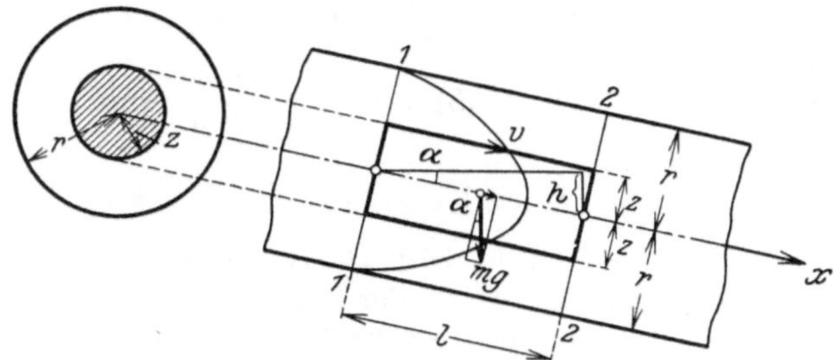

Abb. 58. Laminare Strömung im Kreisrohr.

leren" Drücke auf die obere bzw. untere Querschnittsfläche, ferner $m\,g$ die Schwere des Körpers, so erfährt letzterer in Richtung der Rohrachse aus Druck und Schwere eine beschleunigende Kraft von der Größe

$$P = \pi z^2 (p_1 - p_2) + m\,g \sin\alpha = \pi z^2 (p_1 - p_2) + \pi z^2 l \gamma \frac{h}{l},$$

welche nach Einführung des Ausdrucks

$$J = \frac{p_1 - p_2}{\gamma l} + \frac{h}{l} \tag{77}$$

auch in der Form geschrieben werden kann:

$$P = \pi z^2 \gamma l J.$$

Setzt man in dem betrachteten Rohrstück überall gleiche Verhältnisse voraus, so darf angenommen werden, daß der auf die Längeneinheit bezogene Druckabfall $\frac{p_1 - p_2}{l}$ (Druckgefälle) längs der Rohrachse konstant, d. h. unabhängig von der Länge l ist. Daraus folgt aber weiter, daß wegen $\frac{h}{l} = \sin\alpha$ auch das „Gefälle" J des Rohres für die ganze Länge l eine Konstante darstellt.

Auf die Mantelfläche des betrachteten Flüssigkeitszylinders wirkt weiter infolge der vorhandenen Flüssigkeitsreibung eine tangentiale Kraft T, deren Größe durch den Ansatz (76) unmittelbar bestimmt ist.

Da nämlich alle Punkte der Mantelfläche gleiche Geschwindigkeit haben, so erhält man T einfach durch Multiplikation der Mantelfläche $2\pi z l$ mit der Schubspannung τ aus Gleichung (76), also

$$T = 2\pi z l \mu \frac{dv}{dz}$$

(positiv im Sinne der Bewegung gerichtet).

Im Falle stationärer Strömung können keinerlei Beschleunigungen auftreten. Demnach muß die Gesamtheit der an dem betrachteten Flüssigkeitszylinder angreifenden äußeren Kräfte $P + T$ verschwinden, d. h. es muß sein:

$$J \gamma z + 2\mu \frac{dv}{dz} = 0\,,$$

woraus durch Integration folgt

$$v = -\frac{J \gamma z^2}{4\mu} + C\,.$$

Wegen $v = 0$ für $z = r$ (vgl. S. 73) wird $C = \frac{J \gamma r^2}{4\mu}$ und

$$v = \frac{J\gamma}{4\mu}(r^2 - z^2)\,. \tag{78}$$

Man erkennt also, daß die Geschwindigkeit sich parabolisch über den Rohrquerschnitt verteilt; der Parabelscheitel fällt in die Rohrachse (Abb. 58). Gewöhnlich schreibt man (78) noch in etwas anderer Form, indem man $\frac{\gamma}{\mu} = \frac{\varrho g}{\mu} = \frac{g}{\nu}$ setzt, wo

$$\nu = \frac{\mu}{\varrho}\left[\frac{\text{cm}^2}{\text{sec}}\right]$$

als kinematisches Zähigkeitsmaß bezeichnet wird. Damit nimmt (78) die Form an:

$$v = \frac{J g}{4\nu}(r^2 - z^2)\,. \tag{78a}$$

Mit Hilfe dieser zuerst von Stokes aus der allgemeinen Theorie der zähen Flüssigkeiten abgeleiteten Formel für die Geschwindigkeit v läßt sich nun auch die sekundliche Durchflußmenge Q für den Querschnitt berechnen. Zu diesem Zwecke betrachte man einen Ringquerschnitt vom inneren Radius z und der Dicke dz. Durch diesen strömt in der Zeiteinheit die Flüssigkeitsmenge

$$dQ = v \cdot 2\pi z \cdot dz = \frac{\pi J g}{2\nu}(z r^2 - z^3)\,dz\,;$$

demnach wird

$$Q = \frac{\pi J g}{2\nu}\int_{z=0}^{z=r}(z r^2 - z^3)\,dz = \frac{\pi J g r^4}{8\nu}\,. \tag{79}$$

Diese Gleichung, wonach die sekundliche Durchflußmenge Q proportional dem Gefälle und der 4. Potenz des Rohrradius ist, spricht das nach seinen Entdeckern benannte Hagen-Poiseuillesche Gesetz aus[1], welches 1839 von Hagen[2] und später unabhängig davon von Poiseuille[3] durch Versuche an Kapillarrohren empirisch gefunden wurde.

Wie bereits bemerkt, bestätigt die vollständige Übereinstimmung der Rechnung mit den Versuchsergebnissen die Gültigkeit des oben gewählten Ansatzes (76), sofern es sich um laminare Bewegung handelt.

Nachdem Q bekannt ist, kann auch die mittlere Geschwindigkeit c sofort angegeben werden. Man erhält dafür

$$c = \frac{Q}{\pi r^2} = \frac{J g r^2}{8 \nu} = \tfrac{1}{2} v_{\max}; \tag{80}$$

sie ist also halb so groß wie die Geschwindigkeit $v_{\max}$ in der Rohrachse. Für das Gefälle J ergibt sich der Wert

$$J = c \frac{8 \nu}{g r^2}, \tag{81}$$

proportional mit c. Man erkennt daraus, daß ein solches Gefälle zur Aufrechterhaltung der Strömung notwendig ist, womit die vorstehende Untersuchung sich im Gegensatz zur Idealtheorie befindet, für welche wegen $v_1 = v_2$ die Bernoullische Gleichung $J = 0$ liefern würde.

Strömung zwischen zwei parallelen Ebenen. In ähnlicher Weise läßt sich die stationäre Laminarströmung einer zähen Flüssigkeit zwischen zwei parallelen Wänden vom Abstande h behandeln (Abb. 59).

Die Flüssigkeitsbewegung sei auf ein rechtwinkliges Achsenkreuz bezogen, dessen X-Achse in Richtung der Strömung mit der unteren Wand zusammenfällt, während die Z-Achse normal zur Wandebene steht. Von der Y-Richtung sei die Strömung unabhängig. Dann sind alle Geschwindigkeiten parallel der X-Achse gerichtet und in der X-Richtung konstant. An einem Flüssigkeitsteilchen von der Länge dx, der Höhe dz und der Breite „Eins" müssen sich somit die in den Seitenflächen $1 \cdot dx$ wirkenden Reibungskräfte und die auf die Stirnflächen $1 \cdot dz$ wirkenden Drücke Gleichgewicht halten. Daraus folgt unter Bezugnahme auf Abb. 59

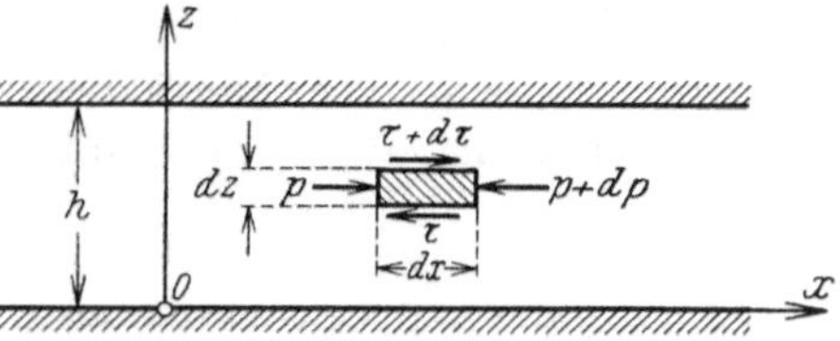

Abb. 59. Laminare Strömung zwischen parallelen Wänden.

$$-dp \cdot dz + d\tau \cdot dx = 0$$

oder unter Beachtung von (76)

$$\frac{dp}{dx} = \frac{d\tau}{dz} = \mu \frac{d^2 v}{dz^2}. \tag{82}$$

a) Beide Wände sind unverrückbar fest. Dann stellt sich bei der Bewegung der Flüssigkeit gemäß der Überlegung auf Seite 73 ein konstantes Druckgefälle $-\frac{dp}{dx}$ ein. Bezeichnen also wieder p_1 und p_2 die Drücke zweier Quer-

[1] Ostwald: Kolloid-Z. **36**, 99 (1925).
[2] Hagen: Poggendorffs Ann. **46** (1839).
[3] Poiseuille: Mém. des Savants étrangers **9** (1846).

schnitte im Abstande l, so wird

$$\frac{dp}{dx} = -\frac{p_1 - p_2}{l} = \text{const.},$$

so daß die Differentialgleichung (82) die Form annimmt

$$\frac{d^2 v}{dz^2} = -\frac{p_1 - p_2}{\mu l}.$$

Durch zweimalige Integration folgt daraus

$$v = -\frac{p_1 - p_2}{\mu l} \cdot \frac{z^2}{2} + C z + C'$$

oder wegen $v = 0$ für $z = 0$ und $z = h$ (die Strömungsgeschwindigkeit ist an der Berandung gleich Null):

$$v = \frac{p_1 - p_2}{2 \mu l} (h z - z^2).$$

Als sekundliche Durchflußmenge Q durch den Querschnitt, dessen Breite b groß sei gegenüber h, erhält man

$$Q = b \int_0^h v \, dz = b \frac{p_1 - p_2}{2 \mu l} \int_0^h (h z - z^2) \, dz = \frac{b h^3}{12} \frac{p_1 - p_2}{\mu l}.$$

b) Die untere Wand ruht, die obere wird in ihrer Ebene mit der Geschwindigkeit v_0 bewegt. In diesem Falle muß unter dem Einfluß der Reibung die oberste Flüssigkeitsschicht dieselbe Geschwindigkeit annehmen wie die bewegte Wand, während die unterste Schicht an der unteren Wand haftet. War die Flüssigkeit anfangs in Ruhe, so kann sich hier ein Druckgefälle nicht einstellen, weshalb $\frac{dp}{dx} = 0$ ist. Damit liefert Gleichung (82) $\frac{dv}{dz} = \text{const.}$, d. h. die Geschwindigkeit verteilt sich linear über den Querschnitt:

$$v = v_0 \frac{z}{h}. \tag{83}$$

Damit die obere Wand die angegebene Bewegung ausführt, ist eine Kraft zur Überwindung der Wandreibung erforderlich, welche, auf die Flächeneinheit bezogen, die Größe $K = \mu \left[\frac{dv}{dz}\right]_{z=h} = \mu \frac{v_0}{h}$ hat.

12. Messung und Größe des Zähigkeitskoeffizienten.

Das Hagen-Poiseuillesche Gesetz kann unmittelbar zur Messung des Zähigkeitskoeffizienten benutzt werden. Für diesen liefert Gleichung (79)

$$\mu = \varrho \nu = \frac{\pi J \gamma r^4}{8 Q}, \tag{84}$$

wo J nach (77) das Gefälle und Q die sekundliche Durchflußmenge bezeichnen, welche durch Messung bestimmt werden müssen. Bei horizontal gestelltem Meßrohr ist $J = \frac{p_1 - p_2}{\gamma l}$. Die Ermittlung des Druckgefälles kann mit Hilfe von Manometern erfolgen. Dabei ist darauf zu achten, daß die Rohrstrecke l, an welcher die Messung vorgenommen wird, hinreichend weit von der Ein- und Auslaufstelle des Rohres entfernt ist. Es hat sich nämlich gezeigt[1], daß die parabolische Geschwindigkeitsverteilung sich erst nach einer bestimmten Anlaufstrecke einstellt, während man beim Eintritt in das Rohr mit einer nahezu gleichmäßigen Geschwindigkeitsverteilung über den Querschnitt zu rechnen hat, die erst allmählich in die parabolische übergeht. Nach Schiller[1] ist die erforderliche Anlaufstrecke $l \approx 0{,}0288\, R_d \cdot d$, wo $R_d = \frac{c\,d}{\nu}$ die sogenannte Reynoldssche Zahl (vgl. Seite 86) und d den Rohrdurchmesser bezeichnet.

In der Technik wird zur relativen Messung der Zähigkeit — insbesondere von Schmierölen — gewöhnlich der Englersche Zähigkeitsmesser (Viskosimeter) verwendet, welcher aus einem zylindrischen Gefäße A von den aus Abb. 60 ersichtlichen Abmessungen besteht, an das ein enges Vertikalröhrchen angeschlossen ist, welches durch ein Ventil abgesperrt werden kann. An dem Behälter A sind zwei Marken a und b angebracht, durch welche gerade 200 cm³ der Meßflüssigkeit abgegrenzt werden. Indem man die Zeit mißt, welche verstreicht, bis diese 200 cm³ ausgeflossen sind, erhält man ein Maß für die Zähigkeit. Der Behälter A kann noch in ein Wasserbad W zur Erzeugung verschiedener Temperaturen gesetzt werden.

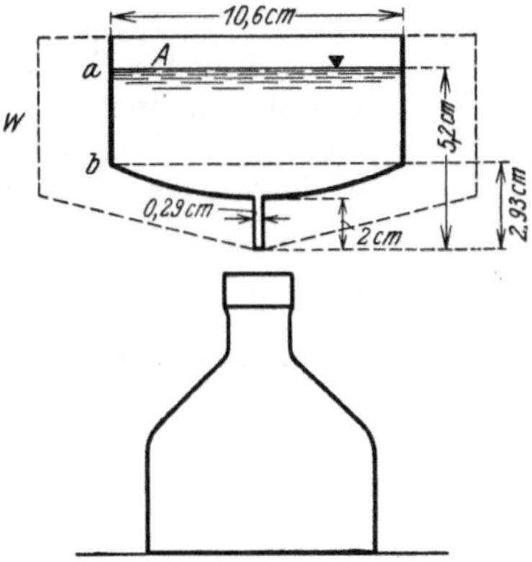

Abb. 60. Schematische Darstellung des Englerschen Zähigkeitsmessers.

Man nennt das Verhältnis E der Ausflußzeit t der zu untersuchenden Flüssigkeit zur Ausflußzeit t_0 der gleichen Menge Wasser von 20° C die Anzahl der Englergrade, also $E = \frac{t}{t_0}$.

Der Versuch liefert nicht das Zähigkeitsmaß selbst, sondern die Anzahl der Englergrade. Es bedarf somit noch der Umrechnung der Englergrade in absolute Zähigkeit. Eine eingehende Theorie des Englerschen Zähigkeitsmessers ist zuerst von R. v. Mises aufgestellt worden[2], mit dem Ergebnis, daß zwischen E und ν die Beziehung besteht:

$$E = 20{,}11\left(2{,}3026 \log \frac{C_0 - 1}{C_1 - 1} + C_0 - C_1\right)\nu\,,$$

wo

$$C_0 = \sqrt{1 + \frac{0{,}035\,22}{\nu^2}}\,,\; C_1 = \sqrt{1 + \frac{0{,}019\,85}{\nu^2}}\,.$$

Als Näherungsformel setzt v. Mises für Werte $\nu > 1$:

$$\nu = 0{,}0864\,E - \frac{0{,}08}{E}\left[\frac{\text{cm}^2}{\text{sec}}\right],$$

---

[1] Schiller, L.: Z. ang. Math. Mech. **2**, 96 (1922).

[2] v. Mises, R.: Über den Englerschen Flüssigkeitsmesser. Phys. Z. **1911**, 812; Techn. Hydromechanik, S. **44**, 184.

während L. Ubbelohde[1] die davon etwas abweichende empirische Gleichung angibt:

$$\nu = 0{,}0732\,E - \frac{0{,}0631}{E}\,.$$

Unter $\nu = 0{,}01$ liefert der Englersche Zähigkeitsmesser keine brauchbaren Werte.

Die Abweichung, welche sich nach der v. Misesschen Formel bei Flüssigkeiten mit geringer Zähigkeit ergibt, führt L. Schiller[2] darauf zurück, daß die dem Hagen-Poiseuilleschen Gesetz entsprechende parabolische Geschwindigkeitsverteilung innerhalb des Ausflußrohres nicht überall vorhanden ist. Neuerdings haben H. Kirsten und L. Schiller[3] den Schillerschen Gedanken weiter vervollständigt, indem sie ihr Augenmerk auf eine geeignete Abrundung der Einlaufstelle richteten, um dadurch eine eventuelle Kontraktion und Wirbelbildung bei den Zähigkeitsmessungen auszuschalten. Auf diese Weise konnte die Theorie so weit verfeinert werden, daß die Differenzen zwischen Versuch und Rechnung auf 1 bis 1,5% beschränkt bleiben.

Tabelle des kinematischen Zähigkeitskoeffizienten.

Quecksilber . . .	von	0^0 C	$\nu =$	0,00125	$\frac{cm^2}{sec}$
	„	20^0		0,00117	„
	„	100^0		0,00091	„
Wasser	von	0^0 C	$\nu =$	0,0178	„
	„	10^0		0,0131	„
	„	20^0		0,0101	„
	„	50^0		0,0055	„
	„	100^0		0,0027	„
Luft (bei 760 mm Barometerstand) . . .	von	0^0 C	$\nu =$	0,133	„
	„	20^0		0,149	„
	„	100^0		0,245	„
Maschinenöl (Deutz)	von	10^0 C	$\nu =$	7,34	„
	„	20^0		3,82	„
	„	50^0		0,60	„
	„	100^0		0,10	„
Glyzerin	von	3^0 C	$\nu =$	33,40	„
	„	18^0		8,48	„
	„	20^0		6,80	„

Für Flüssigkeiten hoher Zähigkeit (Schmieröle usw.) geben Kirsten und Schiller folgende Formel an[3]

$$\nu = 0{,}0783\,E - \frac{0{,}08836}{E}\,,$$

wo

$$E = \frac{t_{\text{öl}}}{48{,}51}$$

[1] Tabellen zum Englerschen Viskosimeter, S. 26. Leipzig 1918.

[2] Vgl. die Fußnote 1 auf Seite 77.

[3] Zur Theorie u. Praxis des Englerschen Viskosimeters. Z. ang. Math. Mech. **1925**, 111.

zu setzen ist. Hierbei ist $t_0' = 48{,}51$ [sec] die idealisierte Ausflußzeit, die das Wasser haben würde, wenn keine Wirbelbildung usw. stattfinden würde. Die Abmessungen des dabei benutzten Viskosimeters weichen von den oben angegebenen insofern etwas ab, als hier der Gefäßdurchmesser 10,68 [cm], die Länge des Ausflußrohres 2,005 [cm] und seine Lichtweite 0,2865 [cm] betragen. Einige Zahlenwerte für ν enthält die nebenstehende Tabelle. Für Wasser zwischen 0° und 100° C ist nach Poiseuille[1]

$$\nu = \frac{0{,}0178}{1 + 0{,}0337\,T + 0{,}000\,22\,T^2}\left[\frac{\mathrm{cm}^2}{\mathrm{sec}}\right],$$

wo T die Temperatur (Celsiusgrade) bezeichnet.

13. Turbulente Strömung. Erfahrungsgrundlagen[2].

Die unter Ziffer 11 besprochene laminare oder Schichtenströmung, für welche sich — wie gezeigt — eine befriedigende mathematische Darstellung geben läßt, umfaßt leider nur eine kleine Gruppe der praktisch wichtigen Flüssigkeitsbewegungen. Hierher gehört besonders die Bewegung von Ölen in Meßinstrumenten und Reguliervorrichtungen, das Problem der Schmiermittelreibung, die Grundwasserbewegung und anderes mehr. Die weitaus meisten Strömungsvorgänge folgen dagegen wesentlich verwickelteren Gesetzen, welche z. Z. noch nicht einwandfrei geklärt sind, so daß man sich vielfach mit halbempirischen Ansätzen und Rechnungsmethoden begnügen muß.

Während die laminare Strömung besonders durch ihr geordnetes Verhalten — d. h. die Bewegung in nebeneinander laufenden Schichten — gekennzeichnet ist, unterscheidet sich die jetzt zu besprechende, in der Folge als turbulent bezeichnete Strömungsform von ersterer durch ständiges Durcheinanderwirbeln der einzelnen Flüssigkeitsbahnen, wodurch der Eindruck einer unruhigen, wirbeligen Bewegung der Flüssigkeit hervorgerufen wird. Derartige turbulente Strömungen lassen sich besonders bei der Bewegung des Wassers in Flußläufen beobachten, bei der man außer der vorwärts schreitenden Hauptbewegung (der eigentlichen Strömung) eine vielfältige Neben- oder Mischbewegung (Pulsation) der einzelnen Flüssigkeitsteilchen — scheinbar ohne jegliche Gesetzmäßigkeit — feststellen kann, welche eben für die turbulente Strömung charakteristisch ist.

Wie unter Ziffer 11 gezeigt wurde, sind die Laminarströmungen in Kreisrohren insbesondere durch folgende Erscheinungen gekennzeichnet: Parallele Richtung der Geschwindigkeit zur Rohrwandung, parabolische Geschwindigkeitsverteilung über den Rohrquerschnitt, Proportionalität zwischen dem Gefälle J und der mittleren Geschwindigkeit. Derartige Strömungen bilden sich aber, wie die Beobachtung gelehrt hat, nur aus bei kleinen Geschwindigkeiten und kleinen Rohr-

[1] Mém. présentés par divers savants, S. 532. Paris 1846. Vgl. auch v. Mises: a. a. O. S. 43.

[2] Vgl. hierzu F. Noether: Das Turbulenzproblem. Z. ang. Math. Mech. 1921, 125, wo auch reichliche Literaturangaben zu finden sind.

bzw. Kanalquerschnitten und dann um so eher, je größer die Zähigkeit der betreffenden Flüssigkeit ist. Beim Überschreiten eines gewissen Grenzwertes, in dem die vorstehenden Größen miteinander verknüpft sind, ist die Strömung nicht mehr laminar, sondern turbulent. Es wird dann die bereits oben erwähnte Durcheinanderwirbelung der einzelnen Flüssigkeitsteilchen beobachtet, welche neben Längs- auch Querbewegungen ausführen. Die Geschwindigkeit besitzt — sofern die Strömung als Ganzes betrachtet von der Zeit unabhängig ist — an jeder Stelle einen stationären Mittelwert, welcher durch unregelmäßige Schwankungen überlagert ist; sie ist z. B. in einem Rohre nicht mehr parabolisch, sondern im mittleren Flüssigkeitskern wesentlich gleichmäßiger verteilt (das genaue Verteilungsgesetz ist allerdings noch unbekannt) und fällt innerhalb einer dünnen Schicht am Rande schnell auf den Wert Null ab (vgl. Abb. 61, S. 84). Zwischen dem Gefälle und der mittleren Geschwindigkeit besteht nicht mehr lineare Abhängigkeit, vielmehr ist das Gefälle J eher dem Quadrat der Geschwindigkeit verhältnisgleich, d. h. es stellen sich hier erheblich größere Strömungswiderstände ein als im laminaren Bereich. Die Ursache dieser größeren Widerstände ist in den Mischbewegungen zu suchen, welche durch die oben erwähnten Geschwindigkeitsschwankungen bedingt sind, und einen Impulsaustausch (Impuls = Bewegungsgröße, vgl. S. 58) zwischen den benachbarten Flüssigkeitsschichten zur Folge haben.

Die charakteristischen Unterschiede der beiden Strömungsarten sind schon frühzeitig beobachtet worden, so von Poncelet, St. Venant, Poiseuille und von Hagen. Die theoretische Grundlage, welche für die Erkenntnis und richtige Wertung des ganzen Problems von weittragender Bedeutung geworden ist, verdankt man indessen erst Osborne Reynolds[1]. Letzterer ließ Wasser durch Glasröhren von verschiedener Weite fließen und beobachtete den Verlauf einzelner gefärbter Fäden bei verschiedenen Strömungsgeschwindigkeiten. Dabei zeigte sich, daß die anfänglich laminare Strömung nach Erreichung einer gewissen „kritischen“ Geschwindigkeit turbulent wurde (Zerreißen der gefärbten Flüssigkeitsfäden), und daß diese ausgezeichnete Geschwindigkeit um so kleiner war, je größer die Rohrweite gewählt wurde. Aus dieser Beobachtung heraus schloß Reynolds zunächst auf die Existenz einer zahlenmäßig festzustellenden Grenze, dergestalt, daß die laminare Strömungsform in die turbulente übergeht, sofern die sekundliche Durchflußmenge (d. h. eben die Geschwindigkeit) oder die Weite des Rohres einen gewissen oberen Grenzwert erreicht hat. Reynolds sprach weiter die Vermutung aus, daß die laminare Bewegung — da sie mathematisch immer eine mögliche Strömungsform darstellt — jenseits der oben angedeuteten Grenze labil sein müsse und daher zugunsten der stabilen turbulenten Strömung geändert werde. Der Nachweis dieser Instabilität ist von verschiedenen Seiten und auf verschiedene Arten versucht worden[2], wobei insbesondere die Methode

[1] Reynolds, O.: Phil. Transactions **174**, 935 (1883); **186**, 123 (1895).
[2] Vgl. das Literaturzitat auf S. 79.

der kleinen Schwingungen herangezogen wurde. Eine völlig befriedigende Klärung des Problems ist bis heute indessen noch nicht gelungen.

14. Ansatz für die turbulente Strömung im Kreisrohr.

Im Anschluß an die in Ziffer 11 durchgeführte Untersuchung über die stationäre Laminarbewegung soll jetzt ein Ansatz von H. A. Lorentz[1] für die turbulente Strömung in zylindrischen Rohren besprochen werden, der auf eine Betrachtung von O. Reynolds zurückgeht. Auf S. 80 war bereits gesagt, daß die Geschwindigkeit v der turbulenten Strömung an jeder Stelle einen stationären Mittelwert besitzt, welcher durch unregelmäßige Schwankungen überlagert ist. Dieser Mittelwert, dessen Richtung der Rohrachse X parallel läuft, sei mit $\bar{v}$, die Abweichung davon (infolge der Pulsationen) in Richtung der Rohrachse mit v', in radialer Richtung mit w' bezeichnet, so daß in axialer Richtung die wahre Geschwindigkeit

$$v = \bar{v} + v',$$

in radialer Richtung die Geschwindigkeit

$$w = w'$$

herrscht. v' und w' sollen als Schwankungsgeschwindigkeiten bezeichnet werden. An der Rohrwand haftet die Flüssigkeit. Dort ist $\bar{v} = 0$, aber auch $v' = w' = 0$.

Man betrachte jetzt wieder einen der Rohrwand koaxialen Flüssigkeitszylinder von der Länge l und dem Radius z (Abb. 58). Dann müssen die aus v' und w' über die Zylindermantelfläche $z = \text{const}$ — deren Inhalt mit O bezeichnet sei — genommenen Mittelwerte $\bar{v'} = \frac{1}{O}\int v'dO$ und $\bar{w'} = \frac{1}{O}\int w'dO$ verschwinden, was aus den obigen Beziehungen folgt, wenn man dort auf beiden Seiten die Mittelwerte bildet.

Wendet man jetzt auf die Flüssigkeitsmasse, welche augenblicklich den durch die Querschnitte *1* und *2* begrenzten Zylinder vom Radius z erfüllt, den Impulssatz an, so sagt dieser aus, daß die Summe der am Zylinder in der X-Richtung wirkenden äußeren Kräfte gleich dem Überschuß des aus ihm in der Zeiteinheit austretenden über den eintretenden X-Impuls ist, da die gesamte Impulsmenge in dem abgegrenzten Raume nur von der Hauptbewegung abhängt, innerhalb dieses Raumes also konstant ist (vgl. S. 59).

Soweit die äußeren Kräfte vom Druck und der Schwere herrühren, handelt es sich dabei offenbar um dieselben Werte wie bei der Laminarströmung, wofür auf S. 73 der Ausdruck

$$P = \pi z^2 \gamma l J$$

gefunden war. Dazu tritt noch die durch die Zähigkeit bedingte Reibung,

[1] Lorentz, H. A.: Abh. über theoret. Physik 1, 43, 66 (1907).

deren Mittelwert für den ganzen Zylindermantel nach (76) die Größe hat

$$T = \mu \int \frac{d\bar{v}}{dz} dO = \mu \frac{d\bar{v}}{dz} 2\pi z l .$$

Im Falle der stationären Laminarströmung wäre die Summe $P + T = 0$ zu setzen, da dort eine zeitliche Impulsänderung der den betrachteten Flüssigkeitszylinder bildenden Flüssigkeitsteilchen nicht vorhanden ist. Das ändert sich jedoch im vorliegenden Falle infolge der Schwankungsbewegung, welche einen Impulsaustausch zwischen den benachbarten Flüssigkeitsschichten zur Folge hat. In der Zeiteinheit tritt durch ein beliebiges Flächenelement dO der Mantelfläche des Zylinders die Flüssigkeitsmasse $\varrho\, dO\, w'$. Da w' positiv nach außen gerechnet wird, entspricht dieser Masse ein austretender X-Impuls $\varrho\, dO\, w'\,(\bar{v} + v')$, für den ganzen Zylindermantel also wegen der bestehenden Symmetrie

$$\varrho \int_{(O)} dO\, w'(\bar{v} + v') = \varrho \bar{v} \int_{(O)} w' dO + \varrho \int_{(O)} v' w'\, dO = \varrho \int_{(O)} v' w'\, dO ,$$

da $\int_{(O)} w' dO$ als Mittelwert verschwindet. Obwohl nun die über die Mantelfläche (O) genommenen Mittelwerte der Schwankungsgeschwindigkeiten v' und w' je gleich Null sind (s. oben), kann der vorstehende Integralwert doch von Null verschieden sein, denn es wandern ja bei der Strömung in Rohren infolge der Schwankungsbewegung Teilchen der schneller bewegten mittleren Schichten nach dem Rande zu und umgekehrt, so daß für einen beliebigen Punkt der Zylindermantelfläche vom Radius $z < r$ der Mittelwert des Produktes $v'w'$ im allgemeinen positiv wird[1]. Setzt man noch

$$\frac{1}{O} \int v' w'\, dO = \overline{v' w'},$$

so erhält man für den durch den Zylindermantel in der Zeiteinheit austretenden X-Impuls

$$\varrho \int_{(O)} v' w'\, dO = \varrho\, \overline{v' w'}\, 2\pi z l .$$

Durch die Endflächen des Zylinders treten auf beiden Seiten zeitlich die gleichen Impulsmengen; eine Impulsänderung wird hierdurch nicht bewirkt. Nach dem Impulssatze muß also sein:

$$\pi z^2 \gamma l J + \mu \frac{d\bar{v}}{dz} 2\pi z l = \varrho\, \overline{v' w'}\, 2\pi z l$$

oder, wegen $\frac{\gamma}{\varrho} = g$ und $\frac{\mu}{\varrho} = \nu$,

$$z g J + 2\nu \frac{d\bar{v}}{dz} = 2\, \overline{v' w'} . \qquad (85)$$

Der Ausdruck $\nu \frac{d\bar{v}}{dz}$ ist seiner Dimension nach gleich $\frac{\tau}{\varrho}$ (vgl. S. 72); demnach muß auch das Glied auf der rechten Seite von (85) eine durch ϱ

[1] Lorentz, H. A.: a. a. O. S. 68.

geteilte Schubspannung $\left(-\overline{v'w'} = \frac{\tau'}{\varrho}\right)$ darstellen. Man erkennt also, daß infolge der Schwankungsbewegung bei der turbulenten Strömung zusätzliche Schubspannungen durch Impulsaustausch ausgelöst werden, welche den Charakter der Strömung in maßgebender Weise beeinflussen.

Aus (85) folgt

$$\frac{d\bar{v}}{dz} = \frac{\overline{v'w'}}{\nu} - \frac{z g J}{2\nu} \tag{86}$$

oder durch Integration

$$\bar{v} = \frac{1}{\nu}\int_0^z \overline{v'w'}\,dz - \frac{z^2 g J}{4\nu} + C,$$

wo C wegen $\bar{v} = 0$ für $z = r$ (r = Rohrhalbmesser) den Wert hat

$$C = -\left[\frac{1}{\nu}\int_0^r \overline{v'w'}\,dz - \frac{r^2 g J}{4\nu}\right],$$

so daß

$$\bar{v} = \frac{gJ}{4\nu}(r^2 - z^2) - \frac{1}{\nu}\int_z^r \overline{v'w'}\,dz. \tag{87}$$

Über den Wert $\overline{v'w'}$ kann zunächst nichts anderes ausgesagt werden, als daß $\overline{v'w'}$ eine Funktion von z ist, welche für $z = r$ verschwindet. Daraus erklären sich auch die Schwierigkeiten, welche sich einer weiteren mathematischen Behandlung des Problems entgegenstellen, so daß die Benutzung empirischer Daten, z. Z. wenigstens, leider nicht umgangen werden kann[1].

Für die sekundliche Durchflußmenge erhält man (vgl. S. 74)

$$Q = \int_0^r \bar{v}\, 2\pi z\, dz = \pi\int_0^r \bar{v}\, d(z^2) = \pi \bar{v} z^2\Big]_0^r - \pi\int_0^r z^2 \frac{d\bar{v}}{dz}\,dz = -\pi\int_0^r z^2 \frac{d\bar{v}}{dz}\,dz,$$

da $\bar{v} = 0$ für $z = r$. Führt man hier für $\frac{d\bar{v}}{dz}$ den Ausdruck (86) ein, so ergibt sich

$$Q = -\pi\left\{\frac{1}{\nu}\int_0^r z^2\,\overline{v'w'}\,dz - \frac{gJr^4}{8\nu}\right\} = \frac{\pi r^4 g J}{8\nu} - \frac{\pi}{\nu}\int_0^r z^2\,\overline{v'w'}\,dz. \tag{88}$$

Dabei würde das erste Glied rechts dem auf S. 74 gefundenen Werte Q der Poiseuille-Strömung entsprechen, während das zweite Glied von

[1] Neuerdings haben L. Prandtl u. Th. v. Kármán einen Ansatz für die turbulente Schubspannung $\tau' = -\varrho\,\overline{v'w'}$ entwickelt, welcher mit Erfolg zur Ableitung des Widerstandsgesetzes in einigen einfachen Fällen der Parallelströmung benutzt werden kann (vgl. hierzu S. 99).

der Schwankungsbewegung abhängt. Wenn nun, wie oben erläutert, $\overline{v' w'}$ überwiegend positiv ist, so muß auch $\int_0^r z^2 \overline{v' w'}\, dz$ positiv sein, und man erkennt aus (88) in Übereinstimmung mit den darüber gemachten Erfahrungen, daß bei der turbulenten Strömung das einem bestimmten Gefälle J entsprechende Durchflußvolumen Q kleiner ist als im laminaren Falle, bzw. daß hier zur Erzeugung eines bestimmten Q ein größeres Gefälle J aufgewandt werden muß als dort.

Das Geschwindigkeitsgefälle wird durch Gleichung (86) dargestellt. An der Rohrwand geht dieses mit $z = r$ über in

$$\left.\frac{d\bar{v}}{dz}\right]_{z=r} = -\frac{r g J}{2 \nu},$$

da an der Wand $v' = w' = 0$ ist. Formal stimmt der vorstehende Ausdruck mit dem entsprechenden bei der Laminarströmung überein (vgl. S. 74). Um beide miteinander vergleichen zu können, drücke man J durch Q aus, dann wird:

a) laminar: $$\left.\frac{d\bar{v}}{dz}\right]_{z=r} = -\frac{\pi J g r^4}{8 \nu} \cdot \frac{4}{\pi r^3} = -\frac{4 Q}{\pi r^3} \qquad \text{(Gl. 79)}$$

b) turbulent: $$\left.\frac{d\bar{v}}{dz}\right]_{z=r} = -\frac{4}{\pi r^3}\left(Q + \frac{\pi}{\nu}\int_0^r z^2 \overline{v' w'}\, dz\right), \qquad \text{(Gl. 88)}$$

Unter sonst gleichen Verhältnissen tritt also bei der turbulenten Strömung am Rande ein stärkeres Geschwindigkeitsgefälle auf als bei der laminaren.

Zahlreiche an Rohren vorgenommene Messungen zeigen etwa das in Abb. 61 dargestellte Verhältnis der laminaren zur turbulenten Geschwindigkeitsverteilung. Dabei entspricht das parabolische Geschwindigkeitsdiagramm der Laminarströmung (v_l), das andere der turbulenten Strömung (v_t). Man erkennt insbesondere bei letzterer den starken Geschwindigkeitsabfall in der Nähe der Rohrwand, dem ein sehr geringer Abfall im mittleren Teile gegenübersteht. Aus dieser Darstellung, die sich in ähnlicher Form bei allen Versuchen wiederfindet, muß geschlossen werden, daß die Turbulenz einen Ausgleich in der Geschwindigkeitsverteilung über den Rohrquerschnitt zur Folge hat; ausgeschlossen hiervon ist nur eine dünne Randschicht, in welcher die Geschwindigkeit schnell auf den Wert Null abfällt. Hinsichtlich des Verhältnisses der Maximalgeschwindigkeit max v_t zur mittleren Geschwindigkeit $c = \frac{Q}{F}$ haben die

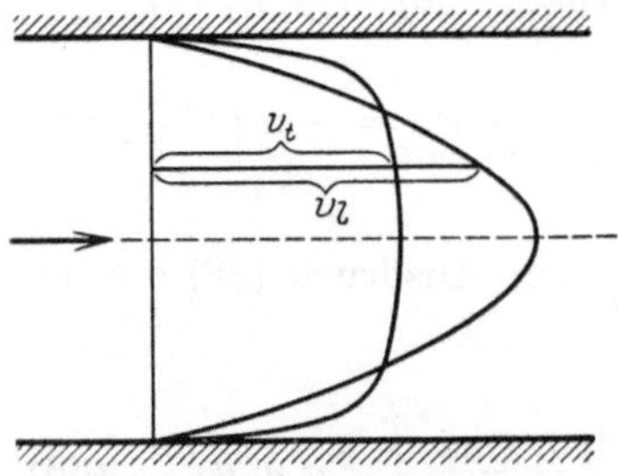

Abb. 61. Geschwindigkeitsverteilung im Kreisrohr bei laminarer (v_l) und turbulenter (v_t) Strömung.

Messungen gezeigt, daß dieses etwa nur 1,15 bis 1,25 beträgt[1], während bei der Laminarströmung $\frac{\max v_l}{c} = 2$ gefunden wurde (S. 75).

Das exakte Gesetz der Geschwindigkeitsverteilung bei der turbulenten Strömung ist z. Z. noch nicht gefunden. Indessen sind verschiedene Näherungslösungen entwickelt worden, welche mit der Beobachtung gut übereinstimmen (vgl. Ziffer 18).

15. Reynolds' Ähnlichkeitsgesetz.

Bevor in eine weitere Besprechung der vorstehend mitgeteilten Erscheinungen eingetreten wird, soll zunächst die für die Folge besonders wichtige Frage erörtert werden: Welche Bedingungen müssen erfüllt sein, damit zwei Flüssigkeitsströmungen a und b bei geometrisch ähnlichen äußeren Umständen auch mechanisch ähnlich verlaufen? Die geometrische Ähnlichkeit verlangt, daß jeder Stromlinie der Bewegung a eine geometrisch ähnliche der Bewegung b entspricht. So ist z. B. bei Strömungen in Rohren und Kanälen eine geometrische Ähnlichkeit der beiden Rohre bzw. Kanäle erforderlich, die sich auch auf die Wandbeschaffenheit (Rauhigkeit) zu erstrecken hat.

Die Bedingungen der mechanischen Ähnlichkeit für die beiden Strömungen a und b können aus Dimensionsbetrachtungen hergeleitet werden, indem man von den Bewegungsgleichungen der zähen Flüssigkeit ausgeht. Obwohl letztere erst in einem späteren Kapitel behandelt werden (vgl. S. 198), so läßt sich doch schon hier über sie folgendes aussagen: Nach dem d'Alembertschen Satz erfüllen die an einem Flüssigkeitselement vom Volumen „Eins" wirkenden Druck- und Schwerekräfte (P) mit den Reibungskräften (R) und den Trägheitskräften (T) (negativen Massenbeschleunigungen) die Bedingungen des Gleichgewichts. Es ist also für die Strömungen a und b in abgekürzter Schreibweise:

$$P_a + R_a + T_a = 0; \qquad P_b + R_b + T_b = 0;$$

bzw.

$$\frac{P_a + T_a}{R_a} = \frac{P_b + T_b}{R_b}. \tag{89}$$

Sollen diese beiden Strömungen mechanisch ähnlich verlaufen, so muß an ähnlich gelegenen Punkten

$$\frac{P_a}{P_b} = \frac{R_a}{R_b} = \frac{T_a}{T_b}. \tag{90}$$

sein oder

$$\frac{T_a}{R_a} = \frac{T_b}{R_b} \quad (90\text{a}); \qquad \frac{P_a}{R_a} = \frac{P_b}{R_b}, \quad (90\text{b})$$

und zwar folgt (90b) sofort aus (89), wenn die Bedingung (90a) erfüllt ist.

[1] v. Mises, R.: a. a. O. S. 66. Stanton u. Pannell: Phil. Trans. Roy. Soc. London, Series A, **214**, 205. Gümbel: Jahrb. Schiffbaut. Ges. **14**, 439 (1913). Schiller: Phys. Z. **1925**, 566. Kirsten: Experiment. Unters. der Geschw.-Verteilung bei der turb. Rohrströmung. Diss. Leipzig 1927.

Mit Rücksicht auf Gleichung (46) sind die Trägheitsglieder (bezogen auf die Volumeneinheit) von der Form $\varrho v \frac{\partial v}{\partial x}$, wobei es hier im einzelnen nicht auf den vollständigen Ausdruck ankommt. Für die Reibungsglieder ergibt sich unter Beachtung des Ansatzes (76) und der Abb. 62 ein Ausdruck von der Form

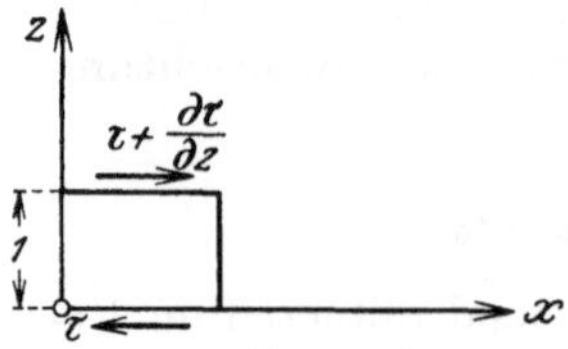

$$\frac{\partial \tau}{\partial z} = \mu \frac{\partial^2 v}{\partial z^2} *.$$

Abb. 62.

Bezeichnet nun V irgendeine charakteristische Geschwindigkeit (z. B. die mittlere Geschwindigkeit in einem Rohrquerschnitt) und L eine charakteristische Länge (Rohrdurchmesser, Kanalbreite usw.), so werden die Trägheitsglieder der Dimension nach durch $\varrho \frac{V^2}{L}$, die Reibungsglieder durch $\mu \frac{V}{L^2}$ dargestellt. Bei zwei geometrisch ähnlichen Strömungen a und b verhalten sich die Trägheitskräfte wie die entsprechenden Werte $\frac{\varrho V^2}{L}$, die Reibungskräfte wie die Werte $\mu \frac{V}{L^2}$. Sollen diese Strömungen auch mechanisch ähnlich verlaufen, so muß wegen (90) bzw. (90a) die Verhältniszahl

$$\mathfrak{R} = \frac{\varrho V^2}{L} : \frac{\mu V}{L^2} = \frac{\varrho L V}{\mu} = \frac{L V}{\nu} \tag{91}$$

für beide Strömungen dieselbe sein. Die Größe $\mathfrak{R}$ ist als Verhältnis zweier Kräfte eine reine Zahl (dimensionslos) und heißt nach ihrem Entdecker die Reynoldssche Zahl (auch Kennzahl) der betreffenden Strömung.

Das vorstehende Ergebnis ist von großer Bedeutung für die Ausführung von Modellversuchen geworden, welche an kleinen Modellen angestellt werden, um allgemeine Schlüsse auf Strömungsvorgänge bei praktischen Großausführungen ableiten zu können. Insbesondere erkennt man, daß bei Strömungen von Flüssigkeiten derselben Art (etwa Wasser gleicher Temperatur) wegen $\nu_a = \nu_b$ nach (91) das Produkt $L_a V_a$ für den Modellversuch gleich $L_b V_b$ für die Hauptausführung sein muß. Bei kleinen Abmessungen (Modell) muß also die Geschwindigkeit entsprechend vergrößert werden, wodurch derartige Modellversuche mitunter erheblich erschwert, ja teilweise unmöglich gemacht werden.

Das Reynoldssche Gesetz leistet bei der Untersuchung aller der Strömungsvorgänge gute Dienste, welche durch die Flüssigkeitsreibung beherrscht werden, so z. B. bei der Ermittlung des Druckverlustes in Rohren und Kanälen, der Oberflächenreibung an Platten, sowie der Bestimmung des Widerstandes, den ein ruhender Körper einer ihn vollkommen umgebenden, in Bewegung befindlichen Flüssigkeit entgegensetzt (vgl. S. 219)[1].

* Bezüglich des vollständigen Wertes für τ vgl. Seite 201.

[1] Bei Bewegungsvorgängen an einer freien Oberfläche — z. B. bei der Bewegung der Schiffe — tritt der Einfluß der Reibung gegen denjenigen der Schwere wesentlich zurück, da letztere besonders für den Verlauf der Oberflächen-

Aus (91) folgt, daß bei sonst gleichen Verhältnissen $\mathfrak{R}$ groß wird, wenn das kinematische Zähigkeitsmaß ν klein ist. Einer kleinen Zähigkeit entspricht also im allgemeinen eine große Reynoldssche Zahl, während umgekehrt Strömungen sehr zäher Flüssigkeiten durch eine kleine Kennzahl charakterisiert sind. Natürlich hängen diese Verhältnisse, wie man aus (91) erkennt, auch wesentlich von den Längenabmessungen und den Geschwindigkeitsgrößen ab.

16. Einsatz der Turbulenz. Kritische Geschwindigkeit.

Wie unter Ziffer 13 dieses Abschnitts bereits gesagt wurde, haben die Versuche von O. Reynolds gelehrt, daß für den Übergang einer anfangs laminaren Strömung in die turbulente Strömungsform eine bestimmte zahlenmäßige Grenze angegeben werden kann. Reynolds fand als Ergebnis seiner Versuche, daß der Übergang aus der einen Form in die andere eintritt, sobald die Kennzahl $\mathfrak{R}$ der Strömung einen bestimmten Wert

$$\mathfrak{R}_k = \left(\frac{L\,V}{\nu}\right)_k \tag{92}$$

erreicht hat. Für diesen „kritischen" Wert ermittelte er aus eigenen und älteren Versuchen von Darcy für glatte Kreisrohre vom Durchmesser $L = d$ und der mittleren Geschwindigkeit $V = c$

$$\mathfrak{R}_k = \left(\frac{c\,d}{\nu}\right)_k \approx 2000\,,$$

mit geringen Streuungen nach beiden Seiten. Nach neueren Messungen von Schiller[1] ist $\mathfrak{R}_k$ für technisch glatte, gerade Rohre gleich 2320, bei scharfkantigem Rohreinlauf gleich 2800.

In der Literatur wird die Reynoldssche Zahl für Kreisrohre verschieden bezeichnet, je nachdem man sie auf den Durchmesser d oder den Halbmesser r bezieht. Hier wird, dem technischen Brauche folgend, in Zukunft immer die erste Bezeichnung gewählt. Im zweiten Falle ist $\left(\frac{c\,r}{\nu}\right)_k = \frac{1}{2}\left(\frac{c\,d}{\nu}\right)_k = 1160$ zu setzen.

Bereits Reynolds beobachtete, daß bei entsprechend vorsichtigem Experimentieren die laminare Strömung sich wesentlich länger aufrecht

wellen und den durch diese bedingten Wellenwiderstand verantwortlich ist. In solchen Fällen gilt das Froudesche Modellgesetz, wonach zwei Wellensysteme (für Modell und Hauptausführung) unter der Wirkung der Schwere annähernd mechanisch ähnlich verlaufen, wenn für beide das Verhältnis der Trägheitskräfte $\frac{\varrho V^2}{L}$ zur Schwere $\varrho\, g$ (bezogen auf die Volumeneinheit) denselben Wert $\mathfrak{F} = \frac{V^2}{L g}$ hat, d. h. wenn entsprechende Geschwindigkeiten sich wie die Quadratwurzeln aus entsprechenden Längenabmessungen verhalten. $\mathfrak{F}$ ist ebenso wie $\mathfrak{R}$ eine reine Zahl, welche nach ihrem Entdecker die Froudesche Kennzahl heißt; sie spielt bei Modellversuchen besonders im Schiffbau eine wichtige Rolle. Der Einfluß der Reibung ist in solchen Fällen gesondert — etwa nach Erfahrungswerten — zu berücksichtigen.

[1] Schiller: Z. ang. Math. Mech. **1921**, 436.

erhalten läßt als dem kritischen Werte $\mathfrak{R}_k$ entsprechen würde. Systematische Versuche verschiedener Forscher — Ekman, Schiller u. a. — haben die Reynoldsschen Beobachtungen im wesentlichen bestätigt. So konnte Ekman[1] durch sorgfältige Versuche kritische Zahlen bis zu 50000, Schiller[2] solche bis zu 22000 ohne besondere Schwierigkeiten erreichen. Letzterer[2] untersuchte auch den Einfluß der Einlaufstörung, d. h. die Beunruhigung der Flüssigkeit vor dem Eintritt ins Meßrohr, sowie durch die Form der Einlauföffnung. Er faßt das Ergebnis seiner Untersuchungen dahin zusammen, daß in technisch glatten Rohren zu jeder Reynoldsschen Zahl oberhalb 2320 ein bestimmter Störungsbetrag gehört, um die Turbulenz hervorzurufen, und daß dieser Betrag um so kleiner ist, je größer $\mathfrak{R}$ wird. Unterhalb der kritischen Zahl 2320 bleibt die laminare Strömung bei noch so großen Störungen stabil.

Von besonderer Bedeutung für die experimentelle Untersuchung turbulenter Strömungen ist die sogenannte Anlauflänge — d. h. der Abstand der Meßstrecke vom Einlauf —, die notwendig ist, damit die Turbulenz sich voll ausbilden kann. Diese Anlauflänge ist von Latzko[3] theoretisch, von Kirsten[4] experimentell untersucht worden. Letzterer kommt auf Grund seiner Versuche zu dem Schluß, daß zur einwandfreien Messung der ausgebildeten Turbulenz eine Anlauflänge von mindestens $l = 100\,d$ (d = Rohrdurchmesser) erforderlich ist.

Entsprechend der kritischen Kennzahl $\mathfrak{R}_k$ führt man mitunter auch die „kritische“ Geschwindigkeit c_k ein und versteht darunter jene Geschwindigkeit, welche bei gegebenem Rohrdurchmesser und bestimmtem Werte ν dem Ausdruck (92) entspricht, d. h. also diejenige Geschwindigkeit, unterhalb welcher die Strömung auf jeden Fall laminar ist. Für Wasser von 10° C ist nach S. 78 $\nu = 0{,}013$; demnach würde bei einem Rohrdurchmesser $d = 10$ cm und $\mathfrak{R}_k = \frac{c_k \cdot d}{\nu} = 2320$ die kritische Geschwindigkeit den kleinen Wert

$$c_k = \frac{\mathfrak{R}_k \cdot \nu}{d} = \frac{2320 \cdot 0{,}013}{10} = 3{,}02 \left[\frac{\text{cm}}{\text{sec}}\right]$$

annehmen. Man erkennt daraus, daß die Strömungen in unseren Wasserleitungsrohren im allgemeinen turbulent verlaufen müssen, da bei diesen wesentlich größere Geschwindigkeiten die Regel sind.

17. Widerstandsgesetz der turbulenten Strömung.

In Ziffer 14 dieses Abschnitts wurde je ein Ansatz für die Geschwindigkeit $\bar{v}$ und die sekundliche Durchflußmenge Q der turbulenten Strömung im Kreisrohr entwickelt, welche indessen zur zahlenmäßigen Er-

[1] Ekman: Ark. Mat. Astron. Fysik **1911**, Nr. 12, S. 5.

[2] Schiller: Unters. über lamin. u. turb. Strömung. Forschungsarbeiten H. 248. Berlin: VDI-Verlag 1922.

[3] Latzko: Z. ang. Math. Mech. **1921**, H. 4, S. 268.

[4] Kirsten: Exper. Unters. d. Entwicklg. der Geschw.-Verteilung bei der turb. Rohrströmung. Diss. Leipzig 1927.

mittlung dieser Werte nicht benutzt werden können, solange über den Mittelwert $\overline{v'w'}$ der Schwankungsgeschwindigkeiten nichts Näheres bekannt ist. Da aber die Frage nach der Größe von Q bei gegebenem Gefälle J (bzw. umgekehrt) für die Technik von besonderer Bedeutung ist, so muß man versuchen, sich auf anderem Wege und unter Heranziehung empirischer Daten einen Ausdruck für die Größe der sekundlichen Durchflußmenge zu verschaffen.

Man geht dabei von der in der Technik üblichen Vorstellung aus, daß an der ganzen benetzten inneren Wandfläche eines Rohres von der Länge l als Widerstandskraft eine Oberflächenreibung wirkt, welche man in Beziehung zur Geschwindigkeitshöhe $\frac{c^2}{2g}$ bringen kann (c = mittlere Geschwindigkeit). Nimmt man ferner an, daß die Größe der Widerstandskraft W in gewisser Weise von der Größe der benetzten Wandfläche abhängt und bezeichnet u den benetzten Umfang des Rohres — also $u \cdot l$ die benetzte Wandfläche — so kann man die Widerstandskraft in der Form

$$W = \psi\, u\, l\, \gamma \frac{c^2}{2g} \tag{93}$$

ansetzen, wobei γ das spezifische Gewicht und ψ eine dimensionslose Größe (reine Zahl) ist. Für die mittlere Schubspannung am Rande läßt sich entsprechend setzen

$$\tau_0 = \frac{W}{u l} = \psi \gamma \frac{c^2}{2g} = \psi \frac{\varrho}{2} c^2 \,. \tag{93a}$$

Hinsichtlich der Zahl ψ sei bemerkt, daß es sich dabei nicht um eine Konstante handelt, sondern um einen Faktor, der wieder von anderen unbenannten Zahlen abhängen kann, welche ihrerseits die die Strömung bestimmenden Größen (Geschwindigkeit, Querschnittsabmessungen, Dichte, Zähigkeit, Wandrauhigkeit) enthalten. Durch Gleichung (93) soll also zunächst nicht etwa eine Proportionalität zwischen W und c^2 zum Ausdruck gebracht werden; das Widerstandsgesetz ist vielmehr, wie sich später zeigen wird, im allgemeinen viel verwickelter und läßt sich überhaupt nicht für alle vorkommenden Fälle durch einen einzigen Ansatz erfassen. Wie schon aus diesen Bemerkungen hervorgeht, hängt die Lösung der gestellten Aufgabe wesentlich von der Bestimmung der Zahl ψ ab, welche in der Hydraulik allgemein als **Widerstandszahl** bezeichnet wird.

Man betrachte jetzt die das Rohr erfüllende Flüssigkeitssäule vom Gewichte $F l \gamma$ (F = Rohrquerschnitt). Sind wieder p_1 und p_2 die mittleren Drücke in den die Länge l begrenzenden Querschnitten, so muß im Falle der gleichförmigen Strömung die aus der Schwere und der Wirkung der Druckkräfte resultierende Kraft gleich der Widerstandskraft W sein. Man hat also in ähnlicher Weise wie auf S. 73 (Abb. 58)

$$(p_1 - p_2)\, F + F \gamma\, l \cdot \frac{h}{l} = W = \psi\, u\, l\, \gamma \frac{c^2}{2g},$$

woraus wegen (77) S. 73 für das Gefälle J folgt:

$$J = \psi \frac{u}{F} \frac{c^2}{2g} \,.$$

Der Quotient

$$\frac{F}{u} = \frac{\text{Rohrquerschnitt}}{\text{benetzter Umfang}} = r_h$$

wird in der Hydraulik gewöhnlich als hydraulischer Radius oder auch als Profilradius bezeichnet. Er ist für das Kreisrohr wegen $F = \pi r^2$ und $u = 2\pi r$ $r_h = \frac{r}{2}$, d. h. gleich dem halben Rohrradius. Führt man in die obige Gleichung für J den Wert r_h ein, so lautet diese:

$$J = \psi \frac{c^2}{2 g r_h}. \tag{94}$$

Sie wird in dieser Form gewöhnlich als Widerstandsgesetz der turbulenten Strömung bezeichnet, ist aber in Wirklichkeit nichts anderes als eine Definition der Widerstandszahl ψ. Wäre ψ bekannt, so könnte man aus (94) c und damit die sekundliche Durchflußmenge $Q = cF$ berechnen.

Auch über die in der erweiterten Bernoullischen Gleichung (S. 69 u. 71) auftretende Verlusthöhe läßt sich etwas Bestimmtes aussagen, sobald ψ bekannt ist. Bei stationärer Strömung in einem geraden, zylindrischen Rohre ist wegen $c_1 = c_2$ und $\frac{\partial c}{\partial t} = 0$ nach (75) S. 71

$$\frac{p_1 - p_2}{\gamma} + z_1 - z_2 = h_v.$$

Da aber nach (77)

$$\frac{p_1 - p_2}{\gamma l} + \frac{z_1 - z_2}{l} = J,$$

so erhält man für die Verlusthöhe auf dem Wege *1—2*

$$h_v = J l = \psi \frac{c^2}{2 g r_h} l. \tag{95}$$

Es kommt also jetzt darauf an, bestimmte Aussagen über Wesen und Größe von ψ zu machen.

a) Glatte Kreisrohre.

Sollen zwei Rohrströmungen a und b mechanisch ähnlich verlaufen, so müssen sie nach dem in Ziffer 15 besprochenen Ähnlichkeitsgesetz die gleiche Reynoldssche Zahl $\mathfrak{R}$ haben. Es gelten dann die Gleichungen (90a) und (90b), durch deren Verbindung man erhält

$$\frac{P_a}{T_a} = \frac{P_b}{T_b}. \tag{96}$$

Die aus Druck- und Schwerewirkung zusammengesetzten Kräfte P können (auf die Volumeneinheit bezogen) nach S. 81 in der Form $P = \gamma \cdot J$ dargestellt werden, wo J das Gefälle bezeichnet. Da die Trägheitskräfte T sich nach S. 86 proportional dem Werte $\frac{\varrho V^2}{L}$ ändern, so liefert (96), wenn man für V die mittlere Geschwindigkeit c und für L

den Rohrradius r setzt,

$$\frac{\gamma_a J_a r_a}{\varrho_a c_a^2} = \frac{\gamma_b J_b r_b}{\varrho_b c_b^2}$$

oder, wegen $\gamma_a = \varrho_a g$ und $\gamma_b = \varrho_b g$,

$$\frac{J_a r_a}{c_a^2} = \frac{J_b r_b}{c_b^2}.$$

Nach dem Widerstandsgesetz (94) ist andererseits mit $2 r_h = r$

$$\frac{r J}{c^2} = \frac{\psi}{g},$$

d. h. die Widerstandsziffer ψ hat für zwei geometrisch ähnliche Strömungen a und b denselben Wert, wenn diese die gleiche Reynoldssche Zahl $\mathfrak{R}$ besitzen. Daraus folgt aber, daß ψ eine Funktion von $\mathfrak{R}$ ist.

In der Technik ersetzt man beim Kreisrohr den hydraulischen Radius r_h gewöhnlich durch den Durchmesser $d = 4 r_h$ und schreibt Gleichung (94) unter Einführung der Bezeichnung

$$\lambda = 4 \psi$$

in der Form

$$J = \lambda \frac{c^2}{2 g d}. \tag{97}$$

Zur weiteren Klärung der Frage sind in neuerer Zeit wichtige Versuchsreihen an glatten Kreisrohren durchgeführt worden. Zunächst stellte H. Blasius[1] auf Grund des reichhaltigen Versuchsmaterials von Saph und Schoder[2] die Abhängigkeit der Zahl λ von $\mathfrak{R}$ durch die Potenzformel

$$\lambda = 4 \psi = \frac{0{,}316}{\sqrt[4]{\mathfrak{R}}} \tag{98}$$

dar $\left(\mathfrak{R} = \frac{c d}{\nu}\right.$; c mittlere Geschwindigkeit, d Rohrdurchmesser, ν kinematisches Zähigkeitsmaß$\left.\right)$, wonach man wegen (97) für das Gefälle J erhält:

$$J = \frac{0{,}316}{\sqrt[4]{\mathfrak{R}}} \cdot \frac{c^2}{2 g d}. \tag{99}$$

Führt man hier den Wert $\mathfrak{R} = \frac{c d}{\nu}$ ein, so geht (99) über in

$$J = \frac{0{,}316}{\sqrt[4]{\frac{d}{\nu}}} \cdot \frac{c^{\frac{7}{4}}}{2 g d}, \tag{99a}$$

d. h. nach dem Blasiusschen Ansatz ist das Gefälle proportional der $\frac{7}{4}$-Potenz der mittleren Geschwindigkeit c.

[1] Blasius, H.: Forschungsarbeiten H. 131. Berlin: VDI-Verlag 1913.

[2] Saph u. Schoder: Trans. Amer. Soc. Civ. Eng. **51**, 253 (1903).

Zum Vergleiche sei daran erinnert, daß im laminaren Bereich nach (81) S. 75

$$J = 8\nu \frac{c}{g r^2} = 64 \frac{c^2}{2gd} \cdot \frac{1}{\Re}$$

ist, oder

$$\lambda_{lam} = \frac{64}{\Re}. \tag{100}$$

Neuere Versuche von Jakob und Erk[1] — die sich in sehr guter Übereinstimmung mit den etwas weiter zurückliegenden Versuchen von Stanton und Pannell[2] befinden — sowie von Hermann und Burbach[3] haben gezeigt, daß der Blasiussche Ansatz (98) kein für beliebige Reynoldssche Zahlen gültiges Gesetz ist, sondern für Werte $\Re > 80000$ bis 100000 seine Gültigkeit verliert, und zwar insofern, als die Abnahme der Zahl λ bei wachsendem $\Re$ langsamer vor sich geht als der Gleichung (98) entsprechen würde. Auf Grund ihrer Versuche (bis ca. $\Re = 400000$) geben Jakob und Erk das empirische Gesetz

$$\lambda = 4\psi = 0{,}00714 + 0{,}6104 \cdot \Re^{-0{,}35} \tag{101}$$

an, während Schiller[4] aus eigenen Versuchen und denen von Hermann und Burbach im Bereiche von $\Re = 2 \cdot 10^4$ bis $2 \cdot 10^6$ die ebenfalls empirische Formel

$$\lambda = 0{,}0054 + 0{,}396 \cdot \Re^{-0{,}3} \tag{101a}$$

ableitet $\left(\Re = \frac{cd}{\nu}\right)$ *.

Abb. 63 zeigt die Gesetze (98) und (100) bis (101a) im logarithmischen Diagramm aufgetragen (Abszissen $\Re$, Ordinaten λ).

In letzter Zeit ist das Widerstandsproblem für Rohre von verschiedenen Seiten auch theoretisch angefaßt worden. H. Lorenz[5] zerlegt zu diesem Zwecke die ganze Strömung in einen Kernstrom mit der mittleren Geschwindigkeit c_0 und eine dünne Randschicht mit veränderlichem Geschwindigkeitsgefälle. In dieser Randschicht führt er nach dem Vorbilde von Boussinesq eine turbulente Reibungsziffer $\mu_0 > \mu$ ein und setzt die Schubspannung am Rande in der Form $\tau_0 = \mu_0 \frac{c_0}{h}$ an, wo h die Randschichtdicke bezeichnet. Durch Vergleich der Energie der laminaren und der turbulenten Strömung findet er die kritische Reynoldssche Zahl $\Re_k$ in guter Übereinstimmung mit den Schillerschen Versuchen (vgl. S. 87). Außerdem leitet er für die

---

[1] Jakob u. Erk: Forschungsarbeiten H. 267. Berlin: VDI-Verlag 1924.

[2] Stanton u. Pannell: Phil. Trans. Roy. Soc. London **214**, 199 (1914).

[3] Hermann u. Burbach: Strömungswiderstand und Wärmeübergang in Rohren. Leipzig: Akad. Verlagsges. 1930.

[4] Schiller: Ing.-Arch. **1**, 392 (1930).

* In der Schillerschen Schreibweise lautet diese Formel mit $\overline{\Re} = \frac{\Re}{2}$ und $\overline{\psi} = \frac{\lambda}{2}$

$$\overline{\psi} = 0{,}0027 + 0{,}161 \cdot \overline{\Re}^{-0{,}3}.$$

[5] Lorenz, H.: Phys. Z. **1925**, 557; Handb. phys. techn. Mech. **5**, 157.

Widerstandsziffer $\lambda' = \frac{\lambda}{2}$ für das Kreisrohr den Ausdruck ab

$$\lambda' \mathfrak{R}' = 16 \frac{\mathfrak{R}'_k}{\mathfrak{R}'} \left\{ 1 + \frac{\sqrt{\lambda'_0 \mathfrak{R}'_k}}{8} \left(\frac{\mathfrak{R}'}{\mathfrak{R}'_k} - 1 \right) + \sqrt{\left[1 + \frac{\sqrt{\lambda'_0 \mathfrak{R}'_k}}{8} \left(\frac{\mathfrak{R}'}{\mathfrak{R}'_k} - 1 \right) \right]^2 - 1} \right\}^2, \tag{102}$$

wo $\mathfrak{R}' = \frac{c\,r}{\nu} = \frac{\mathfrak{R}}{2}$; $\mathfrak{R}'_k = \frac{\mathfrak{R}_k}{2} = 1160$ (S. 87) und $\lambda'_0 = 0{,}01$ eine aus der Hydraulik bekannte Widerstandsziffer für glatte Rohre darstellt.

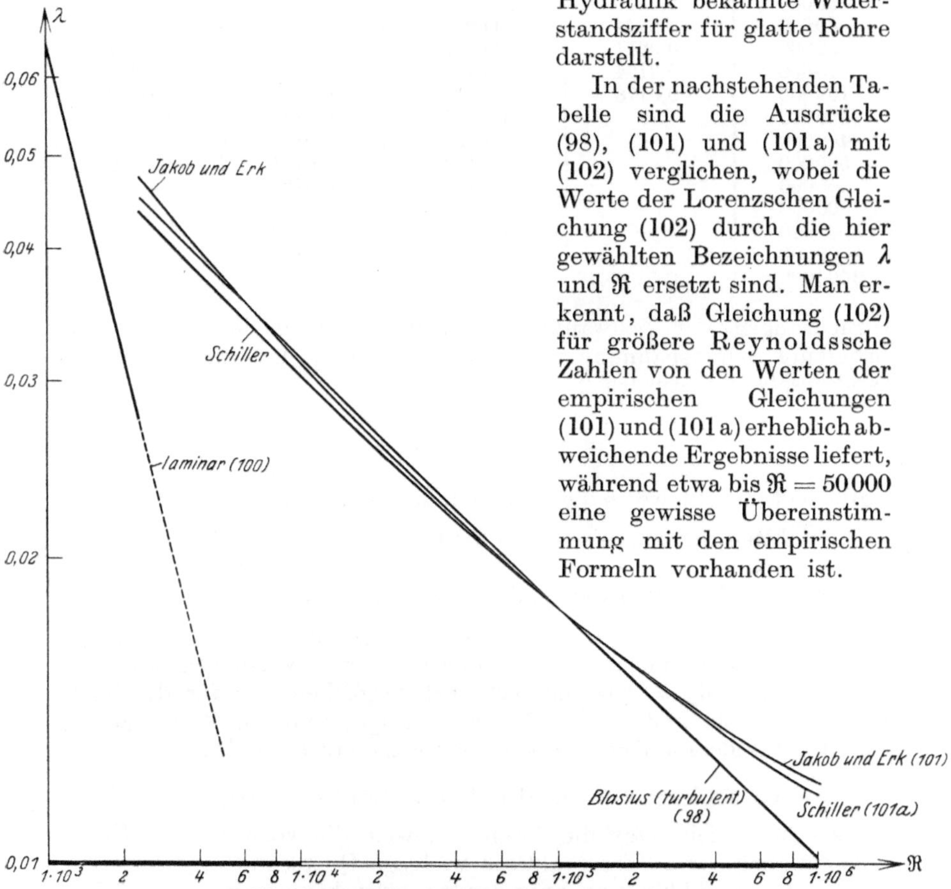

In der nachstehenden Tabelle sind die Ausdrücke (98), (101) und (101a) mit (102) verglichen, wobei die Werte der Lorenzschen Gleichung (102) durch die hier gewählten Bezeichnungen λ und $\mathfrak{R}$ ersetzt sind. Man erkennt, daß Gleichung (102) für größere Reynoldssche Zahlen von den Werten der empirischen Gleichungen (101) und (101a) erheblich abweichende Ergebnisse liefert, während etwa bis $\mathfrak{R} = 50000$ eine gewisse Übereinstimmung mit den empirischen Formeln vorhanden ist.

Abb. 63. Diagramm der Widerstandsziffer $\lambda = f(\mathfrak{R})$.

Für größere Reynoldssche Zahlen dürften demnach die von Lorenz gemachten Annahmen nicht mehr zutreffen.

Ein anderer Ansatz für das Widerstandsgesetz ist in jüngster Zeit von Th. v. Kármán[1] angegeben worden, welcher aus Ähnlichkeits-

[1] v. Kármán, Th.: Mech. Ähnlichkeit u. Turbulenz. Nachr. d. Ges. d. Wiss. zu Göttingen. Mathem.-phys. Kl. **1930**. Berlin: Weidmannsche Buchhdlg., sowie Verhandl. d. 3. Intern. Kongr. f. Techn. Mech. Stockholm 1930, I. S. 85.

Tabelle der λ-Werte.

$\Re$	Blasius (98)	Jakob-Erk (101)	Schiller (101a)	Lorenz (102)
3000	0,0427	0,0442		0,0444
5000	0,0376	0,0381		0,0401
7000	0,0345	0,0347		0,0356
10000	0,0316	0,0314		0,0315
15000	0,0284	0,0282		0,0279
20000	0,0266	0,0262		0,0260
30000	0,0240	0,0237		0,0241
40000	0,0224	0,0221		0,0231
50000	0,0211	0,0210		0,0224
70000	0,0194	0,0194		0,0218
100000	0,0178	0,0180	0,0179	0,0212
200000		0,0157	0,0156	0,0206
400000		0,0138	0,0137	
500000		0,0133	0,0131	0,0202
600000		0,0129	0,0127	
800000		0,0124	0,0121	
1000000		0,0120	0,0117	
1500000			0,0110	
2000000			0,0105	

betrachtungen der Schwankungsbewegung eine Beziehung für die turbulente Schubspannung $\tau' = -\varrho\,\overline{v'w'}$ ableitet und für das Widerstandsgesetz den Ausdruck

$$\frac{k\sqrt{2}}{\sqrt{\varphi}} = \ln\left(\Re_m \sqrt{\varphi}\right) + C \qquad (103)$$

angibt (vgl. S. 102), worin die Widerstandsziffer φ — abweichend von der hier gewählten Schreibweise — die Bedeutung $\varphi = \psi \frac{c^2}{c_{max}^2}$ hat $\left(\psi = \frac{\lambda}{4}\right)$ und $\Re_m = \frac{c_{max}\, r}{\nu}$ die etwas anders formulierte Reynoldssche Zahl bedeutet (r = Rohrradius, c_{max} = Maximalgeschwindigkeit). v. Kármán hat diese Formel mit dem verschiedensten Versuchsmaterial in Bereichen von $\Re_m = 2000$ bis 1600000 verglichen und für die Konstanten $k = 0{,}38$ und $C = 1{,}83$ gut bestätigt gefunden. Man beachte, daß dieses Widerstandsgesetz kein Potenzgesetz darstellt.

b) Glatte Rohre von nicht kreisförmigem Querschnitt.

Es erhebt sich jetzt die Frage, wieweit die vorstehenden Überlegungen auch auf andere praktisch wichtige Querschnitte, wie Rechtecke, Dreiecke und Trapeze, angewandt werden können, wobei zunächst wieder glatte Wandungen vorausgesetzt werden.

Als Grundlage dient dabei wieder die Gleichung (94), durch welche die Widerstandszahl definiert ist. Es ist einleuchtend, daß auch hier ψ von der Reynoldsschen Zahl abhängen muß. Da aber bei beliebig gestalteter Querschnittsform zunächst nicht angenommen werden darf, daß alle Elemente des benetzten Umfanges in gleichem Maße an der Übertragung der Oberflächenreibung beteiligt sein werden, so müßte man ψ auch in Abhängigkeit von den Querschnittsabmessungen bringen, wodurch die weitere Formulierung des Widerstandsgesetzes wesentlich erschwert würde. Tatsächlich haben Versuche von Schiller[1] (gleichseitiges Dreieck, Quadrat, Rechteck, Wellenrohr), Fromm[2] (sehr breites Rechteck) und Nikuradse[3] (Dreieck und Trapez) gezeigt, daß der Einfluß der Querschnittsform gegenüber demjenigen von $\mathfrak{R}$ (wenigstens für ganz gefüllte Rohrleitungen) mehr untergeordnete Bedeutung zu haben scheint, und daß man innerhalb des oben genannten Gültigkeitsbereichs das Blasiussche Gesetz auch auf Dreieck-, Trapez- und Rechteckquerschnitte anwenden kann, wenn man den hydraulischen Radius r_h einführt. Mit $d = 4r_h$ geht Gleichung (98) über in

$$\psi = 0{,}0559 \left(\frac{\nu}{c\, r_h}\right)^{0{,}25} = 0{,}0559 \frac{1}{\sqrt[4]{\mathfrak{R}_h}},$$

wobei hier

$$\mathfrak{R}_h = \frac{c\, r_h}{\nu}$$

die auf den hydraulischen Radius bezogene Kennzahl bezeichnet. Die Versuche von Schiller und Nikuradse bestätigen im wesentlichen den obigen Ansatz, während Fromm seine Ergebnisse in der davon etwas abweichenden Formel

$$\psi = 0{,}0705\, \mathfrak{R}_h^{-0{,}27}$$

zusammenfaßt.

Wesentlich für die hier mitgeteilten Angaben über die Widerstandszahlen ψ bzw. λ ist die Tatsache, daß diese Zahlen durchweg in Abhängigkeit von der Reynoldsschen Zahl gebracht sind, was notwendig ist, damit dem Ähnlichkeitsgesetz Genüge getan wird.

c) Rauhe Rohre.

Für die Erforschung des Wesens der turbulenten Strömung sind die vorstehend mitgeteilten, an glatten Rohren gewonnenen Erkenntnisse zweifellos von Wichtigkeit. Indessen handelt es sich dabei, vom Standpunkt der Technik gesehen, um einen selten vorkommenden Sonderfall. Die wirklichen Schwierigkeiten entstehen erst, wenn Rohre oder Gerinne mit rauhen Wandungen in Betracht kommen, wie sie in der Technik die Regel bilden (Rostbildung an Eisenrohren, mehr oder weniger rauhe Holz- bzw. Zementrohre, Gerinne aus Mauerwerk usw.). Es erhebt sich dann die Frage: wie muß das Widerstandsgesetz formuliert werden, damit von Fall zu Fall der Verschiedenartigkeit der Wandbeschaffenheit Rechnung getragen werden kann? Es liegt auf der Hand, daß dadurch eine erhebliche Schwierigkeit in das an und für sich äußerst verwickelte Problem der turbulenten Strömung hineingetragen wird. Außerdem ist einleuchtend, daß bei dem heutigen Stande unserer

[1] Schiller: Z. ang. Math. Mech. **1923**, 2.
[2] Fromm: Z. ang. Math. Mech. **1923**, 339.
[3] Nikuradse: Ing.-Arch. 1, 326 (1930).

theoretischen Erkenntnis auch hier weitgehend Versuchsergebnisse herangezogen werden müssen.

Als Grundlage für die nachfolgenden Betrachtungen gilt wieder die Gleichung (94). Während nun für glatte Kreisrohre die Widerstandszahl ψ lediglich eine Funktion der Reynoldsschen Zahl $\mathfrak{R}$ ist, tritt hier die Frage nach der Abhängigkeit der Größe ψ von der Wandbeschaffenheit neu hinzu.

Die Erfahrung hat gelehrt, daß der Widerstand bei rauhen Rohren stets größer ist als bei glatten. Im einzelnen bestehen aber bei sonst gleichen Verhältnissen je nach der Art der Rauhigkeit (Größe und Anzahl der Wandunebenheiten, Entfernung derselben voneinander, Neigung gegen die Stromrichtung usw.) wieder erhebliche Unterschiede. Rohre von geometrisch ähnlicher Form weisen bei gleicher Kennzahl verschiedene ψ-Werte auf, sofern Wandbeschaffenheit oder Profilradius verschieden sind. Daraus folgt, daß ψ nicht nur Funktion von $\mathfrak{R}$ sein kann, sondern auch von einer andern dimensionslosen Größe abhängen muß, welche die Wandrauhigkeit zum Ausdruck bringt. Bezeichnet man diese „Rauhigkeitszahl" etwa mit K (auch relative Rauhigkeit genannt), so kann ψ in der Form

$$\psi = \psi(\mathfrak{R}, K) \tag{104}$$

geschrieben werden, und es muß nun Aufgabe der Versuchsforschung sein, diese Funktion für die praktisch besonders interessierenden Wandrauhigkeiten innerhalb der in Betracht kommenden Bereiche von $\mathfrak{R}$ zu bestimmen. Die Rauhigkeitszahl K wird nach dem Vorgange von R. v. Mises[1] zweckmäßig in Beziehung zu dem Profilradius r_h gebracht, indem man

$$K = \frac{k}{r_h} \tag{105}$$

setzt, wobei der einer bestimmten Wand entsprechende Rauhigkeitswert k die Dimension einer Länge hat (da K eine reine Zahl sein muß). k gibt dabei nicht unmittelbar die mittlere Größe der Wandunebenheiten an, sondern kann noch von der Anzahl dieser Erhebungen, sowie von ihrem gegenseitigen Abstand im Verhältnis zu ihrer Höhe abhängen[2].

Bezieht man wieder die Reynoldssche Zahl auf den Profilradius r_h, setzt also

$$\mathfrak{R}_h = \frac{c\, r_h}{\nu},$$

so kann Gleichung (104) wegen (105) in der Form geschrieben werden

$$\psi = \psi\left(\mathfrak{R}_h, \frac{k}{r_h}\right). \tag{106}$$

Zur Bestimmung der Funktion ψ haben L. Hopf[2] und K. Fromm[3] systematische Versuche an rechteckigen Rinnen von verschiedener

[1] v. Mises, R.: Techn. Hydromech. S. 49 u. 62.
[2] Hopf, L.: Z. ang. Math. Mech. **1923**, 329.
[3] Fromm, K.: Z. ang. Math. Mech. **1923**, 339.

Höhe und unter Benutzung verschiedenen Wandmaterials (Drahtnetz, sägeartig bearbeitetes Zinkblech, zwei Arten von Waffelblech) durchgeführt. Das rechteckige Profil wurde gewählt, um bei exakt gleicher Wand lediglich durch Änderung der Querschnittshöhe den Profilradius beliebig ändern zu können. Diese Versuche haben einige wichtige Aufschlüsse in grundsätzlicher Beziehung geliefert.

Aus seinen eigenen und den Frommschen Versuchen sowie dem sonst noch zum Vergleiche herangezogenen reichhaltigen Versuchsmaterial der Hydrauliker glaubt Hopf den Schluß ziehen zu dürfen, daß bei der turbulenten Strömung grundsätzlich zwei Arten von Rauhigkeiten unterschieden werden müssen, die zwei verschiedenen Ähnlichkeitsgesetzen gehorchen, und die er als Wandrauhigkeit schlechthin und als Wandwelligkeit bezeichnet.

Die Wandrauhigkeit wird beherrscht durch die Rauhigkeitszahl $K = \frac{k}{r_h}$; gleichzeitig zeigt sich — abgesehen von niedrigen $\mathfrak{R}$-Werten —, daß ψ von der Reynoldsschen Zahl unabhängig ist, d. h. das Gefälle J ist proportional dem Quadrat der Geschwindigkeit (was von der praktischen Hydraulik früher allgemein angenommen wurde). Diese Art der Rauhigkeit zeigt sich bei rauhen Eisenrohren, Zement-, Waffelblech- und Drahtnetzwandungen. Auf Grund der Versuche von Fromm gibt Hopf[1] für ψ die empirische Potenzformel

$$\psi = 10^{-2}\left(\frac{k}{r_h}\right)^{0,314} \tag{107}$$

an und für das Rauhigkeitsmaß k die aus nachfolgender Tabelle ersichtlichen Werte (bei Hopf mit k' bezeichnet):

Neues ziemlich glattes Metallrohr, asphalt. Blech . .	$k =$	$4 \cdot 10^{-3}$ [m]
Neues Gußeisen, Eisenblech, gut geglätt. Zement . .		$7 \cdot 10^{-3}$ „
Älteres Eisenrohr, angerostet		$15 \cdot 10^{-3}$ „
Rauher Zement, verkrustetes Eisen, rauhe Bretter . .		$20 \cdot 10^{-3}$ „

Bei der zweiten, als Wandwelligkeit bezeichneten Art ist ψ von der Reynoldsschen Zahl abhängig, dagegen bei gleicher Wandbeschaffenheit unabhängig vom Profilradius, d. h. bei gleicher Wandbeschaffenheit und gleicher Reynoldsscher Zahl nimmt ψ unabhängig von r_h denselben Wert an, der allerdings erheblich größer ist als der entsprechende Wert ψ_0 bei glatter Wandung. Dieses Verhalten wurde besonders beobachtet bei Rohren aus Holz, asphaltiertem Eisen und gewalztem Waffelblech. Hopf[1] gibt für diese Art Rauhigkeit den Wert an

$$\psi = \psi_0 \xi , \tag{108}$$

wo ξ für Holzrohre 1,5 bis 2,0, für asphaltierte Eisenrohre 1,2 bis 1,5 ist.

Wandwelligkeit scheint durch geringere Rauhigkeit oder wenigstens durch sanftere und regelmäßigere Formen der einzelnen Rauhigkeitselemente bedingt zu sein.

[1] Hopf, L.: Handb. d. Physik, herausgegeb. v. Geiger u. Scheel, Bd. 7, Kap. 2: Zähe Flüssigkeiten, S. 146—151.

Es muß angenommen werden, daß im allgemeinen beide Arten von Rauhigkeit gleichzeitig wirksam sind, daß jedoch jeweils die eine Form stärker in Erscheinung tritt als die andere. Maßgebend scheint immer diejenige zu sein, welche den größeren Widerstand liefert. Im übrigen wird es noch weitgehender systematischer Versuche bedürfen, um eine vollständigere Klärung dieser Erscheinungen herbeizuführen.

Nach den Hopfschen Darlegungen muß es als ausgeschlossen gelten, das Widerstandsgesetz für beide Arten von Rauhigkeit innerhalb eines beliebig großen Bereichs Reynoldsscher Zahlen durch eine einzige Formel auszudrücken. Aus diesem Grunde soll hier auch darauf verzichtet werden, all die Widerstandsformeln zu nennen, welche im Laufe der Jahre von den verschiedensten Autoren aufgestellt sind und mehr oder weniger nur Teillösungen darstellen, soweit sie überhaupt nach dem Stande unserer heutigen Erkenntnis noch eine Berechtigung haben[1]. Lediglich die von R. v. Mises[2] nach Versuchen von Darcy und Bazin entwickelte Formel für die Widerstandszahl ψ in zylindrischen Rohren sei noch erwähnt, da sie insbesondere den Forderungen des Ähnlichkeitsgesetzes Rechnung trägt. Sie lautet in der hier gewählten Ausdrucksweise für Reynoldssche Zahlen, die nicht zu nahe bei dem kritischen Wert liegen:

$$\psi = 0{,}0024 + \sqrt{\frac{k'}{2\,r_h}} + \frac{0{,}3}{\sqrt{2\,\mathfrak{R}_h}}\,; \tag{109}$$

und zwar bedeutet k' eine Länge, welche nach v. Mises der mittleren Höhe aller Erhebungen und Vertiefungen in der Wand proportional ist und von ihm als absolute Rauhigkeit bezeichnet wird.

Tabelle der absoluten Rauhigkeit k'.

Material	$10^6 k'$ [cm]
Glas	0,2— 0,8
Gezogenes Messing, Blei, Kupfer	0,2— 1,0
Zement geschliffen	7,5— 15
„ roh	20 — 40
Gasrohr	20 — 50
Asphaltiertes Blech- oder Gußrohr	30 — 60
Gußeisen neu	100 —200
„ gebrauchte Leitung	250 —500
Genietetes Blechrohr	200 —500
Holz glatt gehobelt	25 — 50
„ gewöhnlich	50 —100
„ rauhe Bretter	200 —400

Zu beachten ist, daß diese Formel, da sie den Quotienten $\frac{k'}{r_h}$ enthält, offenbar in den Bereich der oben besprochenen „Wandrauhigkeit“ fällt. Tatsächlich stellt Fromm innerhalb gewisser Rauhigkeitsbereiche eine Übereinstimmung seiner Versuchsergebnisse mit der v. Misesschen Formel fest[3]. Der Vollständigkeit halber ist vorstehend noch die Tabelle der absoluten Rauhigkeit k' für verschiedene Wandungen nach v. Mises angegeben.

[1] Weitere Angaben werden im 2. Bande bei der Besprechung der Strömung in Rohren und offenen Gerinnen folgen.

[2] v. Mises, R.: Techn. Hydromech. S. 62.

[3] Z. ang. Math. Mech. **1923**, 357.

18. Geschwindigkeitsverteilung.

Die Frage nach der Geschwindigkeitsverteilung im Kreisrohr war bereits auf S. 84 berührt. Insbesondere zeigte sich dort, daß bei der turbulenten Strömung eine viel gleichmäßigere Verteilung der Geschwindigkeit über den Querschnitt auftritt als bei der Laminarströmung, und daß innerhalb einer schmalen Randschicht die Geschwindigkeit rasch auf Null (an der Wand) abfällt. Dagegen konnte das Gesetz dieser Verteilung nicht weiter angegeben werden, als wie dieses durch Gleichung (87) zum Ausdruck kommt, da eben die Abhängigkeit des Mittelwertes $\overline{v' w'}$ der Schwankungsgeschwindigkeiten nicht bekannt ist. Theoretische Ansätze für die Turbulenzgröße finden sich bei v. Mises[1], wo auch gezeigt wird, daß es möglich ist, Annahmen über die Verteilung des Wertes $\overline{v' w'}$ zu machen, die sich mit den Versuchsergebnissen in Einklang bringen lassen. Nach v. Mises genügen, um die Veränderung des Geschwindigkeitsdiagramms bei der turbulenten Strömung zu bewirken, bereits Schwankungsgeschwindigkeiten v' und w', deren Größe nur wenige Prozent der mittleren Geschwindigkeit beträgt.

In ähnlicher Richtung bewegen sich auch neuere Untersuchungen von Prandtl[2], welcher den Einfluß der „Mischbewegungen" unter Benutzung des Boussinesqschen Ansatzes für die turbulente Schubspannung

$$\tau' = \varrho\, \varepsilon \frac{d\bar{v}}{dz} = -\varrho\, \overline{v' w'}$$

zu erfassen sucht ($\bar{v}$ = zeitlicher Mittelwert der Geschwindigkeit in Richtung der Rohrachse, S. 81, z = Richtung $\perp \bar{v}$), wo ε die gleiche Dimension wie ν hat, d. h. das Produkt einer Länge l und einer Geschwindigkeit. Bei dieser Mischbewegung treten in eine beliebige Schicht von der einen Seite Flüssigkeitsballen mit größerer, von der anderen Seite solche mit kleinerer Geschwindigkeit $\bar{v}$ ein. Die gesuchte Länge l oder „Mischweg" ist nun nach Prandtl der Abstand derjenigen Schicht von der betrachteten, für welche der zeitliche Mittelwert der Strömungsgeschwindigkeit gleich dem Mittelwert der $\bar{v}$-Geschwindigkeiten der Flüssigkeitsballen ist, mit der diese die betrachtete Schicht durchschreiten. Diese Länge ist im wesentlichen proportional dem Durchmesser der Flüssigkeitsballen und nähert sich an der Wand dem Werte Null. Hinsichtlich der Quergeschwindigkeit w' kann man sich vorstellen, daß sie erzeugt wird durch das Zusammentreffen zweier Flüssigkeitsballen verschiedener $\bar{v}$-Geschwindigkeit und demnach dem Betrage $l \frac{d\bar{v}}{dz}$ proportional ist. Daraus ergibt sich für ε der Wert $l^2 \frac{d\bar{v}}{dz}$, wenn man die unbekannten Zahlenfaktoren mit in die ebenfalls un-

---

[1] v. Mises, R.: a. a. O. S. 70 u. 71.

[2] Prandtl, L.: Z. ang. Math. Mech. **1925**, 137; Hydraul. Probleme S. 8. Berlin: VDI-Verlag 1926.

bekannte Länge l hineinnimmt, und somit

$$\tau' = -\varrho \overline{v' w'} = \varrho l^2 \left|\frac{d\bar{v}}{dz}\right| \frac{d\bar{v}}{dz} \ldots * . \tag{110}$$

Während nun nach der Prandtlschen Darstellung die Größe l nur aus den Versuchsergebnissen bestimmt werden kann, ist es neuerdings v. Kármán[1] gelungen, durch eine Ähnlichkeitsuntersuchung der Schwankungsbewegung den Ansatz (110) zu bestätigen, darüber hinaus aber noch eine Beziehung für die Mischlänge l anzugeben, für welche er in erster Näherung den Wert

$$l = k \frac{\frac{d\bar{v}}{dz}}{\frac{d^2\bar{v}}{dz^2}} \tag{111}$$

findet. Darin bezeichnet k eine (vermutlich universelle) Konstante, deren Größe v. Kármán zu 0,38 bestimmt hat.

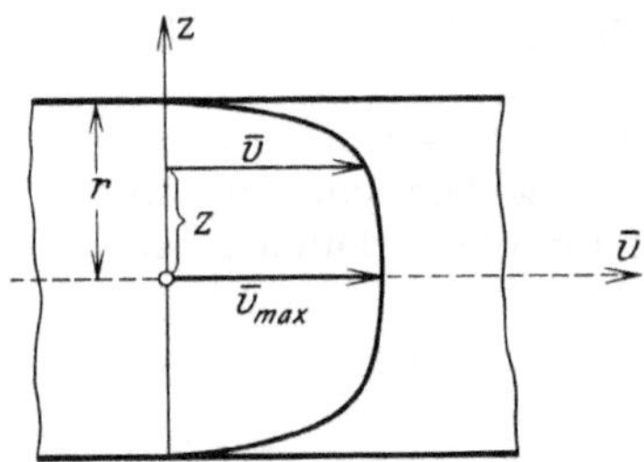

Abb. 64. Geschwindigkeitsprofil der turbulenten Strömung im Kreisrohr.

Mit Hilfe der Gleichungen (110) und (111) ist es nun möglich, die Geschwindigkeitsverteilung bei ausgebildeter Turbulenz in einem glatten Kreisrohr näherungsweise zu berechnen. Man geht dabei von der Vorstellung aus, daß bei wenig zähen Flüssigkeiten (z. B. Wasser) der Einfluß der Zähigkeit wesentlich auf eine dünne Randschicht beschränkt bleibt, während im übrigen nur die turbulente Schubspannung τ' von maßgebendem Einfluß ist. Unter dieser Voraussetzung würde Gleichung (85) mit Rücksicht auf (110) und (111) übergehen in

$$z g J = -2 \frac{\tau'}{\varrho} = -2 k^2 \left(\frac{\frac{d\bar{v}}{dz}}{\frac{d^2\bar{v}}{dz^2}}\right)^2 \left|\frac{d\bar{v}}{dz}\right| \frac{d\bar{v}}{dz} . \tag{112}$$

Da bei der angenommenen Richtung von z (Abb. 64) $\frac{d\bar{v}}{dz}$ negativ wird, so steht auf der rechten Seite von (112) ein positiver Wert. Man kann also mit $\frac{d\bar{v}}{dz} = u$ und $\frac{d^2\bar{v}}{dz^2} = \frac{du}{dz}$ schreiben

$$\frac{z g J}{2 k^2} = \frac{u^4}{\left(\frac{du}{dz}\right)^2} \quad \text{bzw.} \quad \pm \sqrt{\frac{2 k^2}{z g J}} = \frac{\frac{du}{dz}}{u^2} ,$$

* $\left|\frac{d\bar{v}}{dz}\right|$ ist der Betrag des Geschwindigkeitsgefälles ohne Rücksicht auf das Vorzeichen.

[1] Vgl. die Literaturangabe auf S. 93.

woraus nach Trennung der Variablen durch Integration folgt

$$-\frac{1}{u} = \pm 2\sqrt{\frac{2k^2}{gJ}}\cdot\sqrt{z} + C_1 .$$

Die Konstante C_1 kann man aus der Bedingung bestimmen, daß $u = \frac{d\bar{v}}{dz}$ an der Rohrwand bei großen Reynoldsschen Zahlen sehr groß werden muß. Näherungsweise sei also $u = \infty$ für $z = r$ gesetzt. Damit wird

$$-\frac{1}{u} = \pm 2\sqrt{\frac{2k^2}{gJ}}(\sqrt{z} - \sqrt{r}).$$

Hier gilt für die Wurzel das negative Vorzeichen, da $u = \frac{d\bar{v}}{dz}$ negativ sein muß. Man erhält also, wenn zur Abkürzung $2\sqrt{\frac{2k^2}{gJ}} = a$ eingeführt wird,

$$d\bar{v} = \frac{dz}{a(\sqrt{z} - \sqrt{r})}$$

und durch Integration

$$\bar{v} = \frac{2}{a}\{\sqrt{z} - \sqrt{r} + \sqrt{r}\ln(\sqrt{z} - \sqrt{r})\} + C_2 .$$

Nun ist (Abb. 64) $\bar{v} = \bar{v}_{\max}$ für $z = 0$, so daß schließlich

$$\bar{v} = \bar{v}_{\max} + \sqrt{\frac{gJr}{2k^2}}\left\{\sqrt{\frac{z}{r}} + \ln\left(1 - \sqrt{\frac{z}{r}}\right)\right\}. \tag{113}$$

Beachtet man noch die Beziehungen $J = \frac{\psi c^2}{gr}$ (Kreisrohr) und $\tau_0 = \psi\frac{\varrho}{2}c^2$ (S. 89), so ist $\frac{gJr}{2} = \frac{\tau_0}{\varrho}$, womit (113) übergeht in

$$\bar{v} = \bar{v}_{\max} + \sqrt{\frac{\tau_0}{\varrho k^2}}\left\{\sqrt{\frac{z}{r}} + \ln\left(1 - \sqrt{\frac{z}{r}}\right)\right\}. \tag{113a}$$

Die Übereinstimmung der Geschwindigkeitsverteilung nach (113a) mit Messungen von Dönch[1] und Nikuradse[2] ist recht befriedigend. Abweichungen treten natürlich am Rande auf; hier liefert (113a) den Wert $\bar{v} = -\infty$. Um diese Unstimmigkeit zu beseitigen, führt v. Kármán an der Rohrwand eine dünne Laminarschicht von der Dicke δ ein (vgl. auch S. 104), an welche sich die errechnete Geschwindigkeitsverteilung anschließen soll. Da δ nur von τ_0, ϱ und ν abhängen kann, so setzt er $\delta = \text{const.}\frac{\nu}{\sqrt{\tau_0/\varrho}}$, während nach (76) $\tau_0 = \nu\varrho\frac{\bar{v}^*}{\delta}$ ist, wo $\bar{v}^*$ die Geschwindigkeit am Rande der Laminarschicht bezeichnet. Daraus folgt $\bar{v}^* = A\sqrt{\frac{\tau_0}{\varrho}}$ ($A = \text{const.}$). Somit er-

[1] Dönch: Forschungsarbeiten H. 282. Berlin: VDI-Verlag 1926.
[2] Nikuradse, Forschungsarbeiten H. 289. Berlin: VDI-Verlag 1929.

hält man nach (113a)

$$\bar{v}_{\max} = A\sqrt{\frac{\tau_0}{\varrho}} - \sqrt{\frac{\tau_0}{\varrho k^2}}\left\{\sqrt{\frac{r-\delta}{r}} + \ln\left(1 - \sqrt{\frac{r-\delta}{r}}\right)\right\}$$

oder, da δ klein gegen r, also $\frac{r-\delta}{r} \approx 1$, $\sqrt{\frac{r-\delta}{r}} \approx 1 - \frac{\delta}{2r}$,

$$\bar{v}_{\max} = A\sqrt{\frac{\tau_0}{\varrho}} - \sqrt{\frac{\tau_0}{\varrho k^2}}\left\{1 + \ln\frac{\delta}{2r}\right\}.$$

Mit $\delta = \frac{B\nu}{\sqrt{\tau_0/\varrho}}$ ($B = \text{const.}$) folgt daraus

$$\bar{v}_{\max} = \sqrt{\frac{\tau_0}{\varrho k^2}}\left\{A k - 1 + \ln\frac{2r\sqrt{\tau_0/\varrho}}{B\nu}\right\} = \sqrt{\frac{\tau_0}{\varrho k^2}}\left(\ln\frac{r\sqrt{\frac{\tau_0}{\varrho}}}{\nu} + C_1\right),$$

wo $C_1 = A k - 1 + \ln\frac{2}{B}$. Setzt man schließlich $\varphi = \frac{2\tau_0}{\varrho\,\bar{v}_{\max}^2}$ und $\Re_m = \frac{\bar{v}_{\max} r}{\nu}$, so geht vorstehende Gleichung nach einfacher Zwischenrechnung in das Widerstandsgesetz (103) über, wo $C = C_1 - \ln\sqrt{2}$.

Die Geschwindigkeitsverteilung in der Nähe der Rohrwand kann nach Prandtl und v. Karman[1] durch eine Ähnlichkeitsbetrachtung gefunden werden, sofern man für das Widerstandsgesetz eine Potenzformel zugrunde legt. Nimmt man an, daß in Wandnähe die Geschwindigkeit außer von den die Flüssigkeit charakterisierenden Größen μ und ϱ nur noch von dem Abstand $z' = r - z$ des betreffenden Elements von der Wand und der durch die Oberflächenreibung an der betreffenden Wandstelle bedingten Tangentialspannung τ_0 abhängt, im übrigen aber unabhängig von der Querschnittsform ist, so besteht in Wandnähe für die Geschwindigkeit $\bar{v}$ der Grundströmung die Beziehung:

$$\bar{v} = f(\mu, \varrho, z', \tau_0). \tag{114}$$

Ist nun die Widerstandszahl etwa auf empirischem Wege in Form eines Potenzgesetzes gefunden, dann kann die auf die Flächeneinheit bezogene Reibungskraft nach (93a) in der Form geschrieben werden (c = mittlere Geschwindigkeit):

$$\tau_0 = \psi\varrho\frac{c^2}{2}. \tag{115}$$

Bei glatten Rohren ist ψ nur Funktion von $\Re = \frac{cd}{\nu}$, demnach wird

$$\tau_0 \sim c^n \tag{116}$$

($\sim$ bedeutet proportional), wo n von der Form des Widerstandsgesetzes abhängt. Setzt man weiter voraus, daß zwischen $\bar{v}$ und τ_0 eine ähnliche Beziehung besteht wie zwischen c und τ_0, dann ist

$$\bar{v} \sim \tau_0^{\frac{1}{n}},$$

[1] v. Kármán, Th.: Z. ang. Math. Mech. **1921**, 238; Innsbrucker Vorträge aus d. Gebiete d. Hydro- u. Aerodyn. S. 160. Berlin 1924.

womit Gleichung (114) übergeht in

$$\bar{v} = f_1(\mu, \varrho, z')\tau_0^{\frac{1}{n}}.$$

Die rechte Seite dieser Gleichung muß, wenn sie in den Dimensionen stimmen soll, eine Geschwindigkeit darstellen; sie sei in der Form geschrieben:

$$\bar{v} = B\,\mu^\alpha \varrho^\beta z'^\gamma \tau_0^{\frac{1}{n}},$$

wo B eine reine Zahl sein soll. Da nun $\bar{v} = [\text{cm sec}^{-1}]$; $\mu = [\text{kg sec cm}^{-2}]$; $\varrho = \frac{\gamma}{g} = [\text{kg sec}^2\,\text{cm}^{-4}]$; $z' = [\text{cm}]$; $\tau_0 = [\text{kg cm}^{-2}]$ ist, so erhält man aus vorstehendem Ausdruck folgende Dimensionsformel:

$$[\text{cm sec}^{-1}] = [\text{kg}]^{\alpha+\beta+\frac{1}{n}}[\text{sec}]^{\alpha+2\beta}[\text{cm}]^{-2\alpha-4\beta+\gamma-\frac{2}{n}}$$

und somit

$$-2\alpha - 4\beta + \gamma - \frac{2}{n} = 1, \qquad \alpha = 1 - \frac{2}{n},$$

$$\beta = \frac{1}{n} - 1, \qquad \gamma = \frac{2}{n} - 1.$$

Mit diesen Werten als Exponenten wird:

$$\bar{v} = B\mu^{1-\frac{2}{n}} \cdot \varrho^{\frac{1}{n}-1} \cdot z'^{\frac{2}{n}-1} \cdot \tau_0^{\frac{1}{n}},$$

woraus wegen $\frac{\mu}{\varrho} = \nu$ folgt:

$$\bar{v} = B\left(\frac{z'}{\nu}\right)^{\frac{2}{n}-1} \cdot \left(\frac{\tau_0}{\varrho}\right)^{\frac{1}{n}} \tag{117}$$

Setzt man hier nach (115) und unter Beachtung von (94)

$$\frac{\tau_0}{\varrho} = \psi\frac{c^2}{2} = J g r_h, \tag{118}$$

so erkennt man, daß in der Nähe der Wand, d. h. für kleine Werte von z'

$$\bar{v} \sim z'^{\frac{2}{n}-1} \tag{119}$$

wird.

Innerhalb des Bereiches, in welchem das **Blasius**sche Gesetz gilt, ist nach (99a) das Gefälle J und somit τ_0 proportional der $\frac{7}{4}$ Potenz der mittleren Geschwindigkeit; wegen (116) ist also $n = \frac{7}{4}$, $\frac{1}{n} = \frac{4}{7}$. Damit lautet (117)

$$\bar{v} = B\left(\frac{z'}{\nu}\right)^{\frac{1}{7}}\left(\frac{\tau_0}{\varrho}\right)^{\frac{4}{7}} \tag{117a}$$

und (119)

$$\bar{v} \sim z'^{\frac{1}{7}} \tag{119a}$$

d. h. die Geschwindigkeit $\bar{v}$ ändert sich in Wandnähe mit der $\frac{1}{7}$-Potenz des Wandabstandes z', in guter Übereinstimmung mit den Beobachtungsergebnissen[1].

[1] Nikuradse, J.: Forschungsarbeiten H. 281, S. 16. Berlin: VDI-Verlag 1926.

In unmittelbarer Nähe der Wand gilt dieses Gesetz jedoch nicht mehr, was man aus folgender Überlegung erkennt. Zunächst stellt $\bar{v}$ den zeitlichen Mittelwert der Geschwindigkeit dar, welcher infolge der Mischbewegung gewisse Schwankungen erleidet. An der Wand verschwinden diese Schwankungen, und die dort herrschende Schubspannung ist nach (76) $\tau = \mu \frac{dv}{dz'}$. Unter Beachtung von (119a) würde diese für $z' = 0$ unendlich groß, was dem Wesen der Flüssigkeitsreibung widersprechen würde. Es muß sich also an der Wand eine sehr dünne Randschicht ausbilden, in welcher die Strömung laminar und der Geschwindigkeitsanstieg linear verläuft (S. 74). An diese schließt dann nach dem Rohrinnern zu der Bereich an, in welchem das Potenzgesetz beobachtet wird[1].

Bei größeren Reynoldsschen Zahlen verliert — wie bereits weiter oben bemerkt wurde — die Blasiussche Potenzformel (98) ihre Gültigkeit, demnach auch das hier abgeleitete Verteilungsgesetz der Geschwindigkeit. Tatsächlich haben neuere Messungen[2] gezeigt, daß in den wandnahen Schichten bei Reynoldsschen Zahlen von ca. 200000 die $\frac{1}{8}$-Potenz an Stelle der $\frac{1}{7}$ tritt; bei noch größeren $\mathfrak{R}$-Werten nimmt der Exponent noch weiter ab.

Für den Gültigkeitsbereich des Blasiusschen Gesetzes hat v. Kármán das Gesetz der $\frac{1}{7}$-Potenz durch den Ansatz

$$\bar{v} = \bar{v}_{\max}\left[1 - \left(\frac{z}{r}\right)^{\varkappa}\right]^{\frac{1}{7}} \tag{120}$$

erweitert[3], wobei z den Abstand von der Rohrachse, r den Rohrradius und $\varkappa$ eine Zahl bedeutet, welche nach den vorliegenden Messungen zwischen 1,25 und 2 liegt. (Über das Verhältnis $\bar{v}_{\max} : c$ vgl. S. 85.)

Mit Hilfe dieses Ansatzes läßt sich schließlich auch die in (117a) auftretende Konstante B berechnen, wofür v. Kármán den Wert $B = 8{,}7$ angibt[4], so daß man für die Schubspannung an der Wand erhält

$$\tau_0 = 0{,}0225\, \varrho\, \nu^{\frac{1}{4}} \left(\frac{\bar{v}}{z'^{\frac{1}{7}}}\right)^{\frac{7}{4}}. \tag{121}$$

Die vorstehenden Überlegungen zeigen, daß die Frage nach der Geschwindigkeitsverteilung der turbulenten Strömung in glatten Rohren theoretisch noch nicht endgültig geklärt ist, wenn auch Ansätze nach verschiedener Richtung hin vorliegen. Noch weniger ist das der Fall bei rauhen Rohren und Gerinnen. Theoretische Ansätze sind besonders von v. Kármán[4] für den Fall der „Wandrauhigkeit" (vgl. S. 97) entwickelt worden, die sich mit den Untersuchungen von Hopf und Fromm (vgl. S. 97) ziemlich gut decken. Neuerdings hat W. Fritsch[5]

---

[1] Prandtl, L.: Hydraul. Probleme S. 4. Berlin: VDI-Verlag 1926.

[2] Dönch, F.: Forschungsarbeiten H. 282. Berlin: VDI-Verlag 1926.

[3] Vgl. die Literaturangabe auf S. 102.

[4] v. Kármán, Th.: Z. ang. Math. Mech. **1921**, 250; Innsbr. Vorträge S. 165; Nachrichten d. Ges. d. Wiss. zu Göttingen, Math.-Phys. Klasse **1930**; Mech. Ähnlichkeit u. Turbulenz S. 74.

[5] Fritsch, W.: Z. ang. Math. Mech. **1928**, 214.

den Einfluß der Wandrauhigkeit auf die turbulente Geschwindigkeitsverteilung in Rinnen experimentell untersucht und dabei Geschwindigkeitsprofile für glatte und rauhe Rohre miteinander verglichen, bei denen die an der Wandung übertragene Schubspannung τ_0 denselben Wert hat. Während nun die Absolutwerte der Geschwindigkeiten — wie das nicht anders zu erwarten ist — bei glatten Wänden wesentlich größer sind als bei rauhen, zeigt sich andererseits, daß im mittleren Teile der Rinne die Geschwindigkeitsprofile in allen untersuchten Fällen fast genau dieselbe Form haben, gleichgültig ob es sich um glatte oder rauhe Wände handelt. Man kann aus diesem Ergebnis wohl folgern, daß im mittleren Teile der Rinne die Mischlänge l (vgl. S. 99) von der besonderen Wandbeschaffenheit (Rauhigkeit) ziemlich unabhängig ist. Andererseits zeigen die Messungen, daß bis zur endgültigen Klärung all der mit der turbulenten Strömung in rauhen Rohren zusammenhängenden Fragen noch ein gutes Stück Arbeit geleistet werden muß.

II. Allgemeine Theorie der Bewegung idealer Flüssigkeiten.

A. Grundbegriffe und Grundgleichungen.

Vorbemerkung.

Während in dem vorhergehenden Abschnitt gewisse Flüssigkeitsbewegungen lediglich unter dem vereinfachenden Gesichtspunkt eindimensionaler Strömungen behandelt wurden, wobei es im wesentlichen auf die Untersuchung der Hauptbewegung in der Strömungsrichtung ankam, soll jetzt dazu übergegangen werden, die wichtigsten Gesetze der allgemeinen (mehrdimensionalen) Bewegung der Flüssigkeiten zu entwickeln. Ihre Darstellung finden diese Gesetze durch partielle Differentialgleichungen, bei deren Aufstellung man sich von vornherein darüber schlüssig sein muß, wie weit den physikalischen Eigenschaften der natürlichen Flüssigkeiten (vgl. S. 1) Rechnung getragen werden soll. Wie bereits in der Einleitung bemerkt wurde (vgl. S. 3), werden in dem vorliegenden Buche nur raumbeständige (d. h. in erster Linie tropfbare) Flüssigkeiten behandelt, was aber nicht ausschließt, daß die gewonnenen Ergebnisse in gewissen Fällen (S. 3) auch auf Gase anwendbar sind. Des weiteren bleibt noch die Frage nach der Zähigkeit übrig, die — wie aus den Betrachtungen des vorhergehenden Abschnitts hervorgeht — bei gewissen Strömungsvorgängen von maßgebendem Einfluß ist, bei anderen dagegen, besonders in größerer Entfernung von festen Wänden und dgl., keine ausschlaggebende Bedeutung besitzt, sofern es sich um Flüssigkeiten von geringer Reibung (z. B. Wasser) handelt. In dem vorliegenden Abschnitt soll zunächst vollständige Reibungsfreiheit vorausgesetzt werden (ideale Flüssigkeit), wogegen den zähen Flüssigkeiten später ein besonderes Kapitel gewidmet ist.

1. Kontinuitätsgleichung. Satz von Gauß.

Die Kontinuitätsgleichung der idealen Flüssigkeit ist die mathematische Formulierung der Bedingung, daß durch die Begrenzungsflächen eines bestimmten Raumelements im Innern der Flüssigkeit zu jeder Zeit nicht mehr Flüssigkeit ein- als austreten kann. Zur Ableitung dieser Gleichung denke man sich ein unendlich kleines Flüssigkeitsteilchen von den Kantenlängen dx, dy, dz abgegrenzt (Abb. 65), dessen Lage in bezug auf ein beliebiges rechtwinkliges Achsenkreuz durch die Koordinaten x, y, z gegeben sei. Bezeichnen nun v_x, v_y, v_z die Geschwindigkeitskomponenten in Richtung der drei Koordinatenachsen, so strömt in der Zeiteinheit durch die untere Quaderfläche (in Richtung der Z-Achse) die Flüssigkeitsmenge $v_z\,dx\,dy$ ein, während durch die obere Fläche (welcher die Geschwindigkeit $v_z + \frac{\partial v_z}{\partial z} dz$ entspricht, vgl. die Ausführungen auf S. 7) $\left(v_z + \frac{\partial v_z}{\partial z} dz\right) dx\,dy$ austritt. Der Überschuß der austretenden über die eintretende Flüssigkeitsmenge beträgt also $\frac{\partial v_z}{\partial z} dx\,dy\,dz$. Da gleiche Verhältnisse für die übrigen Koordinatenrichtungen bestehen, so erhält man als Gesamtüberschuß des Austritts

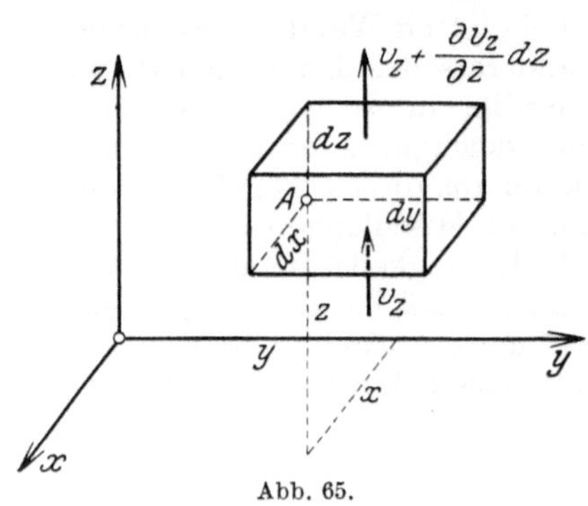

Abb. 65.

$$\left(\frac{\partial v_x}{\partial x} + \frac{\partial v_y}{\partial y} + \frac{\partial v_z}{\partial z}\right) dx\,dy\,dz. \tag{122}$$

Unter der hier gemachten Voraussetzung der Raumbeständigkeit kann ein solcher Überschuß nicht eintreten, d. h. es ergibt sich

$$\frac{\partial v_x}{\partial x} + \frac{\partial v_y}{\partial y} + \frac{\partial v_z}{\partial z} = 0 \tag{123}$$

als Ausdruck der Kontinuität.

Die linke Seite der vorstehenden Gleichung ist offenbar von der Wahl des in Abb. 65 eingeführten Achsenkreuzes vollkommen unabhängig, ist also eine invariante Größe. v_x, v_y, v_z sind die Komponenten des Geschwindigkeitsvektors $\mathfrak{v}$. In der Vektorsprache nennt man die skalare Summe der drei partiellen Differentialquotienten in (123) die Divergenz des Vektors $\mathfrak{v}$ und schreibt dafür

$$\operatorname{div} \mathfrak{v} = \frac{\partial v_x}{\partial x} + \frac{\partial v_y}{\partial y} + \frac{\partial v_z}{\partial z},$$

so daß die Kontinuitätsgleichung in vektorieller Schreibweise die Form annimmt:

$$\operatorname{div} \mathfrak{v} = 0. \tag{123a}$$

In dem betrachteten Flüssigkeitsbereich denke man sich einen endlichen geschlossenen Raum R abgegrenzt. Bezeichnet nun $\mathfrak{e}$ den Einheitsvektor der positiv nach außen angenommenen Normalen zu einem Oberflächenelement dF dieses Raumes, so stellt $\mathfrak{v}\,\mathfrak{e}\,dF = \mathfrak{v}\,d\mathfrak{F}$ den sog. **Fluß** (oder die **sekundliche Durchflußmenge**) durch dieses Element dar, und

$$\int \mathfrak{v}\,d\mathfrak{F} = \int (v_x \cos\alpha + v_y \cos\beta + v_z \cos\gamma)\,dF$$

ist der Fluß durch die gesamte Oberfläche des Raumes R, wenn α, β, γ die Richtungswinkel der Normalen bezeichnen. Da außerdem im Falle konstanter Dichte ϱ der Überschuß der aus einem Element austretenden Flüssigkeitsmenge durch (122) gegeben ist, so folgt:

$$\iiint \left(\frac{\partial v_x}{\partial x} + \frac{\partial v_y}{\partial y} + \frac{\partial v_z}{\partial z}\right) dx\,dy\,dz = \int \mathfrak{v}\,d\mathfrak{F},$$

wofür man auch mit $dx\,dy\,dz = dV$ einfacher schreiben kann

$$\int \operatorname{div}\mathfrak{v}\,dV = \int \mathfrak{v}\,d\mathfrak{F}. \tag{124}$$

Die vorstehende Gleichung wird als **Gaußscher Integralsatz** bezeichnet. Aus ihr folgt im Falle raumbeständiger Flüssigkeit wegen (123a) sofort:

$$\int \mathfrak{v}\,d\mathfrak{F} = 0,$$

d. h. der Fluß durch die Oberfläche des abgegrenzten Raumes ist gleich Null. Wendet man diesen Satz auf ein von zwei Querschnitten begrenztes Stück eines Stromfadens an (vgl. Abb. 39), so erhält man — wie bereits früher bewiesen —

$$v \cdot F = \text{const},$$

da durch den Mantel des Stromfadens Flüssigkeit weder aus- noch eintreten kann. Aus dieser Tatsache kann weiter gefolgert werden, daß in einem Punkte einer raumbeständigen Flüssigkeit ein Stromfaden — und demnach auch eine Stromlinie — weder beginnen noch enden kann, wohl aber kann sie in sich zurücklaufen.

Trifft die Voraussetzung der Raumbeständigkeit nicht zu, so nimmt die Kontinuitätsgleichung eine von (123) etwas abweichende Form an. Man gelangt dazu durch folgende Überlegung: Bezeichnet ϱ die jetzt mit der Zeit und dem Orte veränderliche Dichte, so tritt durch die untere Quaderfläche des in Abb. 65 dargestellten Flüssigkeitselements in der Zeiteinheit die Flüssigkeitsmasse $\varrho\, v_z\, dx\, dy$ ein, während oben $\left(v_z + \frac{\partial v_z}{\partial z} dz\right)\left(\varrho + \frac{\partial \varrho}{\partial z} dz\right) dx\,dy$ austritt; entsprechende Ausdrücke gelten für die übrigen Achsrichtungen. Die gesamte Änderung der Flüssigkeitsmasse des betreffenden Raumelements während der Zeit dt beträgt also

$$-\left\{\frac{\partial(\varrho v_x)}{\partial x} + \frac{\partial(\varrho v_y)}{\partial y} + \frac{\partial(\varrho v_z)}{\partial z}\right\} dx\,dy\,dz\,dt.$$

Sie kann nur dadurch entstehen, daß eine Dichteänderung eintritt, welche sich in der Form $\frac{\partial \varrho}{\partial t}\,dt\,dx\,dy\,dz$ darstellen läßt. Da beide Ausdrücke dasselbe aussagen, so folgt als **Kontinuitätsgleichung**

$$\frac{\partial \varrho}{\partial t} + \frac{\partial(\varrho v_x)}{\partial x} + \frac{\partial(\varrho v_y)}{\partial y} + \frac{\partial(\varrho v_z)}{\partial z} = 0,$$

welche mit $\varrho = \text{const}$ wieder in die speziellere Gleichung (123) übergeht.

2. Eulersche Bewegungsgleichungen[1].

Um die Bewegungsgleichungen einer idealen Flüssigkeit in der Eulerschen Form zu bekommen, verfolgt man nicht ein beliebiges Massenteilchen auf seiner Bahn — was in Anlehnung an die Methoden der Punktmechanik als das Gegebene erscheinen könnte —, sondern man faßt einen bestimmten, durch die Koordinaten x, y, z festgelegten Raumpunkt A im Innern der Flüssigkeit ins Auge und untersucht die Geschwindigkeits- und Druckverhältnisse an dieser Stelle in Abhängigkeit von der Zeit. Indem man diese Betrachtungsweise auf alle Punkte des von Flüssigkeit erfüllten Raumes erstreckt, erhält man ein Bild über den tatsächlichen Strömungsvorgang. Die Komponenten des Geschwindigkeitsvektors $\mathfrak{v}$ erscheinen dann als Funktionen der Koordinaten x, y, z sowie der Zeit t, nämlich

$$\left.\begin{aligned} v_x &= f_1(x, y, z, t), \\ v_y &= f_2(x, y, z, t), \\ v_z &= f_3(x, y, z, t), \end{aligned}\right\} \qquad (125)$$

und die zu lösende Aufgabe läuft darauf hinaus, die Funktionen f_1, f_2, f_3 zu ermitteln.

Zwecks Aufstellung der Bewegungsgleichungen betrachte man wieder ein unendlich kleines Massenelement von den Kantenlängen dx, dy, dz, welches sich an der Stelle $A(x, y, z)$ befindet. Die auf dieses Element wirkenden Kräfte bestehen aus Massenkräften (Schwere) und Normaldrücken. Es sind das dieselben Kräfte, welche bereits auf S. 8 bei der Ableitung der Gleichgewichtsbedingungen eingeführt wurden. Mit den dort gewählten Bezeichnungen und unter Beachtung der Abb. 3 erhält man somit durch Anwendung des Newtonschen Kraftgesetzes für die drei Koordinatenrichtungen:

$$\left.\begin{aligned} \varrho \frac{dv_x}{dt} &= \varrho X - \frac{\partial p}{\partial x}, \\ \varrho \frac{dv_y}{dt} &= \varrho Y - \frac{\partial p}{\partial y}, \\ \varrho \frac{dv_z}{dt} &= \varrho Z - \frac{\partial p}{\partial z}, \end{aligned}\right\} \qquad (126)$$

wobei X, Y, Z die auf die Masseneinheit bezogenen Komponenten der Massenkraft (S. 8) und $\frac{dv_x}{dt}, \frac{dv_y}{dt}, \frac{dv_z}{dt}$ die Beschleunigungskomponenten darstellen.

Nun ist mit Rücksicht auf (125)

$$\frac{dv_x}{dt} = \frac{\partial v_x}{\partial x}\frac{dx}{dt} + \frac{\partial v_x}{\partial y}\frac{dy}{dt} + \frac{\partial v_x}{\partial z}\frac{dz}{dt} + \frac{\partial v_x}{\partial t}$$

[1] Euler, L.: Principes généraux du mouvement des fluides. Hist. de l'Acad. de Berlin **1755**.

oder, wegen $\frac{dx}{dt} = v_x$, $\frac{dy}{dt} = v_y$, $\frac{dz}{dt} = v_z$,

$$\frac{dv_x}{dt} = v_x \frac{\partial v_x}{\partial x} + v_y \frac{\partial v_x}{\partial y} + v_z \frac{\partial v_x}{\partial z} + \frac{\partial v_x}{\partial t}. \tag{127}$$

Analoge Gleichungen gelten für $\frac{dv_y}{dt}$ und $\frac{dv_z}{dt}$.

Der Ausdruck $\frac{dv_x}{dt}$ gibt die Änderung von v_x an, die ein bestimmtes Teilchen der Substanz bei seiner Bewegung erleidet, und wird deshalb als substantieller Differentialquotient bezeichnet. Er besteht, wie ersichtlich, aus zwei Teilen: der konvektiven Änderung $v_x \frac{\partial v_x}{\partial x} + v_y \frac{\partial v_x}{\partial y} + v_z \frac{\partial v_x}{\partial z}$, welche v_x infolge Ortsveränderung (Konvektion) des Teilchens erfährt, und der lokalen Änderung $\frac{\partial v_x}{\partial t}$, die auch bei festgehaltenem Orte auftritt. Bei stationären Strömungen ist die lokale Änderung gleich Null.

Führt man die Beschleunigung $\frac{dv_x}{dt}$ aus (127) und die entsprechenden Ausdrücke für $\frac{dv_y}{dt}$ und $\frac{dv_z}{dt}$ in (126) ein, so gehen diese Gleichungen über in die Eulerschen Bewegungsgleichungen:

$$\left.\begin{aligned}
v_x \frac{\partial v_x}{\partial x} + v_y \frac{\partial v_x}{\partial y} + v_z \frac{\partial v_x}{\partial z} + \frac{\partial v_x}{\partial t} &= X - \frac{1}{\varrho}\frac{\partial p}{\partial x}, \\
v_x \frac{\partial v_y}{\partial x} + v_y \frac{\partial v_y}{\partial y} + v_z \frac{\partial v_y}{\partial z} + \frac{\partial v_y}{\partial t} &= Y - \frac{1}{\varrho}\frac{\partial p}{\partial y}, \\
v_x \frac{\partial v_z}{\partial x} + v_y \frac{\partial v_z}{\partial y} + v_z \frac{\partial v_z}{\partial z} + \frac{\partial v_z}{\partial t} &= Z - \frac{1}{\varrho}\frac{\partial p}{\partial z}.
\end{aligned}\right\} \tag{128}$$

In Verbindung mit den Randbedingungen genügen die Gleichungen (123) und (128) zur Bestimmung der vier Funktionen v_x, v_y, v_z und p; durch sie ist somit die Bewegung der idealen Flüssigkeit vollständig definiert.

Bei den technisch wichtigen Strömungen liegen die Verhältnisse im allgemeinen so, daß gewisse feste oder bewegte Wände gegeben sind, zwischen denen die Strömung vor sich gehen soll, und freie Oberflächen, deren Druckverhältnisse bekannt sind. Als Rand- oder Grenzbedingungen kommen somit die folgenden in Betracht: Da die Flüssigkeit nicht in die Wand eindringen kann, so muß an einer ruhenden Wand die zur Wandrichtung normale Geschwindigkeitskomponente verschwinden, dagegen an einer bewegten Wand gleich der entsprechenden Komponente der Wandgeschwindigkeit sein. An einer freien Oberfläche, worunter im folgenden gewöhnlich eine an Luft grenzende Flüssigkeitsoberfläche verstanden wird, muß der Flüssigkeitsdruck gleich dem auf diese Fläche wirkenden äußeren Druck sein, im allgemeinen also gleich dem Atmosphärendruck p_0. Die zur freien Oberfläche normale Komponente der Strömungsgeschwindigkeit ist außerdem gleich der entsprechenden Komponente der Oberflächenbewegung.

Unter Beachtung der Ausführungen auf S. 10 können die Komponentengleichungen (126) durch die Vektorgleichung

$$\frac{d\mathfrak{v}}{dt} = \mathfrak{K} - \frac{1}{\varrho}\operatorname{grad} p \tag{129}$$

ausgedrückt werden, wo $\frac{d\mathfrak{v}}{dt}$ den Beschleunigungsvektor bezeichnet, der im Falle stationärer Strömung von der Zeit unabhängig ist. Lassen sich ferner die Massenkräfte aus einem Potential U ableiten (vgl. S. 9), dergestalt, daß

$$X = -\frac{\partial U}{\partial x}; \qquad Y = -\frac{\partial U}{\partial y}; \qquad Z = -\frac{\partial U}{\partial z} \tag{130}$$

ist — was z. B. immer zutrifft, wenn es sich nur um Schwerkräfte handelt —, so wird

$$\mathfrak{K} = \mathfrak{i}X + \mathfrak{j}Y + \mathfrak{k}Z = -\left(\mathfrak{i}\frac{\partial U}{\partial x} + \mathfrak{j}\frac{\partial U}{\partial y} + \mathfrak{k}\frac{\partial U}{\partial z}\right) = -\operatorname{grad} U,$$

womit (129) übergeht in

$$\frac{d\mathfrak{v}}{dt} = -\operatorname{grad} U - \frac{1}{\varrho}\operatorname{grad} p. \tag{129a}$$

Das vorstehende Verfahren stellt nicht die einzige Möglichkeit dar, den Bewegungsvorgang einer idealen Flüssigkeit zu beschreiben. Statt daß man den Verlauf von Geschwindigkeit und Druck an einer bestimmten Stelle des von Flüssigkeit erfüllten Raumes untersucht, kann man auch — wie bereits auf Seite 43 angedeutet wurde — ein bestimmtes Flüssigkeitselement auf seiner Bahn verfolgen, um seine Bewegung kennenzulernen. Sind dann a, b, c die Koordinaten der Anfangslage dieses Teilchens, x, y, z diejenigen zur Zeit t, so läuft die Aufgabe darauf hinaus, x, y, z als Funktionen der unabhängigen Veränderlichen a, b, c, t darzustellen, um auf diese Weise zu einer Beschreibung des ganzen Bewegungsvorganges zu gelangen. Dieser letztere Weg führt zu den sog. Lagrangeschen Gleichungen, auf deren Wiedergabe hier indessen verzichtet wird, da von ihnen in der Folge nicht weiter Gebrauch gemacht werden soll[1].

3. Wirbelbewegung und wirbelfreie Bewegung.

Für die Folge ist es wichtig, die Gesamtheit der Bewegungserscheinungen idealer Flüssigkeiten in zwei Hauptklassen einzuteilen, die sich sowohl im physikalischen Sinne als auch hinsichtlich ihrer mathematischen Behandlung wesentlich voneinander unterscheiden. Es sind dieses Wirbelbewegungen und wirbelfreie oder Potentialbewegungen.

Zwecks Ableitung der für diese beiden Strömungsarten charakteristischen Merkmale betrachte man einen kleinen Bereich einer in Bewegung befindlichen Flüssigkeit um den beliebigen Punkt $O(x, y, z)$, welcher die augenblickliche Geschwindigkeit $\mathfrak{v}$ besitzen möge. Zur selben Zeit besitzt — Stetigkeit vorausgesetzt — der in dem kleinen Abstand $\delta\mathfrak{r}(\delta_x, \delta_y, \delta_z)$ von O befindliche Punkt P die Geschwindigkeit

$$\mathfrak{v}' = \mathfrak{v} + \delta\mathfrak{v}.$$

[1] Der Leser, welcher sich mit diesen Gleichungen beschäftigen will, sei auf das bekannte Lehrbuch der Hydrodynamik von H. Lamb, deutsch von J. Friedel (Leipzig u. Berlin 1907). S. 15, verwiesen.

Deren Komponenten sind, wenn $\delta\mathfrak{r}$ genügend klein ist,

$$\left.\begin{aligned} v'_x &= v_x + \frac{\partial v_x}{\partial x}\delta x + \frac{\partial v_x}{\partial y}\delta y + \frac{\partial v_x}{\partial z}\delta z\,, \\ v'_y &= v_y + \frac{\partial v_y}{\partial x}\delta x + \frac{\partial v_y}{\partial y}\delta y + \frac{\partial v_y}{\partial z}\delta z\,, \\ v'_z &= v_z + \frac{\partial v_z}{\partial x}\delta x + \frac{\partial v_z}{\partial y}\delta y + \frac{\partial v_z}{\partial z}\delta z\,. \end{aligned}\right\} \tag{131}$$

Setzt man hier zur Abkürzung[1]:

$$a = \frac{\partial v_x}{\partial x}\,; \qquad b = \frac{\partial v_y}{\partial y}\,; \qquad c = \frac{\partial v_z}{\partial z} \tag{132}$$

$$f = \frac{1}{2}\left(\frac{\partial v_z}{\partial y} + \frac{\partial v_y}{\partial z}\right); \quad g = \frac{1}{2}\left(\frac{\partial v_x}{\partial z} + \frac{\partial v_z}{\partial x}\right); \quad h = \frac{1}{2}\left(\frac{\partial v_y}{\partial x} + \frac{\partial v_x}{\partial y}\right); \tag{133}$$

$$\xi = \frac{1}{2}\left(\frac{\partial v_z}{\partial y} - \frac{\partial v_y}{\partial z}\right); \quad \eta = \frac{1}{2}\left(\frac{\partial v_x}{\partial z} - \frac{\partial v_z}{\partial x}\right); \quad \zeta = \frac{1}{2}\left(\frac{\partial v_y}{\partial x} - \frac{\partial v_x}{\partial y}\right); \tag{134}$$

so können die Gleichungen (131) in leicht ersichtlicher Weise auch wie folgt geschrieben werden:

$$\left.\begin{aligned} v'_x &= v_x + \eta\,\delta z - \zeta\,\delta y + a\,\delta x + h\,\delta y + g\,\delta z\,, \\ v'_y &= v_y + \zeta\,\delta x - \xi\,\delta z + h\,\delta x + b\,\delta y + f\,\delta z\,, \\ v'_z &= v_z + \xi\,\delta y - \eta\,\delta x + g\,\delta x + f\,\delta y + c\,\delta z\,. \end{aligned}\right\} \tag{135}$$

Um die Bedeutung der einzelnen Glieder des vorstehenden Ausdruckes beurteilen zu können, stelle man sich ein kleines Flüssigkeitsprisma vor, dessen einer Eckpunkt der Punkt O, und dessen gegenüberliegender Eckpunkt P sei (Abb. 66). Dann geben v_x, v_y, v_z die Komponenten der Translationsgeschwindigkeit an, drücken also eine Parallelverschiebung des ganzen Elements aus, während die Glieder $a \cdot \delta x$, $b \cdot \delta y$, $c \cdot \delta z$ unter Beachtung von (132) die auf die Zeiteinheit bezogenen Änderungen der Kantenlängen δx, δy, δz darstellen. Aus Abb. 66 ist ferner ersichtlich, daß die Werte $2f$, $2g$ und $2h$ (133) identisch sind mit den Änderungen der ursprünglich rechten Winkel zwischen den Kantenlängen δx, δy, δz, denn unter der oben gemachten Voraussetzung kleiner Abmessungen des betrachteten Flüssigkeitsprismas gibt z. B. $2g = \frac{\partial v_x}{\partial z} + \frac{\partial v_z}{\partial x}$ die Änderung des Winkels zwischen δx und δz an.

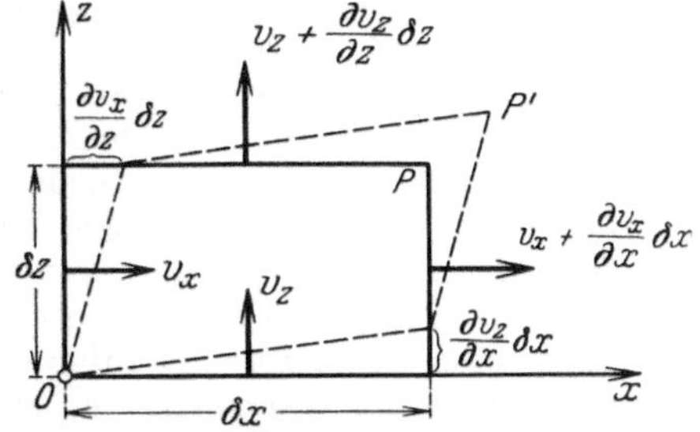

Abb. 66. Zur Deformation eines unendlich kleinen Flüssigkeitselementes.

Denkt man sich jetzt den hier betrachteten Flüssigkeitsbereich um O vorübergehend erstarrt, dann müssen die Längen- und Winkeländerungen verschwinden, in den Gleichungen (135) würden also rechts nur die

[1] Lamb, H.: Hydrodynamik S. 36.

ersten drei Glieder übrig bleiben, die dann die augenblickliche Geschwindigkeit des Punktes P beschreiben.

Nun kann aber die Bewegung eines starren Körpers in jedem Augenblick aufgefaßt werden als zusammengesetzt aus einer Translation und einer Rotation um eine augenblickliche Drehachse[1]. Wählt man also den Punkt O zum Translationspunkt und bezeichnet $\mathfrak{u}\,(u_x, u_y, u_z)$ den Vektor der Winkelgeschwindigkeit um die durch O gehende Momentanachse (Abb. 67), dann läßt sich die Geschwindigkeit $\mathfrak{v}'$ des Punktes P in der Form schreiben:

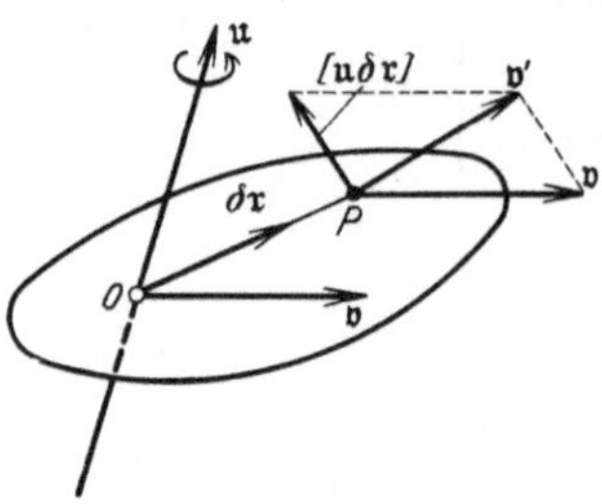

Abb. 67. Zur Rotation eines unendlich kleinen Flüssigkeitselements um eine augenblickliche Drehachse durch O.

$$\mathfrak{v}' = \mathfrak{v} + [\mathfrak{u}\,\delta\mathfrak{r}]\,,$$

wo $\mathfrak{v}$ die Translationsgeschwindigkeit und das äußere Produkt $[\mathfrak{u}\,\delta\mathfrak{r}]$ die Geschwindigkeit der Drehbewegung bezeichnen. In Komponentenform erhält man dafür[2]:

$$\begin{aligned} v'_x &= v_x + (u_y\,\delta z - u_z\,\delta y)\,,\\ v'_y &= v_y + (u_z\,\delta x - u_x\,\delta z)\,,\\ v'_z &= v_z + (u_x\,\delta y - u_y\,\delta x)\,. \end{aligned}$$

Vergleicht man diese Werte mit denen von (135) und beachtet, daß nach den vorstehenden Erläuterungen für die erstarrte Flüssigkeit die Ausdrücke (132) und (133) verschwinden, so erkennt man, daß ξ, η, ζ identisch sind mit den Komponenten des Drehungsvektors $\mathfrak{u}$, daß also die von ξ, η, ζ abhängigen Glieder eine Drehung des betrachteten Flüssigkeitsbereiches um eine durch O gehende Momentanachse zum Ausdruck bringen.

Im ganzen ergibt sich also (wenn jetzt die Annahme der Starrheit wieder fallen gelassen wird) folgendes Bild: Die allgemeinste Bewegung des betrachteten Flüssigkeitselements setzt sich zusammen aus einer Parallelverschiebung, einer Drehung und einer Deformation, welch letztere durch die drei letzten Glieder auf der rechten Seite der Gleichung (135) zur Darstellung gelangt.

Die hier erläuterte Drehbewegung der Flüssigkeitselemente bezeichnet man als Wirbelbewegung, nennt

$$\mathfrak{u} = \mathfrak{i}\,\xi + \mathfrak{j}\,\eta + \mathfrak{k}\,\zeta \tag{136}$$

den Wirbelvektor und seine durch (134) zum Ausdruck kommenden Komponenten die Wirbelkomponenten, welche gleichzeitig ein Maß für die Wirbelstärke liefern. In der Vektoranalysis heißt der Vektor $2\mathfrak{u}$, dessen Komponenten 2ξ, 2η, 2ζ sind, der Rotor von $\mathfrak{v}$, symbolisch geschrieben rot $\mathfrak{v}$*, so daß der Wirbelvektor $\mathfrak{u}$ und der Geschwindigkeits-

[1] Vgl. etwa W. Kaufmann: Einf. in die Mech. starrer Körper S. 421, 456 (1927).

[2] Vgl. etwa W. Kaufmann: Einf. in die Mech. starrer Körper S. 29.

* Mitunter auch nach Maxwell als curl $\mathfrak{v}$ bezeichnet. Allgemein ist

$$\operatorname{rot}\mathfrak{A} = \mathfrak{i}\left(\frac{\partial A_z}{\partial y} - \frac{\partial A_y}{\partial z}\right) + \mathfrak{j}\left(\frac{\partial A_x}{\partial z} - \frac{\partial A_z}{\partial x}\right) + \mathfrak{k}\left(\frac{\partial A_y}{\partial x} - \frac{\partial A_x}{\partial y}\right).$$

vektor $\mathfrak{v}$ durch die Beziehung

$$\mathfrak{u} = \tfrac{1}{2}\,\mathrm{rot}\,\mathfrak{v} \tag{137}$$

miteinander verknüpft sind.

Eine Flüssigkeitsbewegung, für welche der Wirbelvektor $\mathfrak{u}$ bzw. seine Komponenten ξ, η, ζ verschwinden, für welche also nach (134)

$$\frac{\partial v_z}{\partial y} - \frac{\partial v_y}{\partial z} = 0; \qquad \frac{\partial v_x}{\partial z} - \frac{\partial v_z}{\partial x} = 0; \qquad \frac{\partial v_y}{\partial x} - \frac{\partial v_x}{\partial y} = 0 \tag{138}$$

ist, heißt wirbelfrei. Nun folgt aus den Gleichungen (138), daß sich in diesem Falle die Geschwindigkeitskomponenten v_x, v_y, v_z als die partiellen Ableitungen einer Funktion $\varphi(x, y, z, t)$ nach den Ortskoordinaten darstellen lassen, dergestalt, daß

$$v_x = \frac{\partial \varphi}{\partial x}; \qquad v_y = \frac{\partial \varphi}{\partial y}; \qquad v_z = \frac{\partial \varphi}{\partial z} \tag{139}$$

ist. Da man allgemein den Vektor, dessen Komponenten in der durch (139) zum Ausdruck kommenden Form dargestellt werden, als den Gradienten der Funktion φ bezeichnet (vgl. S. 10), so kann an Stelle der Gleichung (139) auch einfacher geschrieben werden

$$\mathfrak{v} = \mathrm{grad}\,\varphi\,. \tag{139a}$$

Setzt man die Werte v_x, v_y, v_z aus (139) in die Kontinuitätsgleichung (123) der raumbeständigen Flüssigkeit ein, so nimmt diese für wirbelfreie Bewegungen die Form an:

$$\frac{\partial^2 \varphi}{\partial x^2} + \frac{\partial^2 \varphi}{\partial y^2} + \frac{\partial^2 \varphi}{\partial z^2} \equiv \Delta\varphi = 0\,. \tag{140}$$

Darin bezeichnet Δ den Laplaceschen Operator, während die Differentialgleichung (140) die Laplacesche Gleichung heißt.

Wegen der Analogie, welche zwischen der hier eingeführten Funktion φ einerseits und dem Potentiale U eines Kraftfeldes andererseits besteht, und die durch die Gleichungen (139) und (7) (S. 9) zum Ausdruck kommt, nennt man die Funktion φ nach Helmholtz das Geschwindigkeitspotential[1]. Die Erfüllung der Bedingung (138) ist notwendig und hinreichend dafür, daß ein Geschwindigkeitspotential existiert. Da nun die Gleichungen (138) einerseits die Bedingung für die Wirbelfreiheit innerhalb des in Frage kommenden Flüssigkeitsbereiches, andererseits für das Vorhandensein eines Geschwindigkeitspotentials darstellen, so bezeichnet man wirbelfreie Strömungen auch als Potentialströmungen.

[1] Eine Abweichung vom Kräftepotential besteht insofern, als der Kraftvektor $\mathfrak{K} = -\,\mathrm{grad}\,U$ (S. 110), der Geschwindigkeitsvektor dagegen $\mathfrak{v} = \mathrm{grad}\,\varphi$ gesetzt wird. Beim Kräftepotential ist die Wahl des negativen Vorzeichens notwendig, wenn das Potential U gleichbedeutend mit der potentiellen Energie des Kraftfeldes sein soll. Übrigens sei bemerkt, daß verschiedene Autoren (z. B. Lamb) das Geschwindigkeitspotential ebenfalls mit $-\,\varphi$ bezeichnen.

4. Zirkulation. Satz von Thomson.

Eine in Bewegung befindliche ideale Flüssigkeit erfülle vollständig einen in bestimmter Weise begrenzten Raum; die augenblickliche Geschwindigkeit $\mathfrak{v}$ sei an jeder Stelle des Raumes bekannt. Man verbinde nun zwei in diesem Raume liegende Punkte A und B durch eine beliebige Kurve, bilde für jedes Linienelement $d\mathfrak{s}$ das innere Produkt $\mathfrak{v}\,d\mathfrak{s}$ (Abb. 68) und integriere über die ganze Kurve AB. Das so entstehende Linienintegral von $\mathfrak{v}$ heißt die Strömung längs des Weges AB. Es ist (wie jedes innere Produkt) ein Skalar und hat den Wert

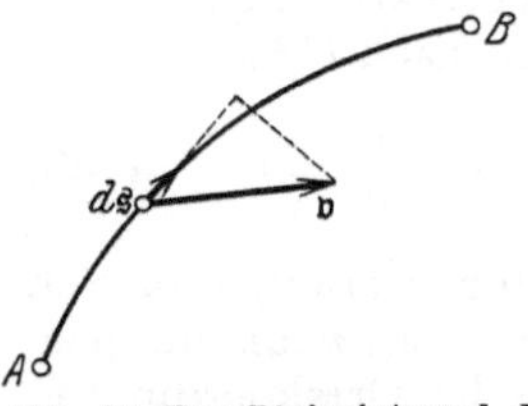

Abb. 68. Das Linienintegral der Geschwindigkeit wird als „Strömung längs des Weges AB" bezeichnet.

$$\int_A^B \mathfrak{v}\,d\mathfrak{s} = \int_A^B (v_x\,dx + v_y\,dy + v_z\,dz)\,.$$

Fällt der Endpunkt B dieser Kurve mit dem Anfangspunkte A zusammen, bildet also AB eine geschlossene Linie innerhalb des betrachteten Flüssigkeitsgebietes, so heißt das obige Linienintegral von $\mathfrak{v}$, nämlich

$$\Gamma = \oint \mathfrak{v}\,d\mathfrak{s} = \oint (v_x\,dx + v_y\,dy + v_z\,dz)\,,$$

die Zirkulation längs der geschlossenen Linie.

Hinsichtlich des Flüssigkeitsgebietes, in welchem die geschlossene Linie liegen soll, möge hier insofern eine Einschränkung gemacht werden, als dieses Gebiet einen einfach zusammenhängenden Raum darstellen soll. Mit anderen Worten heißt das, die geschlossene Linie soll nur Flüssigkeit umschließen; man kann sie sich also auf jeden Punkt des von ihr begrenzten Gebietes zusammengezogen denken, ohne daß sie dieses Gebiet verläßt (im Gegensatz etwa zur Strömung in einem ringförmigen Rohre, bei dem man sich geschlossene Linien vorstellen kann, die parallel der Rohrachse laufen, dann aber nicht nur Flüssigkeit umschließen).

Ist nun die betrachtete Strömung wirbelfrei, d. h. lassen sich die Geschwindigkeitskomponenten aus einem Geschwindigkeitspotentiale φ ableiten, dann wird mit Rücksicht auf (139)

$$\int_A^B (v_x\,dx + v_y\,dy + v_z\,dz) = \int_A^B \left(\frac{\partial\varphi}{\partial x}\,dx + \frac{\partial\varphi}{\partial y}\,dy + \frac{\partial\varphi}{\partial z}\,dz\right) = \varphi_B - \varphi_A,$$

d. h. gleich der Differenz der Werte, welche die Funktion φ in den Punkten B und A besitzt. Die Strömung zwischen den Punkten A und B ist also unabhängig vom Integrationswege und eindeutig bestimmt, sofern φ selbst innerhalb des betrachteten Flüssigkeitsbereiches einwertig und endlich ist. In diesem Falle erhält man für die Zirkulation längs jeder geschlossenen Linie

$$\Gamma = \oint (v_x\,dx + v_y\,dy + v_z\,dz) = 0\,,$$

d. h. in einem einfach zusammenhängenden Raume, in

welchem überall Potentialströmung herrscht, ist die Zirkulation längs jeder geschlossenen Linie gleich Null.

Bei mehrdeutigen Potentialen gelangt man nach einem Umlauf auf der geschlossenen Linie nicht wieder zu demselben Werte φ wie am Anfang; für diese gilt also der vorstehende Satz nicht (vgl. das Beispiel auf S. 156).

Der Begriff der Zirkulation soll nun dazu benutzt werden, einen zuerst von Lagrange ausgesprochenen, später von W. Thomson (Lord Kelvin) genauer bewiesenen Satz zu entwickeln, welcher für die physikalische Bedeutung der Potentialströmungen von grundlegender Bedeutung ist. Danach bleibt eine ideale Flüssigkeit, die zu einer beliebigen Zeit wirbelfrei war, auch weiterhin wirbelfrei, sofern auf sie von außen her nur solche Massenkräfte einwirken, die sich aus einem Potentiale herleiten lassen (wie z. B. die Schwere).

Um diesen Satz zu beweisen, betrachte man eine innerhalb der Flüssigkeit liegende geschlossene Linie $(ABC\ldots A)$, welche sich mit der Flüssigkeit so bewegen soll, daß sie immer von denselben Flüssigkeitsteilchen gebildet wird, und berechne die zeitliche Änderung der Zirkulation längs dieser Linie, d. h. den Ausdruck

$$\frac{d}{dt}\oint (v_x\,dx + v_y\,dy + v_z\,dz)\,.$$

Bezeichnen dx, dy, dz die Projektionen eines Linienelements $d\mathfrak{s}$ auf die Koordinatenachsen, so ist zunächst die zeitliche Änderung von $v_x\,dx$

$$\frac{d}{dt}(v_x\,dx) = \frac{dv_x}{dt}\,dx + v_x\,\frac{d}{dt}(dx)\,,$$

worin nach (126)

$$\frac{dv_x}{dt}\,dx = X\,dx - \frac{1}{\varrho}\,\frac{\partial p}{\partial x}\,dx$$

zu setzen ist oder, wenn die Massenkraft $\mathfrak{K}(X, Y, Z)$ ein Potential U besitzt (S. 110),

$$\frac{dv_x}{dt}\,dx = -\frac{\partial U}{\partial x}\,dx - \frac{1}{\varrho}\,\frac{\partial p}{\partial x}\,dx\,.$$

Der Ausdruck $\frac{d}{dt}(dx)$ stellt offenbar die auf Zeiteinheit bezogene Änderung der Strecke dx, d. h. den Geschwindigkeitsunterschied zwischen Anfangs- und Endpunkt dieser Strecke in der X-Richtung dar, ist also gleich dv_x. Beachtet man, daß ganz analoge Überlegungen für die beiden übrigen Koordinatenrichtungen gelten, so wird

$$\frac{d}{dt}(v_x\,dx + v_y\,dy + v_z\,dz) = -\left(\frac{\partial U}{\partial x}\,dx + \frac{\partial U}{\partial y}\,dy + \frac{\partial U}{\partial z}\,dz\right) - \frac{1}{\varrho}\left(\frac{\partial p}{\partial x}\,dx + \frac{\partial p}{\partial y}\,dy + \frac{\partial p}{\partial z}\,dz\right) + v_x\,dv_x + v_y\,dv_y + v_z\,dv_z\,.$$

Durch Integration längs der geschlossenen Linie $(ABC\ldots A)$ folgt daraus wegen $v^2 = v_x^2 + v_y^2 + v_z^2$ und $\varrho = \text{const.}$ für raumbeständige Flüssigkeiten als zeitliche Änderung der Zirkulation

$$\frac{d}{dt} \oint (v_x dx + v_y dy + v_z dz) = -\left[U + \frac{p}{\varrho} - \frac{v^2}{2} \right]_A^A.$$

Sind nun, wie hier vorausgesetzt wird, U, p und v eindeutige Funktionen von x, y, z, so wird der Ausdruck rechts für eine geschlossene Kurve gleich Null, d. h. unter der Voraussetzung, daß die äußeren Kräfte ein Potential besitzen (konservative Kräfte), ist die Zirkulation um eine geschlossene flüssige Linie von der Zeit unabhängig.

Dieser Satz gilt für jede Strömung, sofern nur konservative Kräfte wirksam sind. War nun eine solche Strömung anfangs wirbelfrei, die Zirkulation innerhalb des betreffenden Bereichs also gleich Null, so bleibt sie auch im weiteren Verlauf wirbelfrei, da die Zirkulation sich nach dem obigen Satze nicht ändern kann. Eine aus dem Ruhezustande unter dem Einfluß konservativer Kräfte entstehende Bewegung einer idealen Flüssigkeit ist demnach immer wirbelfrei.

5. Satz von Stokes.

Zwecks Untersuchung der Zirkulation im Falle der Wirbelbewegung betrachte man eine beliebig gestaltete Fläche F, die vollständig in einem von Flüssigkeit erfüllten Raume liege, und deren Randkurve s sei. Außerdem werde wieder vorausgesetzt, daß die Geschwindigkeit an jeder Stelle des in Frage kommenden Bereiches stetige und eindeutige Werte besitzt. Diese Fläche F denke man sich auf ein rechtwinkliges Koordinatensystem bezogen und in lauter unendlich kleine Dreiecke dF zerlegt, von denen jedes mit drei Parallelebenen zu den Koordinatenebenen ein unendlich kleines Tetraeder $ABCP$ bildet (Abb. 69), dessen eine Ecke P die Koordinaten x, y, z und die Geschwindigkeiten v_x, v_y, v_z haben möge.

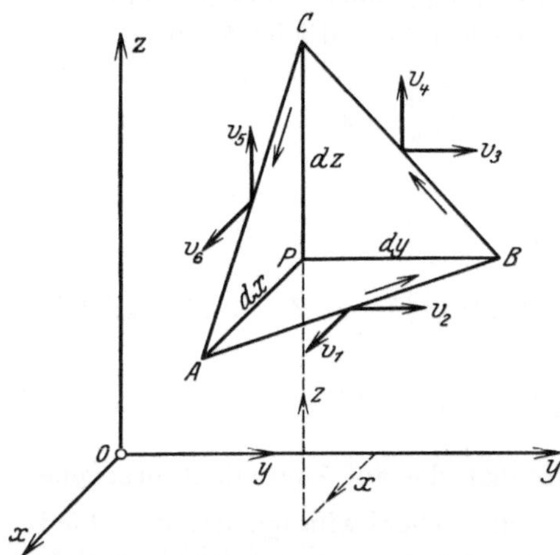

Abb. 69. Zur Berechnung der Zirkulation längs des Linienzuges $ABCA$.

Es soll jetzt die Zirkulation längs des Linienzuges $ABCA$ bestimmt werden[1]. Zu diesem Zwecke schreibe man zunächst die Geschwindigkeitskomponenten in den Seitenmitten der schrägen Tetraederfläche an. Unter Beachtung der Bezeichnungen in Abb. 69 und unter Weglassung der zu den einzelnen Seiten normalen Komponenten

[1] Vgl. hierzu H. Lorenz: Techn. Hydromechanik **1910**, 273.

(welche zur Zirkulation keinen Beitrag liefern) erhält man in leicht verständlicher Weise:

$$v_1 = v_x + \frac{1}{2}\frac{\partial v_x}{\partial x}dx + \frac{1}{2}\frac{\partial v_x}{\partial y}dy,$$

$$v_2 = v_y + \frac{1}{2}\frac{\partial v_y}{\partial y}dy + \frac{1}{2}\frac{\partial v_y}{\partial x}dx,$$

$$v_3 = v_y + \frac{1}{2}\frac{\partial v_y}{\partial y}dy + \frac{1}{2}\frac{\partial v_y}{\partial z}dz,$$

$$v_4 = v_z + \frac{1}{2}\frac{\partial v_z}{\partial z}dz + \frac{1}{2}\frac{\partial v_z}{\partial y}dy,$$

$$v_5 = v_z + \frac{1}{2}\frac{\partial v_z}{\partial z}dz + \frac{1}{2}\frac{\partial v_z}{\partial x}dx,$$

$$v_6 = v_x + \frac{1}{2}\frac{\partial v_x}{\partial x}dx + \frac{1}{2}\frac{\partial v_x}{\partial z}dz.$$

v_1 bis v_6 stellen die Mittelwerte der Geschwindigkeitskomponenten längs der Tetraederkanten dar. Für die Zirkulation längs des Linienzuges $ABCA$ in dem aus Abb. 69 ersichtlichen Sinne ergibt sich somit

$$\begin{aligned}\Gamma &= (v_6 - v_1)\,dx + (v_2 - v_3)\,dy + (v_4 - v_5)\,dz \\ &= \frac{1}{2}\left\{\frac{\partial v_x}{\partial z}dz\,dx - \frac{\partial v_x}{\partial y}dy\,dx + \frac{\partial v_y}{\partial x}dx\,dy - \frac{\partial v_y}{\partial z}dz\,dy \right. \\ &\quad \left. + \frac{\partial v_z}{\partial y}dy\,dz - \frac{\partial v_z}{\partial x}dx\,dz\right\}\end{aligned}$$

oder in etwas anderer Schreibweise

$$\begin{aligned}\Gamma = \frac{1}{2}\left(\frac{\partial v_z}{\partial y} - \frac{\partial v_y}{\partial z}\right)dy\,dz + \frac{1}{2}\left(\frac{\partial v_x}{\partial z} - \frac{\partial v_z}{\partial x}\right)dx\,dz \\ + \frac{1}{2}\left(\frac{\partial v_y}{\partial x} - \frac{\partial v_x}{\partial y}\right)dx\,dy.\end{aligned}$$

Bezeichnen nun α, β, γ die Winkel, welche die Normale zur Fläche dF (Dreieck $ABCA$) mit den Koordinatenrichtungen bildet, dann gelten die Gleichungen (1) S. 5, womit der obige Ausdruck übergeht in:

$$\Gamma = \left\{\left(\frac{\partial v_z}{\partial y} - \frac{\partial v_y}{\partial z}\right)\cos\alpha + \left(\frac{\partial v_x}{\partial z} - \frac{\partial v_z}{\partial x}\right)\cos\beta + \left(\frac{\partial v_y}{\partial x} - \frac{\partial v_x}{\partial y}\right)\cos\gamma\right\}dF.$$

Hinsichtlich des Sinnes, in welchem die Zirkulation gerechnet wird, sei festgesetzt, daß sie mit der Richtung die Flächennormalen eine Rechtsschraubung bestimmen soll (Abb. 69, in der die Flächennormale nach auswärts gerichtet ist). Bildet man nun die Zirkulation um alle Dreiecke dF, aus denen die Fläche F besteht, indem man sie alle im gleichen Sinne umfährt, so heben sich alle Beiträge längs der inneren Trennungslinien der Elementardreiecke paarweise auf, und es bleibt nur die Zirkulation längs des Randes s der Fläche F übrig. Man erhält somit

$$\begin{aligned}\oint_{(s)}(v_x\,dx + v_y\,dy + v_z\,dz) = \int\left\{\left(\frac{\partial v_z}{\partial y} - \frac{\partial v_y}{\partial z}\right)\cos\alpha + \left(\frac{\partial v_x}{\partial z} - \frac{\partial v_z}{\partial x}\right)\cos\beta \right. \\ \left. + \left(\frac{\partial v_y}{\partial x} - \frac{\partial v_x}{\partial y}\right)\cos\gamma\right\}dF. \qquad (141)\end{aligned}$$

Da nun die Differenzen in den runden Klammern rechts nach (134) bzw. (136) die doppelten Komponenten des Wirbelvektors $\mathfrak{u}$ bzw. die Komponenten des Rotors von $\mathfrak{v}$ darstellen, so kann (141) auch in Vektorform wie folgt geschrieben werden

$$\oint \mathfrak{v}\, d\mathfrak{s} = 2 \int \mathfrak{u}\, d\mathfrak{F} = \int \operatorname{rot} \mathfrak{v}\, d\mathfrak{F}\,, \tag{141a}$$

wo $\int \mathfrak{u}\, d\mathfrak{F} = \int \mathfrak{u}\, \mathfrak{e}\, dF$ ($\mathfrak{e}$ = Einheitsvektor der Normalen zu dF, vgl. S. 107).

Dies ist der berühmte Integralsatz von Stokes, welcher zur Untersuchung der Zirkulation in einer Wirbelströmung herangezogen werden kann. Für die Potentialbewegung folgt aus (141a) wegen $\mathfrak{u} = 0$ sofort wieder $\oint \mathfrak{v}\, d\mathfrak{s} = 0$, wie früher auf anderem Wege gezeigt wurde.

B. Potentialbewegung.

1. Geschwindigkeitspotential.

Wie in A, 3 gezeigt wurde, ist die wirbelfreie oder Potentialbewegung charakterisiert durch das Vorhandensein eines Geschwindigkeitspotentials $\varphi(x, y, z, t)$, dergestalt, daß

$$v_x = \frac{\partial \varphi}{\partial x}; \quad v_y = \frac{\partial \varphi}{\partial y}; \quad v_z = \frac{\partial \varphi}{\partial z} \tag{142}$$

ist. Denkt man sich nun alle Raumpunkte des betrachteten Flüssigkeitsbereichs, für welche φ zu einer bestimmten Zeit t denselben Wert $\varphi = C$ (C = const.) besitzt, miteinander verbunden, so erhält man eine Fläche gleichen Potentials (Äquipotentialfläche) bzw. eine Schar solcher Flächen, wenn man C alle möglichen Werte beilegt; jedem anderen Werte von C entspricht eine andere Potentialfläche. Da beim Fortschreiten auf einer solchen Fläche eine Änderung von φ nicht eintritt, also $d\varphi = 0$ ist, so gilt unter Beachtung von (142)

$$v_x\, dx + v_y\, dy + v_z\, dz = 0\,,$$

wobei dx, dy, dz die Komponenten eines Längenelements $d\mathfrak{r}$ der durch den Punkt (x, y, z) gehenden Potentialfläche bezeichnen, weshalb man an Stelle der vorstehenden Gleichung auch schreiben kann

$$\mathfrak{v}\, d\mathfrak{r} = 0\,.$$

Da nun das innere Produkt zweier Vektoren nur verschwinden kann, wenn diese rechtwinklig zueinander stehen, $d\mathfrak{r}$ aber ein ganz beliebiges Längenelement der betreffenden Potentialfläche ist, so folgt, daß der Geschwindigkeitsvektor $\mathfrak{v}$ in jedem Augenblick und an jeder Stelle normal zur Äquipotentialfläche des betreffenden Raumpunktes gerichtet ist.

Wie früher bereits erklärt wurde, bezeichnet man als „Stromlinien" diejenigen Linien, welche in jedem Raumpunkt (x, y, z) der Flüssigkeit in Richtung der dort herrschenden augenblicklichen Geschwindigkeit verlaufen. Sie sind demnach definiert durch die Gleichungen

$$v_x : v_y : v_z = dx : dy : dz\,, \tag{143}$$

wobei jetzt dx, dy, dz die Komponenten eines Längenelements $d\mathfrak{s}$ der betreffenden Stromlinie darstellen. Bei der stationären Strömung fallen die Stromlinien mit den Bahnlinien der Flüssigkeitselemente zusammen (S. 44). Aus dieser Definition der Stromlinien und unter Beachtung des oben über die Richtung des Geschwindigkeitsvektors $\mathfrak{v}$ Gesagten ergibt sich nun die für die Folge wichtige Tatsache, daß die Stromlinien überall die Äquipotentialflächen rechtwinklig schneiden.

Bezeichnet h irgend eine Richtung im Punkte x, y, z, deren Neigungswinkel gegen die Koordinatenachsen α, β, γ seien, so hat die Geschwindigkeitskomponente nach dieser Richtung den Wert

$$v_x \cos\alpha + v_y \cos\beta + v_z \cos\gamma = \frac{\partial\varphi}{\partial x}\cos\alpha + \frac{\partial\varphi}{\partial y}\cos\beta + \frac{\partial\varphi}{\partial z}\cos\gamma = \frac{\partial\varphi}{\partial h}\,, \tag{144}$$

d. h. sie ist in irgend einer Richtung h gleich der auf die Längeneinheit bezogenen Änderung des Geschwindigkeitspotentials. Insbesondere wird, wenn s die Richtung der Normalen zur Äquipotentialfläche bezeichnet (wegen $v_x = v \cdot \cos\alpha$; $v_y = v \cdot \cos\beta$; $v_z = v \cdot \cos\gamma$),

$$v = \frac{\partial\varphi}{\partial s}\,. \tag{144a}$$

Denkt man sich eine Anzahl Äquipotentialflächen konstruiert, die sämtlich den gleichen Potentialunterschied $\delta\varphi$ besitzen, so folgt aus (144a), daß v umgekehrt proportional dem Abstand δs zweier benachbarter Flächen ist. Man erkennt daraus, daß bei einem eindeutigen Geschwindigkeitspotential zwei verschiedene Äquipotentialflächen sich niemals schneiden können, da andernfalls wegen $\delta s = 0$ $v = \infty$ würde.

An einer festen Wand ist die zur Wand normale Geschwindigkeitskomponente offenbar gleich Null (S. 109), also nach obigem $\frac{\partial\varphi}{\partial n} = 0$, wenn n die Richtung der Wandnormalen bezeichnet.

In der mathematischen Hydrodynamik wird gezeigt, daß in einem einfach zusammenhängenden, ganz im Endlichen liegenden Raume, der vollkommen von Flüssigkeit erfüllt ist und für welchen ein eindeutiges Geschwindigkeitspotential φ existiert, die Funktion φ — und damit die Potentialbewegung — eindeutig bestimmt ist, sofern für sämtliche Punkte der Grenzfläche entweder φ oder $\frac{\partial\varphi}{\partial n}$ vorgeschrieben ist oder wenn für einen Teil der Grenzfläche φ, für den restlichen Teil $\frac{\partial\varphi}{\partial n}$ gegeben ist. Das gleiche ist der Fall, wenn es sich um eine unendlich ausgedehnte Flüssigkeit (Luft) handelt, welche im Innern von einer geschlossenen Fläche (fester Körper) begrenzt wird, sofern die Flüssigkeit im Unendlichen ruht und für die Begrenzung im Innern der Wert $\frac{\partial \varphi}{\partial n}$ vorgeschrieben ist[1].

Die Untersuchung der Potentialbewegung einer raumbeständigen Flüssigkeit stellt sich somit als eine Randwertaufgabe dar, indem sie auf die Ermittlung einer Funktion φ hinausläuft, welche innerhalb eines vorgeschriebenen Bereiches der Laplaceschen Gleichung $\Delta \varphi = 0$ genügt (S. 113) und gewisse Randbedingungen zu erfüllen hat. Der für die Hydrodynamik wichtigste Fall dieser Randbedingungen ist derjenige, bei dem die Werte $\frac{\partial \varphi}{\partial n}$, d. h. die Normalkomponenten der Geschwindigkeiten am Rande, vorgeschrieben sind. Mit der allgemeinen Lösung dieser Aufgabe beschäftigt sich die Potentialtheorie. Für den speziellen Fall der ebenen Potentialbewegung werden später besondere Methoden entwickelt (vgl. S. 123).

2. Energiegleichung.

Im Falle einer wirbelfreien, unter dem Einfluß konservativer Kräfte erfolgenden Strömung können die Eulerschen Bewegungsgleichungen (128) unmittelbar integriert werden. Zu diesem Zwecke drücke man in ihnen die Geschwindigkeitskomponenten durch das Geschwindigkeitspotential φ, die Kraftkomponenten durch das Kräftepotential U aus. Dann wird mit Rücksicht auf (130) und (139)

$$\frac{\partial \varphi}{\partial x}\frac{\partial^2 \varphi}{\partial x^2} + \frac{\partial \varphi}{\partial y}\cdot\frac{\partial^2 \varphi}{\partial x \partial y} + \frac{\partial \varphi}{\partial z}\frac{\partial^2 \varphi}{\partial x \partial z} + \frac{\partial^2 \varphi}{\partial x \partial t} = -\frac{\partial}{\partial x}\left(U + \frac{p}{\varrho}\right). \tag{145}$$

Zwei analoge Gleichungen gelten für die übrigen Koordinatenachsen. Nun ist

$$\frac{\partial \varphi}{\partial x}\cdot\frac{\partial^2 \varphi}{\partial x^2} + \frac{\partial \varphi}{\partial y}\cdot\frac{\partial^2 \varphi}{\partial x \partial y} + \frac{\partial \varphi}{\partial z}\cdot\frac{\partial^2 \varphi}{\partial x \partial z} = \frac{1}{2}\frac{\partial}{\partial x}\left\{\left(\frac{\partial \varphi}{\partial x}\right)^2 + \left(\frac{\partial \varphi}{\partial y}\right)^2 + \left(\frac{\partial \varphi}{\partial z}\right)^2\right\} = \frac{1}{2}\frac{\partial v^2}{\partial x},$$

wo $v^2 = v_x^2 + v_y^2 + v_z^2$ das Quadrat des Geschwindigkeitsbetrages bezeichnet. Damit erhält man aus (145), wenn jetzt noch die beiden anderen Gleichungen hinzugefügt werden,

$$\frac{\partial}{\partial x}\left(\frac{v^2}{2} + \frac{\partial \varphi}{\partial t}\right) = -\frac{\partial}{\partial x}\left(U + \frac{p}{\varrho}\right),$$

$$\frac{\partial}{\partial y}\left(\frac{v^2}{2} + \frac{\partial \varphi}{\partial t}\right) = -\frac{\partial}{\partial y}\left(U + \frac{p}{\varrho}\right),$$

$$\frac{\partial}{\partial z}\left(\frac{v^2}{2} + \frac{\partial \varphi}{\partial t}\right) = -\frac{\partial}{\partial z}\left(U + \frac{p}{\varrho}\right).$$

Durch Integration folgt daraus für raumbeständige Flüssigkeiten ($\varrho = \text{const.}$):

$$\frac{v^2}{2} + \frac{\partial \varphi}{\partial t} + U + \frac{p}{\varrho} = F(t)\,, \tag{146}$$

[1] Vgl. etwa H. Lamb: Hydrodynamik S. 50 u. f.

wo $F(t)$ eine willkürliche Funktion der Zeit t ist. Zu dieser Gleichung gesellt sich dann noch die Kontinuitätsbedingung (140) $\Delta\varphi = 0$.

Im Falle stationärer Strömung ist φ von t unabhängig, $\frac{\partial\varphi}{\partial t}$ muß also verschwinden; außerdem nimmt die Funktion $F(t)$ jetzt einen konstanten Wert $F(t) = k$ an, so daß (146) übergeht in:

$$\frac{v^2}{2} + U + \frac{p}{\varrho} = k \tag{147}$$

Darin stellen — bezogen auf die Masseneinheit — $\frac{v^2}{2}$ die kinetische Energie, U die potentielle Energie und $\frac{p}{\varrho}$ die Druckenergie dar (vgl. S. 49), so daß (147) den wichtigen Satz ausspricht: In einer stationären, wirbelfreien Strömung ist für jedes Teilchen die Summe aus kinetischer, potentieller und Druckenergie von der Zeit unabhängig und besitzt pro Masseneinheit für jede Stelle des Raumes den gleichen Wert. Wirken als äußere Kräfte nur Schwerkräfte, so ist $U = g z$ (Z-Achse positiv nach aufwärts), und (147) stimmt in diesem Falle formal vollständig mit Gleichung (50) auf S. 48 überein. Ein Unterschied zwischen beiden besteht insofern, als Gleichung (50) die Konstanz der Strömungsenergie längs einer Stromlinie ausspricht, während (147) für den ganzen Raum gilt, vorausgesetzt, daß die Strömung wirbelfrei ist.

Bei gewissen Strömungsvorgängen, z. B. dann, wenn ein fester Körper in eine unendlich ausgedehnte Flüssigkeit eingetaucht ist (Flugzeug, Luftschiff), spielen das Gewicht der Flüssigkeit und die damit zusammenhängenden Druckänderungen innerhalb der näheren Umgebung des Körpers nur eine untergeordnete Rolle. Man kann in diesem Falle den Wert $U = g z$ unbedenklich streichen, so daß (147) übergeht in

$$\frac{v^2}{2} + \frac{p}{\varrho} = k, \tag{148}$$

bzw.

$$\frac{\varrho}{2} v^2 + p = k'. \tag{148a}$$

Gleichung (147) gestattet eine Beurteilung der praktisch wichtigen Frage, wann bzw. an welcher Stelle bei entsprechend großer Geschwindigkeit v der Druck p gegen Null geht, was zu einem Abreißen der Strömung an der betreffenden Stelle führt. Dieser Fall spielt u. a. eine Rolle im Wehrbau, sowie bei schnell umlaufenden Schiffsschrauben und Wasserturbinen, bei denen infolge Kavitation (Hohlraumbildung) sehr nachteilige Erscheinungen, wie Verschlechterung des Wirkungsgrades und Materialanfressungen (Korrosionen) auftreten. Auf diese Vorgänge ist deshalb bei der Konstruktion besondere Rücksicht zu nehmen[1].

---

[1] Vgl. H. Föttinger in Hydraulische Probleme, S. 14. Berlin: VDI-Verlag 1926, ferner Handb. d. Experimentalphysik, herausgegeben von Wien und Harms, IV. 1, S. 463. Leipzig 1931.

Auf S. 3 der Einleitung war bereits darauf hingewiesen, daß die Dichteänderung eines Gases, welches sich relativ gegen einen festen Körper bewegt, nur gering ist, solange es sich um Geschwindigkeiten handelt, die wesentlich kleiner sind als die Schallgeschwindigkeit in dem betreffenden Gase. Gleichung (148a) gestattet nun eine Abschätzung des Fehlers, den man begeht, wenn man in solchen Fällen mit konstanter Dichte ϱ rechnet. Zu diesem Zwecke denke man sich einen festgehaltenen Körper in einen Luftstrom vom Atmosphärendruck p_0 gebracht, welcher im ungestörten Zustande (d. h. in hinreichend weiter Entfernung vom Körper) die Geschwindigkeit v_0 haben möge. Dann ist nach (148a)

$$\frac{\varrho_0}{2} v_0^2 + p_0 = k'.$$

Der größte Druck tritt an der Stelle auf, an welcher $v = 0$ wird, und hat die Größe

$$p_{\max} = k' = \frac{\varrho_0}{2} v_0^2 + p_0 .$$

Für Luft von 0° C ist in der Nähe der Erdoberfläche (vgl. S. 4) $\varrho_0 \approx 0{,}132 \left[\frac{\text{kg sec}^2}{\text{m}^4}\right]$ und der Atmosphärendruck $p_0 \approx 10333 \left[\frac{\text{kg}}{\text{m}^2}\right]$ (S. 12). Nimmt man ferner $v_0 = 50 \left[\frac{\text{m}}{\text{sec}}\right] = 180 \left[\frac{\text{km}}{\text{st}}\right]$ an, so wird

$$p_{\max} = \frac{0{,}132}{2} \cdot 50^2 + 10333 = 10498 \left[\frac{\text{kg}}{\text{m}^2}\right].$$

Unter der Voraussetzung, daß innerhalb des betrachteten Strömungsbereiches wesentliche Temperaturänderungen nicht auftreten (isothermische Zustandsänderung) — welche im Rahmen dieser Überschlagsrechnung wohl zulässig sein dürfte —, gilt für die Beziehung zwischen dem Einheitsvolumen $V = \frac{1}{\gamma}$ (Rauminhalt der Gewichtseinheit) und dem Druck p das Boyle-Mariottesche Gesetz

$$pV = \frac{p}{\gamma} = \text{const.},$$

woraus folgt

$$\frac{p_0}{g\,\varrho_0} = \frac{p_{\max}}{g\,\varrho_{\max}} \quad \text{bzw.} \quad \varrho_{\max} = \frac{p_{\max}}{p_0}\varrho_0,$$

wenn $\varrho_{\max}$ die dem Drucke $p_{\max}$ entsprechende Dichte bezeichnet. Nach Einführung der obigen Zahlenwerte für $p_{\max}$ und p_0 erhält man daraus $\varrho_{\max} = 1{,}016\,\varrho_0$, d. h. eine maximale Dichteänderung von 1,6%, die in Wirklichkeit noch etwas geringer ausfällt, wenn man von der hier gemachten Voraussetzung konstanter Temperatur absieht und eine adiabatische Zustandsänderung (S. 3) der Rechnung zugrunde legt. Bei sehr großen Geschwindigkeiten und großen Höhenunterschieden sind die auftretenden Abweichungen allerdings recht erheblich und haben dann eine wesentliche Beeinflussung der Strömungsform zur Folge[1].

[1] Vgl. hierzu Prandtl-Tietjens: Hydro- u. Aeromech. **1**, 208 (1929); C. Eberhard: Einf. in die theoret. Aerodynamik **1927**, 25.

3. Ebene Potentialbewegung.

Unter einer ebenen Flüssigkeitsbewegung versteht man eine solche, bei welcher die Geschwindigkeit zu jeder Zeit einer bestimmten Ebene E parallel und in allen auf einer Normalen zu dieser Ebene liegenden Punkten dieselbe ist. Praktisch kommen solche Strömungen in idealer Form zwar nicht vor; vielmehr treten an den Grenzen des betreffenden Flüssigkeitsbereiches immer gewisse Abweichungen von der ebenen Strömungsform auf. In vielen Fällen ist es aber — besonders wegen der großen Vereinfachung der mathematischen Behandlung — vorteilhaft, von einer ebenen Strömung auszugehen und nachträglich eine entsprechende Korrektur an den Rändern des Bereiches vorzunehmen, sofern das erforderlich ist.

Macht man die Ebene E zur Koordinatenebene (X, Y), so ist die Geschwindigkeitskomponente $v_z = 0$, da in Richtung der Z-Achse keine Bewegung stattfindet. Es genügt also zur Beschreibung der ganzen Flüssigkeitsbewegung, wenn man sich auf die Vorgänge in der XY-Ebene beschränkt. Von dieser ebenen Strömung soll weiter vorausgesetzt werden, daß sie stationär und wirbelfrei sei. Dann bestehen für die Geschwindigkeitskomponenten nach (139) die beiden Gleichungen

$$v_x = \frac{\partial \varphi}{\partial x}; \quad v_y = \frac{\partial \varphi}{\partial y}, \tag{149}$$

wobei wieder $\varphi(x, y)$ das Geschwindigkeitspotential bezeichnet, während die Kontinuitätsgleichung (123) die einfachere Form

$$\frac{\partial v_x}{\partial x} + \frac{\partial v_y}{\partial y} = 0 \tag{150}$$

annimmt. Durch Einführung der Werte (149) in (150) folgt die Laplacesche Gleichung

$$\frac{\partial^2 \varphi}{\partial x^2} + \frac{\partial^2 \varphi}{\partial y^2} \equiv \Delta \varphi = 0. \tag{151}$$

Da ferner v_x und v_y nur noch Funktionen von x und y sind, außerdem $v_z = 0$ ist, so erhält man aus (138) als Bedingung für die Wirbelfreiheit der Strömung

$$\frac{\partial v_y}{\partial x} - \frac{\partial v_x}{\partial y} = 0, \tag{152}$$

welche durch (149) identisch erfüllt wird.

Die Äquipotentialflächen der Ziffer 1 (S. 118) gehen in die Äquipotentiallinien $\varphi = C$ über, und der Geschwindigkeitsvektor $\mathfrak{v}$ ist in jedem Augenblick und an jeder Stelle normal zur Äquipotentiallinie des betreffenden Punktes gerichtet. Sein Betrag ist nach (144a)

$$v = \frac{\partial \varphi}{\partial s}, \tag{153}$$

wenn s die Richtung der Normalen zur Äquipotentiallinie bezeichnet.

Schneidet eine Äquipotentiallinie sich selbst, so ist die Geschwindigkeit im Schnittpunkt gleich Null (da der Geschwindigkeitsvektor im Schnittpunkt auf zwei verschiedenen Richtungen senkrecht stehen müßte, was nicht möglich ist; Abb. 70). Man nennt eine solche Stelle einen Staupunkt. Schneiden sich dagegen verschiedene Äquipotentiallinien, so wird nach den Erläuterungen auf S. 119 $v = \infty$; an diesen Stellen hat φ keinen eindeutigen Wert; andererseits wird mit Rücksicht auf (148) $p = -\infty$. Ein solcher Punkt wird als Saugpunkt bezeichnet.

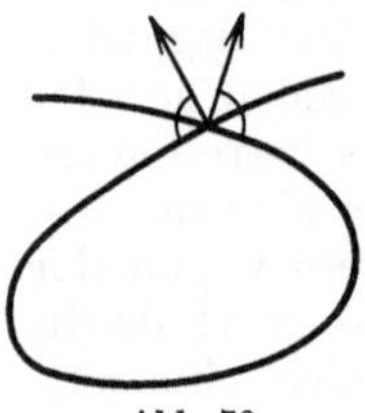

Abb. 70.

Die Geschwindigkeitskomponenten lassen sich auch noch in anderer Form ausdrücken. Wie ersichtlich, wird nämlich die Kontinuitätsgleichung (150) durch den Ansatz befriedigt:

$$v_x = \frac{\partial \psi}{\partial y}; \quad v_y = -\frac{\partial \psi}{\partial x}, \tag{154}$$

wobei die sogenannte Stromfunktion $\psi = \psi(x, y)$ ebenso wie φ eine Funktion der Ortskoordinaten ist.

Als Gleichung der Stromlinie folgt aus (143) für die ebene Bewegung:

$$v_x\,dy - v_y\,dx = 0. \tag{155}$$

Setzt man hier die Werte (154) ein, so erhält man

$$\frac{\partial \psi}{\partial y}dy + \frac{\partial \psi}{\partial x}dx = d\psi = 0$$

oder

$$\psi = \text{const}. \tag{156}$$

Das heißt also, für alle Punkte einer Stromlinie besitzt die Stromfunktion denselben unveränderlichen Wert, genau so wie φ für alle Punkte einer Äquipotentiallinie.

Zwischen ψ und φ bestehen aber noch weitere, für die Folge wichtige Beziehungen. Führt man nämlich die Werte v_x und v_y aus (154) in die Gleichung (152) für die Wirbelfreiheit ein, so erhält man

$$\frac{\partial^2 \psi}{\partial x^2} + \frac{\partial^2 \psi}{\partial y^2} \equiv \Delta \psi = 0, \tag{157}$$

und man erkennt, daß auch die Stromfunktion ψ der Laplaceschen Gleichung genügen muß. Weiter folgt, wenn man v_x aus (149) mit v_y aus (154) multipliziert und umgekehrt:

$$\frac{\partial \varphi}{\partial x} \cdot \frac{\partial \psi}{\partial x} + \frac{\partial \varphi}{\partial y} \cdot \frac{\partial \psi}{\partial y} = 0. \tag{158}$$

Diese Gleichung sagt bekanntlich aus, daß die Kurvenscharen $\varphi = \text{const.}$ und $\psi = \text{const.}$ sich an jeder Stelle rechtwinklig schneiden, d. h. eine Doppelschar orthogonaler Linien bilden, was überdies auch unmittelbar aus den Bemerkungen auf S. 119 über die Stellung der Stromlinien zu den Äquipotentialflächen gefolgert werden kann (Abb. 71).

Setzt man schließlich die sich aus (149) und (154) ergebenden Werte v_x bzw. v_y einander gleich, so erhält man die sogenannten Cauchy-Riemannschen Differentialgleichungen

$$\frac{\partial \varphi}{\partial x} = \frac{\partial \psi}{\partial y}; \quad \frac{\partial \varphi}{\partial y} = -\frac{\partial \psi}{\partial x}, \tag{159}$$

welche für die mathematische Behandlung der ebenen Potentialströmungen von grundlegender Bedeutung sind (vgl. weiter unten).

Die Geschwindigkeit $\mathfrak{v}$ ist durch (153) nach Größe und Richtung bestimmt. Führt man vorübergehend die natürlichen Koordinaten s (Tangente an die Stromlinie) und n (Tangente an die Äquipotentiallinie) im Punkte P ein (Abb. 71), so ist unter Beachtung von (153) und (159)

$$\left.\begin{aligned} v &= \frac{\partial \varphi}{\partial s} = \frac{\partial \psi}{\partial n}, \\ 0 &= \frac{\partial \varphi}{\partial n} = \frac{\partial \psi}{\partial s}. \end{aligned}\right\} \tag{160}$$

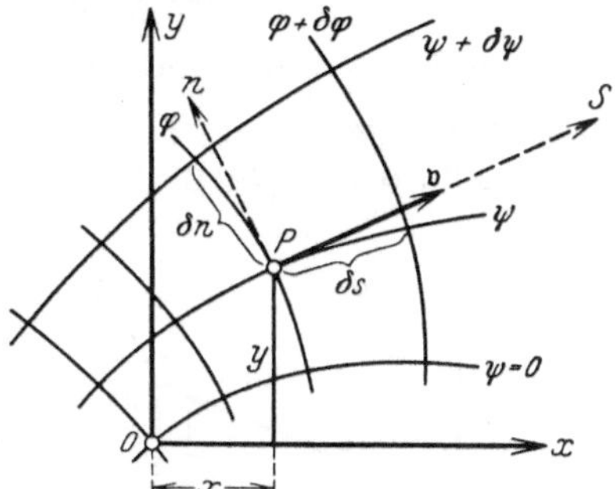

Abb. 71. Orthogonales Netz von Strom- und Äquipotentiallinien.

Für die Stromfunktion ψ läßt sich eine einfache physikalische Deutung geben, wenn man die Durchflußmenge zwischen zwei Stromlinien, bezogen auf die Zeiteinheit und die Tiefe „Eins", betrachtet. Bezeichnet δn den Abstand zweier unendlich benachbarter Stromlinien ψ und $\psi + \delta\psi$, so ist mit Rücksicht auf (160)

$$v \cdot \delta n = \delta \psi,$$

woraus sich als Durchflußmenge zwischen zwei beliebigen Stromlinien ψ_i und ψ_k ergibt

$$\int_k^i v\,\delta n = \psi_i - \psi_k, \tag{161}$$

d. h. die sekundliche Durchflußmenge (oder kurz der Fluß) ist gleich der Differenz der Werte ψ_i und ψ_k, welche die Stromfunktion längs der betreffenden Stromlinien besitzt.

Aus der ersten Gleichung (160) ergibt sich weiter eine für die Folge wichtige Beziehung. Denkt man sich nämlich eine Anzahl Potential- bzw. Stromlinien gezeichnet, die sämtlich den gleichen Unterschied $\delta\varphi$ bzw. $\delta\psi$ besitzen, so folgt aus (160), daß die Geschwindigkeit v umgekehrt proportional dem Abstand δs zweier benachbarter Potentiallinien bzw. dem Abstand δn zweier benachbarter Stromlinien ist.

Für die mathematische Behandlung der ebenen Potentialströmung kann nun, wie nachstehend gezeigt wird, mit besonderem Vorteil die Theorie der komplexen Funktionen herangezogen werden, welche es ermöglicht, eine große Anzahl technisch wichtiger Strömungsbilder darzustellen.

Die Cauchy-Riemannschen Differentialgleichungen (159) werden erfüllt durch den Ansatz

$$\varphi + i\psi = w = w(z) = f(x + iy)\,, \tag{162}$$

wenn

$$w = w(z) = f(x + iy)$$

(mit $i = \sqrt{-1}$) eine „analytische“ Funktion der komplexen Veränderlichen $z = x + iy$ darstellt, während φ und ψ nebst ihren partiellen Ableitungen stetige, reelle Funktionen von x und y sind. Die besondere Eigenschaft einer solchen analytischen Funktion besteht darin, daß sie an jeder Stelle des in Frage kommenden Bereiches differenzierbar ist; mit anderen Worten heißt das: der Quotient $\frac{dw}{dz}$ muß an jeder Stelle der XY-Ebene (z-Ebene) einen von der Größe und Richtung des Elements dz unabhängigen Wert haben.

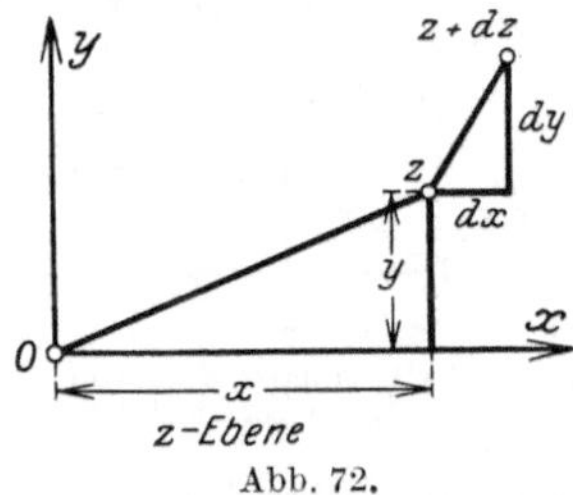

Abb. 72.

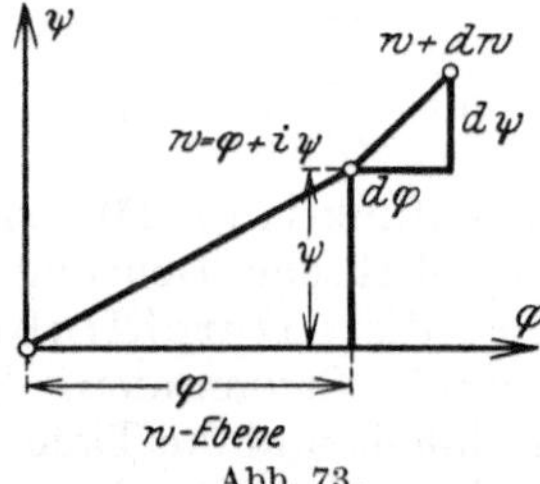

Abb. 73.

Nun entspricht bekanntlich die komplexe Zahl $z = x + iy$ einem bestimmten Punkt der z-Ebene (Gaußsche Zahlenebene), den man erhält, wenn man vom Ursprung O aus x auf der reellen X-Achse und y auf der imaginären Y-Achse aufträgt (Abb. 72).

Entsprechend wird die komplexe Zahl $w = \varphi + i\psi$ in der w-Ebene dargestellt, wobei φ die reelle und ψ die imaginäre Achse bezeichnen (Abb. 73).

Die Änderung dz ist wegen $dz = dx + i\,dy$ durch die Änderungen dx und dy bestimmt. Soll also — wie oben gefordert — $\frac{dw}{dz}$ von dz unabhängig sein, so heißt das einfach, dieser Wert muß unabhängig sein von dem Verhältnis $dx : dy$. Bildet man jetzt:

$$\frac{dw}{dz} = \frac{d\varphi + i\,d\psi}{dx + i\,dy} = \frac{\frac{\partial\varphi}{\partial x}dx + \frac{\partial\varphi}{\partial y}dy + i\left(\frac{\partial\psi}{\partial x}dx + \frac{\partial\psi}{\partial y}dy\right)}{dx + i\,dy}$$

$$= \frac{\left(\frac{\partial\varphi}{\partial x} + i\frac{\partial\psi}{\partial x}\right)dx + \left(\frac{1}{i}\frac{\partial\varphi}{\partial y} + \frac{\partial\psi}{\partial y}\right)i\,dy}{dx + i\,dy}\,,$$

so ist die gestellte Bedingung offenbar erfüllt, wenn

$$\frac{\partial\varphi}{\partial x} + i\frac{\partial\psi}{\partial x} = \left(\frac{1}{i}\frac{\partial\varphi}{\partial y} + \frac{\partial\psi}{\partial y}\right) = \frac{1}{i}\left(\frac{\partial\varphi}{\partial y} + i\frac{\partial\psi}{\partial y}\right) \tag{163}$$

wird, da dann

$$\frac{dw}{dz} = \frac{\partial\varphi}{\partial x} + i\frac{\partial\psi}{\partial x} = \frac{1}{i}\left(\frac{\partial\varphi}{\partial y} + i\frac{\partial\psi}{\partial y}\right) \tag{164}$$

in der Tat unabhängig von $dx : dy$ ist. Setzt man nun in (163) noch die reellen bzw. imaginären Glieder einander gleich, so folgt

$$\frac{\partial\varphi}{\partial x} = \frac{\partial\psi}{\partial y}; \qquad \frac{\partial\varphi}{\partial y} = -\frac{\partial\psi}{\partial x} \tag{165}$$

in Übereinstimmung mit (159), was zu beweisen war. Außerdem erhält man durch Differentiation von (165) wieder die **Laplaceschen** Gleichungen

$$\frac{\partial^2\varphi}{\partial x^2} + \frac{\partial^2\varphi}{\partial y^2} \equiv \varDelta\varphi = 0; \qquad \frac{\partial^2\psi}{\partial x^2} + \frac{\partial^2\psi}{\partial y^2} \equiv \varDelta\psi = 0 .$$

Aus dem Ansatz (162) ergibt sich somit die für die Folge besonders wichtige Tatsache, daß der Real- bzw. Imaginärteil einer beliebigen analytischen Funktion der komplexen Veränderlichen $x + iy$ als Potential- bzw. Stromfunktion einer ebenen, wirbelfreien Strömung angesehen werden können. $w = \varphi + i\psi$ heißt das **komplexe Strömungspotential** (mitunter auch die **Strömungsfunktion**).

Die Kurven $\varphi =$ const. stellen die Potentiallinien, die Kurven $\psi =$ const. die Stromlinien dar; beide Kurvenscharen schneiden sich wegen (158) rechtwinklig. Da aber die Gleichungen (165) unverändert bleiben, wenn man in (162) $i(\varphi + i\psi) = i\varphi - \psi$ an Stelle von $\varphi + i\psi$ setzt, was einer Drehung des Koordinatensystems um 90^0 entspricht (S. 132), so können auch die Kurven $\psi =$ const. als Potentiallinien und $\varphi =$ const. als Stromlinien gedeutet werden. Jede analytische Funktion $f(x + iy)$ stellt also zwei mögliche (wenn auch nicht immer realisierbare) Formen einer ebenen, wirbelfreien Strömung dar. Bei der praktischen Behandlung derartiger Aufgaben kommt es also darauf an, solche Ansätze zu finden, deren Strömungsbilder den vorgeschriebenen Randbedingungen der Aufgabe Rechnung tragen.

Führt man in Gleichung (164) die Geschwindigkeitskomponenten v_x und v_y aus (149) bzw. (154) ein, so erhält man

$$\frac{dw}{dz} = \bar{v} = v_x - i\,v_y , \tag{166}$$

wo

$$\bar{v} = \bar{v}(z) \tag{166a}$$

wieder eine analytische Funktion von $z = x + iy$ ist, da $\bar{v}$ ja durch Differentiation von w nach z gewonnen wird. $\bar{v}$ stellt das Spiegelbild der Geschwindigkeit $v_x + iv_y$ an der reellen Achse — die sogenannte „**konjugierte**" Geschwindigkeit — dar (Abb. 74).

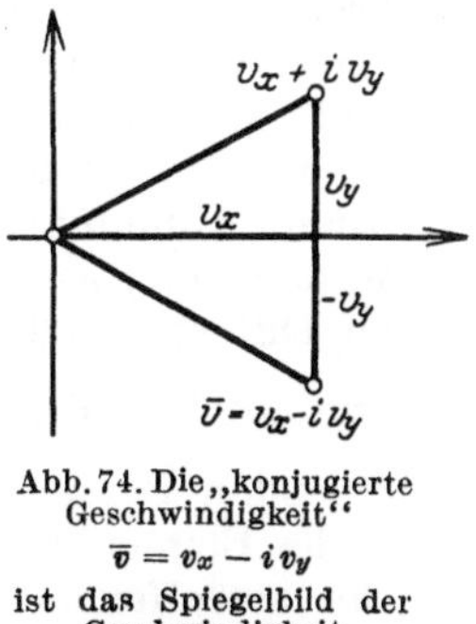

Abb. 74. Die „konjugierte Geschwindigkeit" $\bar{v} = v_x - i v_y$ ist das Spiegelbild der Geschwindigkeit $v = v_x + i v_y$ an der reellen Achse.

Drückt man in (166a) z durch $\bar{v}$ aus und führt diesen Wert in $w = w(z)$

ein, so erhält man

$$w = \varphi + i\,\psi = w(\bar{v}) = f(v_x - i\,v_y), \tag{167}$$

wobei jetzt φ und ψ als Funktionen von v_x und v_y erscheinen. Von diesem Zusammenhange macht man nach dem Vorgange von Helmholtz und Kirchhoff mit Vorteil bei der Behandlung solcher Flüssigkeitsbewegungen Gebrauch, bei denen die Strömung teilweise durch feste Wandungen begrenzt ist, teilweise eine freie Begrenzung mit konstantem Druck (Luftdruck) besitzt, wie das z. B. bei den Ausfluß- und Überfallstrahlen der Fall ist. Im 2. Bande wird in dem Kapitel „Ausfluß und Überfall" darauf genauer eingegangen[1].

4. Konforme Abbildung.

Die durch den Ansatz (162) (S. 126) zum Ausdruck kommende Beziehung zwischen der Theorie der ebenen, wirbelfreien Strömung einerseits und der Theorie der Funktionen komplexer Veränderlicher andererseits ermöglicht nun die Anwendung einer in der Funktionentheorie entwickelten Methode auf ebene Strömungsprobleme, die sich in vielen Fällen als äußerst fruchtbar erwiesen hat. Es ist dieses die konforme Abbildung, welche gestattet, aus einer bekannten Flüssigkeitsströmung zwischen bzw. um gegebene Wandungen kompliziertere Strömungsbilder abzuleiten.

Zur Erklärung dieses für spätere Anwendungen wichtigen Verfahrens denke man sich eine z-Ebene, in welcher die komplexen Größen $z = x + iy$ dargestellt werden, und eine w-Ebene, welche die komplexen Größen $w = \varphi + i\psi$ umfaßt; φ und ψ sind reelle Funktionen von x und y. Ist dann w als Funktion von z gegeben, also

$$w = w(z),$$

so bedeutet dieses, daß jedem Punkte z der z-Ebene ein Punkt w (oder mehrere Punkte) der w-Ebene zugeordnet ist, so daß einem bestimmten Bereiche der z-Ebene ein ganz bestimmter Bereich der w-Ebene entspricht. Man sagt dann: durch die Funktion $w = w(z)$ werden beide Bereiche aufeinander abgebildet, der eine ist das Bild des andern.

Diese Abbildung nimmt nun einen ganz speziellen Charakter an, wenn $w = w(z)$ analytisch ist, d. h., wenn die Cauchy-Riemannschen Differentialgleichungen (165) erfüllt sind. In diesem Falle hat — wie auf S. 126 gezeigt wurde — $\frac{dw}{dz}$ an jeder Stelle des in Frage kommenden Bereichs einen bestimmten Wert, der sich mit der Richtung des Elements dz nicht ändert. Er stellt das Verzerrungsverhältnis an der betreffenden Stelle dar.

Man betrachte nun das unendlich kleine Dreieck $P_1 P_2 P_3$ mit den Seitenlängen δz_1, δz_2, δz_3, welches von drei sich schneidenden Kurven

[1] Vgl. hierzu R. v. Mises: Berechnung von Ausfluß- und Überfallzahlen. Z. V. D. I. **1917**, **447**.

1, 2, 3 in der z-Ebene gebildet wird (Abb. 75). $\delta w_1, \delta w_2, \delta w_3$ seien die durch die analytische Funktion $w = w(z)$ vermittelten Abbildungen von $\delta z_1, \delta z_2, \delta z_3$ auf die w-Ebene. Da nun $\frac{dw}{dz}$ z. B. an der Stelle P_1 einen ganz bestimmten Wert hat (vorausgesetzt, daß $w'(z)$ nicht gleich Null wird), so ist

$$\frac{\delta w_2}{\delta z_2} = \frac{\delta w_3}{\delta z_3} \text{ oder } \frac{\delta z_3}{\delta z_2} = \frac{\delta w_3}{\delta w_2},$$

d. h. die Linienelemente δz_3 und δz_2 der beiden Kurven *2* und *3* an der Stelle P_1 der z-Ebene verhalten sich zueinander wie die entsprechen-

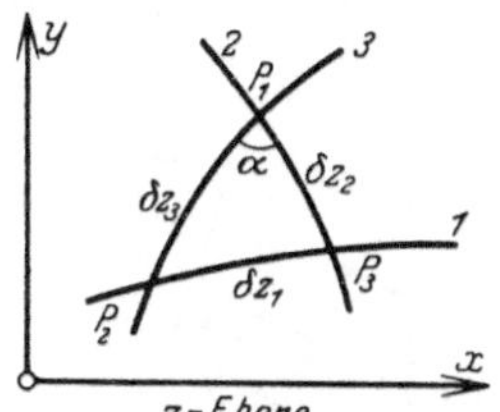

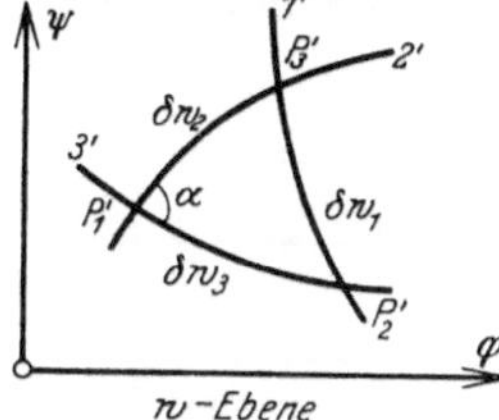

Abb. 75. Konforme Abbildung. Es besteht Ähnlichkeit in den kleinsten Teilen.

den Linienelemente δw_3 und δw_2 an der Stelle P_1' der w-Ebene. Betrachtet man den Punkt P_2 der z-Ebene, so gilt analog

$$\frac{\delta z_3}{\delta z_1} = \frac{\delta w_3}{\delta w_1},$$

und man erkennt, daß das unendlich kleine Dreieck $P_1 P_2 P_3$ der z-Ebene durch $w = w(z)$ in ein unendlich kleines ähnliches Dreieck $P_1' P_2' P_3'$ der w-Ebene transformiert wird. Es besteht also Ähnlichkeit in den kleinsten Teilen (endliche Bereiche brauchen nicht ähnlich zu sein, da sich das Verzerrungsverhältnis im allgemeinen von Punkt zu Punkt ändert). Insbesondere bilden zwei sich schneidende Kurven der z-Ebene denselben Winkel wie ihre Bilder in der w-Ebene (winkeltreue oder isogonale Abbildung). Eine derartige Abbildung wird nach dem Vorgange von Gauß als konforme Abbildung bezeichnet. Als notwendige Voraussetzung einer solchen besteht nach den obigen Ausführungen die Bedingung, daß die abbildende Funktion $w = w(z)$ analytisch ist, d. h. daß für sie die Cauchy-Riemannschen Gleichungen erfüllt sind.

Stellt der Bereich (W) der w-Ebene das mittels der Funktion $w = w(z)$ gewonnene Bild eines Bereiches (Z) der z-Ebene dar, so kann umgekehrt auch (Z) als konforme Abbildung von (W) angesehen werden.

Für die Hydrodynamik ergeben sich aus diesem Zusammenhange mit Rücksicht auf Gleichung (162) wichtige Beziehungen. Zeichnet man z. B. in der w-Ebene die Achsenparallelen $\varphi = \text{const.}$ und $\psi = \text{const.}$, wobei die Differenzen $\delta\varphi$ und $\delta\psi$ sehr klein und überall gleich groß gewählt seien (Abb. 76), so können diese Linien als konforme Abbildung der Potential- und Stromlinien einer ebenen, wirbelfreien Strömung in der z-Ebene aufgefaßt werden. Den Linien $\varphi =$ const. der w-Ebene entsprechen die Äquipotentiallinien der z-Ebene, den Linien $\psi =$ const. die Stromlinien. Umgekehrt stellt die Strömung in der z-Ebene die konforme Abbildung einer einfachen Parallelströmung in der w-Ebene dar.

In der Funktionentheorie wird weiter durch den Riemannschen Abbildungssatz gezeigt, daß es immer möglich ist, eine beliebig gestaltete Kontur konform auf einen Kreis abzubilden, und zwar so, daß einem beliebigen Punkte der Peripherie ein Punkt der gegebenen Kontur, dem Mittelpunkt des Kreises ein Punkt im Innern der Kontur entspricht[1]. Dieser Satz ist in hohem Maße geeignet, Strömungsbilder um beliebig gestaltete Konturen (z. B. Tragflügelprofile) zu vermitteln, indem man die Strömung um die vorgelegte Kontur durch Einführung

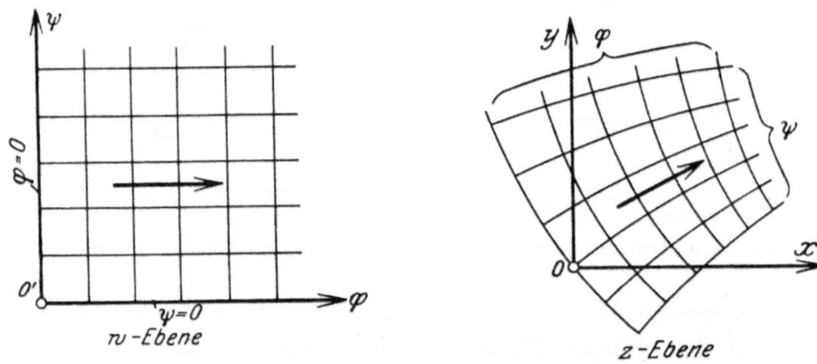

Abb. 76. Konforme Abbildung einer einfachen Parallelströmung.

einer analytischen Funktion auf die bekannte Strömung um einen Kreis zurückführt.

Allgemein kann man also so vorgehen: Ist die Strömung in der z-Ebene bekannt, so unterwerfe man diese durch Einführung einer analytischen Funktion

$$\zeta = \xi + i\eta = \zeta(z) \tag{168}$$

einer Transformation, wodurch die Strömung der z-Ebene samt ihrer Begrenzung auf eine ζ-Ebene abgebildet wird. Führt man nun in das komplexe Strömungspotential der z-Ebene $w(z) = \varphi + i\psi$ die inverse Funktion $z = z(\zeta)$ ein, so erhält man als neue Strömungsfunktion einen Ausdruck von der Form

$$w[z(\zeta)] = \Phi(\xi, \eta) + i\Psi(\xi, \eta), \tag{169}$$

wobei dann $\Phi(\xi, \eta)$ und $\Psi(\xi, \eta)$ Geschwindigkeitspotential bzw. Stromfunktion der neuen Strömung in der ζ-Ebene darstellen.

Es kommt also darauf an, die die konforme Abbildung vermittelnde Funktion so zu bestimmen, daß den vorgeschriebenen Randbedingungen jeweils Genüge geleistet wird. In vielen Fällen ist das sehr schwierig, in anderen, technisch nicht unwichtigen Fällen dagegen führen schon verhältnismäßig einfache Ansätze schnell zum Ziele (s. Ziffer 5).

[1] Vgl. etwa L. Lewent: Konforme Abbildung **1912**, 76.

Die oben besprochene Ähnlichkeit zwischen unendlich kleinen Bereichen der z- und w-Ebene hört in denjenigen Punkten auf, in welchen der Differentialquotient $\frac{dw}{dz}$ gleich Null oder unendlich groß wird. Solche Punkte heißen singuläre Punkte. In der Hydrodynamik entspricht ihnen eine Geschwindigkeit von der Größe Null oder unendlich, wie aus Gleichung (166) ersichtlich ist.

Bevor an die Besprechung einiger Abbildungsaufgaben herangegangen wird, möge noch ein kurzer Überblick über die geometrische Darstellung komplexer Zahlen sowie die mit ihnen vorgenommenen Rechenoperationen gegeben werden, der manchem Leser nicht unwillkommen sein dürfte.

Nach dem Vorgange von Gauß werden die komplexen Zahlen in einer Zahlenebene, der nach ihm benannten Gaußschen Ebene, dargestellt, indem man die komplexe Zahl $z = x + iy$ durch denjenigen Punkt P der z-Ebene deutet, dessen rechtwinklige Koordinaten x und y sind (Abb. 77). Die Gerade $y = 0$ (X-Achse) wird als reelle, die Gerade $x = 0$ (Y-Achse) als imaginäre Achse bezeichnet. Der Betrag r des Vektors $\overrightarrow{OP}$, welcher den Punkt P in der z-Ebene festlegt, heißt der absolute Betrag $|z|$ der komplexen Zahl z, wogegen der Richtungswinkel ϑ von $\overrightarrow{OP}$ gegen die X-Achse als Argument (oder Arcus) von z bezeichnet wird.

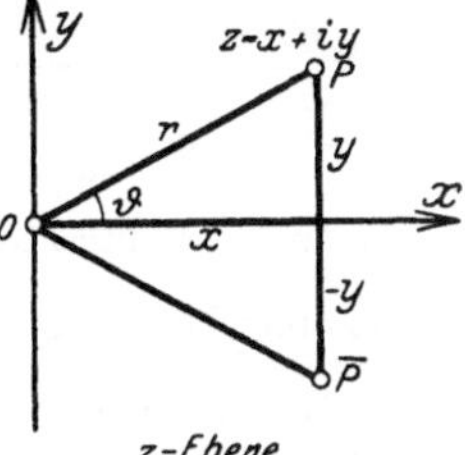

Abb. 77. Geometrische Darstellung der komplexen Zahl $z = x + iy$ und $\bar{z} = x - iy$.

Wegen $x = r\cos\vartheta$ und $y = r\sin\vartheta$ ist

$$z = r(\cos\vartheta + i\sin\vartheta)\,, \tag{170}$$

wofür man unter Beachtung der Eulerschen Formel

$$\cos\vartheta + i\sin\vartheta = e^{i\vartheta}$$

auch schreiben kann

$$z = r\,e^{i\vartheta}. \tag{171}$$

Zwei komplexe Zahlen, deren Realteile die gleichen sind, während sich die imaginären nur im Vorzeichen unterscheiden, also

$$z = x + iy$$

und

$$\bar{z} = x - iy$$

heißen konjugiert komplex. Geometrisch stellt der die Zahl $\bar{z}$ bestimmende Punkt $\bar{P}$ das Spiegelbild des die Zahl z bestimmenden Punktes P in bezug auf die reelle Achse dar (Abb. 77). Den Gleichungen (170) und (171) entspricht dann

$$\bar{z} = r(\cos\vartheta - i\sin\vartheta)\,, \tag{170a}$$

$$\bar{z} = r\,e^{-i\vartheta}. \tag{171a}$$

Die Addition komplexer Zahlen erfolgt, indem man die Realteile für sich und die Imaginärteile für sich addiert, also:

$$\begin{aligned} z &= z_1 + z_2 + \cdots = (x_1 + iy_1) + (x_2 + iy_2) + \cdots \\ &= (x_1 + x_2 + \cdots) + i(y_1 + y_2 + \cdots) = x + iy\,, \end{aligned}$$

wo

$$x = x_1 + x_2 + \cdots; \qquad y = y_1 + y_2 + \cdots.$$

Da komplexe Zahlen durch Vektoren $\overrightarrow{OP_1}$, $\overrightarrow{OP_2}$, ... dargestellt werden, so ist ihre Addition identisch mit der geometrischen Addition der entsprechenden Vektoren, wie diese durch das Parallelogrammgesetz vermittelt wird (Abb. 78).

Daraus folgt aber weiter, daß die Subtraktion nur ein spezieller Fall der Addition ist, indem man den Vektor der zu subtrahierenden komplexen Zahl im entgegengesetzten Sinne in den Streckenzug einführt.

Bei der Multiplikation zweier komplexer Zahlen bedient man sich zweckmäßig der Gleichung (171). Dann wird

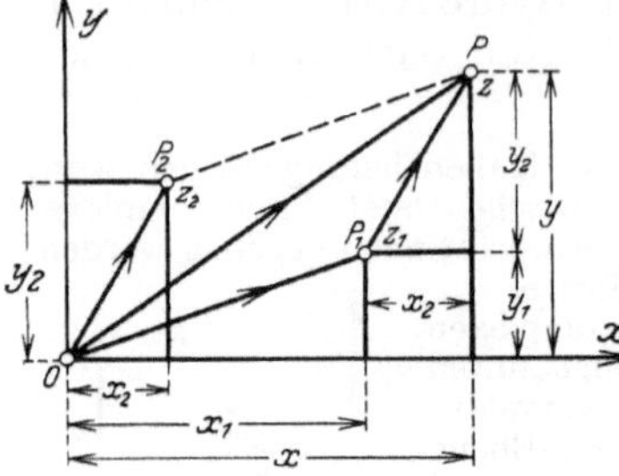

Abb. 78. Zur Addition komplexer Zahlen.

$$z = z_1 z_2 = r_1 e^{i\vartheta_1} \cdot r_2 e^{i\vartheta_2}$$

$$= r_1 r_2 e^{i(\vartheta_1 + \vartheta_2)} = r e^{i\vartheta},$$

wenn $r = r_1 r_2$ und $\vartheta = \vartheta_1 + \vartheta_2$ gesetzt wird. Man erkennt also, daß der absolute Betrag des Produktes $z_1 z_2$ gleich dem Produkt der absoluten Beträge der Faktoren ist, während sich das Argument als Summe der Argumente der Faktoren ergibt. Speziell ist

$$z_1 i = r_1 e^{i\vartheta_1} \cdot e^{i\frac{\pi}{2}} = r_1 e^{i\left(\vartheta_1 + \frac{\pi}{2}\right)},$$

was einer Drehung um 90° entspricht. Die geometrische Darstellung der Multiplikation ist aus Abb. 79 ersichtlich.

Für die Division erhält man analog:

$$z = \frac{z_1}{z_2} = \frac{r_1 e^{i\vartheta_1}}{r_2 e^{i\vartheta_2}} = \frac{r_1}{r_2} e^{i(\vartheta_1 - \vartheta_2)} = r e^{i\vartheta},$$

wenn $r = \frac{r_1}{r_2}$ und $\vartheta = \vartheta_1 - \vartheta_2$ gesetzt wird. Insbesondere gilt für den reziproken Wert einer komplexen Zahl z_1

$$z = \frac{1}{z_1} = \frac{1}{r_1 e^{i\vartheta_1}} = \frac{1}{r_1} e^{-i\vartheta_1} = r e^{i\vartheta},$$

wobei

$$r = \frac{1}{r_1}; \qquad \vartheta = -\vartheta_1.$$

Zur geometrischen Darstellung dieses Wertes benutzt man zweckmäßig den sog. Einheitskreis, das ist der Kreis um den Ursprung O der z-Ebene, dessen Radius $r = 1$ beträgt. Ist nun z_1 in der z-Ebene gegeben, so konstruiere man gemäß Abb. 80 die Tangenten an den Einheitskreis und bestimme den Punkt $\bar{z}$, dessen absoluter Betrag $\frac{1}{r_1}$ wird, da ja geometrisch $\frac{1}{r_1} r_1 = 1^2$ ist. Die gesuchte Zahl z ist dann das Spiegelbild von $\bar{z}$ in bezug auf die reelle Achse. Die erste Operation, nämlich Übergang von z_1 zu $\bar{z}$, heißt Transformation durch reziproke Radien oder auch Spiegelung am Einheitskreis.

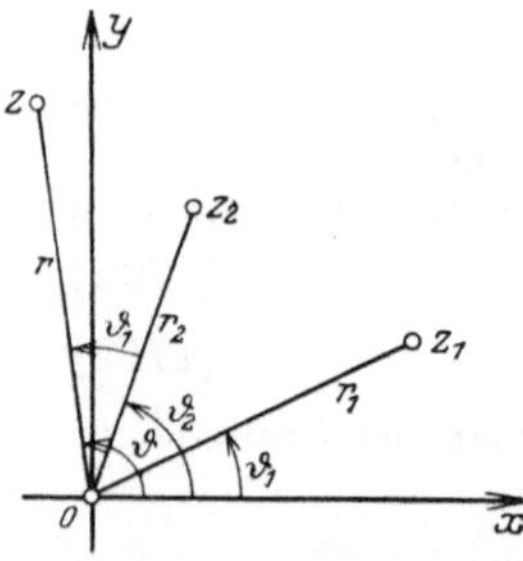

Abb. 79. Zur Multiplikation komplexer Zahlen.

Ähnlich wie bei der Multiplikation verfährt man beim Potenzieren, also

$$z = z_1^n = r_1^n e^{in\vartheta_1} = r e^{i\vartheta}, \tag{172}$$

wo

$$r = r_1^n; \qquad \vartheta = n\vartheta_1.$$

Sind n bzw. ϑ_1 hinreichend groß, so kann der Radiusvektor, welcher die komplexe Zahl z bestimmt, bei der Überführung von z_1 in z die z-Ebene mehrfach überstreichen. Man erhält dann eine Fläche, die sich gleichsam schraubenförmig um den Ursprung der z-Ebene herumwindet. Derartige Fälle spielen in der Theorie der komplexen Funktionen eine wichtige Rolle und werden nach ihrem Entdecker als **mehrblättrige Riemannsche Flächen** bezeichnet (vgl. das Beispiel auf S. 138).

An Stelle des Potenzierens tritt das **Radizieren**, wenn n keine ganze, sondern eine gebrochene Zahl ist. Man erhält dann mit $n = \frac{1}{m}$

$$z = z_1^n = \sqrt[m]{z_1} = \sqrt[m]{r_1} \cdot e^{i\frac{\vartheta_1}{m}}.$$

Da $\sqrt[m]{z_1}$ m Wurzeln besitzt, so müssen sich geometrisch für z auch m verschiedene Lagen in der z-Ebene ergeben. Das Argument ϑ_1 ist nur bis auf additive Größen

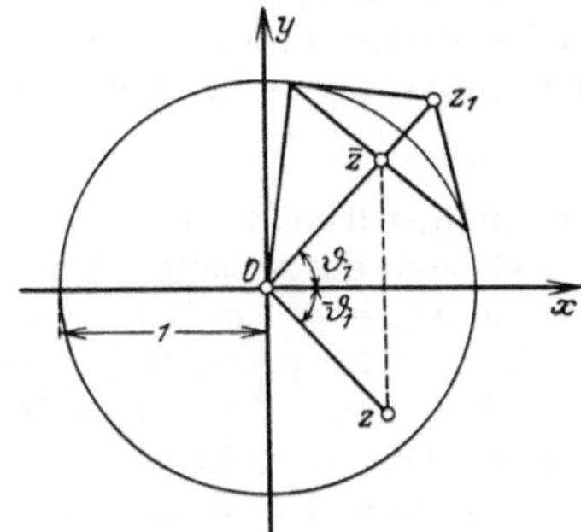

Abb. 80. Geometrische Darstellung des reziproken Wertes einer komplexen Zahl.

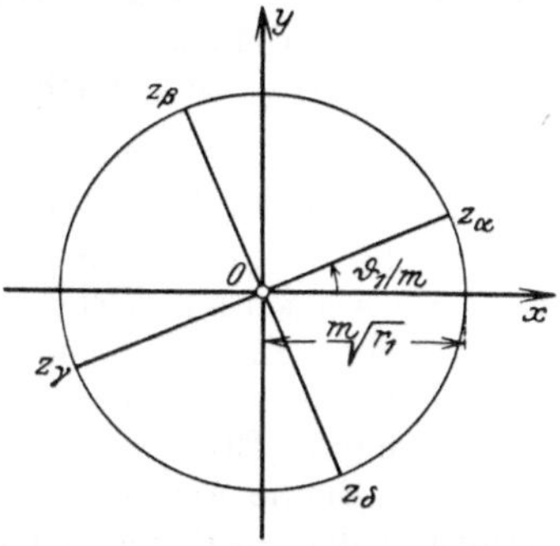

Abb. 81. Geometrische Darstellung der Wurzelwerte aus einer komplexen Zahl.

$2k\pi$ ($k = 0, 1, 2, 3 \ldots$) bestimmt, da beliebig viele volle Umdrehungen zugelassen werden. Das heißt, es kann

$$e^{i\frac{\vartheta_1}{m}} = e^{i\frac{\vartheta_1 + 2k\pi}{m}}$$

gesetzt werden. Daraus ergeben sich aber die m verschiedenen Argumente der Lagen von z wie folgt:

$$\frac{\vartheta_1}{m}; \quad \frac{\vartheta_1}{m} + \frac{2\pi}{m}; \quad \frac{\vartheta_1}{m} + 2\frac{2\pi}{m}; \quad \ldots; \quad \frac{\vartheta_1}{m} + (m-1)\frac{2\pi}{m}.$$

Zur geometrischen Darstellung von $\sqrt[m]{z_1}$ zeichne man also den Kreis um O mit dem Radius $\sqrt[m]{r_1}$, bestimme darauf die Lage z_α durch das Argument $\frac{\vartheta_1}{m}$ und teile von diesem Punkte ausgehend den Kreisumfang in m gleiche Teile; dann erhält man die m verschiedenen Wurzeln $z_\alpha, z_\beta, z_\gamma, \ldots$ (Abb. 81, wo $m = 4$).

5. Einige Anwendungen auf ebene Strömungen.

a) Quell- bzw. Senkenströmung.

In dem Ausdruck

$$w = c \ln z \quad (c = \text{const.}) \tag{173}$$

ist w eine **analytische** Funktion von z, da der Differentialquotient

$$\frac{dw}{dz} = \frac{c}{z} = \frac{c}{x + iy}$$

einen von der Neigung $\frac{dx}{dy}$ des Elements dz unabhängigen Wert hat (S. 126). Unter Beachtung von (171) kann der Ausdruck (173) auch in der Form geschrieben werden:

$$w = c \ln r e^{i\vartheta} = c \ln r + c i \vartheta\,,$$

wo wieder r den absoluten Betrag und ϑ das Argument von z bedeuten. Da $z = r e^{i\vartheta} = r e^{i(\vartheta + 2k\pi)}$ ist ($k = 0, 1, 2, 3, \ldots$), so erkennt man, daß einem Werte z unendlich viele Werte $w_k = c \ln r + c i(\vartheta + 2k\pi)$ entsprechen, die sich lediglich um $2cik\pi$ unterscheiden. In der Folge soll nur der Hauptwert $w = c \ln r + c i \vartheta$ weiter betrachtet werden. Aus diesem erhält man nach S. 126 wegen $w = \varphi + i\psi$ unmittelbar

$$\varphi = c \ln r\,; \quad \psi = c\vartheta \tag{174}$$

als Potential bzw. Stromfunktion einer ebenen, wirbelfreien Strömung.

In Abb. 82 sind die z-Ebene und die w-Ebene dargestellt. Den Parallelen zur ψ-Achse (der w-Ebene) entsprechen wegen $\varphi = c \cdot \ln r = \text{const.}$, d. h. $r = \text{const.}$, in der z-Ebene Kreise um den Ursprung O, wogegen den Parallelen zur φ-Achse wegen $\psi = c\vartheta = \text{const.}$ in der z-Ebene durch O gehende Strahlen zugeordnet sind. Überstreicht ein solcher Strahl der z-Ebene einmal den Winkelraum von $\vartheta = 0$ bis $\vartheta = 2\pi$, so entspricht dem in der w-Ebene eine Verschiebung der Geraden $\psi = 0$ in die Lage $\psi = c \cdot 2\pi$. Für $r = 1$ wird $\varphi = 0$, das heißt, dem Einheitskreis in der z-Ebene entspricht die ψ-Achse der w-Ebene. Wird $r > 1$, so ist φ positiv, während φ für $r < 1$ negativ ist. Das Äußere des Einheitskreises der z-Ebene entspricht somit dem Streifen von der Breite $c \cdot 2\pi$ über der positiven φ-Achse, das Innere dieses Kreises dagegen dem Streifen über der negativen φ-Achse.

Faßt man die Linien $\varphi = \text{const.}$ und $\psi = \text{const.}$ der w-Ebene als Äquipotential- bzw. Stromlinien einer einfachen Parallelströmung auf, so stellt diese Strömung die durch den Ansatz (173) vermittelte konforme Abbildung einer Strömung in der z-Ebene dar, bei welcher die von O ausgehenden Strahlen die Stromlinien und die konzentrischen Kreise um O die Äquipotentiallinien bilden. Der durch die Geraden $\varphi = \text{const.}$ und $\psi = \text{const.}$ erzeugten Einteilung der w-Ebene in ein Netz von Quadraten entspricht auch in der z-Ebene ein quadratähnliches Netz, sofern nur die Quadratteilung der w-Ebene hinreichend klein gewählt wird.

Da die Geschwindigkeit an einer beliebigen Stelle P in die Richtung der Stromlinie fällt, so erhält man ihren Betrag durch Differentiation von φ nach der Richtung r, nämlich

$$v = \frac{\partial \varphi}{\partial r} = \frac{c}{r}\,, \tag{175}$$

d. h. v ist dem Abstand des betreffenden Punktes P von O umgekehrt proportional. Bezeichnet v_a die Geschwindigkeit an einer bestimmten Stelle P_a und r_a den zugehörigen Abstand von O, so ist entsprechend $v_a = \frac{c}{r_a}$ und demnach

$$v = v_a \frac{r_a}{r}\,, \tag{176}$$

so daß v bestimmt werden kann, wenn v_a bekannt ist. Im Punkte O ist $r = 0$ und demnach $v = \infty$; O stellt also einen singulären Punkt dar (vgl. S. 131).

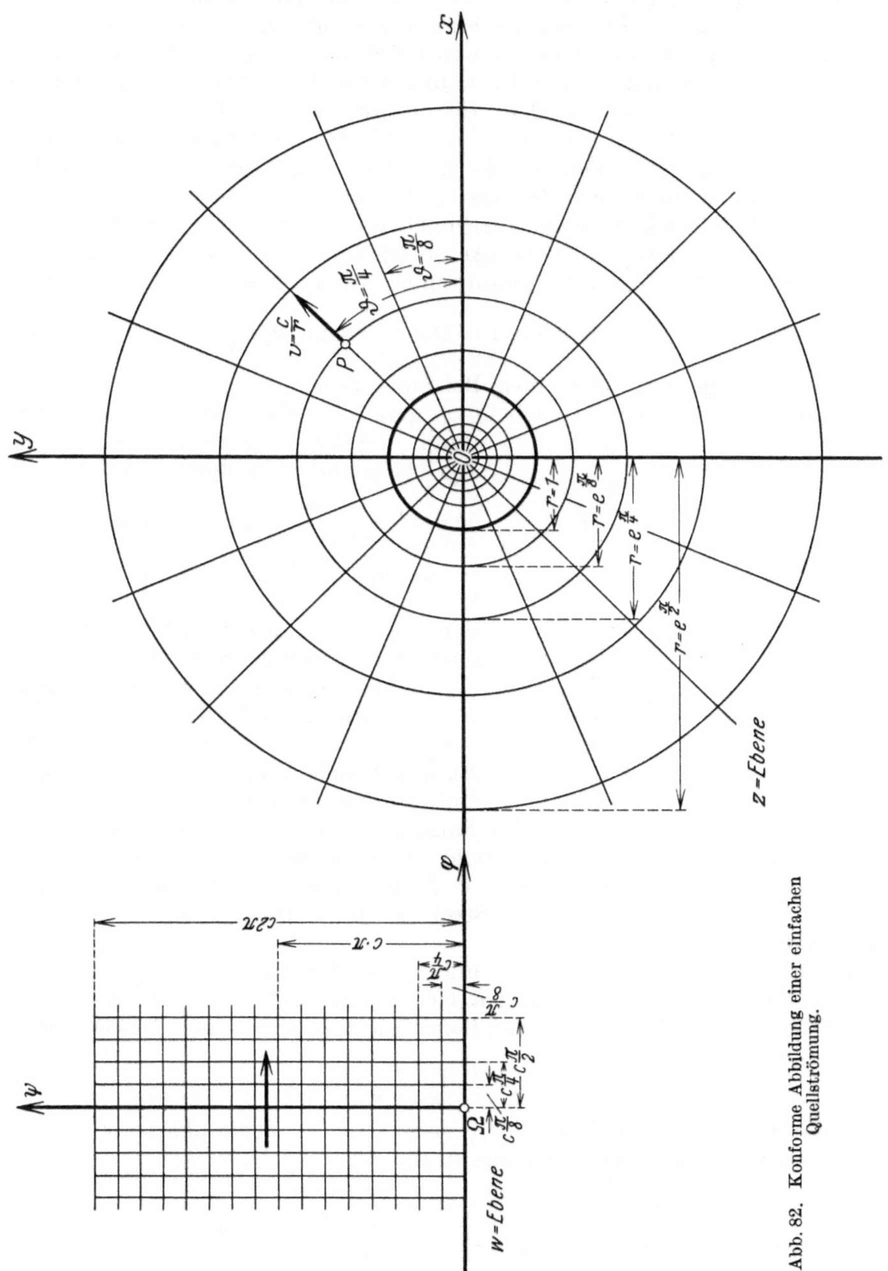

Abb. 82. Konforme Abbildung einer einfachen Quellströmung.

Bei der in der z-Ebene herrschenden Strömung bewegt sich die Flüssigkeit aus dem Koordinatenursprung strahlenförmig nach allen Seiten. Eine solche Strömung wird als Quellströmung bezeichnet und der Ausgangspunkt O als einfache Quelle. Fließt umgekehrt die Flüssigkeit zum Mittelpunkte strahlenförmig hin, so spricht man von einer Senke. Beide Arten werden durch den vorstehenden Ansatz erfaßt. Damit eine derartige Strömung tatsächlich eintreten kann, ist ein ständiger Zu- oder Abfluß an dieser Stelle erforderlich.

Unter der Ergiebigkeit E einer Quelle versteht man die sekundliche Flüssigkeitsmenge, welche aus der Längeneinheit der Normalen zur z-Ebene im Punkte O ausströmt. Diese ergibt sich sofort, indem man die Flüssigkeitsmenge berechnet, die in der Zeiteinheit durch den Mantel eines Kreiszylinders (Achse O) vom Radius r und der Höhe „eins" austritt. Man erhält dann unter Beachtung von (175) bzw. (176)

$$E = v \cdot 2\pi r \cdot 1 = 2\pi c = 2\pi v_a r_a \left[\frac{\mathrm{m}^2}{\mathrm{sec}}\right], \tag{177}$$

(bezogen auf die Höhe eins). Bei einer Senke ist E negativ und die Geschwindigkeit radial nach innen gerichtet. Man kann v und φ auch durch die Ergiebigkeit E ausdrücken; aus (177) und (174) folgt nämlich

$$v = \frac{E}{2\pi r}\left[\frac{\mathrm{m}}{\mathrm{sec}}\right]; \quad \varphi = \frac{E}{2\pi}\ln r\left[\frac{\mathrm{m}^2}{\mathrm{sec}}\right].$$

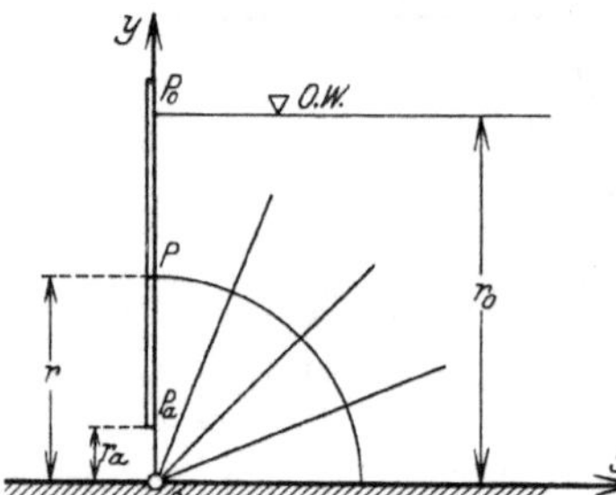

Abb. 83. Strömung durch den Spalt einer angehobenen Schütztafel.

Beispiel[1]. Die hier besprochene Senkenströmung ist nahezu verwirklicht bei der Strömung durch den unteren Spalt einer angehobenen Schütztafel, sofern — wie hier vorausgesetzt wird — dieser Spalt r_a hinreichend klein ist gegenüber der Stauhöhe r_0 des Oberwassers (Abb. 83). Es stellen sich dann im wesentlichen radial nach der Öffnung gerichtete Stromlinien ein; die Öffnung selbst kann als Senke aufgefaßt werden. Betrachtet man nun die Wehrsohle als X-Achse und die Richtung der Schütztafel in der Bildebene als Y-Achse, so stimmt das Strömungsbild (näherungsweise) mit der Strömung im 1. Quadranten der z-Ebene von Abb. 82 überein.

Es mögen bezeichnen v_0, v und v_a die den Punkten P_0, P und P_a der Schütztafel entsprechenden Geschwindigkeiten, r_0, r, r_a die zugehörigen Abstände von O. Dann liefert die Energiegleichung (147) wegen $U = g r$

$$\frac{v_0^2}{2} + g r_0 = \frac{v^2}{2} + g r + \frac{p}{\varrho},$$

wenn unter p lediglich der Überdruck über den atmosphärischen Luftdruck verstanden wird. Daraus folgt:

$$\frac{p}{\gamma} = r_0 - r - \frac{v^2 - v_0^2}{2g}. \tag{178}$$

[1] Kulka, H.: Eisenwasserbau 1, 127 (1928).

An der Stelle P_a ist der Überdruck $p = 0$, weshalb (178) für die Geschwindigkeit v_a den Wert liefert

$$\frac{v_a^2}{2g} = r_0 - r_a + \frac{v_0^2}{2g}. \tag{179}$$

Andererseits gilt für die Senkenströmung nach (176)

$$v_a = \frac{v_0 r_0}{r_a}; \qquad v = \frac{v_0 r_0}{r},$$

womit (179) übergeht in

$$\frac{v_0^2}{2g}\left(\frac{r_0^2}{r_a^2} - 1\right) = r_0 - r_a,$$

bzw.

$$\frac{v_0^2}{2g} = \frac{r_0 - r_a}{r_0^2 - r_a^2} r_a^2 = \frac{r_a^2}{r_0 + r_a},$$

während

$$\frac{v^2}{2g} = \frac{v_0^2}{2g}\frac{r_0^2}{r^2} = \frac{r_a^2}{r_0 + r_a} \cdot \frac{r_0^2}{r^2}.$$

Führt man die vorstehenden Ausdrücke in (178) ein, so erhält man

$$\frac{p}{\gamma} = r_0 - r - \frac{r_a^2}{r_0 + r_a}\left(\frac{r_0^2}{r^2} - 1\right).$$

Damit ist sowohl p als auch v an jeder Stelle der Wand gefunden.

Die auf die Schütztafel wirkende gesamte Druckkraft D, bezogen auf die Breite „Eins", ergibt sich jetzt zu

$$D = \int_{r_a}^{r_0} p\,dr = \gamma\left\{r_0(r_0 - r_a) - \frac{1}{2}(r_0^2 - r_a^2) + \frac{r_a^2 r_0^2}{r_0 + r_a}\left(\frac{1}{r_0} - \frac{1}{r_a}\right) + \frac{r_a^2}{r_0 + r_a}(r_0 - r_a)\right\},$$

woraus nach einigen Umformungen folgt:

$$D = \gamma(r_0 - r_a)^2\left(\frac{1}{2} - \frac{r_a}{r_0 + r_a}\right),$$

gegenüber dem statischen Druck

$$D_s = \gamma\frac{(r_0 - r_a)^2}{2}.$$

Die vorstehende Rechnung kann — abgesehen von der Vernachlässigung jeglicher Reibung — nur als eine Näherungslösung angesehen werden, da erstens einer endlichen Spalthöhe keine reine Senkenströmung entspricht, und zweitens am Oberwasserspiegel gewisse Abweichungen von der hier vorausgesetzten Strömung auftreten werden. Immerhin dürfte sie in solchen Fällen, bei denen die Spalthöhe r_a klein gegenüber der Stauhöhe r_0 ist, den tatsächlichen Verhältnissen ziemlich nahe kommen. Schließlich sei noch bemerkt, daß die strenge Lösung der vorliegenden Aufgabe in das Gebiet der Ausflußstrahlen gehört, welche im 2. Bande genauer behandelt werden.

b) Flüssigkeitsbewegung in einem von zwei ebenen Wänden gebildeten Winkelraum.

Diese Strömung wird bestimmt durch den Ansatz:

$$w = c\,z^{\frac{\pi}{\alpha}}\,, \tag{180}$$

wo c eine Konstante und α den von den beiden Wänden eingeschlossenen Winkel bezeichnen. Setzt man wieder

$$z = r\,e^{i\vartheta}\,,$$

so erhält man

$$w = c\,r^{\frac{\pi}{\alpha}} \cdot e^{i\frac{\pi}{\alpha}\vartheta} = c\,r^{\frac{\pi}{\alpha}}\left(\cos\frac{\pi\,\vartheta}{\alpha} + i\sin\frac{\pi\,\vartheta}{\alpha}\right)$$

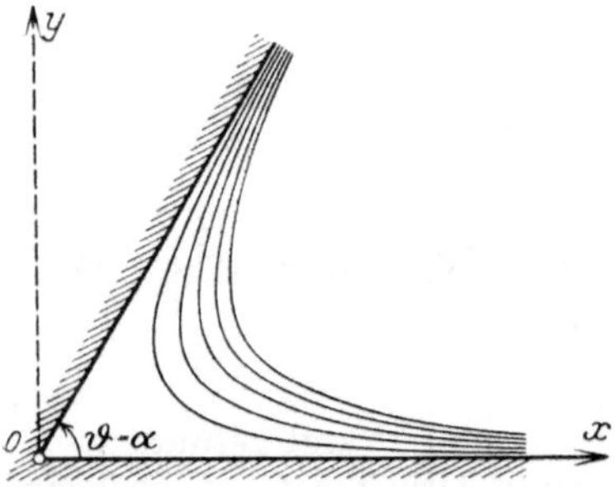

oder, wegen $w = \varphi + i\,\psi$,

$$\left.\begin{aligned} \varphi &= c\,r^{\frac{\pi}{\alpha}}\cos\frac{\pi\,\vartheta}{\alpha}\,; \\ \psi &= c r^{\frac{\pi}{\alpha}}\sin\frac{\pi\,\vartheta}{\alpha}\,. \end{aligned}\right\} \tag{181}$$

Abb. 84. Potentialströmung in einem von zwei Ebenen gebildeten Winkelraum.

Für $\vartheta = 0$ und $\vartheta = \alpha$ wird $\psi = 0$, d. h. die Linien $\vartheta = 0$ und $\vartheta = \alpha$ gehören derselben Stromlinie $\psi = 0$ an, können somit als Begrenzungslinien der hier betrachteten ebenen Strömung aufgefaßt werden (Abb. 84).

1. Mit $\alpha = \frac{\pi}{2}$ wird:

$$w = c\,z^2 = c\,r^2\,e^{2i\vartheta}\,.$$

Man erkennt zunächst, daß hier einem Werte von w immer zwei Werte von z entsprechen, nämlich $z_1 = r\,e^{i\vartheta}$ und $z_2 = r\,e^{i(\vartheta+\pi)}$ (Abb. 85), da ja $z_2^2 = r^2\,e^{2i(\vartheta+\pi)} = r^2\,e^{2i\vartheta} = z_1^2$ ist. Den Punkten z_1 oberhalb der X-Achse entspricht bereits die ganze w-Ebene, den Punkten z_2 unterhalb der X-Achse entspricht ein zweites Riemannsches Blatt, d. h. also z_1 und z_2 werden auf zwei übereinander liegende Punkte w einer zweiblättrigen Riemannschen Fläche abgebildet (vgl. S. 133).

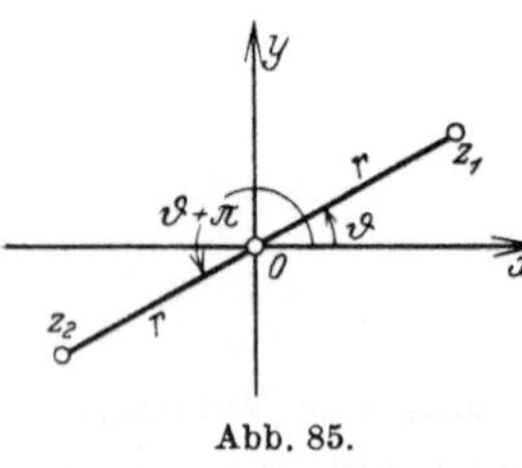

Abb. 85.

Aus (181) folgt mit $\alpha = \frac{\pi}{2}$

$$\varphi = c\,r^2\cos(2\,\vartheta) = c\,r^2(\cos^2\vartheta - \sin^2\vartheta) = c\,(x^2 - y^2)\,,$$

$$\psi = c\,r^2\sin(2\,\vartheta) = 2\,c\,r^2\sin\vartheta\cos\vartheta = 2\,c\,x\,y\,,$$

ferner

$$v_x = \frac{\partial\varphi}{\partial x} = 2\,c\,x\,; \quad v_y = \frac{\partial\varphi}{\partial y} = -2\,c\,y\,;$$

$$v = \sqrt{v_x^2 + v_y^2} = \sqrt{4\,c^2\,x^2 + 4\,c^2\,y^2} = 2\,c\,r\,.$$

Bezeichnet wieder v_a die Geschwindigkeit in einem bestimmten Punkte P_a, so ist $v_a = 2 c r_a$ und demnach

$$v = v_a \frac{r}{r_a}.$$

Den Linien $\varphi = C$ ($C = \text{const.}$) der w-Ebene entspricht in der z-Ebene wegen $x^2 - y^2 = \text{const.}$ eine Schar gleichseitiger Hyperbeln, deren Hauptachse die X-Achse ist, den Linien $\varphi = -C$ der w-Ebene dagegen wegen $y^2 - x^2 = \text{const.}$ eine Schar gleichseitiger Hyperbeln mit der Y-Achse als Hauptachse (Abb. 86). Weiter entspricht den Linien $\psi = C$ der w-Ebene wegen $2 x y = \text{const.}$ im 1. und 3. Quadranten der z-Ebene eine Schar gleichseitiger Hyperbeln, deren Asymptoten die Koordinatenachsen sind, den Linien $\psi = -C$ eine Schar gleichseitiger Hyperbeln im 2. und 4. Quadranten.

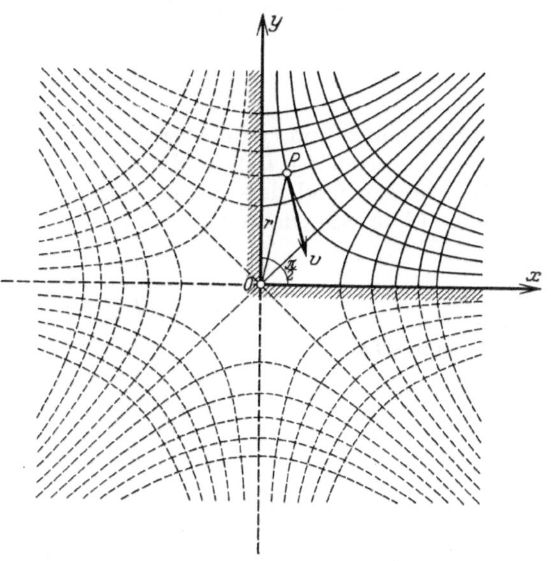

Abb. 86. Darstellung der φ- und ψ-Linien für die analytische Funktion $w = c z^2$. Der 1. Quadrant zeigt die Potentialströmung in einem rechtwinkligen Knie.

Faßt man nun die positiven Seiten der Koordinatenachsen als feste Wände auf, so erhält man die Strömung in einem rechtwinkligen Knie mit der Geschwindigkeit $v = 2 c r$, wo r den Abstand vom Koordinatenursprung O bezeichnet. Für letzteren ist wegen $r = 0$ die Geschwindigkeit $v = 0$.

2. $\alpha = \pi$. Hier wird:

$$\varphi = c r \cos \vartheta = c x ; \qquad \psi = c r \sin \vartheta = c y ;$$

$$v_x = \frac{\partial \varphi}{\partial x} = c ; \qquad v_y = \frac{\partial \varphi}{\partial y} = 0 .$$

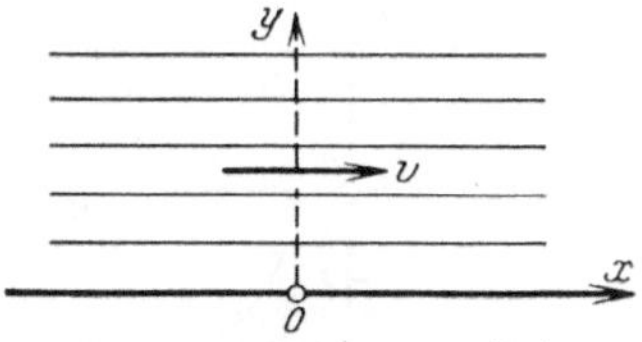

Abb. 87. Parallelströmung längs einer ebenen Wand.

Man erhält also eine Parallelströmung in Richtung der X-Achse mit der Geschwindigkeit $v = c$ (Abb. 87), beide Wände fallen mit der X-Richtung zusammen.

3. Allgemein gilt nach (181) für die Geschwindigkeitskomponenten in Richtung von r bzw. normal dazu:

$$v_r = \frac{\partial \varphi}{\partial r} = \frac{\pi}{\alpha} c r^{\frac{\pi}{\alpha} - 1} \cos\left(\frac{\pi \vartheta}{\alpha}\right),$$

$$v_\vartheta = \frac{1}{r} \frac{\partial \varphi}{\partial \vartheta} = - c r^{\frac{\pi}{\alpha} - 1} \sin\left(\frac{\pi \vartheta}{\alpha}\right) \cdot \frac{\pi}{\alpha},$$

somit

$$v = \sqrt{v_r^2 + v_\vartheta^2} = \frac{\pi}{\alpha} c\, r^{\frac{\pi}{\alpha} - 1}.$$

Im Punkte O ist $v = 0$, wenn $\alpha < \pi$, dagegen $v = \infty$, wenn $\alpha > \pi$.

c) Quelle und Senke von gleicher Ergiebigkeit.

Zur Darstellung der vorstehend angedeuteten Strömung dient der Ansatz

$$w = c \ln \frac{z - l}{z + l} \qquad (c \text{ und } l \text{ konstant}). \tag{182}$$

Bezeichnen r_1 und r_2 die Abstände eines Punktes $P(x, y)$ der z-Ebene von den Punkten $(+l, 0)$ und $(-l, 0)$ dieser Ebene und ϑ_1 bzw. ϑ_2 die Richtungswinkel der von $(+l, 0)$ bzw. $(-l, 0)$ nach P gezogenen Geraden (Abb. 88), dann ist:

$$z - l = x - l + i y = r_1 e^{i \vartheta_1},$$
$$z + l = x + l + i y = r_2 e^{i \vartheta_2},$$

somit nach (182)

$$w = c \ln \frac{r_1 e^{i \vartheta_1}}{r_2 e^{i \vartheta_2}} = c \ln \frac{r_1}{r_2} + c\, i\, (\vartheta_1 - \vartheta_2) = \varphi + i \psi$$

oder

$$\varphi = c \ln \frac{r_1}{r_2}; \quad \psi = c\,(\vartheta_1 - \vartheta_2). \tag{183}$$

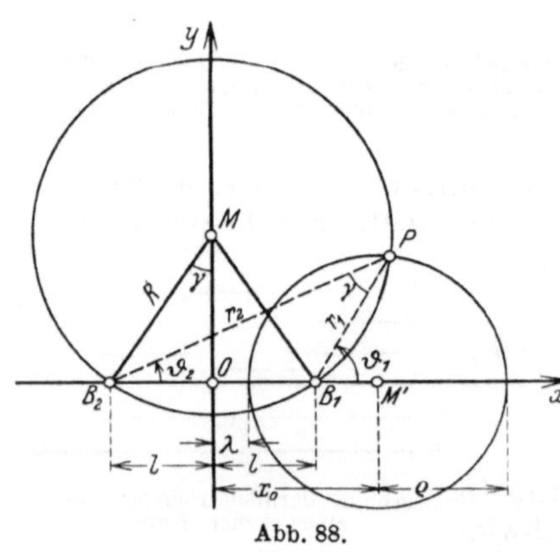

Abb. 88.

Den Achsenparallelen $\psi = \text{const.}$ der w-Ebene entspricht wegen $\vartheta_1 - \vartheta_2 = \text{const.}$ in der z-Ebene eine Schar von Kreisen durch die Punkte $(\pm l, 0)$, deren Mittelpunkte auf der Y-Achse liegen und welche den Winkel $\vartheta_1 - \vartheta_2 = \gamma$ als Peripheriewinkel haben. Für die Radien dieser Kreise erhält man nach Abb. 88

$$R = \frac{l}{\sin \gamma} = \frac{l}{\sin\left(\frac{\psi}{c}\right)}.$$

Den Geraden $\varphi = \text{const.}$ der w-Ebene entsprechen wegen (183) in der z-Ebene Punkte, für die das Verhältnis

$$\frac{r_1}{r_2} = \mu \tag{184}$$

konstant ist, für welche also die Beziehung besteht:

$$r_1^2 = \mu^2 r_2^2.$$

Führt man hier die Koordinaten x, y ein, so erhält man:

$$(x - l)^2 + y^2 = \mu^2 \{(x + l)^2 + y^2\}$$

oder nach einfacher Umformung:

$$x^2 + y^2 - 2 l x \frac{1 + \mu^2}{1 - \mu^2} + l^2 = 0 .$$

Dieser Ausdruck stellt die Gleichung eines Apolloniusschen Kreises dar, dessen Mittelpunkt auf der X-Achse liegt. Schreibt man dafür in bekannter Weise

$$(x - x_0)^2 + y^2 = \varrho^2,$$

wo ϱ den Radius bezeichnet, und vergleicht beide Ausdrücke miteinander, so findet man

$$x_0 = l\,\varepsilon; \qquad \varrho^2 = x_0^2 - l^2, \tag{185}$$

also

$$\varrho = \sqrt{l^2 \varepsilon^2 - l^2} = l \sqrt{\varepsilon^2 - 1}\,, \tag{186}$$

wenn noch zur Abkürzung

$$\varepsilon = \frac{1 + \mu^2}{1 - \mu^2}$$

gesetzt wird. Durch x_0 und ϱ ist der zu $\varphi = \text{const.}$ gehörige Kreis in der z-Ebene bestimmt. Einem positiven Werte $\frac{\varphi}{c} = \ln \frac{r_1}{r_2}$ entspricht $r_1 > r_2$ bzw. $\mu > 1$; daraus folgt aber $\varepsilon < 0$ und $x_0 < 0$, d. h. der diesem Werte $\frac{\varphi}{c}$ entsprechende Kreis liegt links von der Y-Achse; umgekehrt entspricht einem Werte $\frac{\varphi}{c} < 0$ ein positiver Wert von x_0. Die Gesamtheit der den Geraden $\varphi = \text{const.}$ und $\psi = \text{const.}$ entsprechenden Kreise zeigt Abb. 89.

Schreibt man (183) in der Form

$$\varphi = c \ln r_1 - c \ln r_2; \qquad \psi = c\,\vartheta_1 - c\,\vartheta_2 \tag{187}$$

und faßt wieder $\varphi = \text{const.}$ als Äquipotentiallinien und $\psi = \text{const.}$ als Stromlinien auf, so erkennt man, daß die Funktion (182) die Superposition einer Quellströmung und einer gleich starken Senkenströmung mit der Ergiebigkeit $E = \pm 2\pi c$ ausdrückt (vgl. S. 134).

Zur Berechnung der Geschwindigkeit bilde man:

$$\frac{dw}{dz} = c \frac{d}{dz}\left(\ln \frac{z - l}{z + l}\right) = \frac{2 c l}{z^2 - l^2} = \frac{c}{z - l} - \frac{c}{z + l}$$

und setze wieder

$$z - l = r_1 e^{i\vartheta_1}; \qquad z + l = r_2 e^{i\vartheta_2},$$

so daß

$$\frac{dw}{dz} = \frac{c}{r_1} e^{-i\vartheta_1} - \frac{c}{r_2} e^{-i\vartheta_2}. \tag{188}$$

Nach (166) ist

$$\frac{dw}{dz} = v_x - i\,v_y\,.$$

Der absolute Betrag $\left|\frac{dw}{dz}\right|$ ist offenbar gleich dem absoluten Werte v

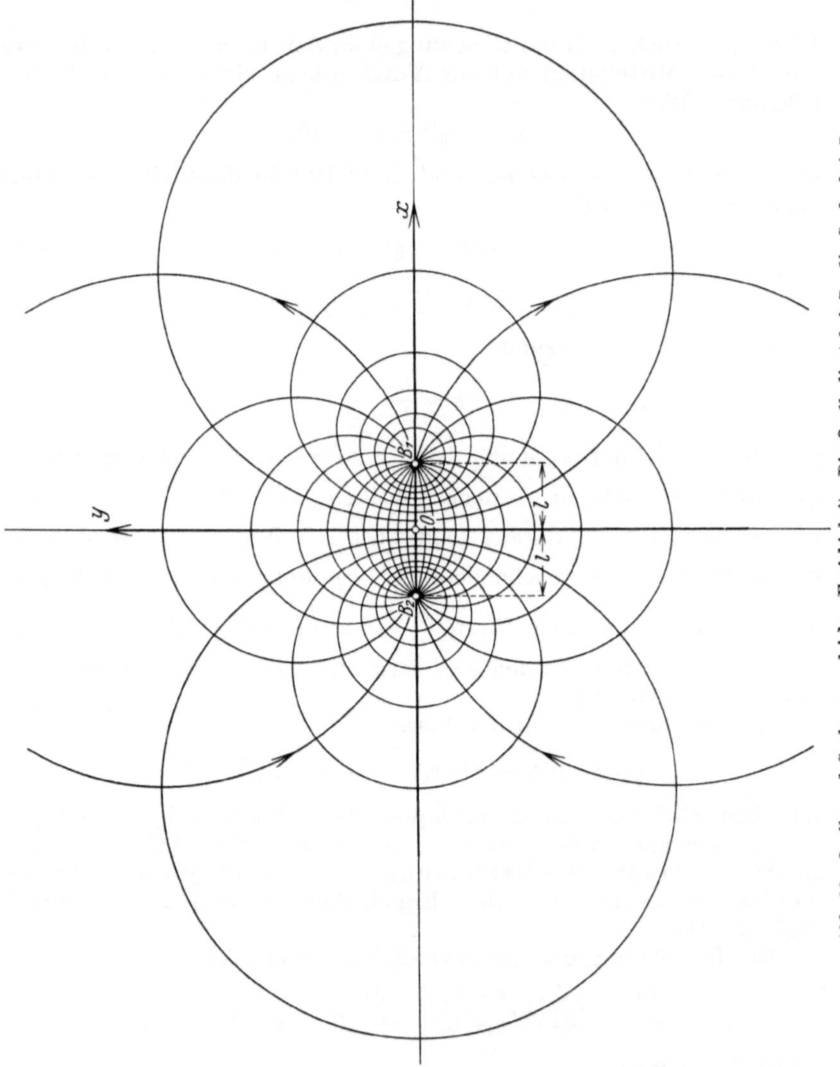

Abb. 89. Quelle und Senke von gleicher Ergiebigkeit. Die Quelle liegt bei B_1, die Senke bei B_2.

der Geschwindigkeit, da ja

$$\left|\frac{dw}{dz}\right|^2 = v_x^2 + v_y^2 = v^2\,.$$

Man erhält also aus (188) direkt den gesuchten Wert v, wenn man den absoluten Betrag der rechten Seite bildet. Dieser ist (Abb. 90)

$$v = \left|\frac{dw}{dz}\right| = \sqrt{\frac{c^2}{r_1^2} + \frac{c^2}{r_2^2} - \frac{2\,c^2}{r_1\,r_2}\cos\gamma}\,,$$

wo man noch

$$2\cos\gamma = \frac{r_1^2 + r_2^2 - 4\,l^2}{r_1\,r_2}$$

setzen kann (Abb. 88), so daß schließlich

$$v = c\sqrt{\frac{r_2^2 - (r_1^2 + r_2^2 - 4\,l^2) + r_1^2}{r_1^2\,r_2^2}} = \frac{2\,l\,c}{r_1\,r_2} \tag{189}$$

wird. Bezeichnet nun v_a die als bekannt vorausgesetzte Geschwindigkeit an einer bestimmten Stelle P_a, so ist

$$v_a = \frac{2\,l\,c}{r_{a\,1}\,r_{a\,2}}$$

und demnach

$$v = v_a\,\frac{r_{a\,1}\,r_{a\,2}}{r_1\,r_2}\,. \tag{189a}$$

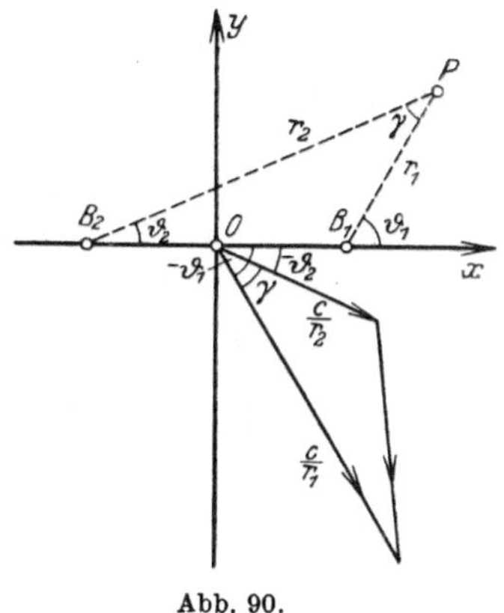

Abb. 90.

Beispiel. Die hier behandelte Transformation kann benutzt werden bei der Untersuchung der Geschwindigkeitsverhältnisse an k r e i s z y l i n d r i s c h e n W e h r k ö r p e r n, die um ein gewisses Maß von der Flußsohle angehoben sind. Faßt man nämlich in Abb. 89 einen der exzentrischen Kreise um B_1 als Wehrkörper auf und die Y-Achse als Wehrsohle, dann bilden die übrigen Kreise um B_1 die Stromlinien, während die durch B_1 und B_2 gehenden Kreise die Äquipotentiallinien darstellen. (Hier sind also Strom- und Äquipotentiallinien miteinander vertauscht, vgl. die Bemerkung auf S. 127.) Der Radius ϱ der Walze und das Maß λ, um welches sie von der Sohle abgehoben ist (Abb. 91), sind dabei als gegeben anzusehen. Damit ist aber auch $x_0 = \varrho + \lambda$ und wegen (185) $l = \sqrt{x_0^2 - \varrho^2}$ bestimmt, wodurch die Punkte B_1 und B_2 festgelegt sind. Die Geschwindigkeit v des Strömungsfeldes ist durch (189a) gegeben, sobald v_a an einer bestimmten Stelle P_a bekannt ist.

Zur Berechnung des Druckes auf die Walze kann man ähnlich vorgehen wie in dem Beispiel auf S. 136. Nach (178) erhält man, wenn man hier die Bezeichnungen der Abb. 91 einführt,

$$\frac{p}{\gamma} = h_s - \frac{v^2 - v_0^2}{2\,g}\,,$$

wo h_s die s t a t i s c h e Druckhöhe bezeichnet. Entsprechend gilt für den Punkt a (Abb. 91) wegen $p = 0$ (näherungsweise)

$$0 = h_a - \frac{v_a^2 - v_0^2}{2\,g}\,, \tag{190}$$

woraus folgt

$$\frac{p}{\gamma} = h_s - h_a - \frac{v^2 - v_a^2}{2\,g}$$

oder unter Beachtung von (189a)

$$\frac{p}{\gamma} = h_s - h_a - \frac{v_a^2}{2g}\left(\frac{r_{a1} r_{a2}}{r_1 r_2}\right)^2 + \frac{v_a^2}{2g}.$$

Da nun — wie schon aus dem Verlauf der Äquipotentiallinien ersichtlich — v_0 klein gegenüber v_a ist, so kann in (190) ohne großen Fehler $h_a \approx \frac{v_a^2}{2g}$ gesetzt werden, womit die obige Gleichung für p übergeht in

$$\frac{p}{\gamma} = h_s - \frac{v_a^2}{2g}\left(\frac{r_{a1} r_{a2}}{r_1 r_2}\right)^2.$$

Diese liefert den Druck an jeder Stelle der Walze. Nach Angaben von H. Kulka[1] stimmen die nach der Idealtheorie berechneten Drücke (be-

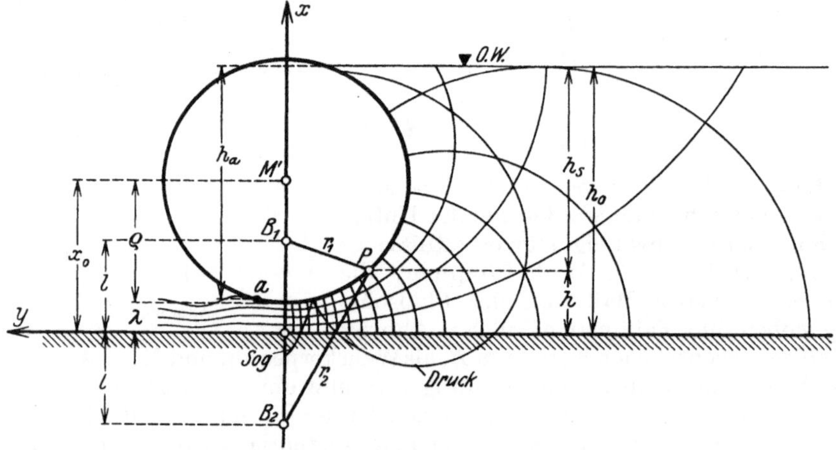

Abb. 91. Strömung durch den Spalt eines angehobenen Walzenwehres.

sonders bei großer Oberwasserhöhe) gut mit den aus Laboratoriumsversuchen ermittelten Werten überein, wenn für h_a (Abb. 91) die Höhe desjenigen Punktes eingeführt wird, an dem die Ablösung des Wasserstrahles von der Walze tatsächlich erfolgt, für welchen also der Druck auf die Walze gleich Null ist. Das sich auf diese Weise ergebende Druckdiagramm ist in Abb. 91 eingetragen. Man erkennt, daß im oberen Teil der Walze Druck herrscht, während unten am Spalt Saugwirkungen auftreten.

Ganz ähnlich gestaltet sich die Untersuchung, wenn die Strömungsverhältnisse an einem um ein gewisses Maß λ von der Sohle abgehobenen Segmentwehr untersucht werden sollen (Abb. 92). In diesem Falle bilden die durch B_1 und B_2 gehenden Kreise die Stromlinien, während die exzentrischen Kreise um B_1 die Äquipotentiallinien darstellen. Bei gegebenem Radius R des Segmentes und vorgeschriebener Lage der

[1] Kulka, H.: Eisenwasserbau **1**, 63 u. 81.

Achse M sind die Punkte B_1 und B_2 festgelegt, so daß jetzt wieder mittels (189a) die Geschwindigkeit v an jeder Stelle des Strömungs-

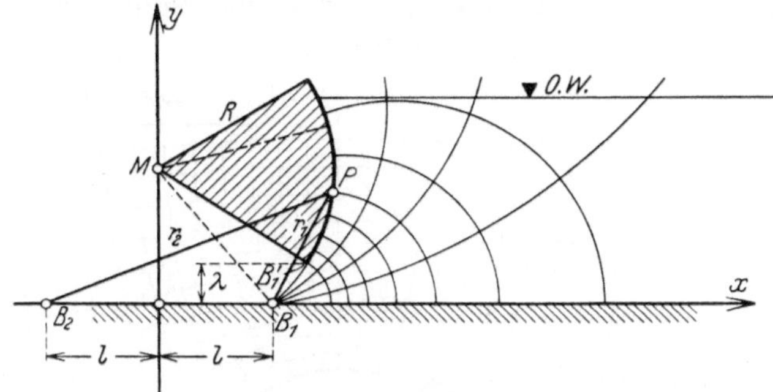

Abb. 92. Strömung durch den Spalt eines angehobenen Segmentwehres.

feldes angegeben werden kann. Zur Bestimmung des Druckes hat man in ähnlicher Weise wie beim Walzenwehr zu verfahren.

d) Parallelströmung um einen Kreiszylinder.

Ein theoretisch unendlich langer Kreiszylinder sei in eine unendlich ausgedehnte Flüssigkeit eingetaucht und werde von dieser normal zu seiner Achse angeströmt (Abb. 93). Ein solcher Strömungsvorgang läßt sich darstellen mit Hilfe des Ansatzes

$$w = c\left(z + \frac{a^2}{z}\right), \tag{191}$$

wo c eine Konstante und a den Halbmesser des Zylinders bezeichnen.

Wegen $z = x + iy$ und $w = \varphi + i\psi$ wird

$$w = \varphi + i\psi = c\left(x + iy + \frac{a^2(x - iy)}{x^2 + y^2}\right),$$

also

$$\varphi = cx\left(1 + \frac{a^2}{x^2 + y^2}\right); \qquad \psi = cy\left(1 - \frac{a^2}{x^2 + y^2}\right),$$

ferner

$$v_x = \frac{\partial\varphi}{\partial x} = c\left[1 + \frac{a^2(y^2 - x^2)}{(x^2 + y^2)^2}\right]; \qquad v_y = \frac{\partial\varphi}{\partial y} = -\frac{2ca^2xy}{(x^2 + y^2)^2}. \tag{192}$$

Den Linien $\varphi = \text{const.}$ der w-Ebene entsprechen in der z-Ebene Kurven dritten Grades symmetrisch zur X-Achse, den Linien $\psi = \text{const.}$ Kurven dritten Grades symmetrisch zur Y-Achse. Für $x = \infty$, $y = 0$ wird $v_{x\infty} = c$, $v_{y\infty} = 0$, also $v_\infty = c$. In hinreichend großer Entfernung vom Zylinder herrscht also Parallelströmung in Richtung der X-Achse.

Der Geraden $\psi = 0$ der w-Ebene entspricht in der z-Ebene $y = 0$ bzw. $x^2 + y^2 = a^2$, d. h. die zugehörige Stromlinie der z-Ebene wird gebildet von der X-Achse und dem Kreisumfang des Zylinderquerschnittes. Sie teilt sich beim Auftreffen auf den Zylinder am sogenannten vorderen Staupunkt A, während am hinteren Staupunkt B beide Äste sich wieder vereinigen. Für die Staupunkte ist wegen $x = \pm a$; $y = 0$, $v_{xa} = v_{ya} = 0$, also $v_a = 0$.

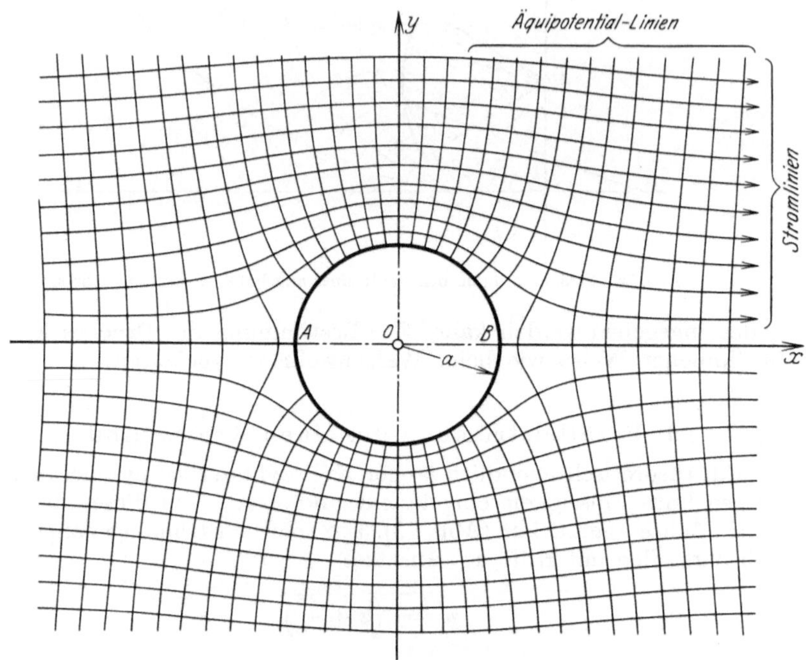

Abb. 93. Parallelströmung um einen Kreiszylinder.

Konstruiert man nun mit Hilfe der für φ und ψ gefundenen Ausdrücke die übrigen Stromlinien und die Äquipotentiallinien, so erhält man das in Abb. 93 dargestellte Strömungsbild um den Kreiszylinder.

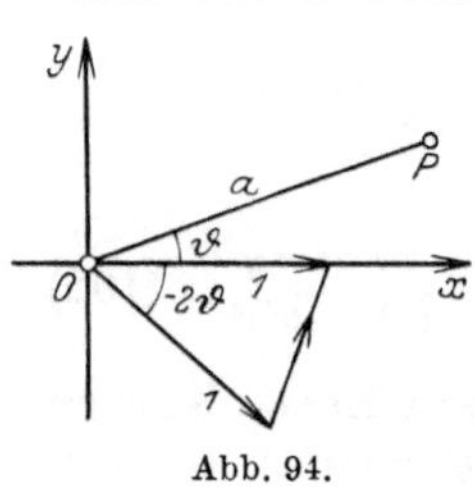

Abb. 94.

Von besonderem Interesse ist hier mit Rücksicht auf eine spätere Anwendung die Größe der Geschwindigkeit am Umfange des Zylinderquerschnitts. Da dieser eine Stromlinie darstellt, so kann die Geschwindigkeit nur tangential verlaufen. Sie ist also bestimmt, wenn ihr Betrag bekannt ist. Für diesen gilt (vgl. S. 142) wegen $c = v_\infty$ und $z = a e^{i\vartheta}$

$$v = \left|\frac{dw}{dz}\right| = v_\infty \left|\left(1 - \frac{a^2}{z^2}\right)\right| = v_\infty \left|(1 - 1 \cdot e^{-2i\vartheta})\right|,$$

woraus unter Beachtung der Abb. 94 sofort folgt:

$$v = v_\infty \sqrt{1 + 1 - 2\cos 2\vartheta} = 2\, v_\infty \sin\vartheta\,. \tag{193}$$

Die hier besprochene Strömung ist stationär; das Bezugskoordinatensystem kann man sich dabei mit dem ruhenden Zylinder verbunden denken. An dem Strömungsbild ändert sich offenbar nichts, wenn man die Flüssigkeit im Unendlichen ruhend annimmt und den Zylinder mit der Geschwindigkeit $V_x = -c$, $V_y = 0$ relativ gegen sie bewegt, sofern nur jetzt das Bezugssystem die Bewegung des Zylinders mit ausführt. Vom Zylinder aus gesehen ist dann die Strömung die gleiche wie vorher. Will man also die relative Strömung einer im ungestörten Zustande ruhenden Flüssigkeit (z. B. Luft) gegen einen in ihr bewegten Körper (Flugzeug, Luftschiff) untersuchen, so kommt es auf dasselbe hinaus, wenn man den Körper ruhend annimmt und die Flüssigkeit gegen ihn mit der entgegengesetzten Geschwindigkeit anströmen läßt.

Für die Geschwindigkeit der absoluten Flüssigkeitsbewegung (gesehen von einem mit der ungestörten Flüssigkeit verbundenen Bezugssystem) erhält man

$$\mathfrak{v}_a = \mathfrak{v}_r + \mathfrak{v}_f,$$

wenn $\mathfrak{v}_a$ die absolute, $\mathfrak{v}_r$ die relative und $\mathfrak{v}_f$ die Führungsgeschwindigkeit (durch den Zylinder) bezeichnen. Demnach sind die Komponenten der absoluten Geschwindigkeit nach (192)

$$v_x = \frac{c\,a^2\,(y^2 - x^2)}{(x^2 + y^2)^2}; \qquad v_y = -\frac{2\,c\,a^2\,x\,y}{(x^2 + y^2)^2}, \tag{194}$$

während Potential und Stromfunktion übergehen in

$$\varphi = \frac{c\,a^2\,x}{x^2 + y^2}; \qquad \psi = -\frac{c\,a^2\,y}{x^2 + y^2}, \tag{195}$$

wovon man sich leicht durch Ausdifferenzieren überzeugt.

Den Geraden $\varphi = \text{const.}$ der w-Ebene entsprechen in der z-Ebene zwei Kreisscharen $x^2 + y^2 - \frac{c\,a^2\,x}{\varphi} = 0$ durch den Ursprung O, deren Mittelpunkte auf der X-Achse im Abstand $x_0 = \frac{c\,a^2}{2\,\varphi}$ von O liegen, den Geraden $\psi = \text{const.}$ zwei Kreisscharen durch O, deren Mittelpunkte auf der Y-Achse im Abstande $y_0 = -\frac{c\,a^2}{2\,\psi}$ liegen (Abb. 95). Letztere stellen die Stromlinien der im Unendlichen ruhenden Flüssigkeit dar. Eine solche Strömung ist im Gegensatz zu der vorher betrachteten nicht stationär.

Das in Abb. 95 dargestellte Strömungsbild kann aus demjenigen der Abb. 89 (Quelle + Senke gleicher Ergiebigkeit) abgeleitet werden. Läßt man nämlich die beiden Festpunkte B_1 und B_2 dieser Figur immer näher aneinander rücken, bis sie schließlich nur noch den unendlich kleinen Abstand $d\,x$ voneinander haben, und vergrößert gleichzeitig die Ergiebigkeit E so, daß das Produkt $E\,d\,x = M$ einen endlichen Wert annimmt, so erhält man als Potential nach (187)

$$\varphi = c\,d\,x\,\frac{d\,(\ln r)}{d\,x} = \frac{E\,d\,x}{2\,\pi}\cdot\frac{1}{r}\,\frac{d\,r}{d\,x} = \frac{M\cos\vartheta}{2\,\pi\,r} = \frac{m\cos\vartheta}{r}\,*,$$

* $\displaystyle \frac{d\,r}{d\,x} = \frac{d\,(x^2 + y^2)^{\frac{1}{2}}}{d\,x} = \frac{x}{\sqrt{x^2 + y^2}} = \cos\vartheta.$

wo $\frac{M}{2\pi} = m$, und dieser Wert stimmt mit dem in (195) gefundenen φ-Werte überein, wenn man dort $x = r\cos\vartheta$, $x^2 + y^2 = r^2$ und $c a^2 = m = \text{const.}$ setzt. In ähnlicher Weise erhält man für die Stromfunktion

$$\psi = -\frac{m\sin\vartheta}{r}.$$

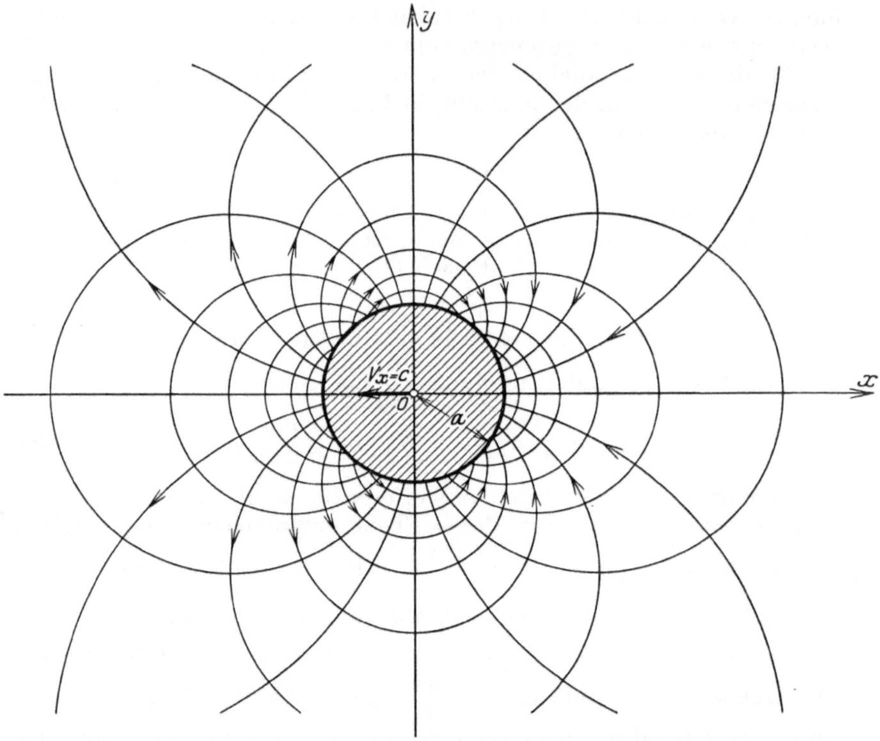

Abb. 95. Strom- und Äquipotentiallinien bei der Translationsbewegung eines Kreiszylinders in einer an sich ruhenden Flüssigkeit.

Man nennt ein solches Strömungsbild eine Doppelquelle oder ein Quellpaar; $M = E\,dx$ heißt das Moment des Quellpaares.

Für die Geschwindigkeit v der Doppelquellströmung ergibt sich nach (194)

$$v = \sqrt{v_x^2 + v_y^2} = \frac{c a^2}{x^2 + y^2} = \frac{m}{r^2}.$$

e) Überlagerung verschiedener Strömungsbilder.

Die oben behandelte Strömung einer unendlich ausgedehnten Flüssigkeit um einen ruhenden Kreiszylinder läßt sich nach den unter Ziffer d gegebenen Erläuterungen darstellen durch Überlagerung einer einfachen Parallelströmung und einer Doppelquelle. Für erstere gilt nämlich (vgl. S. 139)

$$\varphi_1 = c\,x; \quad \psi_1 = c\,y;$$

für letztere nach (195)

$$\varphi_2 = \frac{c\,a^2\,x}{x^2 + y^2}; \quad \psi_2 = -\frac{c\,a^2\,y}{x^2 + y^2},$$

und man erkennt, daß $\varphi = \varphi_1 + \varphi_2$ und $\psi = \psi_1 + \psi_2$ Potential bzw. Stromfunktion der gesuchten Strömung darstellen (vgl. S. 145).

Will man nun die Stromlinien der resultierenden Strömung zeichnen, so trage man zunächst diejenigen der Parallelströmung und der Doppelquelle auf, und zwar so, daß die Differenzen $\delta\psi$ der Stromfunktion für beide Strömungen denselben Wert haben. Man erhält dann zwei Scharen von Kurven, die bei hinreichend kleiner Einteilung lauter Parallelogramme miteinander bilden (Abb. 96). An der Stelle P ist nach (160)

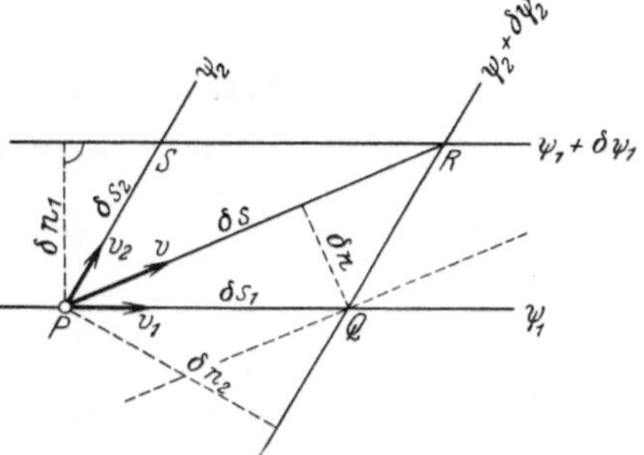

Abb. 96. Überlagerung zweier Stromliniensysteme.

$$v_1 = \frac{\delta\psi_1}{\delta n_1}; \quad v_2 = \frac{\delta\psi_2}{\delta n_2},$$

woraus wegen $\delta\psi_1 = \delta\psi_2$ folgt:

$$\frac{v_1}{v_2} = \frac{\delta n_2}{\delta n_1}.$$

Andererseits ist aber (Abb. 96)

$$\frac{\delta n_2}{\delta n_1} = \frac{\delta s_1}{\delta s_2},$$

so daß

$$\frac{v_1}{v_2} = \frac{\delta s_1}{\delta s_2}$$

und

$$\frac{v_1}{\delta s_1} = \frac{v_2}{\delta s_2} = \frac{v}{\delta s}.$$

Die resultierende Geschwindigkeit v an der Stelle P fällt also in die Richtung der Diagonalen $\overrightarrow{PR}$ des von den Stromlinien gebildeten Parallelogramms $PQRS$, d. h. die Diagonale $\overrightarrow{PR}$ gibt die Richtung der resultierenden Stromlinie an.

Auf diese Weise läßt sich aus dem Netz der beiden Stromlinienscharen durch Eintragung der Parallelogrammdiagonalen das neue Strömungsbild konstruieren. Ähnlich verfährt man mit den Äquipotentiallinien, wobei immer zu beachten ist, daß Strom- und Äquipotentiallinien sich rechtwinklig durchdringen. Das hier mitgeteilte

Verfahren der Überlagerung verschiedener Strömungen wird häufig mit Vorteil angewandt, um aus einfachen Strömungsbildern verwickeltere abzuleiten (vgl. hierzu auch die Ausführungen auf S. 168).

So kann man z. B. durch Superposition einer einfachen Parallelströmung (S. 139) mit einer Quelle und Senke gleicher Ergiebigkeit (S. 140) die Strömung um eine ovale Kontur (Abb. 97) ableiten[1]. Das komplexe Strömungspotential ist

$$w = \varphi + i\,\psi = -v_0 z + c \ln \frac{z-l}{z+l},$$

wo $-v_0$ die Geschwindigkeit der Parallelströmung (in Richtung der negativen X-Achse) darstellt, während $c = \frac{E}{2\pi}$ durch die Ergiebigkeit

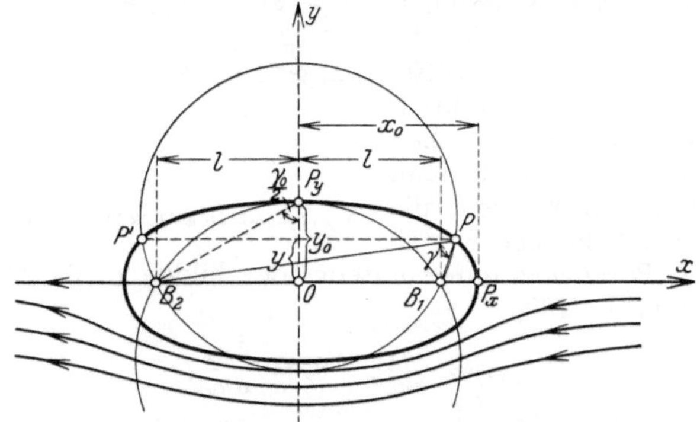

Abb. 97. Potentialströmung um eine ovale Kontur.

der Quelle (in B_1) bzw. Senke (in B_2) bestimmt ist (vgl. Abb. 89)[2]. Unter Beachtung der Ausführungen auf S. 140 erhält man

$$w = -v_0 x + \frac{E}{2\pi} \ln \frac{r_1}{r_2} + i\left(-v_0 y + \frac{E}{2\pi}\gamma\right) = \varphi + i\,\psi,$$

weshalb

$$\varphi = -v_0 x + \frac{E}{2\pi} \ln \frac{r_1}{r_2}; \qquad \psi = -v_0 y + \frac{E}{2\pi}\gamma.$$

Der Konstanten $\psi = 0$ entspricht eine Stromlinie, die einerseits durch die reelle Achse gebildet wird ($y = 0, \gamma = 0$), andererseits durch eine ovale Kontur (Wandstromlinie), welche der Gleichung

$$v_0 y = \frac{E}{2\pi}\gamma$$

gehorcht. Man kann diese Kontur zeichnen, indem man die Schar von Kreisen, welche durch die Punkte B_1 und B_2 gehen und γ zum Peripherie-

[1] Müller, W.: Math. Strömungslehre **1928**, 77.

[2] Befindet sich die Quelle in B_2 und die Senke in B_1, so liefert der Ansatz

$$w = v_0 z + c \ln \frac{z+l}{z-l}$$

die Strömung um die ovale Kontur in der entgegengesetzten Richtung.

winkel haben, mit den Parallelen zur X-Achse im Abstande $y = \frac{E}{2\pi v_0}\gamma$ zum Schnitt bringt (Abb. 97). Für die Schnittpunkte P_y der ovalen Kontur mit der Y-Achse erhält man die Beziehung

$$\operatorname{tg}\frac{\gamma_0}{2} = \operatorname{tg}\frac{v_0 y_0 \pi}{E} = \frac{l}{y_0},$$

während die Schnittpunkte P_x mit der X-Achse sich aus der Bedingung ergeben, daß an den Staupunkten $v = 0$ sein muß. Demnach wird mit Rücksicht auf (189)

$$0 = -v_0 + \frac{2lc}{(x_0 - l)(x_0 + l)}$$

bzw.

$$x_0^2 - l^2 = \frac{2lc}{v_0}$$

oder

$$x_0 = l^2 + \frac{El}{\pi v_0}$$

6. Ebene Potentialströmung in beliebig gekrümmten Kanälen.

Nach der Funktionentheorie besteht zwar theoretisch die Möglichkeit, durch Vermittlung einer analytischen Funktion aus einer bekannten Strömung eine neue abzuleiten, derart, daß die Äquipotential- und Stromlinien der gegebenen Strömung in diejenigen der gesuchten Strömung übergehen, speziell die Randstromlinien bzw. die Ränder der einen Strömung in diejenigen der anderen. Indessen stößt die Ermittlung der die konforme Abbildung vermittelnden analytischen Funktion bei unregelmäßiger Begrenzung der Strömung, wie das z. B. bei beliebig gekrümmten Kanälen der Fall ist, im allgemeinen auf derartige Schwierigkeiten, daß man versuchen muß, auf anderem Wege zum Ziele zu kommen.

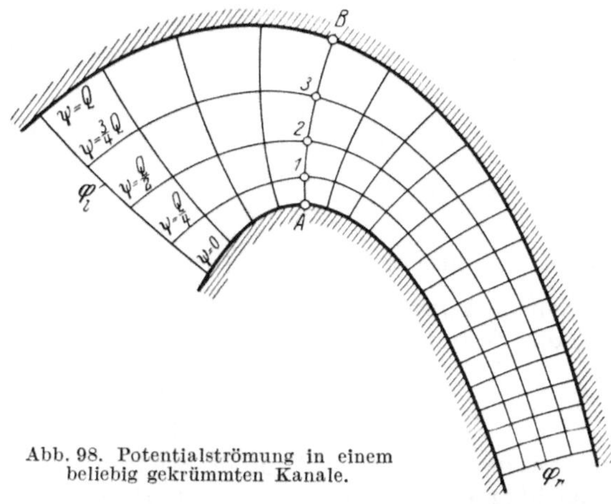

Abb. 98. Potentialströmung in einem beliebig gekrümmten Kanale.

Zunächst denke man sich den zu untersuchenden Flüssigkeitsbereich im Kanale beiderseits durch zwei Äquipotentiallinien φ_l und φ_r abgegrenzt, wo φ_l und φ_r zwei verschiedene Konstante darstellen sollen (Abb. 98). Da an den Kanalrändern die Geschwindigkeit keine Normalkomponente haben kann, so sind die Ränder zugleich Grenzstromlinien, und es ist dort überall $\frac{\partial \varphi}{\partial n} = 0$. In dem auf diese Weise abgegrenzten Flüssigkeitsbereich ist φ — und damit die Potentialströmung — nach S. 119 eindeutig bestimmt, wenn φ_l und φ_r bekannt sind. Im allgemeinen trifft dieses allerdings nicht zu; es werden aber andere Werte — etwa die sekundliche Durchflußmenge Q des Kanals — gegeben sein, die eine Erforschung des Strömungsvorganges gestatten. Dabei kann man sich zweckmäßig eines graphischen Verfahrens bedienen, das nachstehend kurz erläutert werden soll[1].

Wäre φ an jeder Stelle des oben gekennzeichneten Flüssigkeitsbereiches bekannt, so könnte das Netz der Äquipotentiallinien und der diese rechtwinklig kreuzenden Stromlinien aufgetragen werden. Da das nicht der Fall ist, wird man versuchen, dieses Netz so gut wie möglich nach Gefühl zu zeichnen — wobei die Grenzstromlinien durch die Ränder genau festgelegt sind — und nachträglich durch entsprechende Kontrollen zu verbessern.

Geht man dabei wieder von einer quadratähnlichen Teilung des Netzes aus, so kann man sich dieses Netz als konforme Abbildung eines Quadratnetzes der w-Ebene vorstellen, bei dem die Linien $\varphi = \text{const.}$ und $\psi = \text{const.}$ Achsenparallelen sind und die Differenzen $\delta\varphi$ und $\delta\psi$ gleiche Werte haben (Abb. 76). Bei der zeichnerischen Netzkonstruktion im Kanal beachte man, daß bei entsprechend kleiner Teilung die Diagonalen eines Quadrates (bis auf Größen höherer Ordnung) gleich lang sind und aufeinander senkrecht stehen. Dieses „quadratähnliche" Netz kann nun wie folgt verbessert werden: Nach (161) S. 125 ist der

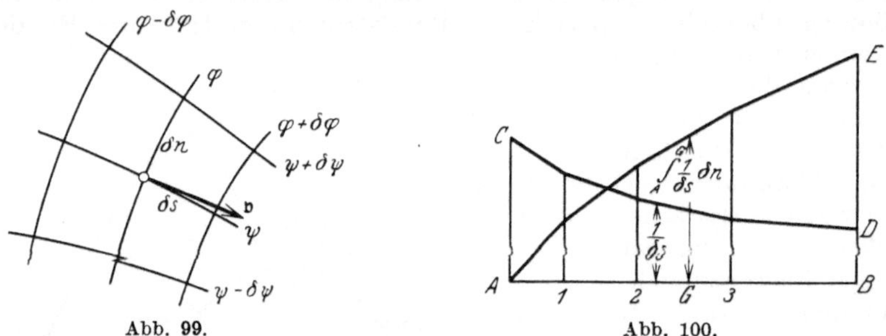

Abb. 99. Abb. 100.

Durchfluß zwischen den beiden Randstromlinien des Kanals, bezogen auf die Zeiteinheit und die Kanaltiefe „Eins",

$$Q = \int_A^B v \cdot \delta n\,,$$

wo δn den auf einer Äquipotentiallinie gemessenen Abstand zweier benachbarter Stromlinien und A, B Anfangs- und Endpunkt dieser Äquipotentiallinie bezeichnen (Abb. 98 u. 99). Setzt man hier noch unter Beachtung von (160)

$$v = \frac{\delta\varphi}{\delta s}, \tag{196}$$

[1] Vgl. A. Lauck: Z. ang. Math. Mech. **1925**, H. 1, 14.

so wird wegen $\delta\varphi = \text{const.}$

$$Q = \delta\varphi \int_A^B \frac{1}{\delta s}\,\delta n\,.$$

Man lege nun die Länge der Potentiallinie AB gestreckt auf eine Horizontale, markiere darauf die aus dem Netz zu entnehmenden Punkte *1, 2, 3, . . .* und trage in diesen Punkten die ebenfalls dem Netz entnommenen Werte $\frac{1}{\delta s}$ als Ordinaten auf, deren Endpunkte die Kurve CD liefern (Abb. 100). Ermittelt man jetzt die Inhalte der von CD und der Grundlinie AB bis zu den Punkten *1, 2, . . .* gebildeten Flächen $\int_A^1 \frac{1}{\delta s}\,\delta n$ usw. und trägt diese Werte abermals als Ordinaten in den zugehörigen Punkten auf, so erhält man die Integralkurve AE, deren Ordinaten, mit $\delta\varphi$ multipliziert, die den einzelnen Intervallen entsprechenden Durchflußmengen Q_{A-1}, Q_{A-2}, usw. darstellen. Wäre nun die durch Probieren gefundene Netzkonstruktion das tatsächliche Netz der Strom- und Äquipotentiallinien, so müßte an jeder Stelle $\delta\varphi = \delta\psi$ sein. Da außerdem die den Intervallen $A-1$, $A-2$, . . . entsprechenden Durchflußmengen durch die Differenzen der Stromfunktion $\psi_1 - \psi_A = \delta\psi$, $\psi_2 - \psi_A = 2\,\delta\psi$ usw. bestimmt sind, so wäre allgemein

$$Q_{A-m} = \psi_m - \psi_A = m\,\delta\psi = \delta\varphi \int_A^m \frac{1}{\delta s}\,\delta n$$

oder, wegen $\delta\psi = \delta\varphi$,

$$m = \int_A^m \frac{1}{\delta s}\,\delta n\,.$$

Es müßten also — Richtigkeit des Netzes vorausgesetzt — die Ordinaten der Kurve AE in den Punkten *1, 2, 3, . . .* die Größen 1, 2, 3, . . . annehmen. Trifft dieses an einzelnen Stellen nicht zu, so muß das Netz entsprechend abgeändert werden[1].

$\delta\varphi$ kann durch die sekundliche Flüssigkeitsmenge Q, welche den ganzen Kanal durchströmt, ausgedrückt werden, nämlich

$$\delta\varphi = \delta\psi = \frac{Q}{k}\,,$$

wenn k die Anzahl der Stromröhren bezeichnet, in die der Kanal zerlegt ist. Damit ist aber auch v durch (196) bestimmt. Bemerkt sei übrigens noch, daß für das Verhältnis der Geschwindigkeiten zweier verschiedener Punkte nach (196) die einfache Beziehung besteht:

$$\frac{v_1}{v_2} = \frac{\delta s_2}{\delta s_1} = \frac{\delta n_2}{\delta n_1}\,.$$

[1] Vgl. hierzu auch Flügel: Ein neues Verf. der graph. Integration. Dissert. Danzig 1914. Hinderks: Strömungsuntersuchungen an automat. Saugüberfällen. Dissert. Hannover 1928.

Die nach dem vorstehenden Verfahren ermittelte Potentialströmung in gekrümmten Kanälen weicht, wie die Erfahrung lehrt, von dem Verhalten einer nicht idealen Flüssigkeit in wesentlichen Punkten ab. Es ist das auf die Vernachlässigung jeder Reibung und der dadurch bedingten Energieverluste zurückzuführen, die sich auch bei Flüssigkeiten mit geringer Zähigkeit (z. B. Wasser) besonders bemerkbar machen, wenn die Flüssigkeit zwischen festen Wandungen strömt, wobei die Geschwindigkeit an der Wand auf den Wert Null abfällt.

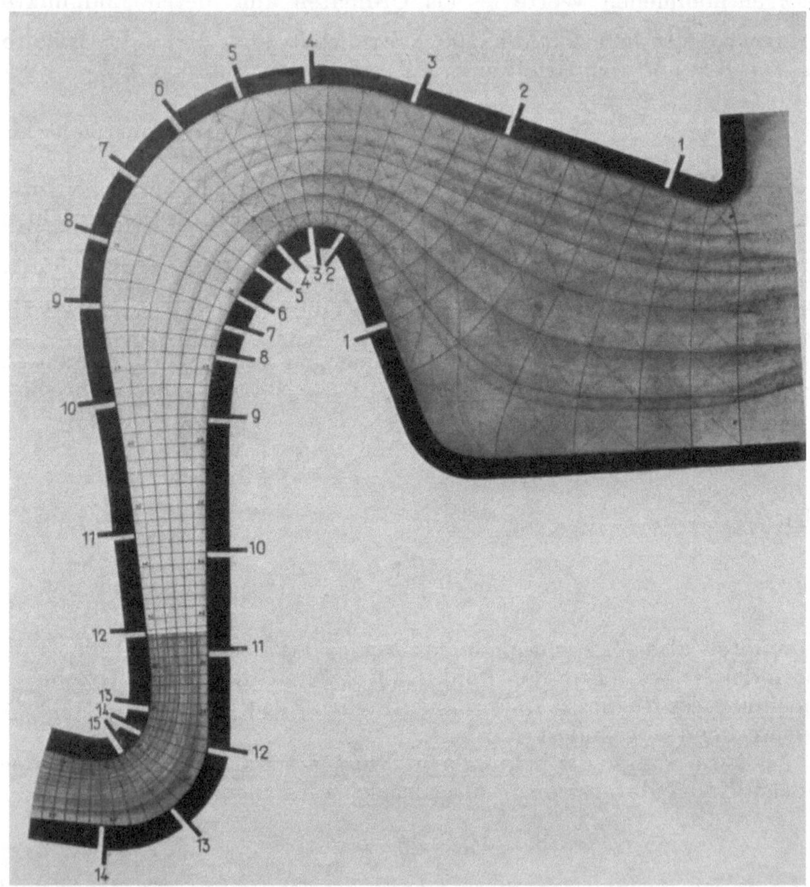

Abb. 101. Experimentelle Darstellung von Stromlinien in gekrümmten Kanälen nach Hele Shaw.

Dadurch tritt aber eine vollständige Änderung des Strömungscharakters auf (vgl. Bd. 2, Strömung in Rohrkrümmern). Dagegen kann man das Verfahren mit Vorteil zur Untersuchung der Überfallstrahlen über ein Wehr heranziehen. Man zeichnet zu diesem Zwecke eine wahrscheinliche Überfallkurve, legt also zunächst die Randstromlinien nach Gefühl oder Erfahrung fest, konstruiert darauf wie angegeben das Netz der Äquipotential- und Stromlinien und untersucht, ob die gewählten Grenzkurven den Randbedingungen des Strahles genügen[1]. Im zweiten Bande wird diese Methode auf praktische Beispiele angewandt, worauf hier verwiesen wird.

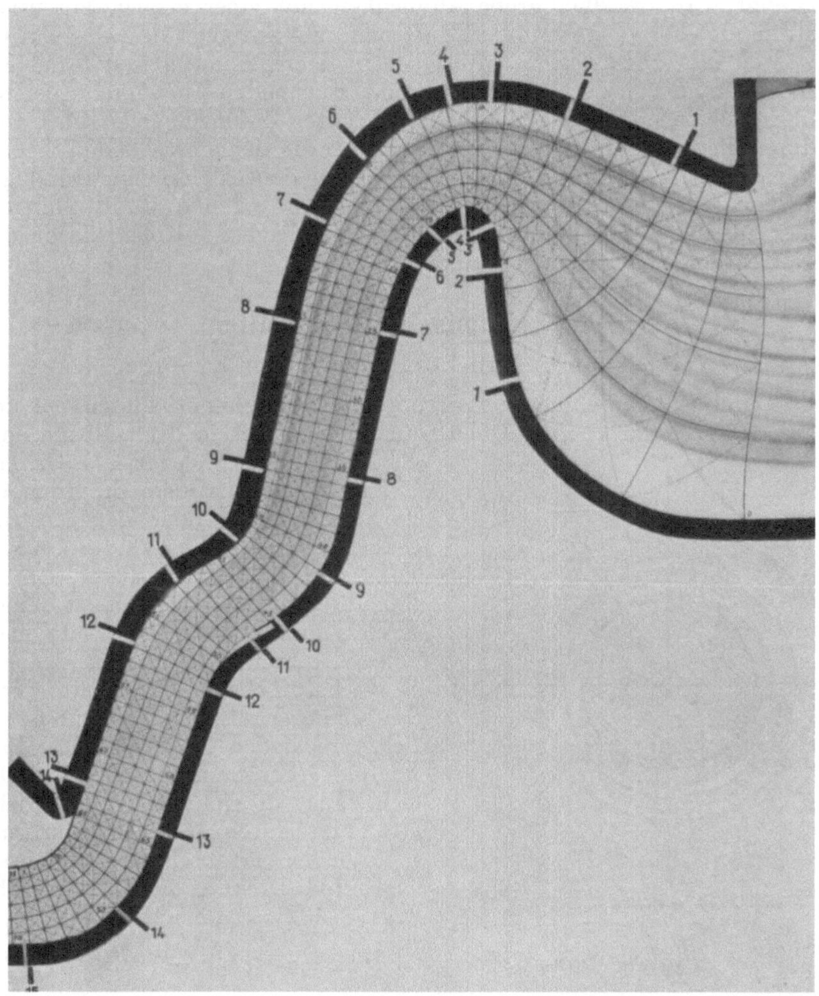

Abb. 102. Experimentelle Darstellung von Stromlinien in gekrümmten Kanälen nach Helc Shaw.

Ein experimentelles Verfahren zur näherungsweisen Darstellung von Stromlinienbildern in Kanälen oder um geschlossene Konturen ist von Hele Shaw[2] angegeben worden, wobei die Potentialströmung

---

[1] Vgl. hierzu das Lit.-Zitat auf S. 152, sowie Fr. Prášil: Techn. Hydrodynamik **1926**, 194 u. f.

[2] Shaw, Hele: Inst. of Nav. Architects **40** (1898); vgl. auch H. Lamb: Hydrodynamik S. 671.

durch die Bewegung einer zähen Flüssigkeit zwischen zwei sehr wenig voneinander entfernten planparallelen Glasplatten ersetzt wird. Die Strömung der zähen Flüssigkeit, auf welche durch die Glasplatten erhebliche Widerstände übertragen werden, besitzt nämlich, wie später gezeigt wird (S. 205), große Ähnlichkeit mit einer ebenen Potentialströmung. Füllt man also den Zwischenraum zwischen den Glasplatten so weit mit einem festen Material (etwa Hartgummi) aus, daß nur ein freier Raum von der Form des zu untersuchenden Flüssigkeitsgebietes übrig bleibt und läßt die Flüssigkeit unter Zuführung von Farbstoff durch diesen Raum strömen, so kann man die sich einstellenden Stromlinien an der Richtung der Farbstoffäden deutlich erkennen und gegebenenfalls photographisch festhalten (Abb. 101 und 102)[1]. Man erhält auf diese Weise eine brauchbare Grundlage zur Konstruktion des Netzes der Strom- und Äquipotentiallinien[2].

7. Strömung mit Zirkulation.

a) Strömung in konzentrischen Kreisen.

Durch Vertauschung der Strom- und Äquipotentiallinien bei der auf S. 134 besprochenen Quellströmung entsteht in der z-Ebene eine Strömung, bei welcher die Stromlinien Kreise um den Ursprung O, die Äquipotentiallinien dagegen von O ausgehende Strahlen sind (Abb. 82). Faßt man nun einen dieser Stromlinienkreise als Querschnitt eines Kreiszylinders auf, so erhält man eine Strömung, welche von der auf S. 145 besprochenen Parallelströmung um einen Kreiszylinder grundsätzlich verschieden ist (Abb. 103). Das komplexe Strömungspotential ergibt sich aus demjenigen der Quellströmung durch Multiplikation mit i, was einer Vertauschung der Achsen bzw. eine Drehung um 90° entspricht (vgl. S. 132). Demnach wird

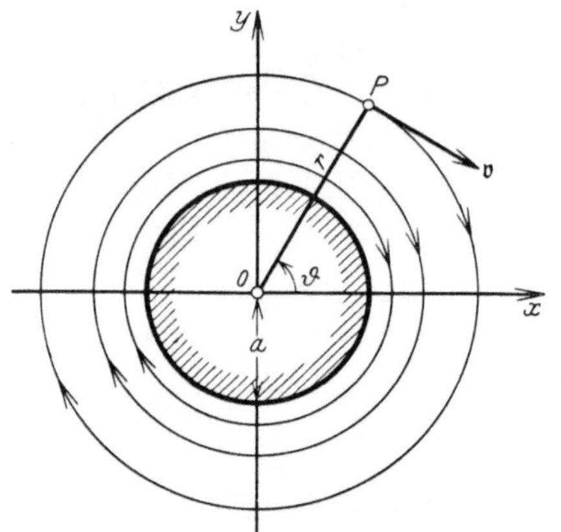

Abb. 103. Zirkulationsströmung um einen Kreiszylinder.

$$w = \varphi + i\psi = i c \ln z = i c \ln r e^{i\vartheta} = i c \ln r - c\vartheta, \qquad (197)$$

$$\varphi = -c\vartheta = -c \operatorname{arctg} \frac{y}{x}; \qquad \psi = c \ln r,$$

so daß die Geschwindigkeit an einer beliebigen Stelle P des Strömungsfeldes (außerhalb des Kreiszylinders) den Wert annimmt

$$v = \frac{\partial \psi}{\partial r} = \frac{c}{r}. \qquad (197\text{a})$$

---

[1] Der Diss. von Hinderks entnommen (Lit.-Zitat S. 153).

[2] Ein Stromlinienapparat zu Vorführungszwecken wird von der Firma Spindler u. Hoyer in Göttingen hergestellt.

Die Geschwindigkeit hat also längs jeder Stromlinie einen konstanten Betrag. Sie ist im Sinne des wachsenden Geschwindigkeitspotentials gerichtet.

Die vorliegende Strömung unterscheidet sich von den bisher betrachteten Potentialbewegungen wesentlich dadurch, daß die Zirkulation (S. 114) längs eines Kreises um O hier nicht Null ist. Sie nimmt vielmehr den Wert an:

$$\Gamma = \oint v\,ds = c \oint \frac{1}{r}\, r\, d\vartheta = 2\pi c = v \cdot 2\pi r\,, \tag{198}$$

ist also für alle Stromlinien gleich groß, da ja c konstant ist. Nun war auf S. 114 gesagt, daß eine Strömung innerhalb eines einfach zusammenhängenden Raumes wirbelfrei sei, sofern die Zirkulation für jede geschlossene Linie innerhalb dieses Raumes verschwindet. Das steht aber nicht im Widerspruch zu der vorliegenden Strömung, bei welcher die Zirkulation einen bestimmten Wert hat, da es sich hier um einen zweifach zusammenhängenden Raum handelt. Die Stromlinien umschließen ja nicht nur Flüssigkeit, sondern auch einen festen Körper, nämlich den Kreiszylinder. Außerdem erkennt man, daß das Potential vieldeutig ist, da einem beliebigen Punkte P beliebig viele Werte $\varphi_0 = -c\vartheta$; $\varphi_1 = -c\,(\vartheta + 2\pi)$; $\varphi_k = -c\,(\vartheta + 2\,k\pi)$, $[k = 1, 2, 3, \ldots]$ entsprechen. Eine solche Strömung wird als Zirkulationsströmung um den Kreiszylinder bezeichnet.

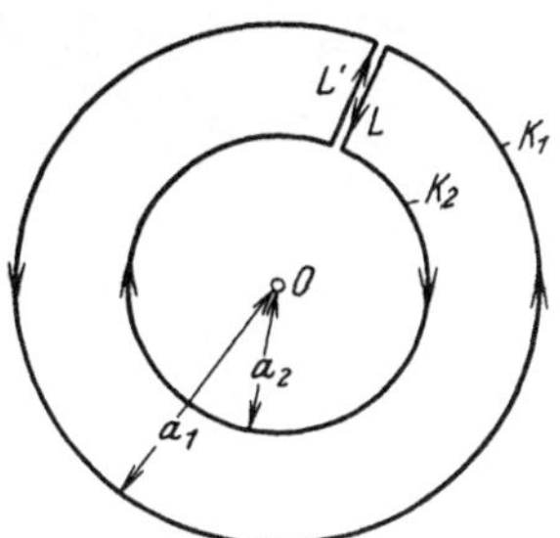

Abb. 104. Die Zirkulation längs der geschlossenen Linie $K_1 - L - K_2 - L'$ ist gleich Null.

Daß sie außerhalb des Kreiszylinders wirbelfrei, also eine Potentialströmung ist, läßt sich leicht zeigen, indem man die Zirkulation längs einer geschlossenen Linie bestimmt, welche von zwei beliebigen Kreisen K_1 und K_2 um O und einer zu diesen rechtwinklig stehenden Doppellinie LL' gebildet wird (Abb. 104). Für jeden Kreis hat $\Gamma = 2\,\pi c$ — absolut genommen — denselben Wert; außerdem hebt sich die Zirkulation längs L und L' gegenseitig auf. Unter Beachtung des in Abb. 104 eingetragenen Umfahrungssinnes erkennt man also, daß die gesamte Zirkulation längs der geschlossenen Linie verschwindet. Da letztere außerdem einen einfach zusammenhängenden Raum umschließt (man kann sie ja auf jeden Punkt des Bereiches zusammenziehen, ohne diesen zu verlassen), muß die Strömung auch wirbelfrei sein (vgl. auch S. 186).

b) Parallelströmung und Zirkulation.

Durch Überlagerung der in Ziffer 5d und 7a besprochenen Strömungsbilder erhält man eine Strömung mit Zirkulation um den Kreiszylinder. Für diese lautet das komplexe Strömungspotential nach (191) und (197)

$$w = c_1\left(z + \frac{a^2}{z}\right) + i\,c_2 \ln z$$

oder, wegen $c_1 = v_\infty$ und $c_2 = \frac{\Gamma}{2\pi}$,

$$w = v_\infty\left(z + \frac{a^2}{z}\right) + \frac{i\,\Gamma}{2\pi}\ln z\,. \tag{199}$$

Daraus folgt:

$$\varphi = v_\infty\, x\left(1 + \frac{a^2}{x^2+y^2}\right) - \frac{\Gamma}{2\pi}\vartheta; \qquad \psi = v_\infty\, y\left(1 - \frac{a^2}{x^2+y^2}\right) + \frac{\Gamma}{2\pi}\ln r\,.$$

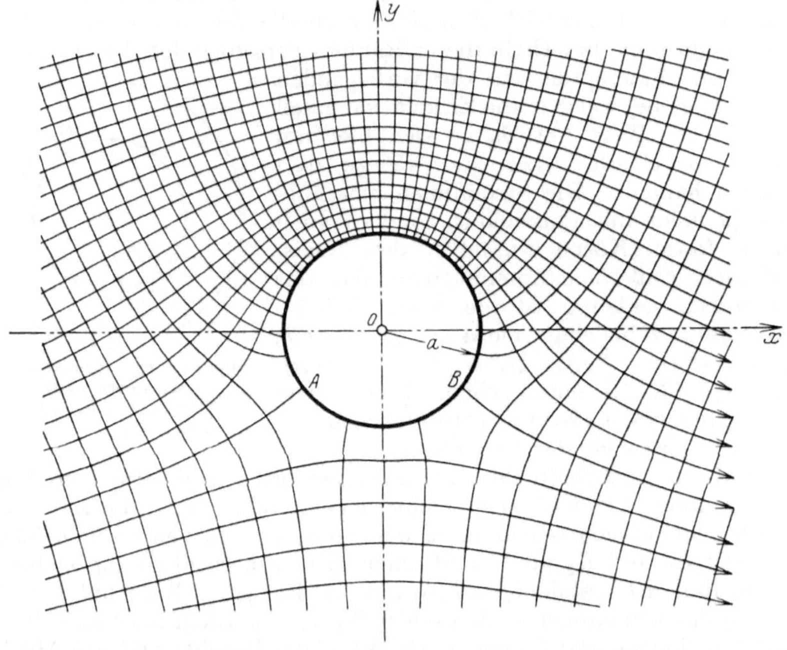

Abb. 105. Parallelströmung mit Zirkulation um einen Kreiszylinder.

Die so definierte Strömung ist in Abb. 105 dargestellt, welche nach der auf S. 149 besprochenen Methode konstruiert wurde. Der Verlauf der Stromlinien ist wesentlich abhängig von der Stärke der Zirkulation Γ, insbesondere verschieben sich die Staupunkte A und B je nach der Stärke von Γ mehr oder weniger nach abwärts. Die vorliegende Strömung ist von besonderer Bedeutung für die Untersuchung der Strömung um Tragflügelprofile, wie in dem nachfolgenden Beispiel gezeigt werden soll.

Zunächst möge aber noch eine Umformung der Gleichung (199) für den Fall vorgenommen werden, daß die aus dem Unendlichen kommende Strömung im Gegensatz zu Abb. 93 mit der Richtung der X-Achse den Winkel β bildet (Abb. 106). Da die Zirkulationsströmung hiervon unabhängig ist, so erleidet nur das erste Glied von (199) eine Veränderung. Um diese festzustellen, zerlege man die Strömungsgeschwindigkeit v_∞ nach den Achsen in $v_{x\infty}$ und $v_{y\infty}$ und superponiere nun eine Strömung in der X-Richtung mit der Geschwindigkeit $v_{x\infty}$ und eine solche in der Y-Richtung mit der Geschwindigkeit $v_{y\infty}$. Für erstere wird:

$$w_1 = v_{x\infty}\left(z + \frac{a^2}{z}\right).$$

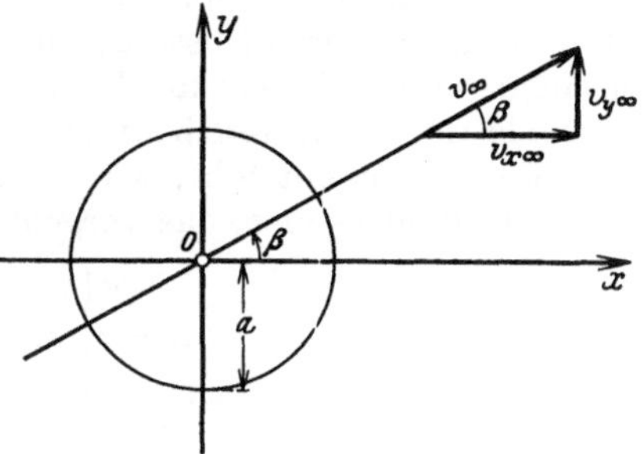

Abb. 106.

Für letztere läßt sich der entsprechende Ausdruck w_2 aus w_1 ableiten durch Drehung um 90^0 (S. 132) und Vertauschung von $v_{x\infty}$ mit $v_{y\infty}$. Setzt man also vorübergehend $\zeta = z \cdot i$, wodurch die Strömung w_1 auf eine ζ-Ebene abgebildet wird, und führt diesen Wert für z in w_1 ein, so folgt

$$w_2 = v_{y\infty}\left(\frac{\zeta}{i} + \frac{i a^2}{\zeta}\right) = -i\, v_{y\infty}\left(\zeta - \frac{a^2}{\zeta}\right)$$

oder, wenn man jetzt wieder die ζ-Ebene mit der z-Ebene zusammenfallen läßt,

$$w_2 = -i\, v_{y\infty}\left(z - \frac{a^2}{z}\right).$$

Das komplexe Strömungspotential der unter dem Winkel β gegen die X-Richtung geneigten Strömung mit Zirkulation, bezogen auf das XY-Koordinatensystem, lautet also

$$\begin{aligned} w &= w_1 + w_2 + \frac{i\Gamma}{2\pi}\ln z \\ &= (v_{x\infty} - i\, v_{y\infty})\, z + (v_{x\infty} + i\, v_{y\infty})\frac{a^2}{z} - \frac{i\Gamma}{2\pi}\ln z\,, \end{aligned} \tag{200}$$

und die Geschwindigkeit an einer beliebigen Stelle $P(x, y)$ ist gegeben durch

$$\frac{dw}{dz} = v_x - i\, v_y = (v_{x\infty} - i\, v_{y\infty}) - (v_{x\infty} + i\, v_{y\infty})\frac{a^2}{z^2} + \frac{i\Gamma}{2\pi z}. \tag{201}$$

c) Ebene Strömung um ein Tragflügelprofil (Joukowskysche Abbildung).

Bei der unter Ziffer b betrachteten Strömung um den Kreiszylinder wird durch die Zirkulation die Geschwindigkeit der Parallelströmung auf der oberen Seite des Zylinders vergrößert, auf der unteren Seite dagegen verkleinert (Abb. 105). Unter Beachtung der Druckgleichung (148) folgt also, daß auf der unteren Seite ein größerer Druck auftreten muß als oben, so daß als resultierender Gesamtdruck ein Auftrieb entsteht, der den Zylinder zu heben sucht. Bei der einfachen

Parallelströmung der Abb. 93 ist wegen der bestehenden Symmetrie des Stromlinienbildes ein solcher Auftrieb nicht vorhanden. Man erkennt daraus, daß die Zirkulation in Verbindung mit einer Parallelströmung den Auftrieb eines Körpers bewirkt.

Bei der Strömung der Luft um den Tragflügel eines Flugzeuges treten ähnliche Verhältnisse auf wie bei der Strömung mit Zirkulation um einen Kreiszylinder; die Unterschiede sind lediglich durch die Unterschiede der Konturen bedingt. Auf welche Weise dabei eine Zirkulation überhaupt entsteht, wird später genauer erläutert werden (vgl. S. 216). Gelingt es also, das vorgelegte Tragflügelprofil vermittels einer

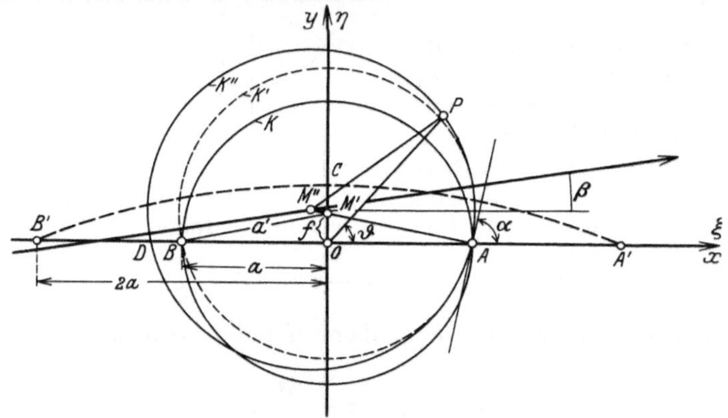

Abb. 107. Durch die analytische Funktion $\zeta = z + \frac{a^2}{z}$ wird der Kreis K in die Gerade $B'A'$, der Kreis K' in den doppelt durchlaufenen Kreisbogen $A'CB'$ und der Kreis K'' in ein Joukowsky-Profil (Abb. 108) übergeführt.

entsprechenden analytischen Funktion konform auf einen Kreis abzubilden, so liefert die Strömung um den Kreiszylinder sofort die gesuchte Strömung um den Flügel, dessen Spannweite man sich dabei zunächst wieder unendlich groß vorstellen muß.

Eine solche Abbildung wird z. B. geleistet durch die Funktion

$$\zeta = z + \frac{a^2}{z}, \tag{202}$$

wobei ζ die Ebene des Tragflügelprofils und z diejenige des Kreises bezeichnet[1].

In Abb. 107 stellt K einen Kreis mit dem Radius a um den Punkt O der z-Ebene dar. Die ζ-Ebene (ξ, η) ist mit der z-Ebene zusammenfallend angenommen, und zwar so, daß die Koordinatenachsen sich decken. Wendet man nun auf diesen Kreis K die Transformation (202) an, so erhält man wegen $\zeta = \xi + i\eta$ und $z = a e^{i\vartheta}$

$$\xi + i\eta = a e^{i\vartheta} + a e^{-i\vartheta} = 2a\cos\vartheta = 2x,$$

[1] Über einen allgemeineren Ansatz vgl. R. v. Mises: Z. Flugtechn. **1917**, 158; **1920**, 68, 87.

also $$\xi = 2x; \qquad \eta = 0,$$

d. h. alle Punkte des Kreises K gehen in die Gerade $B'A'$ über, welche in die ξ-Achse fällt und die Länge $4a$ besitzt. In ähnlicher Weise läßt sich zeigen, daß der Kreis K' mit dem Radius a', welcher durch die Punkte $A(+a, 0)$ und $B(-a, 0)$ gelegt ist und dessen

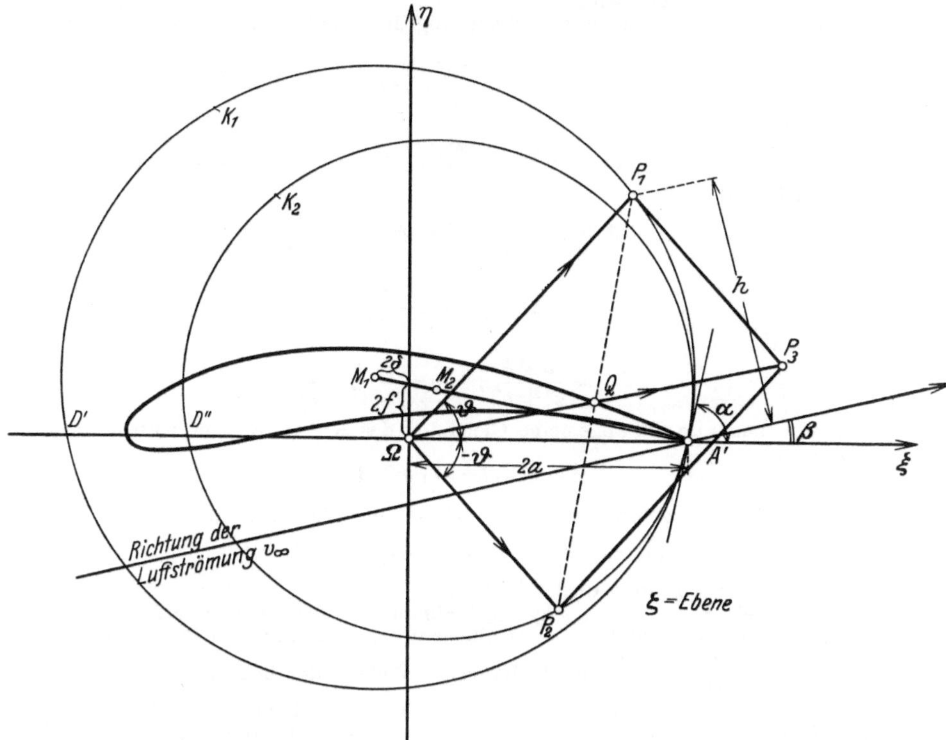

Abb. 108. Konstruktion eines Joukowsky-Profils nach Trefftz.

Mittelpunkt M' um das Maß f über O liegt, bei Anwendung der Transformation (202) in einen (doppelt durchlaufenen) Kreisbogen $A'CB'$ zwischen den Punkten $(+2a, 0)$ und $(-2a\ 0)$ von der Pfeilhöhe $2f$ übergeht (Kuttasche Abbildung).

Verlängert man nun den Radius AM' über M' um die Strecke $\overline{M'M''} = \delta$ und wendet auf den um M'' mit dem Radius $M''A$ gelegten Kreis K'' die Transformation (202) an, so erhält man als Bild dieses Kreises in der ζ-Ebene eine geschlossene Kurve, welche den Kreisbogen $A'CB'$ der vorhergehenden Transformation umschließt und im Punkte $A'(+2a, 0)$ eine Spitze besitzt. Die Gestalt dieser Kurve (vgl. Abb. 108) besitzt im wesentlichen die Form eines Tragflügelprofils und kann übrigens je nach der Wahl von f und δ variiert werden (Joukowskysche Abbildung).

Für die Konstruktion dieser Abbildung hat E. Trefftz[1] ein graphisches Verfahren angegeben, das hier kurz mitgeteilt sei. Zu diesem Zwecke unterwerfe man den Kreis K'' zunächst der Transformation $\zeta_1 = 2z$; man erhält dann in der ζ-Ebene (Abb. 108) den Kreis K_1 mit dem Mittelpunkt M_1, welcher durch den Punkt $A'(+2a, 0)$ der ξ-Achse geht. Danach wende man auf denselben Kreis K'' die Transformation $\zeta_2 = \frac{2a^2}{z}$ an, wodurch dieser ebenfalls in einen Kreis — nämlich K_2 — übergeführt wird.

Von der Richtigkeit dieser Behauptung überzeugt man sich leicht wie folgt: Zunächst ist

$$\zeta_2 = \xi + i\eta = \frac{2a^2}{z} = \frac{2a^2}{r}e^{-i\vartheta} = \frac{2a^2}{r}(\cos\vartheta - i\sin\vartheta) = \frac{2a^2x}{r^2} - i\frac{2a^2y}{r^2},$$

also

$$\xi = \frac{2a^2x}{r^2}; \quad \eta = -\frac{2a^2y}{r^2}; \quad \text{wo} \quad r^2 = x^2 + y^2.$$

Demnach wird

$$\xi^2 + \eta^2 = \frac{4a^4}{r^4}(x^2+y^2) = \frac{4a^4}{x^2+y^2}$$

oder

$$x^2 + y^2 = \frac{4a^4}{\xi^2+\eta^2}$$

und somit

$$x = \frac{2a^2\xi}{\xi^2+\eta^2}; \quad y = -\frac{2a^2\eta}{\xi^2+\eta^2}.$$

Schreibt man nun die allgemeine Gleichung des Kreises K'' der z-Ebene in der Form an:

$$x^2 + y^2 + bx + cy + d^2 = 0$$

und setzt hier die gefundenen Werte ein, so geht diese über in

$$4a^4 + 2a^2b\xi - 2a^2c\eta + d^2(\xi^2+\eta^2) = 0,$$

d. h. eine Kreisgleichung in der ζ-Ebene.

Der Kreis K_2 ist durch folgende Bedingungen festgelegt: Der Punkt A der z-Ebene geht in den Punkt A' der ζ-Ebene über, der Punkt D in D'', und zwar so, daß $\Omega D'' = \frac{2a^2}{OD} = \frac{4a^2}{\Omega D'}$ wird. Da ferner der Winkel α, den die Tangente im Punkte A des Kreises K'' mit der X-Richtung bildet, bei beiden konformen Abbildungen ζ_1 und ζ_2 im Punkte A' erhalten bleibt, so muß der Mittelpunkt des Kreises K_2 auf der Geraden M_1A' der ζ-Ebene liegen, womit K_2 bestimmt ist.

Dem Punkte P des Kreises K'' der z-Ebene entspricht infolge der Abbildung $\zeta_1 = 2z$ der Punkt P_1, infolge der Abbildung $\zeta_2 = \frac{2a^2}{z}$ der Punkt P_2 der ζ-Ebene, d. h. es ist $\overrightarrow{\Omega P_1} = 2z$, $\overrightarrow{\Omega P_2} = \frac{2a^2}{z}$, und somit (Abb. 108) $\overrightarrow{\Omega P_3} = 2\left(z + \frac{a^2}{z}\right)$. Halbiert man also die Strecke $\overline{\Omega P_3}$ oder, was auf dasselbe hinausläuft, $\overline{P_1P_2}$ in Q, so ist $\overrightarrow{\Omega Q} = z + \frac{a^2}{z}$. Q stellt also einen Punkt der gesuchten Bildkurve des Kreises K'' dar. Auf diese Weise ist es möglich, beliebig viele Punkte dieser Kurve zu zeichnen und damit ihre Gestalt festzulegen.

Das komplexe Strömungspotential für das Joukowsky-Profil läßt sich nun aus demjenigen für den Kreiszylinder ableiten, wobei die Luftströmung im Unendlichen gegen die $+\xi$-Achse den Winkel β bilden möge. Das Strömungspotential für den Kreiszylinder, dessen Achse

[1] Trefftz, E.: Z. Flugtechn. **1913**, 130.

durch O geht, ist durch (200) gegeben. Es muß zunächst für den Kreiszylinder K'' mit der Achse M'' umgeformt werden. Setzt man in Abb. 107 $\overline{M'M''} = \lambda a'$, wo $a' = \overline{AM'}$, dann ist

$$\overrightarrow{OM''} = -[\lambda a - i f(1 + \lambda)],$$

außerdem gilt für den Radius von K''

$$\overline{AM''} = a'(1 + \lambda) = (1 + \lambda)\sqrt{a^2 + f^2}.$$

Das komplexe Potential der Strömung um den Kreis K'' erhält man jetzt aus (200) durch den Ansatz $z' = z + \overrightarrow{OM''}$, was einer Verschiebung des Kreismittelpunktes aus der Lage O nach M'' entspricht. Ersetzt man außerdem den Radius a durch $\overline{AM''}$, dann liefert (200) mit $z = z' - \overrightarrow{OM''}$ und $a = \overrightarrow{AM''}$ unter Beachtung der vorstehenden Werte

$$\begin{aligned} w' = (v_{x\infty} - i v_{y\infty})\,[z' + \lambda a - i f(1 + \lambda)] \\ + (v_{x\infty} + i v_{y\infty})\frac{(1 + \lambda)^2 (a^2 + f^2)}{z' + \lambda a - i f(1 + \lambda)} \\ + \frac{i\Gamma}{2\pi}\ln[z' + \lambda a - i f(1 + \lambda)], \end{aligned} \tag{203}$$

worin man nachträglich wieder z' durch z ersetzen kann, indem man die z'-Ebene mit der z-Ebene zusammenfallen läßt.

Löst man noch (202) nach z auf, also

$$z = \frac{\zeta}{2} + \sqrt{\frac{\zeta^2}{4} - a^2}, \tag{204}$$

so stellt wegen der vorgenommenen Transformation die Gleichung (203) (mit $z' = z$) in Verbindung mit (204) das komplexe Strömungspotential um das Joukowsky-Profil in der ζ-Ebene dar (S. 130)[1].

Für die konjugierte Geschwindigkeit der Strömung in der ζ-Ebene erhält man nach (166), (168) und (169)

$$v_\xi - i v_\eta = \frac{dw(\zeta)}{d\zeta} = \frac{dw(z)}{dz}\cdot\frac{dz}{d\zeta},$$

wo

$$\frac{dw(z)}{dz} = v_x - i v_y.$$

Der Betrag $v(\xi, \eta)$ dieser Geschwindigkeit wird also gefunden aus

$$v(\xi, y) = \frac{v(x, y)}{\left|\frac{d\zeta}{dz}\right|} \tag{205}$$

(vgl. S. 127), wo $v(x, y)$ den Betrag der Geschwindigkeit um den Kreis K'' in der z-Ebene bezeichnet. Am Kreisumfang ist $v(x, y)$ tangential gerichtet, da sowohl bei der translatorischen Strömung als

[1] Vgl. hierzu R. Grammel: Die hydrodynam. Grundlagen des Fluges **1917**, 69 u. f.

auch bei der Zirkulationsströmung der Kreisumfang eine Stromlinie darstellt. Man erhält also mit Rücksicht auf (193) und (198)

$$v(x, y) = 2 v_\infty \sin \vartheta' + \frac{\Gamma}{2\pi R}, \tag{206}$$

wenn $R = \overline{M''A}$ den Radius von K'', Γ die Zirkulation und ϑ' den Winkel darstellt, den der Strahl $\overline{M''P}$ mit der Richtung der translatorischen Luftströmung bildet (Abb. 109). Mit den Bezeichnungen der Abb. 109 kann (206) wie folgt geschrieben werden:

$$\begin{aligned} v(x, y) &= 2 v_\infty \sin(\gamma - \beta) + \frac{\Gamma}{2\pi R} \\ &= 2 v_\infty (\sin\gamma \cos\beta - \cos\gamma \sin\beta) + \frac{\Gamma}{2\pi R} \\ &= \frac{2 v_\infty}{R} \{(y - y_0)\cos\beta - (x + x_0)\sin\beta\} + \frac{\Gamma}{2\pi R}. \end{aligned} \tag{207}$$

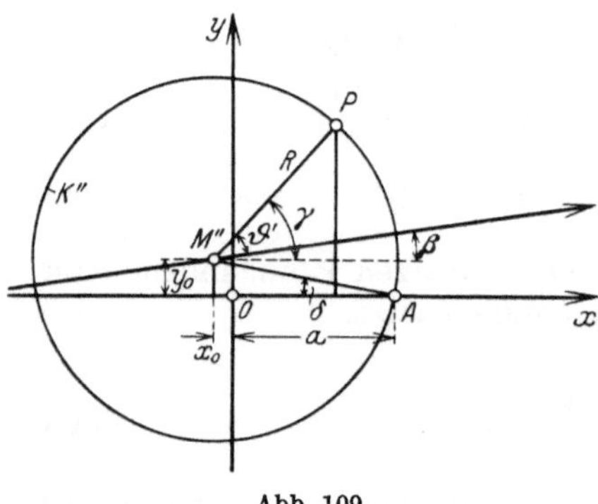

Abb. 109.

Über die in diesem Ausdruck auftretende Zirkulation Γ, welche zunächst unbekannt ist, kann nach Joukowsky wie folgt verfügt werden: Da nach (202) der Ausdruck

$$\frac{d\zeta}{dz} = 1 - \frac{a^2}{z^2} \tag{208}$$

für $z = a$ verschwindet, so muß mit Rücksicht auf (205) im Punkte A ($z = a$) des Kreises K'' auch $v(x, y)$ zu Null werden, wenn im Bildpunkte A', d. h. an der Hinterkante des Tragflügels, die Geschwindigkeit nicht unendlich groß werden soll. Man erhält also aus (207) mit $x = a$, $y = 0$

$$\frac{\Gamma}{2\pi} = 2 v_\infty [y_0 \cos\beta + (a + x_0)\sin\beta], \tag{209}$$

womit (207) übergeht in

$$v(x, y) = \frac{2 v_\infty}{R} \{y \cos\beta + (a - x)\sin\beta\}.* \tag{210}$$

Schreibt man jetzt (208) in der Form

$$\frac{d\zeta}{dz} = \frac{1}{2z}\left(2z - \frac{2a^2}{z}\right) = \frac{\zeta_1 - \zeta_2}{\zeta_1} \quad \text{(Seite 162)},$$

so erkennt man leicht, daß $\left|\frac{d\zeta}{dz}\right|$ aus Abb. 108 durch folgenden Streckenquotienten entnommen werden kann:

$$\left|\frac{d\zeta}{dz}\right| = \frac{\overline{P_1 P_2}}{\overline{\Omega P_1}}.$$

* Blumenthal, O.: Z. Flugtechn. **1913**, 126.

Weiter ist in dem Ausdruck (210) $R = \frac{\overline{M_1 P_1}}{2}$ und $2[y\cos\beta + (a - x)\sin\beta] = h$, d. h. gleich dem Lote, das von P_1 auf die durch A' gehende, unter β gegen die ξ-Richtung geneigte Gerade gefällt wird, da in dem Kreise K_1 alle Abmessungen doppelt so groß sind wie in dem Kreise K''. Somit erhält man schließlich für die Geschwindigkeit $v(\xi, \eta)$ am Tragflügelumfang nach (205)

$$v(\xi, \eta) = \frac{2 v_\infty h}{\overline{M_1 P_1}} \cdot \frac{\overline{\Omega P_1}}{\overline{P_1 P_2}}.$$

Der Ausdruck für die Zirkulation in (209) kann noch etwas vereinfacht werden, wenn man in Abb. 109 $\sphericalangle OAM'' = \delta$ setzt und in (209) einführt. Dann wird nämlich wegen $y_0 = R\sin\delta$ und $(x_0 + a) = R\cos\delta$

$$\Gamma = 4\pi v_\infty R \sin(\beta + \delta)\,.^*$$

Nachdem die Geschwindigkeit $v(\xi, \eta)$ gefunden ist, kann mit Hilfe der Energiegleichung (148) auch der Druck p an jeder Stelle des Tragflügelprofils ermittelt werden. Die sich aus der Theorie ergebende Druckverteilung stimmt, wie Versuche von A. Betz[1] gezeigt haben, recht befriedigend mit den gemessenen Werten überein. Zur Verwirklichung einer ebenen Strömung wurde bei diesen Versuchen ein Tragflügel von konstantem Profil verwendet, der beiderseits an seinen Enden zwischen ebenen Wänden eingeschlossen war. Der theoretische Druck ergab sich dabei durchweg etwas größer als der gemessene, was darauf zurückzuführen ist, daß durch die Reibung der Luft an der Flügeloberfläche die Zirkulation um den Flügel etwas vermindert wird. Im 2. Bande wird bei der Besprechung der Tragflügeltheorie darauf zurückgekommen.

8. Axialsymmetrische Potentialströmung.

Den in den vorhergehenden Paragraphen behandelten ebenen Strömungen nahe verwandt sind die axialsymmetrischen Strömungen, bei welchen die Flüssigkeitsbewegung in Ebenen erfolgt, die sämtlich durch eine feste Achse gehen und bei denen die Bewegung in allen diesen Ebenen die gleiche ist. Es genügt dann, den Strömungsverlauf in einer Meridianebene zu verfolgen.

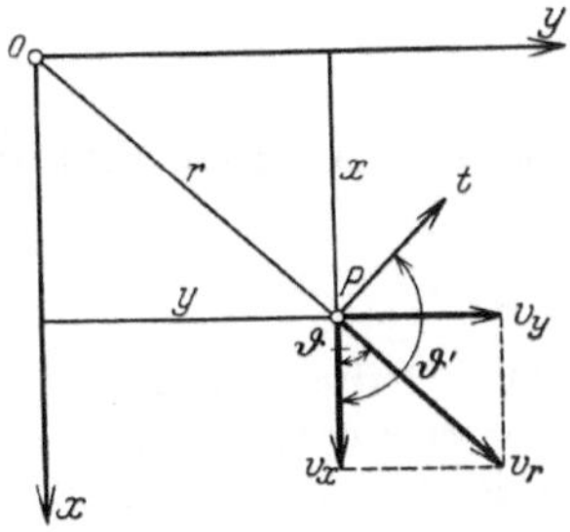

Abb. 110.

In der Grundrißdarstellung der Abb. 110 sei P ein Punkt dieser Meridianebene, die senkrecht zur Bildebene durch O gehende Achse Z die Symmetrieachse und r der Abstand des Punktes P von der Z-Achse. Die Geschwindigkeit dieses Punktes sei in der Meridianebene nach $v_z \parallel Z$ und $v_r \perp Z$ zerlegt; außerdem seien v_x und v_y die Komponenten von v_r nach den Achsen X und Y. Dann ist mit

* v. Mises, R.: Z. Flugtechn. **1917**, 160; **1920**, 68.

[1] Betz, A.: Z. Flugtechn. **1915**, 173.

den Bezeichnungen der Abb. 110 zunächst:

$$v_x = v_r \cos\vartheta\,; \quad v_y = v_r \sin\vartheta\,. \tag{211}$$

Weiter ergibt sich durch Differentiation von v_x nach der Richtung r

$$\frac{\partial v_x}{\partial r} = \frac{\partial v_x}{\partial x}\cos\vartheta + \frac{\partial v_x}{\partial y}\sin\vartheta \tag{212}$$

und entsprechend nach der Richtung t

$$\frac{\partial v_x}{\partial t} = \frac{\partial v_x}{\partial x}\cos\vartheta' + \frac{\partial v_x}{\partial y}\sin\vartheta'\,,$$

woraus wegen $\cos\vartheta' = -\sin\vartheta$; $\sin\vartheta' = \cos\vartheta$ und $\partial t = r\,\partial\vartheta$ folgt

$$\frac{\partial v_x}{r\,\partial\vartheta} = -\frac{\partial v_x}{\partial x}\sin\vartheta + \frac{\partial v_x}{\partial y}\cos\vartheta\,. \tag{212a}$$

Durch einfache Zusammenfassung der Gleichungen (212) und (212a) erhält man

$$\frac{\partial v_x}{\partial r}\cos\vartheta - \frac{\partial v_x}{r\,\partial\vartheta}\sin\vartheta = \frac{\partial v_x}{\partial x}\,.$$

In gleicher Weise läßt sich für $\frac{\partial v_y}{\partial y}$ der Ausdruck ableiten

$$\frac{\partial v_y}{\partial r}\sin\vartheta + \frac{\partial v_y}{r\,\partial\vartheta}\cos\vartheta = \frac{\partial v_y}{\partial y}\,.$$

Führt man in diese Gleichungen für v_x und v_y die Werte (211) ein, so erhält man

$$\frac{\partial v_x}{\partial x} = \frac{\partial v_r}{\partial r}\cos^2\vartheta - \frac{1}{r}\frac{\partial v_r}{\partial\vartheta}\cos\vartheta\sin\vartheta + \frac{1}{r}v_r\sin^2\vartheta\,,$$

$$\frac{\partial v_y}{\partial y} = \frac{\partial v_r}{\partial r}\sin^2\vartheta + \frac{1}{r}\frac{\partial v_r}{\partial\vartheta}\sin\vartheta\cos\vartheta + \frac{1}{r}v_r\cos^2\vartheta\,.$$

Mit diesen Ausdrücken geht die allgemeine Kontinuitätsgleichung (123), S. 106, für axialsymmetrische Strömungen über in

$$\frac{\partial v_r}{\partial r} + \frac{v_r}{r} + \frac{\partial v_z}{\partial z} = 0\,, \tag{213}$$

wofür man auch schreiben kann

$$\frac{\partial(r\,v_r)}{\partial r} + \frac{\partial(r\,v_z)}{\partial z} = 0\,. \tag{213a}$$

Die Bedingung für die Wirbelfreiheit der Strömung erhält man sofort aus (138), S. 113, wenn man etwa die betrachtete Meridianebene mit der YZ-Ebene zusammenfallen läßt. Dann reduzieren sich, wie man leicht einsieht, die drei Gleichungen (138) auf die eine Gleichung

$$\frac{\partial v_z}{\partial r} - \frac{\partial v_r}{\partial z} = 0\,, \tag{214}$$

welche die gesuchte Bedingung der Wirbelfreiheit darstellt. Sie besagt, daß v_r und v_z sich aus einem Geschwindigkeitspotentiale φ

ableiten lassen, derart, daß

$$v_z = \frac{\partial \varphi}{\partial z}; \qquad v_r = \frac{\partial \varphi}{\partial r}, \tag{215}$$

wovon man sich durch Einsetzen in (214) sofort überzeugt. Mit diesen Werten v_z und v_r liefert die Kontinuitätsbedingung (213) für φ die Differentialgleichung

$$\frac{\partial^2 \varphi}{\partial r^2} + \frac{\partial^2 \varphi}{\partial z^2} + \frac{1}{r}\frac{\partial \varphi}{\partial r} = 0.$$

Die Geschwindigkeitskomponenten lassen sich ganz ähnlich wie bei der ebenen Strömung noch in anderer Form ausdrücken, nämlich

$$v_z = \frac{1}{r}\frac{\partial \psi}{\partial r}; \qquad v_r = -\frac{1}{r}\frac{\partial \psi}{\partial z}, \tag{216}$$

wodurch die Kontinuitätsgleichung (213) befriedigt wird, während (214) mit diesen Werten v_z und v_r übergeht in die Differentialgleichung für ψ

$$\frac{\partial^2 \psi}{\partial r^2} + \frac{\partial^2 \psi}{\partial z^2} - \frac{1}{r}\frac{\partial \psi}{\partial r} = 0. \tag{217}$$

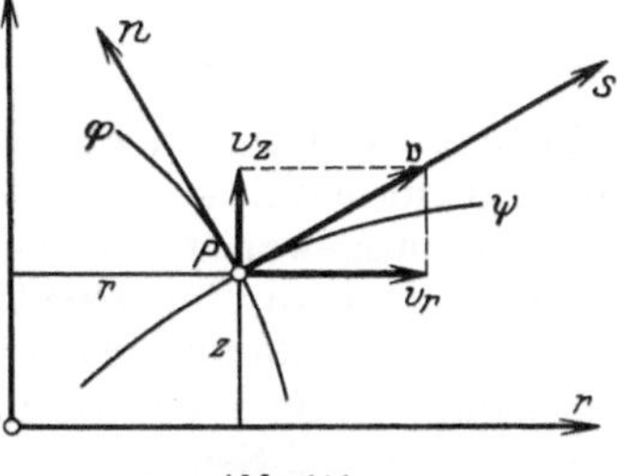

Abb. 111.

ψ heißt die Stokessche Stromfunktion und besitzt für axialsymmetrische Strömungen eine analoge Bedeutung wie die Stromfunktion der ebenen Strömung. Insbesondere stellen die Kurven $\psi = \text{const.}$ wieder die Stromlinien dar, welche die Äquipotentiallinien $\varphi = \text{const.}$ (in der Meridianebene) an jeder Stelle rechtwinklig schneiden (Abb. 111). Der Beweis kann in ähnlicher Weise geführt werden wie auf S. 124.

Für die Geschwindigkeit v gilt unter Beachtung von (216)

$$v = \sqrt{v_z^2 + v_r^2} = \frac{1}{r}\sqrt{\left(\frac{\partial \psi}{\partial r}\right)^2 + \left(\frac{\partial \psi}{\partial z}\right)^2} = \frac{1}{r}\frac{\partial \psi}{\partial n},$$

wenn wieder n die Richtung der Normalen zur Stromlinie bezeichnet. Da andererseits $v = \frac{\partial \varphi}{\partial s}$ ist (s = Richtung der Stromlinie), so erhält man

$$\left.\begin{aligned} v &= \frac{\partial \varphi}{\partial s} = \frac{1}{r}\frac{\partial \psi}{\partial n}, \\ 0 &= \frac{\partial \varphi}{\partial n} = \frac{\partial \psi}{\partial s}. \end{aligned}\right\} \tag{218}$$

Betrachtet man nun in der Meridianebene zwei benachbarte Stromlinien ψ und $\psi + \delta\psi$ und legt zur Z-Achse eine rechtwinklige Ebene, welche diese Stromlinien in den Punkten P und P' schneidet (Abb. 112), so ist der sekundliche Fluß durch den Kreisring, welcher durch die Punkte P und P' bei der axialsymmetrischen Strömung bestimmt wird, mit Rücksicht auf (218)

$$2\pi r\,\delta r\cdot v_z = 2\pi r\,\delta n\cdot v = 2\pi\,\delta\psi\,,$$

demnach der Fluß durch die volle Kreisscheibe vom Radius r unter Weglassung der willkürlichen Konstanten auf der linken Seite:

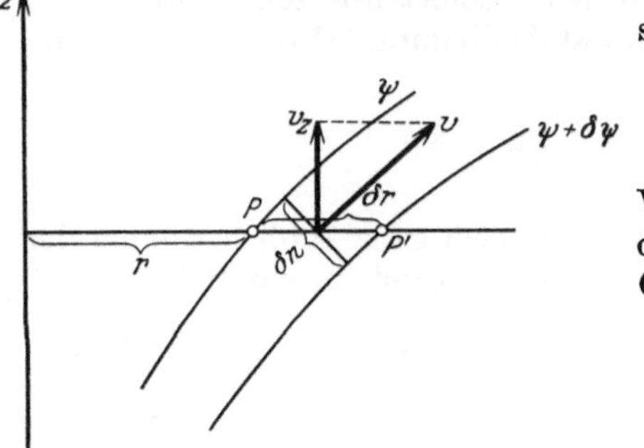

Abb. 112.

$$2\pi\psi = 2\pi\int_0^r r\,\delta r\,v_z\,. \qquad (219)$$

Von dieser Gleichung wird in dem nachstehenden Kapitel noch Gebrauch gemacht.

9. Potentialströmung um Rotationskörper.

Bei der Untersuchung der Strömung um Rotationskörper beliebiger Gestalt, welche in eine unendlich ausgedehnte Flüssigkeit eingetaucht sind, kann mit Vorteil eine von Rankine[1] begründete Methode angewandt werden, die auf folgender Überlegung beruht: Kombiniert man eine Parallelströmung mit einer Anzahl Quellen und Senken, deren Gesamtergiebigkeit Null ist, so stellt sich — wie man zeigen kann — eine geschlossene Stromlinienfläche ein, in deren Innenraum die Quellen und Senken liegen. Die Form der Fläche, speziell ihr Streckungsverhältnis, hängt von der Stärke der gewählten Einzelströmungen ab. Um diese Stromlinienfläche bewegt sich die Flüssigkeit wie um einen starren Körper. Man kann also, ohne an der äußeren Strömung etwas zu ändern, diesen Raum durch einen starren Körper — nämlich den zu untersuchenden — ersetzen, und es kommt jetzt nur darauf an, durch entsprechende Wahl der Strömungsstärken von Parallelströmung und Quell-Senk-Strömung die Gestalt der oben erwähnten Stromlinienfläche so zu bestimmen, daß sie mit derjenigen des starren Körpers so gut wie möglich übereinstimmt.

Bevor die Anwendung des Verfahrens an zwei Beispielen erläutert wird, sollen erst noch einige Bemerkungen über räumliche Quellen und Senken gemacht werden (vgl. hierzu S. 133).

Bei einer punktförmigen Quelle im Raume bewegt sich die Flüssigkeit ähnlich wie in der Ebene vom Quellpunkte radial nach allen Seiten des Raumes. Die Ergiebigkeit E der Quelle ist gleich dem Fluß durch die Oberfläche einer um den Quellpunkt gelegten Kugel vom Radius ϱ, also

$$E = v\cdot 4\pi\varrho^2 = \frac{\partial\varphi}{\partial\varrho}\,4\pi\varrho^2\,,$$

woraus als Geschwindigkeitspotential folgt:

$$\varphi = -\frac{E}{4\pi\varrho}\,. \qquad (220)$$

[1] Rankine: On plane water-lines in two dimensions. Phil. Trans. 1864, 369.

Entsprechend wird für die punktförmige Senke

$$\varphi = \frac{E}{4\pi\varrho}. \tag{220a}$$

Eine Quelle Q_1 und eine Senke Q_2 von entgegengesetzt gleicher Ergiebigkeit E und $-E$ erzeugen ein Strömungsfeld, für welches

$$\varphi = -\frac{E}{4\pi}\left(\frac{1}{\varrho_1} - \frac{1}{\varrho_2}\right) \tag{221}$$

ist, wenn ϱ_1 bzw. ϱ_2 die Abstände eines beliebigen Feldpunktes P von der Quelle bzw. Senke bezeichnen (Abb. 113). Läßt man nun Q_1 und Q_2 bis auf den unendlich kleinen Abstand ds aneinander rücken (Abb. 113a), während gleichzeitig E so vergrößert wird, daß $E \cdot ds = M$ einen endlichen Grenzwert besitzt, so erhält man eine Doppelquelle, deren Potential nach (221) ist:

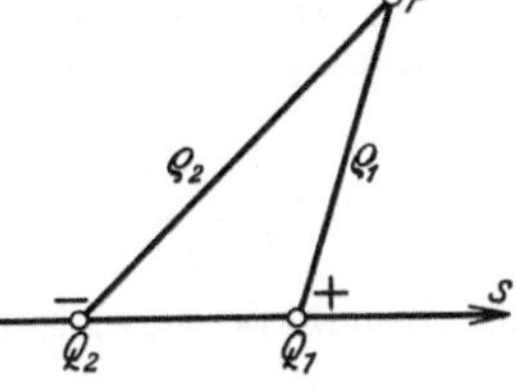

Abb. 113. Quelle und Senke.

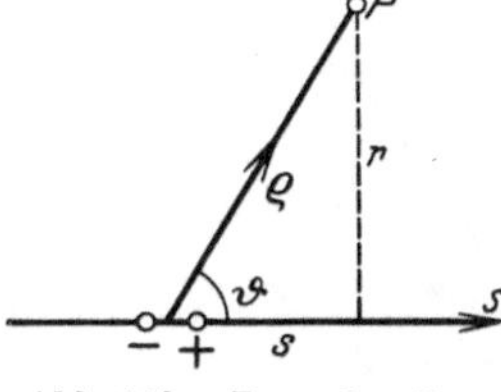

Abb. 113a. Doppelquelle.

$$\varphi = -\frac{E}{4\pi}\, d\left(\frac{1}{\varrho}\right) = -\frac{E\,ds}{4\pi}\,\frac{d\left(\frac{1}{\varrho}\right)}{ds} = \frac{M\cos\vartheta}{4\pi\varrho^2}\,^*, \tag{222}$$

wo ϑ den Winkel bezeichnet, den der nach P gerichtete Strahl ϱ mit der Richtung s einschließt. M heißt das Moment, s die Achse der Doppelquelle (vgl. S. 148).

Neben den hier besprochenen punktförmigen Quellen und Senken werden zur Lösung der oben gestellten Aufgabe auch solche Quell- bzw. Senkensysteme herangezogen, welche kontinuierlich längs einer Strecke verteilt sind. Bezeichnet dann $\varepsilon(\xi)$ die Ergiebigkeit einer solchen Quelle, bezogen auf die Längeneinheit, l die Länge der im Nullpunkt O beginnenden Quellstrecke und $d\xi$ ein Element derselben im Abstande ξ von O (Abb. 114), so wird das Geschwindigkeitspotential dieser Strömung nach (220)

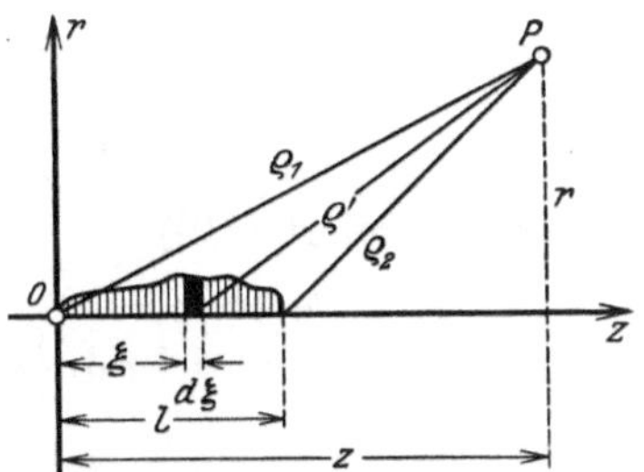

Abb. 114. Kontinuierlich längs einer Strecke verteiltes Quellsystem.

$$\varphi = -\frac{1}{4\pi}\int_0^l \frac{\varepsilon(\xi)\,d\xi}{\varrho'}, \tag{223}$$

---

* Nach Abb. 113a ist

$$\frac{d\left(\frac{1}{\varrho}\right)}{ds} = \frac{d\,(s^2 + r^2)^{-\frac{1}{2}}}{ds} = -\frac{s}{(s^2 + r^2)^{\frac{3}{2}}} = -\frac{s}{\varrho^3} = -\frac{\cos\vartheta}{\varrho^2}.$$

wo
$$\varrho' = \sqrt{r^2 + (z - \xi)^2}\,.$$

Für den Sonderfall $\varepsilon = \text{const.} = \frac{E}{l}$ folgt daraus

$$\varphi = -\frac{E}{4\pi l}\int_0^l \frac{d\xi}{\varrho'}\,.$$

Strömung um eine Kugel. Durch Verbindung einer Parallelströmung ($v = v_0$) in Richtung der Z-Achse mit einer auf der Z-Achse im Nullpunkt O gelegenen Doppelquelle erhält man eine Strömung, deren Geschwindigkeitspotential den Wert annimmt:

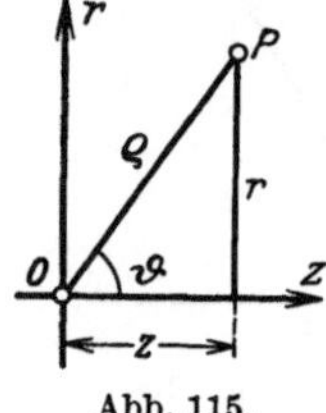

Abb. 115.

$$\varphi = v_0 z + \frac{M \cos\vartheta}{4\pi\varrho^2} = z\left(v_0 + \frac{M}{4\pi\varrho^3}\right), \tag{224}$$

wo, in der Meridianebene (r, z) gemessen (Abb. 115),

$$\varrho^3 = (r^2 + z^2)^{\frac{3}{2}}.$$

Zur Ermittlung der Stromlinien bestimme man zunächst nach (219) den Fluß durch eine rechtwinklig zur Z-Achse stehende Kreisscheibe vom Radius r. Für die Geschwindigkeit v_z erhält man

$$v_z = \frac{\partial\varphi}{\partial z} = v_0 + \frac{M}{4\pi\varrho^3} + \frac{M z}{4\pi}\cdot\frac{d(\varrho^{-3})}{d\varrho}\,\frac{d\varrho}{dz}\,,$$

woraus wegen $\frac{d\varrho}{dz} = \frac{z}{\varrho}$ folgt

$$v_z = v_0 + \frac{M}{4\pi\varrho^3}\left(1 - \frac{3z^2}{\varrho^2}\right). \tag{225}$$

Damit liefert (219)

$$\psi = \int_0^r r\,\delta r\left\{v_0 + \frac{M}{4\pi\varrho^3}\left(1 - \frac{3z^2}{\varrho^2}\right)\right\}$$

$$= \frac{v_0 r^2}{2} + \frac{M}{8\pi}\int_0^{(r^2)} \frac{\delta(r^2)}{(r^2+z^2)^{\frac{3}{2}}} - \frac{3Mz^2}{8\pi}\int_0^{(r^2)} \frac{\delta(r^2)}{(r^2+z^2)^{\frac{5}{2}}}$$

oder, mit $r^2 + z^2 = \varrho^2$ wegen $z = \text{const.}$,

$$\psi = \frac{v_0 r^2}{2} + \frac{M}{8\pi}\int_{\varrho^2 = z^2}^{\varrho^2 = r^2 + z^2} \frac{\delta(\varrho^2)}{(\varrho^2)^{\frac{3}{2}}} - \frac{3Mz^2}{8\pi}\int_{\varrho^2 = z^2}^{\varrho^2 = r^2 + z^2} \frac{\delta(\varrho^2)}{(\varrho^2)^{\frac{5}{2}}}$$

$$= \frac{v_0 r^2}{2} + \frac{M}{8\pi}\left(-\frac{2}{\varrho} + \frac{2}{z}\right) - \frac{3Mz^2}{8\pi}\left(-\frac{2}{3\varrho^3} + \frac{2}{3z^3}\right),$$

woraus nach einfacher Zwischenrechnung folgt:

$$\psi = r^2\left(\frac{v_0}{2} - \frac{M}{4\pi\varrho^3}\right). \tag{226}$$

Die Kurven $\psi = \text{const.}$ bestimmen die Stromlinien in der Meridianebene. Dem Werte $\psi = 0$ entspricht

$$r = 0 \quad \text{und} \quad \varrho_0^3 = \frac{M}{2\pi v_0} = \text{const.},$$

d. h. die zugehörige Stromlinie der Meridianebene wird gebildet von der Z-Achse und einem Kreise vom Radius

$$\varrho_0 = a = \sqrt[3]{\frac{M}{2\pi v_0}}. \tag{227}$$

Eine gleiche Überlegung gilt für jede Meridianebene. Das gesamte räumliche Strömungsfeld zerfällt also in zwei Teile, welche durch eine zur Z-Achse symmetrisch liegende Kugelfläche vom Radius a getrennt sind, in deren Mittelpunkt sich die Doppelquelle befindet. Man kann also, ohne an der äußeren Strömung etwas zu ändern, diese Stromlinienkugelfläche durch eine feste Kugel vom Radius a ersetzen und hat damit die (von Singularitäten freie) Strömung um diese Kugel gefunden.

Führt man noch den Radius a nach (227) in (224) und (226) ein, so erhält man als Geschwindigkeitspotential bzw. Stromfunktion für die Strömung einer Flüssigkeit, deren Geschwindigkeit im Unendlichen parallel zur Z-Achse gerichtet ist und den Wert $v_\infty = v_0$ hat, um eine in ihr festgehaltene Kugel vom Radius a

$$\varphi = z\, v_0 \left(1 + \frac{a^3}{2\varrho^3}\right), \tag{228}$$

$$\psi = \frac{r^2 v_0}{2}\left(1 - \frac{a^3}{\varrho^3}\right). \tag{229}$$

Man kann sich ohne Schwierigkeit davon überzeugen, daß der durch (228) bestimmte Wert von φ die eindeutige Lösung des Problems liefert. Wie man leicht nachrechnet, sind sowohl die Kontinuitätsbedingung als auch die Grenzbedingungen ($v_\infty = v_0$ parallel der Z-Achse; tangential gerichtete Geschwindigkeit an allen Stellen der Kugeloberfläche) erfüllt, worauf hier indessen verzichtet wird.

Dagegen soll jetzt noch der Druck auf die Kugeloberfläche berechnet werden. Dazu geht man von der Energiegleichung (148) aus, welche wie folgt geschrieben werden kann:

$$\frac{v^2}{2} + \frac{p}{\varrho} = \frac{v_0^2}{2} + \frac{p_0}{\varrho},$$

wo v_0 und p_0 Geschwindigkeit und Druck der Strömung im Unendlichen bezeichnen. Somit wird

$$p = p_0 + \frac{\varrho}{2}(v_0^2 - v^2). \tag{230}$$

Für die Geschwindigkeit gilt allgemein

$$v^2 = v_z^2 + v_r^2,$$

und zwar ist unter Beachtung von (225) und (227)

$$v_z = v_0 + \frac{v_0 a^3}{2\varrho^3}\left(1 - \frac{3z^2}{\varrho^2}\right),$$

speziell an der Kugeloberfläche mit $\varrho = a$

$$v_{z\,a} = \frac{3}{2} v_0 \left(1 - \frac{z^2}{a^2}\right).$$

Ferner ist

$$v_r = \frac{\partial \varphi}{\partial r} = \frac{z\, v_0\, a^3}{2} \cdot \frac{\partial\left(\frac{1}{\varrho^3}\right)}{\partial r} = -\frac{3}{2} v_0 \frac{z\, r\, a^3}{\varrho^5},$$

also an der Kugeloberfläche

$$v_{r\,a} = -\frac{3}{2} v_0 \frac{z\, r}{a^2},$$

so daß wegen $z^2 + r^2 = a^2$

$$v_a^2 = \frac{9}{4} v_0^2 \left(1 - \frac{z^2}{a^2}\right). \tag{231}$$

Für $z = \pm a$ ist $v_a = 0$ (vorderer und hinterer Staupunkt), für $z = 0$ dagegen $v_a = v_{a\,\max} = \frac{3}{2} v_0$. Schließlich erhält man für den Druck p_a an einer beliebigen Stelle der Kugeloberfläche, wenn man (231) in (230) einführt:

$$p_a = p_0 + \frac{\varrho\, v_0^2}{8} \left(9 \frac{z^2}{a^2} - 5\right).$$

Da in diesem Ausdruck z quadratisch auftritt, so ist der Druck für symmetrisch liegende Punkte auf der Vorder- und Rückseite der Kugel (im Sinne der Strömung) gleich groß, der Gesamtdruck der stationär strömenden Flüssigkeit auf die in ihr ruhende Kugel wird also zu Null (D'Alembertsches Paradoxon).

Umgekehrt kann daraus gefolgert werden, daß zur Aufrechterhaltung der geradlinigen, gleichförmigen Bewegung einer Kugel in einer reibungs- und wirbelfreien Flüssigkeit eine Kraft nicht erforderlich ist. Dasselbe gilt — wie sich mittels des Impulssatzes zeigen läßt — für jeden starren Körper beliebiger Gestalt.

Das hier gefundene Ergebnis stimmt jedoch erfahrungsgemäß mit dem Verhalten der Körper in einer natürlichen Flüssigkeit — selbst bei sehr geringer Zähigkeit — durchaus nicht überein. Wie in dem Kapitel „Flüssigkeitswiderstand“ (S. 217) gezeigt wird, ist die beobachtete Abweichung von der Idealtheorie einerseits auf die Wirkung der Oberflächenreibung am Körper, besonders aber auf die an seiner Rückseite eintretende Wirbelbildung zurückzuführen, wodurch der symmetrische Charakter des Stromlinienbildes vollkommen verloren geht.

Strömung um Luftschiffkörper. Zur Bestimmung der günstigsten Form von Luftschiffen sind von L. Prandtl in Göttingen Ballonkörper der verschiedensten Form untersucht worden, wobei das oben erläuterte Verfahren, geschlossene Stromlinienflächen von der Gestalt eines Luftschiffkörpers durch passende Anordnung von Quellen und Senken in einer Parallelströmung zu erzeugen, benutzt wurde. In seiner Göttinger Dissertation behandelt G. Fuhrmann[1] eine Reihe

[1] Fuhrmann, G.: Jahrb. Motorluftschiff-Studiengesellsch. 5 (1911/12).

solcher Ballonkörper, wobei Punktquellen mit Streckenquellen bzw. Streckensenken von konstantem oder linear veränderlichem Werte ε (S. 169) kombiniert wurden. Als Beispiel möge hier der einfache Fall behandelt werden, bei dem eine Punktquelle verbunden ist mit einer gleichmäßigen Streckensenke, deren Anfangspunkt mit der

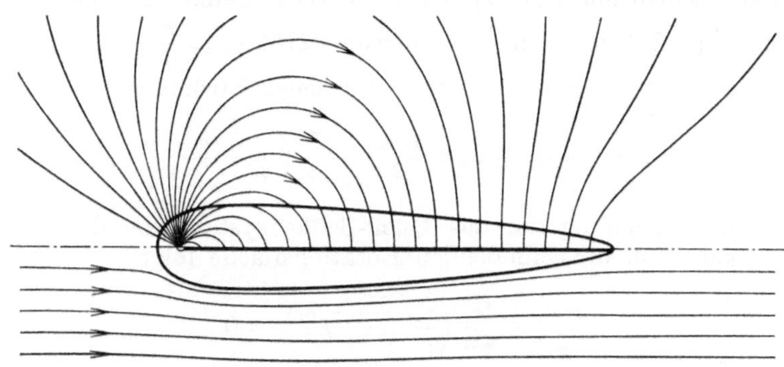

Abb. 116. Strömung um einen Luftschiffkörper. Oben: Stromlinien des angenommenen Quell-Senkensystems. Unten: Stromlinien der äußeren Strömung.

Punktquelle zusammenfällt (Abb. 116). Für die Stromfunktion der Punktquelle erhält man nach (219) und (220)

$$\psi_p = \int_0^r r\,\delta r \frac{\partial \varphi}{\partial z} = \frac{E}{4\pi}\int_0^r r\,\delta r\,\frac{z}{\varrho^3} = \frac{E\,z}{8\pi}\int_0^{r^2} \frac{\delta(r^2)}{(r^2+z^2)^{\frac{3}{2}}}$$

oder

$$\psi_p = \frac{E}{4\pi}\left(1 - \frac{z}{\varrho}\right). \tag{232}$$

Die Stromfunktion der Streckensenke, deren Ergiebigkeit $-E$ ist, ergibt sich aus vorstehendem Ausdruck wie folgt: Zunächst ist für die Elementarsenke im Abstande ξ vom Ursprung (Abb. 114)

$$d\psi_s = -\frac{E\,d\xi}{4\pi l}\left[1 - \frac{z-\xi}{\varrho'}\right],$$

wo

$$\varrho' = \sqrt{(z-\xi)^2 + r^2}.$$

Demnach wird

$$\psi_s = -\frac{E}{4\pi l}\int_0^l \left[1 - \frac{z-\xi}{\varrho'}\right] d\xi$$

$$= -\frac{E}{4\pi}\left\{1 - \frac{1}{l}\int_0^l \frac{z-\xi}{[(z-\xi)^2 + r^2]^{\frac{1}{2}}}\,d\xi\right\}$$

$$= -\frac{E}{4\pi}\left\{1 + \frac{\sqrt{(z-l)^2 + r^2} - \sqrt{z^2 + r^2}}{l}\right\}$$

oder mit $\sqrt{z^2 + r^2} = \varrho_1$; $\sqrt{(z-l)^2 + r^2} = \varrho_2$ (Abb. 114)

$$\psi_s = -\frac{E}{4\pi}\left\{1 + \frac{\varrho_2 - \varrho_1}{l}\right\}. \tag{233}$$

Kombiniert man nun Punktquelle und Streckensenke mit einer Parallelströmung ($\parallel$ Z-Achse), für welche nach (216) $\psi_0 = \frac{r^2}{2} v_0$ ist, so erhält man schließlich als Stromfunktion der neuen Strömung:

$$\psi = \psi_p + \psi_s + \psi_0 = \frac{r^2 v_0}{2} - \frac{E}{4\pi}\left(\frac{z}{\varrho} + \frac{\varrho_2 - \varrho_1}{l}\right),$$

woraus als Gleichung der das Quell-Senkensystem von der Gesamtergiebigkeit Null umschließenden Rotationsfläche folgt:

$$\frac{r^2 v_0}{2} - \frac{E}{4\pi}\left(\frac{z}{\varrho} + \frac{\varrho_2 - \varrho_1}{l}\right) = 0 .$$

Nachdem ψ bekannt ist, können die Geschwindigkeitskomponenten v_z und v_r nach (216) berechnet werden.

In Abb. 116 ist die Meridiankurve mit den Stromlinien des Quell-Senkensystems (oben) und den Stromlinien der äußeren Strömung (unten) dargestellt. Je nach dem Verhältnis $\frac{v_0}{E}$ wird die Form der Meridiankurve verschieden ausfallen. In der oben zitierten Arbeit von Fuhrmann ist ein graphisches Verfahren entwickelt worden, welches gestattet, die durch verschiedene Verhältnisse $\frac{v_0}{E}$ bedingten Formen auf relativ einfache Weise miteinander zu vergleichen.

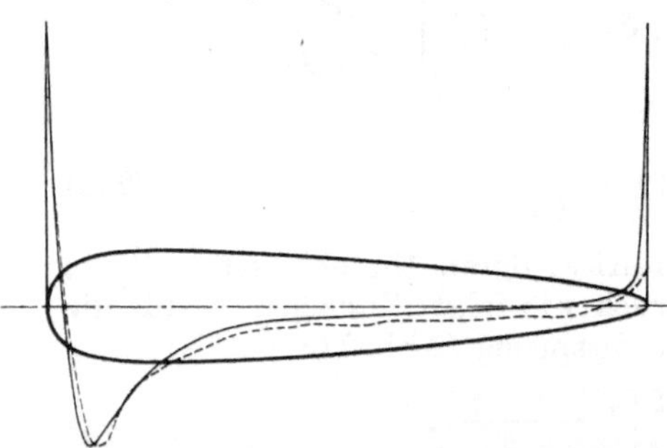

Abb. 117. Druckverteilung an einem Luftschiffkörper. Die ausgezogene Linie gibt die berechneten, die punktierte Linie die gemessenen Drücke an.

Durch andere Anordnung der Quellen und Senken lassen sich natürlich auch andere Formen der Meridiankurve erzeugen. Um den Druckverlauf zu bestimmen, kann man wieder von Gleichung (230) ausgehen und den Druck für eine Reihe von Punkten der Oberfläche ermitteln. Man erhält dann für das hier behandelte Beispiel das in Abb. 117 dargestellte Diagramm, in welchem die ausgezogene Linie die nach der Potentialtheorie berechnete Druckverteilung angibt, die punktierte dagegen die am Modell gemessene. Man erkennt, daß die Übereinstimmung ganz befriedigend ist, bis auf das hintere Ende, an welchem sich der Einfluß der Wirbelbildung bei der wirklichen Bewegung bemerkbar macht. Ermittelt man für eine Reihe verschiedener Ballonformen die zugehörigen Druckdiagramme, so läßt sich durch

Vergleich derselben diejenige Form herausfinden, welche den günstigsten Druckverlauf am Körper gewährleistet[1].

Schließlich sei an dieser Stelle noch darauf hingewiesen, daß die hier für axialsymmetrische Körper besprochene Quell-Senkenmethode in analoger Weise auch zur Untersuchung ebener Strömungen um beliebig gestaltete zylindrische Konturen benutzt werden kann[2].

10. Potentialbewegung mit Trennungsflächen.

Auf S. 172 war gezeigt, daß nach der Idealtheorie der Gesamtdruck einer stationären Parallelströmung auf eine in ihr festgehaltene Kugel den Wert Null hat, was in offenbarem Widerspruch zu der Erfahrung steht. Zur Erklärung dieser Abweichung gingen H. Helmholtz[3] und G. Kirchhoff[4] von der Vorstellung aus, daß bei der Umströmung von Körpern in der reibungsfreien Flüssigkeit Unstetigkeits- oder Trennungsflächen auftreten, zu deren beiden Seiten die Flüssigkeit mit verschiedenen Geschwindigkeiten aneinander vorbeigleitet.

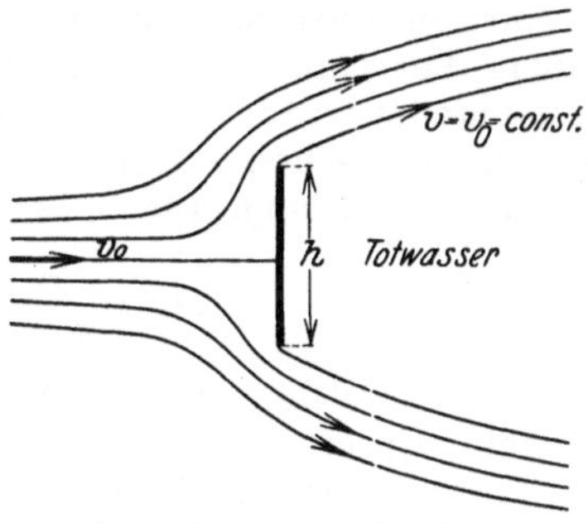

Abb. 118. Strömung mit Trennungsflächen um eine unendlich lange Platte.

Setzt man etwa eine dünne Platte von der Höhe h und unendlicher Tiefenausdehnung einem Flüssigkeitsstrome aus, dessen Geschwindigkeit im Unendlichen (d. h. im ungestörten Zustande) v_0 sei (Abb. 118), so würde sich nach der gewöhnlichen Potentialtheorie ein Stromlinienbild einstellen, bei dem die Strömung auf der Vorder- und Rückseite der Platte symmetrisch ausgebildet wäre, d. h. die Stromlinien würden sich hinter der Platte wieder genau so zusammenschließen wie vor der Platte (vgl. Abb. 141, S. 216). Ein resultierender Druck könnte also aus Symmetriegründen nicht auftreten. Andererseits würde die Randstromlinie bei scharfer Plattenkante am oberen und unteren Plattenende einen Knick aufweisen, was praktisch nicht möglich ist. Um diese Unstimmigkeit zu umgehen, kann man sich vorstellen, daß die Flüssigkeit sich zwar auf der Vorderseite der Platte genau so verhält wie im Falle der gewöhnlichen Potentialströmung, daß sie sich dagegen an den Kanten ablöst, so daß hinter der Platte ein Totwassergebiet entsteht, in dem

[1] Vgl. hierzu auch Th. v. Kármán: Berechnung der Druckverteilung an Luftschiffkörpern, Abhandlungen aus dem Aerodynam. Inst. der T. H. Aachen, H. 6, S. 3, Berlin 1927, wo die Aufgabe behandelt wird, für eine gegebene Luftschiffform (Z. R. III) die Ergiebigkeitswerte der Quellen und Senken bei einer stufenweise konstant angenommenen Quell-Senkenbelegung zu bestimmen.

[2] Föttinger, H.: Jahrb. Schiffbautechn. Ges. **1924**, 306, wo das Verfahren auf Turbinen- und Zentrifugalpumpenschaufeln angewandt wird.

[3] Helmholtz, H.: Über diskontinuierl. Flüssigkeitsbewegungen. Monatsber. Akad. Wissensch. Berlin **1868**. Zwei hydrodynam. Abhandl. Ostwalds Klassiker Nr. 79.

[4] Kirchhoff, G.: Zur Theorie freier Flüssigkeitsstrahlen. Crelles J. 70 (1869).

die Flüssigkeit ruht und durch zwei Unstetigkeitsflächen von der äußeren Flüssigkeit abgetrennt ist. Auf diese Weise entsteht ein unsymmetrisches Strömungsbild und demnach auch ein resultierender Druck auf die Platte. Im Totwassergebiet — also auch in den Trennungsflächen — herrscht konstanter Druck, woraus nach der Energiegleichung (148) folgt, daß auch die Größe der Geschwindigkeit der äußeren Strömung in den Trennungsflächen konstant sein muß. Da aber die Trennungsflächen sich theoretisch bis ins Unendliche erstrecken, so muß die Geschwindigkeit in den Trennungsflächen den Betrag v_0 der ungestörten Strömung annehmen.

Man kann die vorliegende Aufgabe als ebenes Problem mittels einer konformen Abbildung behandeln, wobei der Geschwindigkeitsplan (Hodograph) — den man erhält, indem man die den einzelnen Flüssigkeitselementen einer Stromlinie zugehörigen Geschwindigkeitsvektoren von einem Festpunkt aus aufträgt und die Endpunkte dieser Vektoren miteinander verbindet — als konforme Abbildung des Bildes der äußeren Strömung erscheint. Auf diese Weise hat Kirchhoff[1] den Druck auf die unendlich lange Platte berechnet und dafür den Wert

$$D = \frac{\pi}{4+\pi} h \varrho v_0^2 = 0{,}88\, h \frac{\varrho}{2} v_0^2$$

gefunden, welcher etwa halb so groß ist wie der durch Versuche ermittelte Druck.

Trotz dieser erheblichen Abweichung steht die Helmholtz-Kirchhoffsche Überlegung doch insofern in Übereinstimmung mit der Wirklichkeit, als eine Ablösung der Flüssigkeit vom Körper tatsächlich stattfindet, und zwar auch dann, wenn der Körper keine scharfen Ecken und Kanten besitzt (wobei allerdings die Reibung an der Wand eine wesentliche Rolle spielt). Dagegen sind, wie Erfahrung und Theorie lehren, solche Trennungsschichten zwischen zwei Flüssigkeitsmassen gleicher Dichte labil und lösen sich in einzelne Wirbel auf, die dann eine Änderung des Strömungsbildes und eine Erhöhung des resultierenden Druckes zur Folge haben (vgl. hierzu das Kapitel über den Flüssigkeitswiderstand, S. 217)[2].

11. Hydrodynamischer Auftrieb.

Bei der Besprechung der Strömung um ein Tragflügelprofil wurde auf S. 159 bereits gezeigt, daß zur Entstehung eines Auftriebes das Vorhandensein einer translatorischen und einer zirkulatorischen Strömung notwendig ist. Zur Ermittlung des für die Flugtechnik besonders wichtigen Auftriebswertes hat die moderne Aerodynamik geeignete Verfahren entwickelt, auf welche an dieser Stelle allerdings nur kurz ein-

[1] Vgl. oben; die Rechnung ist zu finden in Fuchs-Hopf: Aerodynamik **1922**, 152.

[2] Die Berechnung des Flüssigkeitsdruckes auf ein Hindernis von beliebiger Form ist in Fortführung des Helmholtz-Kirchhoffschen Gedankens in neuerer Zeit von Levi-Civita durchgeführt worden. Rend. Palermo **23**, 1 (1907).

gegangen werden kann. Begründet wurden diese insbesondere von W. Kutta[1] und N. Joukowsky[2].

In Abb. 119 stelle K den Querschnitt eines ruhenden, unendlich langen Zylinders dar, welcher einer ebenen, reibungs- und wirbelfreien Strömung, rechtwinklig zur Zylinderachse, ausgesetzt sei. Das Koordinatensystem werde so gewählt, daß die positive X-Achse mit der Geschwindigkeitsrichtung der Strömung im Unendlichen zusammenfällt, der Koordinatenursprung sei innerhalb des betrachteten Profils angenommen.

Zur Ermittlung des Auftriebs, dessen Komponenten mit P_x und P_y bezeichnet seien, wende man den Impulssatz an, wonach die Summe aller auf eine abgegrenzte Flüssigkeitsmasse wirkenden äußeren Kräfte gleich der zeitlichen Änderung des Impulses dieser Masse ist (vgl. S. 58). Als abgegrenzten Flüssigkeitsbereich betrachte man eine Schicht von der Dicke „Eins", die einerseits durch den gegebenen Zylinder vom Querschnitt K begrenzt ist, andererseits durch einen Kreiszylinder K' vom Radius R, dessen Achse durch O geht, und der den ersten Zylinder vollkommen umschließt. Es genügt dann, die Untersuchung auf die Bildebene der Abb. 119 zu beschränken.

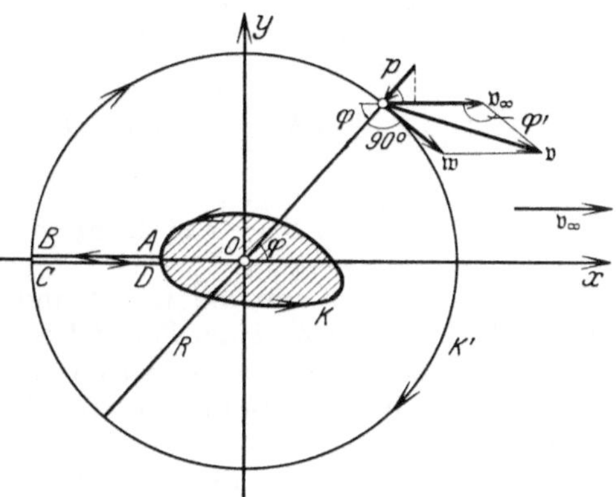

Abb. 119. Zur Berechnung des hydrodynamischen Auftriebs auf das Profil K.

Auf den so begrenzten Flüssigkeitsbereich wirken — wenn man von der Schwere absieht — als äußere Kräfte die Drücke am Umfang des Kreises K', ferner der Druck, den das Profil K auf die Flüssigkeit ausübt, der also das Entgegengesetzte des Auftriebes darstellt. Im Falle stationärer Strömung besteht die Impulsänderung der den betrachteten Bereich erfüllenden Masse nur aus dem Überschuß des in der Zeiteinheit durch den Kreisumfang K' austretenden über den eintretenden Impuls. Beachtet man noch, daß durch ein Element $ds = R \cdot d\varphi$ des Kreises K' in radialer Richtung pro Zeiteinheit die Masse $\varrho v_R R\, d\varphi$ austritt, wo ϱ die Dichte und v_R die nach auswärts positive radiale Geschwindigkeit bezeichnen, so erhält man als gesamte Impulsänderung für die beiden Koordinatenrichtungen:

$$\frac{dJ_x}{dt} = \int_0^{2\pi} \varrho\, v_R R\, d\varphi\, v_x\,; \qquad \frac{dJ_y}{dt} = \int_0^{2\pi} \varrho\, v_R R\, d\varphi\, v_y$$

[1] Kutta, W.: Über eine mit den Grundlagen des Flugproblems in Beziehung stehende zweidimensionale Strömung. Sitzungsber. bayr. Akad. Wiss. München **1910**. — Über ebene Zirkulationsströmungen nebst flugtechn. Anwendungen. Ebenda **1911**.

[2] Joukowsky, N.: Aerodynamique. Paris 1916.

und demnach als Komponentengleichungen des Impulssatzes

$$\left.\begin{aligned} -P_x - R\int_0^{2\pi} p\,d\varphi\cos\varphi &= \varrho R\int_0^{2\pi} v_R v_x\,d\varphi\,,\\ -P_y - R\int_0^{2\pi} p\,d\varphi\sin\varphi &= \varrho R\int_0^{2\pi} v_R v_y\,d\varphi\,. \end{aligned}\right\} \tag{234}$$

Für den Druck p gilt nach der Energiegleichung (148)

$$p = \varrho k - \frac{\varrho}{2} v^2\,.$$

Führt man diesen Wert in (234) ein, so wird — da ϱ und k Konstante sind — wegen $\int_0^{2\pi}\cos\varphi\,d\varphi = \int_0^{2\pi}\sin\varphi\,d\varphi = 0$

$$\left.\begin{aligned} P_x &= \varrho R\left[\frac{1}{2}\int_0^{2\pi} v^2\cos\varphi\,d\varphi - \int_0^{2\pi} v_R v_x\,d\varphi\right],\\ P_y &= \varrho R\left[\frac{1}{2}\int_0^{2\pi} v^2\sin\varphi\,d\varphi - \int_0^{2\pi} v_R v_y\,d\varphi\right]. \end{aligned}\right\} \tag{235}$$

Man denke sich nun die Geschwindigkeit $\mathfrak{v}$ zusammengesetzt aus der Geschwindigkeit $\mathfrak{v}_\infty$ einer Parallelströmung in Richtung der X-Achse und einer Geschwindigkeit $\mathfrak{w}$, welche $\mathfrak{v}_\infty$ dahin abändert, daß das gegebene Profil in der vorausgesetzten Weise umströmt wird. Weitergehende theoretische Überlegungen zeigen, daß der Betrag w des Geschwindigkeitsvektors $\mathfrak{w}$ mit wachsendem Abstande R von O mindestens wie $\frac{1}{R}$ kleiner wird, daß er auf einem Kreise mit hinreichend großem Radius R bis auf einen von höherer Ordnung kleinen Fehler konstant ist, und daß $\mathfrak{w}$ tangential zu diesem Kreis gerichtet ist[1].

Wählt man also den Radius R des Kreises, welcher den betrachteten Flüssigkeitsbereich nach außen hin abgrenzt, entsprechend groß, so wird (Abb. 119)

$$v^2 = v_\infty^2 + w^2 - 2\,v_\infty w\cos\varphi'$$

oder, wegen $\cos\varphi' = -\sin\varphi$,

$$v^2 = v_\infty^2 + w^2 + 2\,v_\infty w\sin\varphi$$

und ferner

$$v_R = v_\infty\cos\varphi\,; \quad v_x = v_\infty + w\sin\varphi\,; \quad v_y = -w\cos\varphi\,.$$

Setzt man die vorstehenden Werte in die Gleichungen (235) ein und beachtet, daß v_∞ und w auf dem Kreise K' konstant sind, so erhält man wegen

$$\int_0^{2\pi}\cos\varphi\,d\varphi = \int_0^{2\pi}\sin\varphi\,d\varphi = 0$$

$$P_x = \varrho R\left[v_\infty w\int_0^{2\pi}\sin\varphi\cos\varphi\,d\varphi - v_\infty w\int_0^{2\pi}\sin\varphi\cos\varphi\,d\varphi\right] = 0\,,$$

$$P_y = \varrho R\left[v_\infty w\int_0^{2\pi}\sin^2\varphi\,d\varphi + v_\infty w\int_0^{2\pi}\cos^2\varphi\,d\varphi\right] = 2\,\varrho R v_\infty w\pi\,.$$

[1] Grammel, R.: Die hydrodynam. Grundlagen d. Fluges **1917**, 11 u. 34.

Aus diesen Gleichungen folgt zunächst, daß der Auftrieb wegen $P_x = 0$ rechtwinklig zur X-Achse bzw. zur Anströmungsgeschwindigkeit $\mathfrak{v}_\infty$ gerichtet ist. Die in dem Ausdruck für P_y noch unbekannte Geschwindigkeit w kann man aus einer Betrachtung über die Zirkulation ableiten. Zu diesem Zwecke verbinde man das gegebene Profil K und den Kreis K' durch zwei unendlich benachbarte Linien AB und CD. Der von diesen beiden Linien, dem Profile K und dem Kreise K' eingeschlossene Bereich stellt jetzt einen einfach zusammenhängenden Raum dar, in dem die Strömung nach Voraussetzung wirbelfrei verlaufen soll. Dann muß nach S. 115 die Zirkulation längs der Linie AB—Kreis K'—CD—Profil K (vgl. die Pfeilrichtung in Abb. 119) verschwinden. Beachtet man noch, daß die Linien AB und CD im entgegengesetzten Sinne durchlaufen werden, also keinen Beitrag zur Zirkulation liefern, so wird

$$\oint_{(K')} \mathfrak{v}\, d\mathfrak{s} + \oint_{(K)} \mathfrak{v}\, d\mathfrak{s} = 0$$

oder

$$\oint_{(K')} \mathfrak{v}\, d\mathfrak{s} = \oint_{(K)} \mathfrak{v}\, d\mathfrak{s}\,, \tag{236}$$

d. h. die Zirkulation des Kreises K' ist gleich der Zirkulation längs des gegebenen Profiles K.

Im vorliegenden Falle ist

$$\oint_{(K')} \mathfrak{v}\, d\mathfrak{s} = \oint_{(K')} (\mathfrak{v}_\infty + \mathfrak{w})\, d\mathfrak{s}\,.$$

Da aber $\mathfrak{v}_\infty = \text{const.}$ und $\oint d\mathfrak{s} = 0$, ferner $\mathfrak{w}$ tangential an den Kreis K' gerichtet ist und einen konstanten Betrag hat, so wird

$$\oint_{(K')} \mathfrak{v}\, d\mathfrak{s} = \oint_{(K')} w\, ds = 2\pi R w$$

und nach (236)

$$\oint_{(K)} \mathfrak{v}\, d\mathfrak{s} = \Gamma = 2\pi R w\,.$$

Mit diesem Werte geht schließlich P_y, d. h. P, über in

$$P = \varrho\, \Gamma\, v_\infty\,, \tag{237}$$

womit der gesuchte Auftrieb — bezogen auf die Tiefe „Eins" — gefunden ist. Seine Richtung ist gegen diejenige der Anströmungsgeschwindigkeit $\mathfrak{v}_\infty$ um 90^0 gegen den Uhrzeigersinn gedreht, falls die Zirkulation Γ im Sinne des Uhrzeigers positiv gerechnet wird. Ist also v_∞ gegeben und Γ bekannt, so läßt sich der Auftrieb P bestimmen. (Über die Ermittlung der Zirkulation für Joukowskysche Tragflügelprofile vgl. S. 164.)

Gleichung (237) spricht den nach seinen Entdeckern benannten Kutta-Joukowskyschen Satz aus. Aus ihm folgt, daß weder eine translatorische Strömung ohne Zirkulation ($\Gamma = 0$) noch eine zirkulatorische Strömung allein ($v_\infty = 0$) einen dynamischen Auftrieb zu erzeugen vermögen. (Über die Entstehung der Zirkulation vgl. S. 216.)

Im Flugwesen spielt außer der Größe und Richtung des Auftriebs auch die Lage seiner Angriffslinie eine Rolle. Um diese festzulegen, bestimmt man gewöhnlich das Moment des Auftriebs um einen Punkt der Bildebene. Auch dieses Moment läßt sich durch Impulsbetrachtungen ermitteln, worauf hier indessen nicht weiter eingegangen werden kann. Es muß vielmehr auf die hierüber bestehende Spezialliteratur verwiesen werden[1].

Die hier vorgetragene Theorie des Auftriebs stimmt — ebenso wie die auf S. 165 besprochene Druckverteilung an einem Joukowsky-Profil nach den Versuchen von Betz[2] gut mit der Wirklichkeit überein, solange es sich um eine ebene Flügelströmung handelt. Bei den Tragflügeln von endlicher Spannweite ist diese Voraussetzung — selbst bei großer Spannweite im Verhältnis zur Profiltiefe — jedoch nicht mehr erfüllt. Es macht sich hier der Einfluß der Enden störend bemerkbar, so daß die Versuche erhebliche Abweichungen gegenüber der Theorie aufweisen. Außerdem liefert die ebene Auftriebstheorie keine resultierende Kraft in der Strömungsrichtung, d. h. keinen Strömungswiderstand (da ja $P_x = 0$ ist, s. oben), was mit der Erfahrung in Widerspruch steht. Selbst wenn man die Oberflächenreibung berücksichtigt, gelangt man nur zu Widerstandswerten, die kleiner sind als die tatsächlich auftretenden. Die Theorie bedarf also nach verschiedenen Seiten hin einer Erweiterung, über welche im zweiten Bande bei der Besprechung der Tragflügeltheorie genauere Angaben folgen werden.

Im Zusammenhange mit der obigen Theorie des Auftriebs steht eine Erscheinung, die unter dem Namen Magnus-Effekt bekannt ist und bei der Strömung um einen rotierenden Zylinder beobachtet wird. Infolge der Oberflächenreibung am Zylinder wird die ihn umgebende Flüssigkeit (Luft) in eine zirkulatorische Bewegung versetzt, so daß beim Anströmen des Zylinders durch eine quer zur Achse gerichtete translatorische Strömung ganz ähnliche Verhältnisse entstehen, wie sie der Auftriebsberechnung zugrunde gelegt wurden. Es tritt dabei ein Quertrieb auf, welcher in neuerer Zeit zur Konstruktion sog. Rotoren (Flettner) für Schiffe benutzt worden ist[3].

C. Wirbelbewegung[4].

1. Grundbegriffe und Grundgesetze.

Der Begriff der Wirbelbewegung wurde bereits auf S. 112 erläutert. Es zeigte sich dort, daß die Gesamtheit der Bewegungen idealer Flüssigkeiten in zwei Hauptklassen unterteilt werden kann: Wirbelbewegungen, bei denen die die wirbelnde Flüssigkeitsmasse bildenden Teilchen Elementarrotationen ausführen, und wirbelfreie oder Potentialbewegungen, bei denen dieses nicht der Fall ist. Im Gegensatz zu der zuletzt genannten Klasse existiert für die erstgenannte Bewegungsart kein Geschwindigkeitspotential. Nun gibt es zwar auch Strömungen, bei denen Flüssigkeit rotiert, und für welche doch ein Geschwindigkeitspotential vorhanden ist, wie z. B. die auf S. 156 behandelte Zirkulations-

[1] Grammel, R.: Die hydrodynam. Grundlagen des Fluges **1917**. v. Mises, R.: Zur Theorie des Tragflächenauftriebs. Z. Flugtechn. **1917**, 157; **1920**, 68. Fuchs-Hopf: Aerodynamik **1922**.

[2] Vgl. das Lit.-Zitat auf S. 165.

[3] Prandtl, L.: Naturwiss. **1925**, 93. Betz, A.: Z. V. D. I. **1925**, 9.

[4] Handb. d. Physik von Geiger und Scheel **7**, 26 u. f. (1927); Handb. phys. techn. Mech. von Auerbach u. Hort **5 I**, 115 u. f. (1927). Prandtl-Tietjens: Hydro- u. Aeromechanik **1929**, 175 u. f.

strömung um einen Kreiszylinder. In diesem Falle handelt es sich aber um keine Wirbelbewegung, da für eine solche nicht eine Rotation schlechthin maßgebend ist, sondern eine Rotation der einzelnen Elemente um ihre eigene Achse, für welche also der Wirbelvektor

$$\mathfrak{u} = \mathfrak{i}\,\xi + \mathfrak{j}\,\eta + \mathfrak{k}\,\zeta = \tfrac{1}{2}\,\mathrm{rot}\,\mathfrak{v} \tag{238}$$

einen von Null verschiedenen Wert hat (vgl. S. 112 und 113). Die Komponenten dieses Vektors heißen die Drehungs- oder Wirbelkomponenten und sind nach (134)

$$\xi = \frac{1}{2}\left(\frac{\partial v_z}{\partial y} - \frac{\partial v_y}{\partial z}\right); \quad \eta = \frac{1}{2}\left(\frac{\partial v_x}{\partial z} - \frac{\partial v_z}{\partial x}\right); \quad \zeta = \frac{1}{2}\left(\frac{\partial v_y}{\partial x} - \frac{\partial v_x}{\partial y}\right). \tag{239}$$

Der Vektor $\mathfrak{u}$ fällt in die Richtung der Drehungsachse des betreffenden Flüssigkeitselements; sein Betrag — die Winkelgeschwindigkeit der Drehbewegung — ist

$$u = \sqrt{\xi^2 + \eta^2 + \zeta^2}\,.$$

Differenziert man die Ausdrücke (239) der Reihe nach partiell nach x, y, z und addiert, so folgt

$$\frac{\partial \xi}{\partial x} + \frac{\partial \eta}{\partial y} + \frac{\partial \zeta}{\partial z} = 0\,. \tag{240}$$

Diese Gleichung bildet ein Analogon zur Kontinuitätsgleichung für raumbeständige Flüssigkeiten. Man kann dafür vektoriell auch schreiben

$$\mathrm{div}\,\mathfrak{u} = 0 \tag{240a}$$

oder mit Rücksicht auf (137)

$$\mathrm{div}\ \mathrm{rot}\ \mathfrak{v} = 0\,.$$

Die Linien, welche an jeder Stelle eines mit wirbelnder Flüssigkeit erfüllten Raumes in Richtung des Wirbelvektors (bzw. der Drehachse) des an dieser Stelle befindlichen Flüssigkeitsteilchens verlaufen, heißen Wirbellinien; sie sind bestimmt durch die Gleichungen (vgl. S. 119)

$$\xi : \eta : \zeta = dx : dy : dz\,. \tag{241}$$

Die Gesamtheit der durch eine kleine geschlossene Kurve gelegten Wirbellinien bezeichnet man als Wirbelröhre (vgl. Abb. 39), den Flüssigkeitsinhalt derselben als Wirbelfaden.

Die grundlegenden Gesetze über die Wirbelbewegung, welche nachstehend kurz besprochen werden, sind von Helmholtz in allgemeiner Form entwickelt worden.

Eine erste wichtige Aussage über das Wesen der Wirbelbewegung liefert der auf S. 115 bewiesene Satz von Thomson, nach welchem unter der Voraussetzung, daß die äußeren Kräfte ein Potential besitzen, die Zirkulation um eine geschlossene Linie, die dauernd von denselben Flüssigkeitsteilchen gebildet wird, von der Zeit unabhängig ist. War nun die Bewegung dieser Teilchen zur Zeit $t = 0$ eine Wirbelbewegung, die Zirkulation also von Null verschieden, so muß die Bewegung dauernd wirbelig bleiben, da die Zirkulation sich nicht ändern kann. War die

Bewegung dagegen am Anfang wirbelfrei (Potentialbewegung), so bleibt sie dauernd wirbelfrei. Dabei ist jedoch zu beachten, daß eine Flüssigkeitsmasse aus Teilen bestehen kann, die eine Potentialbewegung ausführen, und solchen, die sich wirbelig bewegen.

Eine wichtige Beziehung zwischen der Zirkulation Γ und dem Wirbelvektor $\mathfrak{u}$ liefert der Stokessche Satz (141a), wonach

$$\Gamma = \oint \mathfrak{v}\, d\mathfrak{s} = 2\int \mathfrak{u}\, d\mathfrak{F} = 2\int \mathfrak{u}\, \mathfrak{e}\, dF\,. \tag{242}$$

Bezeichnet man in Analogie zu $\int \mathfrak{v}\, d\mathfrak{F}$ (S. 107) das Integral $\int \mathfrak{u}\, d\mathfrak{F}$ als Wirbelfluß durch die Fläche F, so spricht die vorstehende Gleichung den Satz aus, daß die Zirkulation um die Randkurve s einer beliebigen Fläche F gleich dem doppelten Wirbelfluß durch diese Fläche ist.

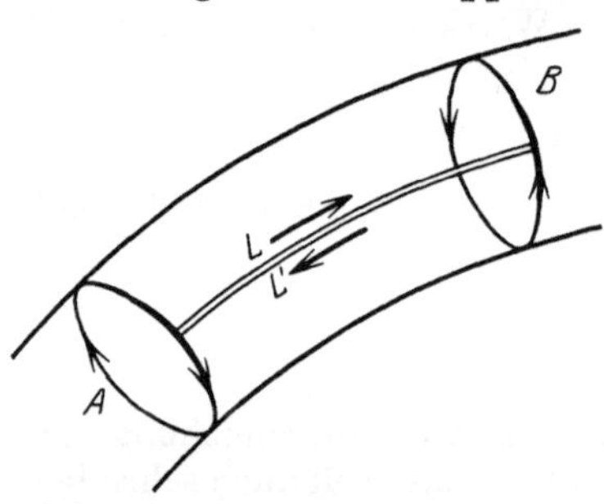

Abb. 120. Geschlossene Linie auf der Mantelfläche einer Wirbelröhre.

Dieser Satz sei jetzt auf irgendeine geschlossene Linie auf der Oberfläche eines Wirbelfadens oder, was dasselbe ist, auf der Mantelfläche einer Wirbelröhre angewandt. Da nach Definition $\mathfrak{u}$ immer in die Mantelfläche fällt, so steht die Normalenrichtung $\mathfrak{e}$ irgend eines Flächenelements dieser Mantelfläche rechtwinklig zu $\mathfrak{u}$, weshalb nach (242) die Zirkulation Γ längs der geschlossenen Linie verschwindet. Nach dem Satz von Thomson bleibt sie aber dauernd gleich Null, woraus folgt, daß die Flüssigkeitsteilchen einer Wirbelröhre dauernd eine Wirbelröhre bilden müssen. Dasselbe gilt auch von der Wirbellinie als dem elementaren Bestandteil der Wirbelröhre; sie wird stets von denselben Flüssigkeitsteilchen gebildet, auch wenn sie sich fortbewegt oder ihre Form ändert (1. Helmholtzscher Wirbelsatz).

Man betrachte jetzt zwei auf einer Wirbelröhre liegende, diese umschlingende Linien A und B. Verbindet man diese Linien gemäß Abb. 120 noch durch eine Doppellinie LL' und wendet auf die so entstehende geschlossene Linie $ALBL'$ den Satz von Stokes an, so wird, wie oben bereits erläutert, die Zirkulation längs dieser Linie gleich Null. Es ist also, da L und L' unendlich benachbart sind und außerdem im entgegengesetzten Sinne durchlaufen werden,

$$\Gamma = \oint_{(A)} \mathfrak{v}\, d\mathfrak{s} + \oint_{(B)} \mathfrak{v}\, d\mathfrak{s} = 0$$

oder

$$\oint_{(A)} \mathfrak{v}\, d\mathfrak{s} = \oint_{(B)} \mathfrak{v}\, d\mathfrak{s}\,,$$

d. h. die Zirkulation hat für jede eine Wirbelröhre umschlingende Linie denselben Wert.

Ist der Wirbelfaden sehr dünn (Abb. 121), dann kann $\mathfrak{u}$ für jeden Punkt eines Fadenquerschnitts als konstant angenommen werden und steht überall normal zum Querschnitt. In diesem Falle liefert (242)

$$\Gamma = 2\,u\,f\,, \tag{243}$$

wo f einen beliebigen Fadenquerschnitt bezeichnet. Da aber die Zirkulation längs jeder Querschnittsberandung konstant ist, so folgt

$$u\,f = \text{const.} \tag{244}$$

oder in Worten: Das Produkt aus der Winkelgeschwindigkeit u und dem Fadenquerschnitt f ist längs des Fadens konstant. Man bezeichnet dieses Produkt auch als Wirbelmoment. Da Γ nach dem Satze von Thomson auch zeitlich konstant ist, so kann der vorstehende Satz noch wie folgt erweitert werden: Das Wirbelmoment ist für jeden Wirbelfaden zeitlich und räumlich unveränderlich (2. Helmholtzscher Wirbelsatz).

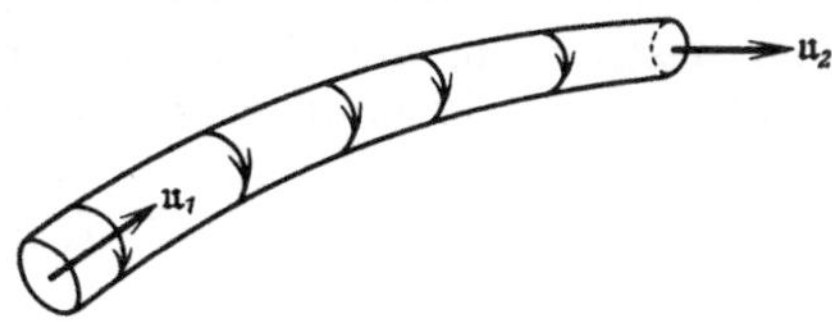

Abb. 121. Wirbelfaden.

Aus (243) kann gefolgert werden, daß ein Wirbelfaden — und damit auch eine Wirbellinie — im Innern einer Flüssigkeit weder beginnen noch enden kann. Wäre letzteres der Fall, so könnte an dieser Stelle die Kontinuitätsbedingung (240a) nicht erfüllt sein. Eine Wirbellinie muß sich also entweder bis an die Grenzen der Flüssigkeit erstrecken oder, in sich zusammenlaufend, einen Wirbelring bilden. Nach dem ersten Helmholtzschen Wirbelsatze muß sich ein solcher Wirbelring als flüssige Linie innerhalb der übrigen Flüssigkeit fortbewegen und zwar so, wie es der Geschwindigkeitsverteilung des ganzen Strömungsfeldes entspricht. Beobachtungen an Rauchringen haben demgegenüber gezeigt, daß diese sich in der umgebenden Luft nach einiger Zeit auflösen. Demnach müssen dabei Kräfte im Spiele sein, für welche kein Potential existiert, so daß der Thomsonsche Satz von der Erhaltung der Zirkulation keine Gültigkeit mehr besitzt. Es sind dieses die inneren Reibungskräfte, welche die vorstehend genannte Abweichung von der für ideale Flüssigkeiten aufgestellten Theorie zur Folge haben.

2. Geschwindigkeitsverteilung in der Umgebung von Wirbeln.

Vorausgesetzt sei eine reibungs- und quellenfreie Flüssigkeit. Es soll untersucht werden, welche Geschwindigkeiten durch in der Flüssigkeit vorhandene Wirbel erzeugt werden[1]. Da bei einer quellenfreien Strömung der Fluß $\int \mathfrak{v}\,d\mathfrak{F}$ durch zwei beliebige offene Flächen, die in dieselbe Randkurve s eingespannt sind, der gleiche ist, so liegt der Gedanke nahe, diesen Fluß durch ein Linienintegral $\oint \mathfrak{w}\,d\mathfrak{s}$ längs dieser Kurve darzustellen, wobei $\mathfrak{w}$ eine noch näher zu bestimmende Vektorfunktion bezeichnet. Man erhält dann

$$\int \mathfrak{v}\,d\mathfrak{F} = \oint \mathfrak{w}\,d\mathfrak{s}\,.$$

Da aber nach dem Satz von Stokes

$$\oint \mathfrak{w}\,d\mathfrak{s} = \int \operatorname{rot} \mathfrak{w}\,d\mathfrak{F}\,,$$

so folgt

$$\int \mathfrak{v}\,d\mathfrak{F} = \int \operatorname{rot} \mathfrak{w}\,d\mathfrak{F}$$

oder

$$\mathfrak{v} = \operatorname{rot} \mathfrak{w}\,. \tag{245}$$

[1] Diese Frage ist von Stokes und Helmholtz beantwortet worden. Vgl. hierzu Lamb: Hydrodynamik S. 245 und Auerbach-Hort: Bd. 5. S. 120.

Für die Geschwindigkeitskomponenten erhält man demnach (S. 111 und 113)

$$v_x = \frac{\partial w_z}{\partial y} - \frac{\partial w_y}{\partial z}; \quad v_y = \frac{\partial w_x}{\partial z} - \frac{\partial w_z}{\partial x}; \quad v_z = \frac{\partial w_y}{\partial x} - \frac{\partial w_x}{\partial y}. \tag{246}$$

Diese erfüllen die Kontinuitätsbedingung (123) bzw. (123a), da nach einem allgemeinen Satz der Vektoranalysis die Divergenz der Rotation immer gleich Null ist, somit wegen (245) auch div $\mathfrak{v}$ verschwindet. Zur Bestimmung der Funktion $\mathfrak{w}$ bzw. ihrer Komponenten stehen jetzt die folgenden Gleichungen zur Verfügung (vgl. S. 111)

$$2\xi = \frac{\partial v_z}{\partial y} - \frac{\partial v_y}{\partial z} = \frac{\partial^2 w_y}{\partial x\,\partial y} - \frac{\partial^2 w_x}{\partial y^2} - \frac{\partial^2 w_x}{\partial z^2} + \frac{\partial^2 w_z}{\partial x\,\partial z}$$

$$= \frac{\partial}{\partial x}\left(\frac{\partial w_x}{\partial x} + \frac{\partial w_y}{\partial y} + \frac{\partial w_z}{\partial z}\right) - \Delta w_x,$$

wo

$$\Delta w_x = \frac{\partial^2 w_x}{\partial x^2} + \frac{\partial^2 w_x}{\partial y^2} + \frac{\partial^2 w_x}{\partial z^2},$$

und zwei entsprechende Beziehungen für 2η und 2ζ. Diese Gleichungen werden befriedigt, wenn man

$$w_x = \frac{1}{2\pi}\int \frac{\xi}{r}\,dV; \quad w_y = \frac{1}{2\pi}\int \frac{\eta}{r}\,dV; \quad w_z = \frac{1}{2\pi}\int \frac{\zeta}{r}\,dV \tag{247}$$

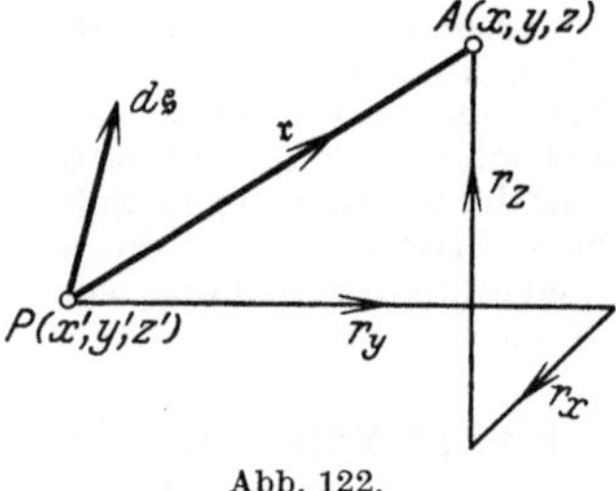

Abb. 122.

setzt, wo r die Entfernung eines veränderlichen Punktes P, in dem das Volumenelement dV gelegen ist, von einem festen Punkte A bezeichnet, dessen Geschwindigkeit bestimmt werden soll; die Integration ist über den ganzen Raum zu erstrecken. Es läßt sich nämlich zeigen, daß die Ausdrücke (247) einmal partielle Integrale der Gleichungen

$$2\xi = -\Delta w_x; \quad 2\eta = -\Delta w_y; \quad 2\zeta = -\Delta w_z$$

darstellen, außerdem aber den Ausdruck $\frac{\partial w_x}{\partial x} + \frac{\partial w_y}{\partial y} + \frac{\partial w_z}{\partial z}$ zu Null machen[1]. Durch Verbindung von (245) und (247) folgt schließlich

$$\mathfrak{v} = \frac{1}{2\pi}\,\mathrm{rot}\int (\mathfrak{i}\,\xi + \mathfrak{j}\,\eta + \mathfrak{k}\,\zeta)\frac{dV}{r} = \frac{1}{2\pi}\,\mathrm{rot}\int \frac{\mathfrak{u}\,dV}{r}. \tag{248}$$

Mit Rücksicht auf spätere Anwendungen sollen die hier gefundenen Beziehungen auf einen einzelnen, in einer sonst wirbelfreien Flüssigkeit liegenden Wirbelfaden von unendlich kleinem Querschnitt f angewandt werden. In diesem Falle ist wegen $dV = f \cdot ds$

$$\mathfrak{u}\,dV = \mathfrak{u}\,f\,ds = u\,f\,d\mathfrak{s},$$

wenn $d\mathfrak{s}$ das in die Richtung von $\mathfrak{u}$ fallende Linienelement des Fadens

[1] Vgl. Lamb: Hydrodynamik, S. 246.

bezeichnet. Da aber nach (243) und (244) $2uf = \Gamma = \text{const.}$ die Zirkulation des Fadens darstellt, so nimmt (248) die Form an

$$\mathfrak{v} = \frac{\Gamma}{4\pi} \operatorname{rot} \int \frac{d\mathfrak{s}}{r} = \frac{\Gamma}{4\pi} \int \operatorname{rot} \frac{d\mathfrak{s}}{r} \,*. \tag{249}$$

Setzt man jetzt (Abb. 122)

$$d\mathfrak{s} = \mathfrak{i}\, dx' + \mathfrak{j}\, dy' + \mathfrak{k}\, dz' \quad \text{und} \quad \mathfrak{r} = \mathfrak{i}\, r_x + \mathfrak{j}\, r_y + \mathfrak{k}\, r_z\,,$$

so wird (S. 112)

$$\operatorname{rot} \frac{d\mathfrak{s}}{r} = \mathfrak{i}\left(\frac{\partial}{\partial y}\frac{1}{r} dz' - \frac{\partial}{\partial z}\frac{1}{r} dy'\right) + \mathfrak{j}\left(\frac{\partial}{\partial z}\frac{1}{r} dx' - \frac{\partial}{\partial x}\frac{1}{r} dz'\right) + \mathfrak{k}\left(\frac{\partial}{\partial x}\frac{1}{r} dy' - \frac{\partial}{\partial y}\frac{1}{r} dx'\right).$$

Da aber

$$\frac{1}{r} = \left\{(x-x')^2 + (y-y')^2 + (z-z')^2\right\}^{-\frac{1}{2}},$$

also

$$\frac{\partial}{\partial x}\frac{1}{r} = -\frac{x-x'}{r^3} = -\frac{r_x}{r^3}; \quad \frac{\partial}{\partial y}\frac{1}{r} = -\frac{r_y}{r^3}; \quad \frac{\partial}{\partial z}\frac{1}{r} = -\frac{r_z}{r^3},$$

so erhält man

$$\operatorname{rot} \frac{d\mathfrak{s}}{r} = -\frac{1}{r^3}\left\{\mathfrak{i}\,(r_y\, dz' - r_z\, dy') + \mathfrak{j}\,(r_z\, dx' - r_x\, dz') + \mathfrak{k}\,(r_x\, dy' - r_y\, dx')\right\},$$

und zwar stellt die geschweifte Klammer das äußere Produkt der Vektoren $\mathfrak{r}$ und $d\mathfrak{s}$ dar, so daß

$$\operatorname{rot} \frac{d\mathfrak{s}}{r} = -\frac{[\mathfrak{r}\, d\mathfrak{s}]}{r^3} = \frac{[d\mathfrak{s}\, \mathfrak{r}]}{r^3},$$

womit schließlich (249) übergeht in

$$\mathfrak{v} = \frac{\Gamma}{4\pi} \int \frac{[d\mathfrak{s}\, \mathfrak{r}]}{r^3}. \tag{249a}$$

Bezeichnet nun ε den von $d\mathfrak{s}$ und $\mathfrak{r}$ eingeschlossenen Winkel (Abb. 123) und δv den Beitrag zum Geschwindigkeitsbetrage v, der von dem Element ds geliefert wird, so ist

$$\delta v = \frac{\Gamma}{4\pi r^2} ds \cdot \sin \varepsilon\,. \tag{250}$$

$\delta \mathfrak{v}$ steht rechtwinklig zu der von $d\mathfrak{s}$ und $\mathfrak{r}$ gebildeten Ebene und ist so gerichtet, daß $d\mathfrak{s}$, $\mathfrak{r}$ und $\delta\mathfrak{v}$ ein Rechtssystem im Raume beschreiben. Dieses Gesetz stellt ein Analogon zu dem Biot-Savartschen Gesetz der Elektrodynamik dar: Dem stromdurchflossenen Leiter entspricht der Wirbelfaden, dem magnetischen Feld das Geschwindigkeitsfeld.

Für einen geraden Wirbelfaden (Abb. 124) ist wegen $ds \cdot \sin \varepsilon = r \cdot d\varepsilon$ nach (250)

$$\delta v = \frac{\Gamma}{4\pi r} d\varepsilon = \frac{\Gamma}{4\pi a} \sin \varepsilon\, d\varepsilon\,,$$

* Vgl. etwa Hütte 1, 25. Aufl., S. 133.

wenn $a = r \cdot \sin \varepsilon$ das Lot von A auf die Wirbelachse bezeichnet. Damit wird:

$$v = \frac{\Gamma}{4 \pi a} \int\limits_{\varepsilon_1}^{\varepsilon_2} \sin \varepsilon \, d\varepsilon = \frac{\Gamma}{4 \pi a} (\cos \varepsilon_1 - \cos \varepsilon_2) ,$$

so daß man für den unendlich langen geraden Wirbelfaden mit $\varepsilon_1 = 0$ und $\varepsilon_2 = \pi$ die Geschwindigkeit

$$v = \frac{\Gamma}{2 \pi a} \tag{251}$$

erhält. Alle Punkte im gleichen Abstand a von der Wirbelachse haben gleiche Geschwindigkeit, die Strömung besitzt also kreisförmige Stromlinien um den Wirbelfaden, deren Ebenen normal zur Wirbelachse

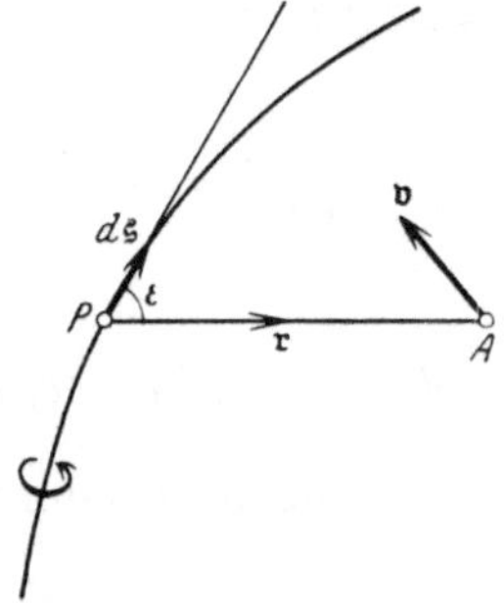

Abb. 123. Geschwindigkeitsfeld in der Umgebung eines einzelnen Wirbelfadens von unendlich kleinem Querschnitt.

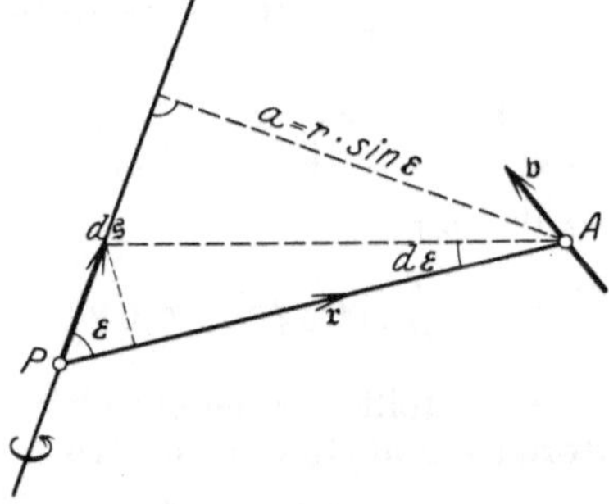

Abb. 124. Unendlich langer, gerader Wirbelfaden von unendlich kleinem Querschnitt (Stabwirbel).

stehen. Auf dem Faden ist wegen $a = 0$ $v = \infty$; dagegen wird mit wachsendem a die Geschwindigkeit v immer kleiner. Man bezeichnet einen derartigen Wirbelfaden auch als Stabwirbel. Auf der Wirkung solcher Stabwirbel beruhen die als Wind- bzw. Wasserhose bekannten Naturerscheinungen. Infolge der sehr großen Geschwindigkeit in unmittelbarer Nähe der Wirbelachse entstehen dort erhebliche Unterdrücke, durch welche Sand, Wasser, Staub usw. angesaugt und in kreisende Bewegung versetzt wird.

Das durch den isolierten geraden Wirbelfaden in der ihn umgebenden wirbelfreien Flüssigkeit erzeugte Geschwindigkeitsfeld besitzt, wie man erkennt, alle Eigenschaften der auf S. 156 besprochenen Zirkulationsströmung um einen Kreiszylinder, in dessen Achse man sich den Wirbelfaden vorstellen muß. Für die Strömung außerhalb des Wirbelfadens existiert ein Geschwindigkeitspotential, und die Elementarbewegung der einzelnen Flüssigkeitsteilchen erfolgt wirbelfrei. Die Wirbelbewegung ist lediglich auf den isolierten Wirbelfaden beschränkt.

3. Geradlinige, parallele Wirbel in einer sonst drehungsfreien Flüssigkeit[1].

Denkt man sich eine nach allen Seiten unbegrenzte Flüssigkeit von einer Anzahl gerader, der Z-Achse paralleler Wirbelfäden von unendlich kleinem Querschnitt durchsetzt, so geht die von ihnen erzeugte Strömung in Ebenen vor sich, welche sämtlich der XY-Ebene parallel sind, und es genügt, wenn man lediglich die Strömung in dieser Ebene betrachtet (ebene Bewegung). In solchen Fällen spricht man auch von Wirbelpunkten in der unbegrenzten Ebene. Von den Wirbelkomponenten verschwinden ξ und η, dagegen ist ζ eine Funktion von x und y. Für die Geschwindigkeitskomponenten v_x und v_y erhält man nach (246)

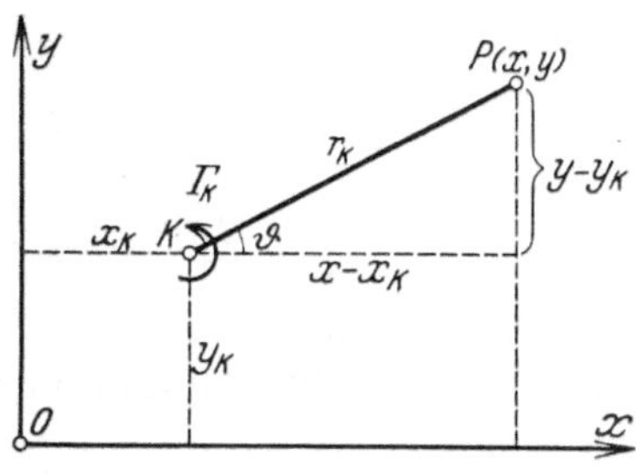

Abb. 125.

$$v_x = \frac{\partial w_z}{\partial y}; \quad v_y = -\frac{\partial w_z}{\partial x},$$

wo w_z durch (247) — auf den vorliegenden Spezialfall angewandt — gegeben ist. Aus dem Vergleich der vorstehenden Ausdrücke mit (154) (S. 124) ergibt sich die Identität von w_z mit der Stromfunktion ψ. Da aber nach S. 184 wegen $w_x = w_y = 0$

$$2\zeta = -\left(\frac{\partial^2 w_z}{\partial x^2} + \frac{\partial^2 w_z}{\partial y^2}\right),$$

so erkennt man, daß ζ mit der Stromfunktion ψ durch die Gleichung

$$\frac{\partial^2 \psi}{\partial x^2} + \frac{\partial^2 \psi}{\partial y^2} = -2\zeta$$

verbunden ist.

Weiter oben wurde bereits gezeigt, daß die von einem einzigen unendlich langen geraden Wirbelfaden erzeugte Strömung identisch ist mit der auf S. 156 behandelten Zirkulationsströmung. Für diese ist mit den Bezeichnungen der Abb. 125, in welcher K den Wirbel und Γ_K die Zirkulation darstellt, das komplexe Strömungspotential

$$w = \varphi + i\psi = -\frac{i\Gamma_K}{2\pi}\ln\{(x - x_K) + i(y - y_K)\}$$

$$= -\frac{i\Gamma_K}{2\pi}\ln(z - z_K)^*, \tag{252}$$

das Geschwindigkeitspotential

$$\varphi = \frac{\Gamma_K}{2\pi}\operatorname{arc\,tg}\frac{y - y_K}{x - x_K}$$

und die Stromfunktion

$$\psi = -\frac{\Gamma_K}{2\pi}\ln r_K.$$

[1] Kirchhoff: Vorl. über Mechanik, 4. Aufl., S. 258 u. f.

* Das negative Vorzeichen steht hier, weil die Zirkulation entgegengesetzt dreht wie in Abb. 103.

Daraus berechnen sich die Geschwindigkeitskomponenten in einem beliebigen Punkte (x, y) außerhalb des Wirbelpunktes zu

$$\left.\begin{aligned} v_x &= \frac{\partial \varphi}{\partial x} = -\frac{\Gamma_K}{2\pi}\frac{y-y_K}{r_K^2}, \\ v_y &= \frac{\Gamma_K}{2\pi}\cdot\frac{x-x_K}{r_K^2}. \end{aligned}\right\} \tag{253}$$

Handelt es sich nicht um einen, sondern um n Wirbelpunkte, so erhält man aus (253) durch Summierung sofort die Geschwindigkeitskomponenten für den Punkt $P(x, y)$ wie folgt:

$$\left.\begin{aligned} v_x &= -\frac{1}{2\pi}\sum_K \Gamma_K \frac{y-y_K}{r_K^2}, \\ v_y &= \frac{1}{2\pi}\sum_K \Gamma_K \frac{x-x_K}{r_K^2}, \end{aligned}\right\} \quad (K = 1, 2, 3, \ldots). \tag{254}$$

In gleicher Weise können komplexes Potential, Geschwindigkeitspotential und Stromfunktion aus den oben entwickelten Ausdrücken gefunden werden.

Unter Beachtung von (254) ergibt sich

$$\Gamma_1 v_{x_1} + \Gamma_2 v_{x_2} + \Gamma_3 v_{x_3} + \cdots = -\frac{\Gamma_1}{2\pi}\left\{\Gamma_2\frac{y_1-y_2}{r_{12}^2} + \Gamma_3\frac{y_1-y_3}{r_{13}^2} + \cdots\right\}$$
$$-\frac{\Gamma_2}{2\pi}\left\{\Gamma_1\frac{y_2-y_1}{r_{12}^2} + \Gamma_3\frac{y_2-y_3}{r_{23}^2} + \cdots\right\} - \frac{\Gamma_3}{2\pi}\left\{\Gamma_1\frac{y_3-y_1}{r_{13}^2} + \Gamma_2\frac{y_3-y_2}{r_{23}^2} + \cdots\right\} + \cdots,$$

wo v_{x_1}, v_{x_2} usw. die X-Komponenten der Geschwindigkeiten der einzelnen Wirbelpunkte bezeichnen, die ihnen von den übrigen erteilt werden. Wie man erkennt, heben sich die Glieder der rechten Seite paarweise auf, weshalb

$$\Gamma_1 v_{x_1} + \Gamma_2 v_{x_2} + \cdots = \sum_K \Gamma_K v_{x_K} = 0.$$

Eine gleiche Überlegung für die Y-Richtung liefert $\sum_K \Gamma_K v_{y_K} = 0$.

Faßt man nun die Zirkulationen $\Gamma_1, \Gamma_2, \ldots$ als Massen auf, mit denen die einzelnen Wirbelpunkte 1, 2, ... behaftet sind, so sprechen die vorstehenden Gleichungen aus, daß die Bewegungsgröße dieses ideellen Massenpunktsystems verschwindet oder, mit anderen Worten, daß der Massenmittelpunkt bei der Bewegung der einzelnen Massenpunkte seine Lage unverändert beibehält. Dieser so definierte Punkt mit den Koordinaten

$$x_0 = \frac{\sum_K \Gamma_K x_K}{\sum_K \Gamma_K}; \qquad y_0 = \frac{\sum_K \Gamma_K y_K}{\sum_K \Gamma_K}$$

wird gewöhnlich als Schwerpunkt des Wirbelpunktsystems bezeichnet. Bei der Berechnung von x_0 und y_0 ist zu beachten, daß die ideellen Massen Γ_K je nach dem Drehungssinn der Zirkulation in die obigen Gleichungen positiv oder negativ eingeführt werden müssen.

Überlagert man dem Wirbelsystem eine Potentialströmung, so führt der Schwerpunkt des Wirbelsystems eine Bewegung aus, welche durch die überlagerte Strömung allein bestimmt ist. Relativ zu ihm bleibt die Bewegung der Wirbelpunkte unverändert bestehen. Die Wirbel „schwimmen" in der Flüssigkeit, wie man dieses in fließendem Wasser häufig beobachten kann.

Handelt es sich um zwei Wirbelpunkte A_1 und A_2 mit den Zirkulationen Γ_1 und Γ_2, so erteilt jeder dem andern eine Geschwindigkeit, die rechtwinklig zur Verbindungsgeraden A_1A_2 steht (Abb. 126). Die Größen dieser Geschwindigkeiten sind

$$v_1 = \frac{\Gamma_2}{2\pi l}; \qquad v_2 = \frac{\Gamma_1}{2\pi l}, \qquad (l = A_1 A_2).$$

Der Schwerpunkt S des Wirbelsystems liegt auf der Geraden A_1A_2 und zwar zwischen beiden Wirbelpunkten, wenn Γ_1 und Γ_2 gleichen Drehsinn haben, andernfalls außerhalb auf der Seite der größeren Zirkulation. Um den Punkt S bzw. die durch ihn gelegte, zur Bildebene normale Achse, rotieren die Wirbelpunkte A_1 und A_2 auf konzentrischen Kreisen. Die Winkelgeschwindigkeit dieser Rotationsbewegung ist $\omega = \frac{v_2}{l_2} = \frac{v_1}{l_1}$. [Es mag bemerkt werden, daß das Flüssigkeitsteilchen, welches sich augenblicklich an der Stelle S befindet, im allgemeinen nicht ruht, sondern eine Geschwindigkeit besitzt, die nach (254) leicht berechnet werden kann.]

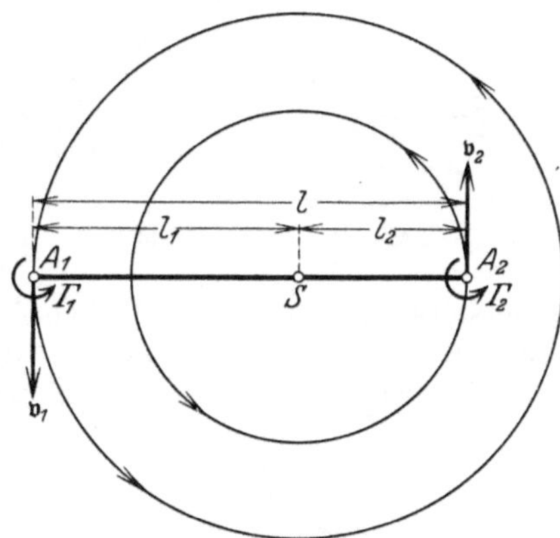

Abb. 126. Bewegung zweier Wirbelpunkte A_1 und A_2 in einer drehungsfreien Flüssigkeit.

Haben Γ_1 und Γ_2 entgegengesetzten Drehsinn und ist außerdem $\Gamma_1 = \Gamma_2 = \Gamma$, so sind die Geschwindigkeiten von A_1 und A_2 gleich groß — nämlich $\frac{\Gamma}{2\pi l}$ — und gleich gerichtet. Die Wirbelpunkte, welche jetzt als Wirbelpaar bezeichnet werden, bewegen sich mit gleicher Geschwindigkeit rechtwinklig zur Geraden A_1A_2. Der Schwerpunkt S liegt im Unendlichen, ω ist gleich Null. Denkt man sich die Mittelebene zwischen beiden Wirbelpunkten durch eine feste Wand ersetzt und betrachtet nur die eine Hälfte der Bewegung, so erhält man die Bewegung eines einzigen Wirbelfadens längs einer festen Wand. Die Fortschreitungsgeschwindigkeit des Wirbels ist $v = \frac{\Gamma}{4\pi e}$, wenn e den Abstand von der Wand bezeichnet.

4. Wirbelschichten.

Befindet sich in einer unbegrenzten Flüssigkeit eine Folge dicht nebeneinander liegender Wirbelfäden, für welche das Produkt aus Zirkulation und Fadenabstand einen endlichen Wert besitzt, so nennt man diese kontinuierliche Wirbelverteilung eine Wirbelschicht (Abb. 127). Zu beiden Seiten einer solchen entstehen verschiedene Geschwindigkeiten, so daß die Wirbelschicht als eine Unstetigkeitsfläche innerhalb der unbegrenzten Flüssigkeit aufgefaßt werden kann, bei deren Durchschreiten die Tangentialkomponente der Geschwindigkeit sich sprungweise ändert[1]. Hier soll nur kurz auf den Fall der ebenen Wirbelschicht eingegangen werden, bei welcher alle Wirbelfäden parallel sind und in derselben Ebene liegen.

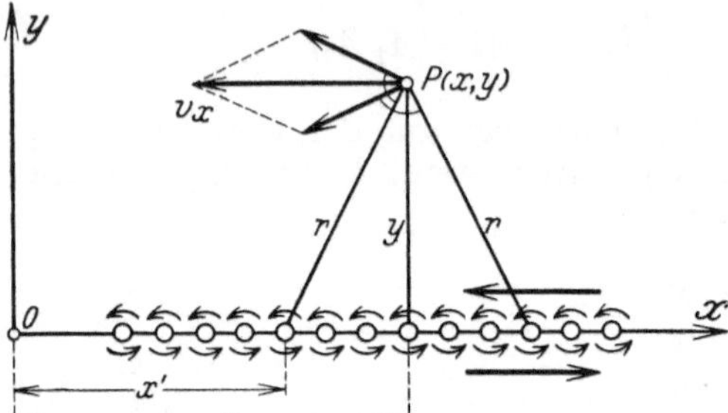

Abb. 127. Wirbelschicht.

In der Bildebene (Abb. 127) möge die Spur der Wirbelschicht mit der X-Achse zusammenfallen; x' sei die Abszisse eines beliebigen Elementarwirbels, $\gamma\, d x' = \Gamma$ seine Zirkulation, wobei γ als konstant längs der X-Achse vorausgesetzt sei. Die in einem Punkte $P(x, y)$ von der ebenen, beiderseits unbegrenzten Wirbelschicht erzeugte Geschwindigkeit ist offenbar der X-Achse parallel, da die von zwei symmetrisch liegenden Elementarwirbeln erzeugten Y-Komponenten sich paarweise aufheben. Für die X-Komponente der Geschwindigkeit erhält man nach (254) durch Übergang zur Grenze

$$v_x = -\frac{\gamma y}{2\pi} \int\limits_{x'=-\infty}^{x'=+\infty} \frac{d x'}{(x-x')^2 + y^2} = \frac{\gamma y}{2\pi} \frac{1}{y} \operatorname{arc\,tg} \frac{x-x'}{y} \Big]_{x'=-\infty}^{x'=+\infty} = \mp \frac{\gamma}{2}.$$

Das negative Vorzeichen bezieht sich auf Punkte oberhalb, das positive auf Punkte unterhalb der X-Achse. Überlagert man der hier betrachteten Strömung eine einfache Parallelströmung parallel zur X-Achse mit der Geschwindigkeit v_0, so wird

$$v_1 = v_0 - \frac{\gamma}{2}; \qquad v_2 = v_0 + \frac{\gamma}{2},$$

wenn v_1 und v_2 die obere bzw. untere Geschwindigkeit bezeichnen. Man kann auf diese Weise v_0 und γ so bestimmen, daß v_1 und v_2 vorgeschriebene Werte annehmen, speziell v_1 zum Verschwinden bringen.

Von den Wirbelschichten ist bekannt, daß sie in hohem Grade labil sind und bereits bei der geringsten Störung durch „Aufwickelung" in einzelne isolierte Wirbel zerfallen, in denen das Wirbelmoment konzentriert wird. Theoretisch kann diese Instabilität nachgewiesen werden[2], praktisch wird sie durch den Versuch bestätigt und war bereits Helmholtz bekannt (vgl. S. 176).

---

[1] Lagally, M.: Zur Theorie der Wirbelschichten. Sitzgsber. bayr. Akad. Wiss. **1915**.

[2] Lagally, M.: a. a. O. S. 95.

5. Wirbelstraßen (Kármánsche Wirbel)[1].

Die Beobachtung zeigt, daß sich bei der gleichförmigen Bewegung eines zylindrischen Körpers durch eine ruhende Flüssigkeit hinter dem Körper ein System von Einzelwirbeln auf zwei parallelen Geraden ausbildet, welches dem Körper als Ganzes mit einer kleineren Geschwindigkeit folgt, als dieser selbst besitzt (Abb. 131, S. 195). Man kann diese sogenannten Wirbelstraßen auffassen als Endprodukt zweier aufgelöster Wirbelschichten, d. h. zweier Unstetigkeitsflächen, die sich hinter dem Körper ausbilden (Helmholtz-Kirchhoff, vgl. S. 175), aber infolge ihrer Instabilität nicht erhalten bleiben können. Die Frage nach der Entstehung solcher Einzelwirbel kann an dieser Stelle noch nicht behandelt werden, da — wie früher gezeigt — in einer idealen Flüssigkeit die Bildung neuer Wirbel ausgeschlossen ist. Sie muß deshalb auf später verschoben werden und wird auf S. 215 wieder aufgegriffen.

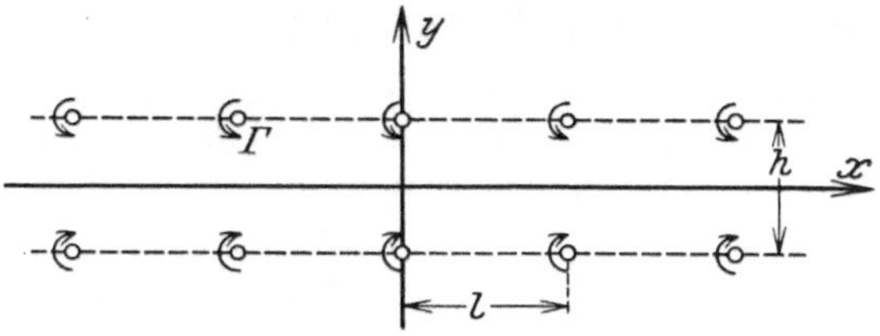

Abb. 128. Wirbelstraßen. Labile Anordnung der Wirbel.

Von einer einzelnen Wirbelstraße, worunter man eine Reihe von unendlich vielen Wirbelpunkten versteht, welche sämtlich den gleichen Abstand l haben und deren Zirkulation durchweg die gleiche ist, läßt sich zeigen, daß sie (ebenso wie die Wirbelschicht) labil ist. Es erhebt sich nun die Frage: Gibt es bei der Betrachtung zweier paralleler Wirbelstraßen eine solche Anordnung der Einzelwirbel, daß das ganze Gebilde stabil ist und mit konstanter Geschwindigkeit in Richtung der Wirbelstraßen fortschreitet?

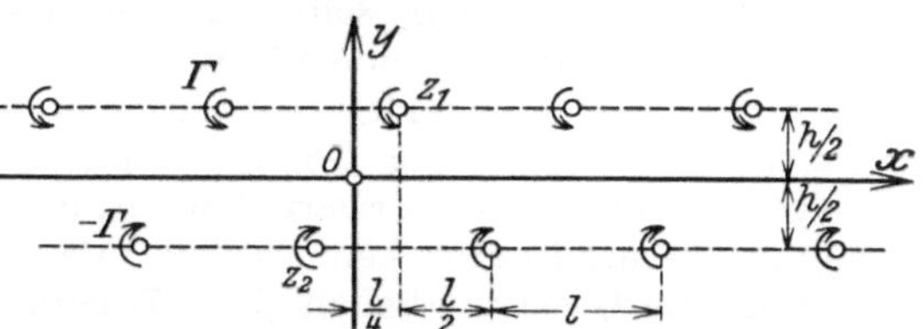
Abb. 129. Wirbelstraßen. Stabile Anordnung der Wirbel.

Die zweite der vorstehenden Bedingungen wird erfüllt, wenn man die Anordnung der Wirbel in den beiden Parallelreihen so wählt, daß sie sich entweder direkt gegenüberstehen (Abb. 128) oder gegeneinander um die halbe Länge l verschoben sind (Abb. 129), und wenn die Zirkulation der einen Reihe die gleiche Stärke, aber den entgegengesetzten Sinn derjenigen der anderen Reihe besitzt.

Man erkennt leicht, daß ein beliebiger Wirbel infolge aller übrigen Wirbel derselben Reihe keine Geschwindigkeit bekommen kann. Infolge der anderen Reihe erhält er eine der X-Richtung parallele Geschwindig-

[1] v. Kármán, Th.: Über den Mechanismus des Widerstandes, den ein bewegter Körper in einer Flüssigkeit erfährt. Nachr. Ges. Wiss. Göttingen **1911/12**. v. Kármán, Th. u. H. Rubach: Phys. Z. **13**, 49 (1912).

keit, da die von je zwei symmetrisch zu ihm liegenden Einzelwirbeln erzeugten Y-Komponenten sich paarweise aufheben. Bei unendlich langen Reihen hat jeder Wirbelpunkt dieselbe Geschwindigkeit, das ganze Wirbelsystem bewegt sich also mit konstanter Geschwindigkeit in Richtung der X-Achse.

Es fragt sich nun, ob diese beiden an sich möglichen Anordnungen auch stabil sind. Diese Frage beantwortet v. Kármán unter Benutzung der Methode der kleinen Schwingungen dahingehend, daß die erste Anordnung labil, die zweite aber stabil ist, sofern das Verhältnis $\frac{h}{l}$ (Abb. 129) einen ganz bestimmten Wert hat. Auf die Wiedergabe dieses Beweises muß hier verzichtet werden[1].

Die Stabilitätsuntersuchung liefert für das Verhältnis zwischen dem Abstand h der Wirbelreihen und der Wirbelteilung l den einfachen Ausdruck

$$\operatorname{Cof}\frac{h\pi}{l} = \sqrt{2}\,, \tag{255}$$

woraus folgt

$$\frac{h\pi}{l} = 0{,}8814\,; \qquad \frac{h}{l} = 0{,}2806\,. \tag{255a}$$

Die auf diese Weise gekennzeichnete, stabile Anordnung der Wirbelpunkte kann sich nur derart ausbilden, daß sich abwechselnd gegensinnige Wirbel zu beiden Seiten des erzeugenden Körpers loslösen, wodurch eine periodisch pendelnde Bewegung entsteht, welche überdies früher bereits von anderer Seite beobachtet worden ist[2].

Zwecks Berechnung der Geschwindigkeit, mit welcher sich dieses Wirbelgebilde als Ganzes vorwärts bewegt, möge zunächst das komplexe Strömungspotential entwickelt werden, aus dem durch Differentiation die konjugierte Geschwindigkeit (S. 127) gefunden werden kann.

Bezeichnet (Abb. 129) $z_1 = x_1 + i y_1$ die Lage eines Wirbels der oberen Reihe, so ist das komplexe Potential infolge dieses Wirbels an der beliebigen Stelle $z = x + i y$ nach (252)

$$w = -\frac{i\Gamma}{2\pi}\ln(z - z_1)\,,$$

also infolge aller Wirbel der oberen Reihe

$$\begin{aligned} w &= -\frac{i\Gamma}{2\pi}\ln[(z-z_1)(z-z_1-l)(z-z_1+l)(z-z_1-2l)(z-z_1+2l)\ldots] \\ &= -\frac{i\Gamma}{2\pi}\ln\left\{(z-z_1)\prod_{n=1}^{n=\infty}[(z-z_1)^2-(n\,l)^2]\right\} \\ &= -\frac{i\Gamma}{2\pi}\ln\left\{(z-z_1)\prod_{n=1}^{n=\infty}\left[1-\frac{(z-z_1)^2}{n^2 l^2}\right](-n^2 l^2)\right\}, \end{aligned}$$

---

[1] Es sei dazu auf das Lit.-Zitat S. 191 oder Fuchs-Hopf: Aerodynamik, S. 159, verwiesen.

[2] Bénard, H.: Comptes Rendus S. 148, 839, 970. Paris 1908.

wo $\prod_{n=1}^{n=\infty}$ das Zeichen für das unendliche Produkt angibt. Infolge eines Wirbels an der Stelle $z_2 = x_2 + i y_2$ der unteren Reihe ist entsprechend

$$w = \frac{i\Gamma}{2\pi} \ln\left\{(z - z_2) \prod_{n=1}^{n=\infty} \left[1 - \frac{(z - z_2)^2}{n^2 l^2}\right] (-n^2 l^2)\right\}.$$

Somit entsteht infolge beider Reihen an der Stelle z das komplexe Potential

$$w = \frac{i\Gamma}{2\pi} \ln \frac{(z - z_2) \prod_1^\infty \left[1 - \frac{(z - z_2)^2}{n^2 l^2}\right]}{(z - z_1) \prod_1^\infty \left[1 - \frac{(z - z_1)^2}{n^2 l^2}\right]} \tag{256}$$

Nun ist aber allgemein

$$\sin x = x \prod_{n=1}^{n=\infty} \left(1 - \frac{x^2}{(n\pi)^2}\right),$$

also

$$\sin\left\{(z - z_2)\frac{\pi}{l}\right\} = (z - z_2)\frac{\pi}{l} \prod_{n=1}^{n=\infty} \left[1 - \frac{(z - z_2)^2}{(n l)^2}\right],$$

so daß (256) auch in der Form geschrieben werden kann

$$w = \frac{i\Gamma}{2\pi} \ln \frac{\sin\left\{(z - z_2)\frac{\pi}{l}\right\}}{\sin\left\{(z - z_1)\frac{\pi}{l}\right\}}. \tag{257}$$

Wählt man nun das Koordinatensystem gemäß Abb. 129, so ist

$$z_1 = \frac{l}{4} + i\frac{h}{2}; \qquad z_2 = -\left(\frac{l}{4} + i\frac{h}{2}\right) = -z_1,$$

womit (257) übergeht in

$$w = \frac{i\Gamma}{2\pi} \ln \frac{\sin\left\{(z + z_1)\frac{\pi}{l}\right\}}{\sin\left\{(z - z_1)\frac{\pi}{l}\right\}} = -\frac{i\Gamma}{2\pi} \ln \frac{\sin\left\{(z - z_1)\frac{\pi}{l}\right\}}{\sin\left\{(z + z_1)\frac{\pi}{l}\right\}}. \tag{258}$$

Für die konjugierte Geschwindigkeit im Feldpunkt z gilt also

$$\bar{v} = v_x - i v_y = \frac{dw}{dz} = \frac{i\Gamma}{2l}\left[\operatorname{ctg}\left\{(z + z_1)\frac{\pi}{l}\right\} - \operatorname{ctg}\left\{(z - z_1)\frac{\pi}{l}\right\}\right]. \tag{259}$$

Zu dieser Geschwindigkeit liefern alle Wirbelpunkte beider Reihen einen Beitrag, sofern nicht z gerade mit einem Wirbelpunkte zusammenfällt.

Um die Geschwindigkeit u eines beliebigen Wirbelpunktes und damit diejenige der Wirbelstraße zu bekommen, beachte man, daß diese Geschwindigkeit parallel der X-Achse gerichtet ist, und daß die Bewegung dieses Wirbels durch sein eigenes Geschwindigkeitspotential nicht beeinflußt wird. Läßt man nun den Feldpunkt z mit einem Wirbelpunkt zusammenfallen, so liefert $\bar{v}$ die Geschwindigkeit dieses Wirbels zuzüglich der Geschwindigkeit infolge des eigenen Geschwindigkeitspotentials, welch letztere nach (251) unendlich groß ist. Für einen Wirbel der oberen Reihe ist

$$z = z_1 + k\,l \qquad (k \text{ von } -\infty \text{ bis } +\infty)\,.$$

Setzt man diesen Wert in $\bar{v}$ ein, so erhält man unter Beachtung des vorher Gesagten für die Geschwindigkeit der Wirbelstraße

$$u = \frac{i\,\Gamma}{2\,l}\,\mathrm{ctg}\left\{(2\,z_1 + k\,l)\,\frac{\pi}{l}\right\} = \frac{i\,\Gamma}{2\,l}\,\mathrm{ctg}\,\frac{2\,z_1\,\pi}{l}$$

oder, wegen $2\,z_1 = \frac{l}{2} + i\,h$,

$$u = \frac{i\,\Gamma}{2\,l}\,\mathrm{ctg}\left(\frac{\pi}{2} + \frac{i\,h\,\pi}{l}\right) = -\frac{i\,\Gamma}{2\,l}\,\mathrm{tg}\,\frac{i\,h\,\pi}{l} = \frac{\Gamma}{2\,l}\,\mathfrak{Tg}\,\frac{h\,\pi}{l}\,.$$

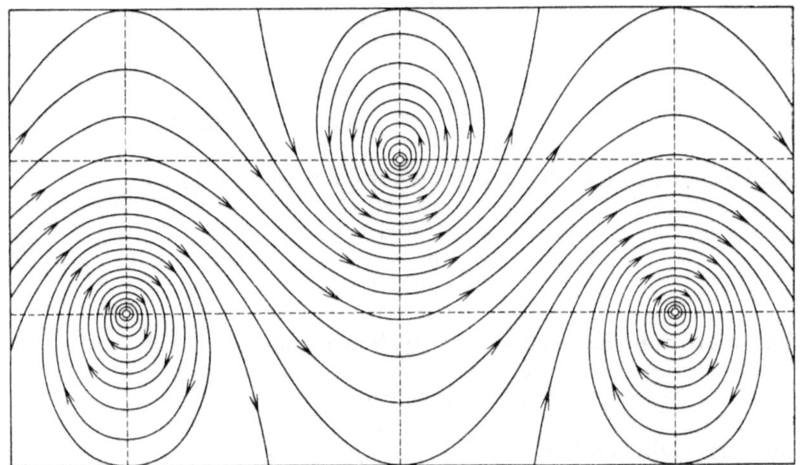

Abb. 130. Stromlinienbild einer stabilen Wirbelstraßenordnung nach v. Kármán.

Führt man schließlich noch die Stabilitätsbedingung (255) ein, so wird wegen $\mathfrak{Sin}\,\frac{h\,\pi}{l} = \sqrt{\mathfrak{Cof}^2\,\frac{h\,\pi}{l} - 1} = 1$

$$u = \frac{\Gamma}{l\sqrt{8}}\,. \tag{260}$$

Um die hier angegebene Theorie experimentell zu prüfen, haben v. Kármán und Rubach mit Hilfe des Ausdrucks (258) die Stromlinien rechnerisch ermittelt (Abb. 130) und diese mit dem Strömungsbild verglichen, welches sich ergibt, wenn man einen Kreiszylinder oder eine schmale Platte durch ruhendes Wasser bewegt, dessen Oberfläche zur Sichtbarmachung der Stromlinien mit Lykopodiumsamen bestreut war. Dabei konnte besonders in einiger Entfernung vom Körper eine gute Übereinstimmung zwischen Versuch und Theorie festgestellt werden. So ergaben sich z. B. für den Kreiszylinder von 1,5 cm Durchmesser als Mittelwerte $h = 1{,}8$ cm und $l = 6{,}4$ cm, somit $\frac{h}{l} = 0{,}282$; für eine Platte von 1,75 cm Breite $h = 3{,}0$ cm, $l = 9{,}8$ cm, somit $\frac{h}{l} = 0{,}306$.

6. v. Kármáns Theorie des Flüssigkeitswiderstandes[1].

Wenn ein starrer Körper mit der Geschwindigkeit U durch eine ruhende Flüssigkeit bewegt wird, dann entsteht nach den Ausführungen der vorigen Ziffer in einiger Entfernung hinter dem Körper eine stabile Wirbelstraße, die ihm — als Ganzes betrachtet — mit der kleineren Geschwindigkeit u folgt. Die oben besprochene Theorie führt nun im Falle der ebenen Bewegung, unter Anwendung des Impulssatzes, zu einer gewissen Aussage über die Größe des Flüssigkeitswiderstandes, welcher sich der Bewegung des Körpers entgegensetzt.

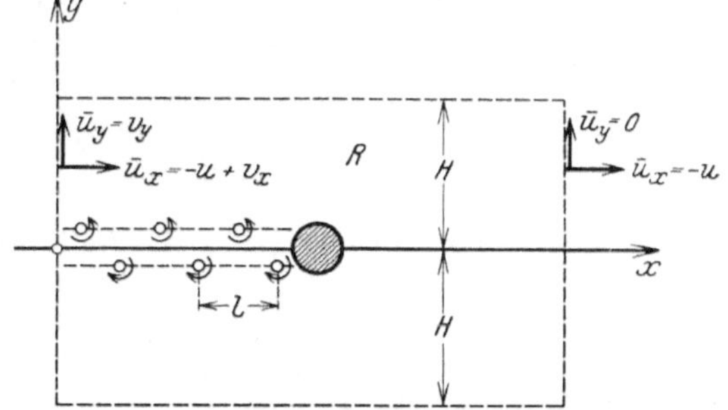

Abb. 131. Zur Berechnung des Flüssigkeitswiderstandes mit Hilfe der Wirbelstraßentheorie.

Um diesen zu ermitteln, denke man sich eine Flüssigkeitsmenge abgegrenzt, die zur Zeit t einen bestimmten Raum R erfüllt, welcher wie folgt gewählt wird: Da es sich um eine ebene Bewegung handeln soll, genügt es, den Widerstand pro Längeneinheit des zylindrischen bzw. prismatischen Körpers zu berechnen; der Raum R möge also die Tiefe „Eins" haben. Seitlich sei er begrenzt durch zwei der Y-Achse parallele Ebenen in großem Abstande vor bzw. hinter dem Körper — wobei die hintere Begrenzungsebene die Wirbelstraße so schneiden soll, daß der Raum R gleich viel Wirbel auf jeder Reihe enthält — oben und unten durch zwei der Bewegungsrichtung X parallele Ebenen im Abstand $y = \pm H$ von der X-Achse (Abb. 131). Das Koordinatensystem denke man sich in relativer Ruhe gegen die Wirbelstraße. Dann hat der bewegte Körper gegen dieses System die Geschwindigkeit $U - u$, während an der vorderen Begrenzung des Raumes R eine stationäre Strömung mit der Geschwindigkeit $-u$, an der hinteren eine ebenfalls stationäre Strömung mit der Geschwindigkeit $\bar{u}_x = -u + v_x$, $\bar{u}_y = v_y$ herrscht, wo v_x und v_y durch (259) bestimmt sind.

[1] Vgl. die Literaturangabe auf S. 191.

Nun bezeichne: P den zeitlichen Mittelwert der Kraft, die notwendig ist, um den Körper mit der konstanten Geschwindigkeit U in der Flüssigkeit vorwärts zu treiben, d. h. das Entgegengesetzte des Flüssigkeitswiderstandes W, D den resultierenden Flüssigkeitsdruck auf die äußere Begrenzung des Raumes R in Richtung der X-Achse, J_1 die zeitliche Änderung des X-Impulses im Raume R, J_2 den Überschuß des aus dem Raume R pro Zeiteinheit austretenden X-Impulses über den eintretenden. Dann ist nach dem Impulssatze (S. 58)

$$P = J_1 + J_2 - D\,. \tag{261}$$

Bezeichnet Δt die Zeit, in welcher der Körper um die Strecke l vorrückt (Abb. 131), so ist offenbar

$$\Delta t\,(U - u) = l \quad \text{oder} \quad \Delta t = \frac{l}{U - u}\,.$$

Während der Zeit Δt entsteht an der Rückwand des Körpers ein neues Wirbelpaar, welches einen Impulszuwachs im Raume R bewirkt. Bis auf dieses neue Wirbelpaar ist am Ende der Zeit Δt der ursprüngliche Zustand genau wiederhergestellt. Man erhält demnach als Zuwachs des X-Impulses im Raume R während der Zeit Δt

$$\Delta J = \varrho \int\limits_{x=0}^{x=l} dx \int\limits_{y=-H}^{y=+H} v_x\, dy\,,$$

wo v_x der reelle Teil von (259) ist. Läßt man jetzt $H \to \infty$ gehen, so folgt als zeitliche Änderung des X-Impulses im Raume R nach Einführung des Wertes für Δt

$$J_1 = \frac{\Delta J}{\Delta t} = \frac{\varrho\,(U - u)}{l} \int\limits_{x=0}^{x=l} dx \int\limits_{-\infty}^{+\infty} v_x\, dy\,,$$

wofür man nach Ausführung der Integration erhält

$$J_1 = \frac{\varrho\, \Gamma h}{l}\,(U - u)\,. \tag{262}$$

Der Impulsüberschuß J_2 kann durch das über die äußere Begrenzung des Raumes R erstreckte geschlossene Integral

$$J_2 = \varrho \int (\bar{u}_x \bar{u}_y\, dx - \bar{u}_x^2\, dy)$$

dargestellt werden (Abb. 131), während für den Druck D die Beziehung gilt

$$D = \int \bar{p}\, dy\,,$$

wo $\bar{p}$ den Druck an den Grenzflächen bezeichnet. Dieser ist mit der Geschwindigkeit $\bar{u}_x$, $\bar{u}_y$ durch die Beziehung (148) verknüpft, wonach

$$\bar{p} = \text{const.} - \frac{\varrho}{2}\,(\bar{u}_x^2 + \bar{u}_y^2)\,.$$

Daraus folgt, da sich die Konstante an den seitlichen Grenzflächen weghebt,

$$-D = \varrho \int \frac{\bar{u}_x^2 + \bar{u}_y^2}{2}\, dy\,,$$

so daß man durch Zusammenfassung von J_2 und D erhält

$$J_2 - D = \varrho \int \left(\bar{u}_x \bar{u}_y \, dx - \frac{\bar{u}_x^2 - \bar{u}_y^2}{2} \, dy \right),$$

wobei die Integration über die gesamte äußere Begrenzung zu erstrecken ist. Mit $\bar{u}_x = -u + v_x$ und $\bar{u}_y = v_y$ folgt daraus

$$J_2 - D = \varrho \int \left\{ v_x v_y \, dx - \frac{v_x^2 - v_y^2}{2} \, dy - u\,(v_y \, dx - v_x \, dy) - \frac{u^2}{2} \, dy \right\}.$$

Nun ist wegen $u = \text{const.}$

$$\int \frac{u^2}{2} \, dy = \frac{u^2}{2} \int dy = 0 ,$$

ferner aus Gründen der Kontinuität

$$u \int (v_y \, dx - v_x \, dy) = 0 ,$$

so daß

$$J_2 - D = \varrho \int \left(v_x v_y \, dx - \frac{v_x^2 - v_y^2}{2} \, dy \right). \tag{263}$$

Beachtet man weiter, daß nach (259)

$$\begin{aligned} \int \bar{v}^2 \, dz &= \int (v_x - i\, v_y)^2 \, (dx + i\, dy) \\ &= \int \left[(v_x^2 - v_y^2) \, dx + 2\, v_x v_y \, dy + i \left\{ (v_x^2 - v_y^2) \, dy - 2\, v_x v_y \, dx \right\} \right] \end{aligned} \tag{264}$$

ist, so kann (263) auch wie folgt geschrieben werden

$$J_2 - D = \frac{\varrho\, i}{2} I \int \bar{v}^2 \, dz , \tag{265}$$

wo I den imaginären Teil von (264) bezeichnet.

Läßt man jetzt wieder $y = \pm H$ beliebig wachsen, so geht $\bar{v}$ längs der oberen und unteren Begrenzung des Raumes R gegen Null, und man erkennt, daß die Integration in (265) auf die linke Grenzfläche des Raumes R beschränkt bleibt, also

$$J_2 - D = \frac{\varrho\, i}{2} I \int_{-i\infty}^{+i\infty} \bar{v}^2 \, dz .$$

Nach Ausführung der Integration findet man

$$J_2 - D = \varrho \left(\frac{\Gamma^2}{2 \pi l} - \frac{\Gamma u h}{l} \right). \tag{266}$$

Durch Zusammenfassung der Ausdrücke (262) und (266) liefert Gleichung (261) den gesuchten Druck P des Körpers gegen die Flüssigkeit bzw. den Flüssigkeitswiderstand W

$$P = -W = \varrho \Gamma \frac{h}{l} (U - 2u) + \frac{\varrho \Gamma^2}{2 \pi l}$$

oder, nach Einführung der Werte $\frac{h}{l}$ aus (255a) und Γ aus (260),

$$P = -W = \varrho\, l \left\{ \sqrt{8} \cdot 0{,}2806\, u\, (U - 2\,u) + \frac{4}{\pi} u^2 \right\}$$

$$= \varrho\, l\, U^2 \left\{ 0{,}794 \frac{u}{U} - 0{,}314 \left(\frac{u}{U}\right)^2 \right\}.$$

Der auf diese Weise gefundene Flüssigkeitswiderstand stimmt gut mit den Versuchsergebnissen überein[1], wobei allerdings die Größen l und $\frac{u}{U}$ durch Messung aus dem Strömungsbild entnommen werden müssen. Eine Vervollständigung der Theorie zur rechnerischen Ermittlung dieser Größen ist bis heute noch nicht gelungen. Sie müßte wahrscheinlich auf die Entstehung der Wirbel hinter dem Körper Rücksicht nehmen, was z. Z. noch auf unüberwindliche Schwierigkeiten stößt (vgl. hierzu S. 215).

III. Allgemeine Theorie der Bewegung zäher Flüssigkeiten.

1. Die Navier-Stokesschen Bewegungsgleichungen.

Zwecks Aufstellung der Bewegungsgleichungen zäher Flüssigkeiten geht man im Prinzip in derselben Weise vor, wie dieses früher bei der

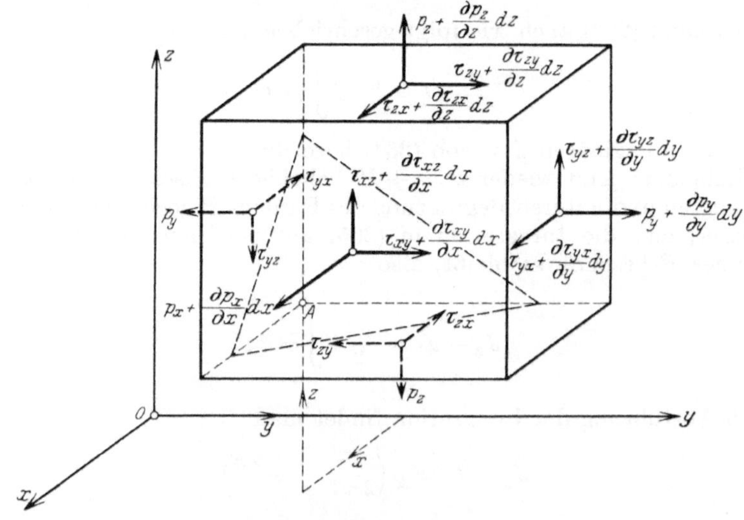

Abb. 132. Spannungszustand am unendlich kleinen Parallelepiped in einer zähen Flüssigkeit.

Ableitung der Eulerschen Gleichungen für reibungsfreie Flüssigkeiten geschehen ist. Bevor jedoch die Bewegungsgleichungen angeschrieben

[1] Vgl. die Literaturangabe auf S. 191.

werden können, ist noch eine Betrachtung des Spannungszustandes in einem beliebigen Punkte einer zähen Flüssigkeit erforderlich.

Denkt man sich im Innern dieser Flüssigkeit ein unendlich kleines Parallelepiped mit den Kantenlängen dx, dy, dz abgegrenzt, dessen einer Eckpunkt der beliebige Punkt $A(x, y, z)$ ist (Abb. 132), so wirken jetzt als Folge der Zähigkeit in den Seitenflächen dieses Parallelepipeds nicht nur Normal-, sondern auch Tangential-(Reibungs-)Spannungen; außerdem sind die Normalspannungen in den durch A gelegten Flächen nicht mehr von der Richtung unabhängig, wie das bei den reibungsfreien Flüssigkeiten der Fall war. In Abb. 132 stellen p die Normalspannungen, τ die Tangentialspannungen dar; ihre Richtung und Bezeichnung ist im übrigen so gewählt, wie es in der Festigkeitslehre üblich ist, wobei die p-Werte als Zugspannungen erscheinen. (Der Deutlichkeit halber sind in der hinteren Seitenfläche keine Spannungen dargestellt.) Der Spannungszustand im Punkte A ist durch neun Größen gekennzeichnet, nämlich drei Normalspannungen (p_x, p_y, p_z) und sechs Tangentialspannungen $(\tau_{xy}, \tau_{xz}, \tau_{yx}, \tau_{yz}, \tau_{zx}, \tau_{zy})$, welche sich indessen auf sechs reduzieren lassen.

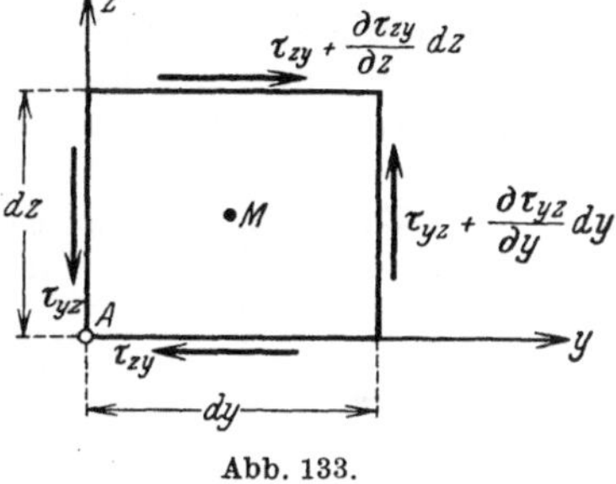

Abb. 133.

Um dieses zu zeigen, wende man auf das betrachtete Flüssigkeitsprisma den Satz von d'Alembert an, wonach die Gesamtheit der Spannungen mit der an dem Körperchen außerdem angreifenden Massenkraft (Schwere) und den Trägheitskräften formal die Bedingungen des Gleichgewichts erfüllen müssen. Schreibt man nun z. B. die Bedingung für das Drehungsgleichgewicht des Körperchens in bezug auf die durch den Körpermittelpunkt M gehende, zur X-Richtung parallele Achse an, so wird (Abb. 133) nach Streichung der kleinen Größen höherer Ordnung

$$(\tau_{zy}\, dx\, dy)\, dz - (\tau_{yz}\, dx\, dz)\, dy = 0$$

oder

$$\tau_{yz} = \tau_{zy}\,.$$

In gleicher Weise findet man aus den beiden anderen Drehungsgleichungen

$$\tau_{xz} = \tau_{zx}\,; \qquad \tau_{xy} = \tau_{yx}\,;$$

womit die oben eingeführten neun Spannungsgrößen auf sechs zurückgeführt sind.

Nachdem so der Spannungszustand im Punkte $A(x, y, z)$ hinreichend gekennzeichnet ist, können die Spannungsresultierenden in Richtung der drei Koordinatenachsen sofort angegeben werden. Bezeichnet man diese mit S_x, S_y, S_z, so wird (Abb. 132)

$$\left.\begin{aligned} S_x &= \left(\frac{\partial p_x}{\partial x} + \frac{\partial \tau_{yx}}{\partial y} + \frac{\partial \tau_{zx}}{\partial z}\right) dx\, dy\, dz\,, \\ S_y &= \left(\frac{\partial p_y}{\partial y} + \frac{\partial \tau_{zy}}{\partial z} + \frac{\partial \tau_{xy}}{\partial x}\right) dx\, dy\, dz\,, \\ S_z &= \left(\frac{\partial p_z}{\partial z} + \frac{\partial \tau_{xz}}{\partial x} + \frac{\partial \tau_{yz}}{\partial y}\right) dx\, dy\, dz\,, \end{aligned}\right\} \qquad (267)$$

und es kommt jetzt darauf an, für die p und τ geeignete Ansätze einzuführen, die dem wirklichen Verhalten der zähen Flüssigkeiten Rechnung tragen.

Im Falle einer idealen Flüssigkeit herrscht in einem beliebigen Punkte A nach der Hypothese von Euler nach allen Richtungen der gleiche Flüssigkeitsdruck, im Falle einer zähen Flüssigkeit dagegen sind in drei durch A gelegten Schnittrichtungen drei verschiedene Normalspannungen und drei Tangentialspannungen vorhanden. Man kann sich darüber folgende Vorstellung machen: Bei der zähen Flüssigkeit, die hier wieder als unzusammendrückbar angenommen werden soll, setzen sich die Spannungskomponenten zusammen aus dem Eulerschen Druck p, der normal zu jeder Fläche gerichtet ist, und bestimmten normal bzw. tangential gerichteten Zusatzgliedern, welche infolge der Zähigkeit durch die Deformation der Flüssigkeitsteilchen bei der Bewegung bedingt sind.

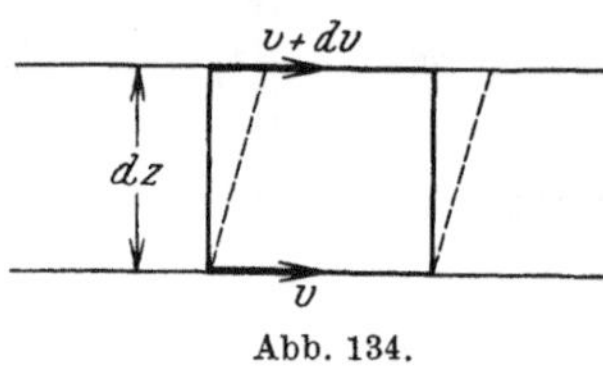

Abb. 134.

Für den einfachen Fall der Bewegung in Schichten (S. 72) hat sich, wie gezeigt, der Ansatz

$$\tau = \mu \frac{dv}{dz}$$

gut bewährt. Dabei bezeichnet $\frac{dv}{dz}$ die Winkelgeschwindigkeit, mit der sich der ursprünglich rechte Kantenwinkel eines Flüssigkeitselements bei der Bewegung in Schichten verformt (Abb. 134), und man erkennt, daß τ dieser Deformationsgeschwindigkeit proportional ist.

Für den Fall der allgemeinsten Bewegung ist die Frage der Deformation bereits auf Seite 111 behandelt worden. Es zeigte sich dort, daß die auf die Zeiteinheit bezogene Deformation eines Flüssigkeitselements durch die letzten drei Glieder auf den rechten Seiten der Gleichungen (135) dargestellt wird. Als Maß der Deformationsgeschwindigkeit eines Flüssigkeitselements sind also die sechs Größen a, b, c, f, g, h gegeben, und zwar bezeichnen (S. 111).

$$a = \frac{\partial v_x}{\partial x}, \qquad b = \frac{\partial v_y}{\partial y}, \qquad c = \frac{\partial v_z}{\partial z}$$

drei Dehnungsgeschwindigkeiten nach den Koordinatenrichtungen X, Y, Z und

$$f = \frac{1}{2}\left(\frac{\partial v_z}{\partial y} + \frac{\partial v_y}{\partial z}\right); \qquad g = \frac{1}{2}\left(\frac{\partial v_x}{\partial z} + \frac{\partial v_z}{\partial x}\right); \qquad h = \frac{1}{2}\left(\frac{\partial v_y}{\partial x} + \frac{\partial v_x}{\partial y}\right)$$

drei Winkeländerungsgeschwindigkeiten um diese Achsen.

Die oben erwähnten Zusatzglieder, welche in Verbindung mit dem Eulerschen Druck p die Gesamtheit der Spannungen am unendlich kleinen Parallelepiped liefern sollen, setzt man nun ähnlich wie bei der Schichtenströmung den Deformationsgeschwindigkeiten a, b, c, f, g, h proportional. Dann erhält man mit 2μ als Proportionalitätsfaktor für die Spannungskomponenten im Punkte $A(x, y, z)$ der zähen Flüssigkeit

$$\left.\begin{aligned} p_x &= -p + 2\mu\frac{\partial v_x}{\partial x}; \qquad p_y = -p + 2\mu\frac{\partial v_y}{\partial y}; \\ p_z &= -p + 2\mu\frac{\partial v_z}{\partial z}; \\ \tau_{xy} &= \tau_{yx} = \mu\left(\frac{\partial v_y}{\partial x} + \frac{\partial v_x}{\partial y}\right); \qquad \tau_{xz} = \tau_{zx} = \mu\left(\frac{\partial v_x}{\partial z} + \frac{\partial v_z}{\partial x}\right); \\ \tau_{yz} &= \tau_{zy} = \mu\left(\frac{\partial v_z}{\partial y} + \frac{\partial v_y}{\partial z}\right). \end{aligned}\right\} \quad (268)$$

Der Eulersche Druck p ist hier negativ einzuführen, da p_x, p_y, p_z als positiv vorausgesetzt sind. In den Ausdrücken (268) bezeichnet μ wieder den Zähigkeitskoeffizienten, welcher bei konstanter Temperatur und Dichte eine konstante Größe darstellt.

Für den speziellen Fall einer Schichtenströmung in Richtung der X-Achse erhält man aus (268) mit

$$v_y = v_z = 0; \qquad \frac{\partial v_x}{\partial x} = \frac{\partial v_x}{\partial y} = 0;$$

$$p_x = p_y = p_z = -p;$$

$$\tau_{xy} = \tau_{yx} = 0; \qquad \tau_{xz} = \tau_{zx} = \mu\frac{\partial v_x}{\partial z}; \qquad \tau_{yz} = \tau_{zy} = 0$$

in Übereinstimmung mit dem Ansatz (76).

Es sei noch bemerkt, daß die Normalspannungen p_x, p_y, p_z zwar voneinander verschieden sind, ihre Summe

$$p_x + p_y + p_z = -3p + 2\mu\left(\frac{\partial v_x}{\partial x} + \frac{\partial v_y}{\partial y} + \frac{\partial v_z}{\partial z}\right) = -3p$$

aber ist mit Rücksicht auf die Kontinuität dieselbe wie im Falle idealer Flüssigkeiten, sodaß das arithmetische Mittel der drei Normalspannungen gerade gleich dem Eulerschen Drucke wird.

Zwecks Darstellung der Spannungskomponenten, die auf eine zu den Koordinatenebenen schräge Schnittfläche entfallen, denke man sich durch einen Schrägschnitt aus dem Parallelepiped der Abb. 132 ein Tetraeder abgetrennt, dessen einer Eckpunkt A sei. Im Falle unendlich kleiner Tetraederkanten rückt die schräge Schnittfläche unendlich nahe an den Punkt A heran, so daß die in ihr auftretenden Spannungskomponenten zugleich den Spannungszustand im Punkte A nach der betreffenden Schnittrichtung beschreiben.

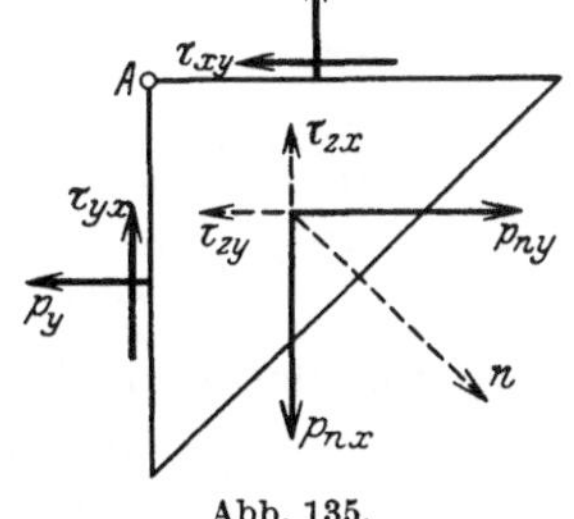

Abb. 135.

Abb. 135 zeigt den Grundriß des Tetraeders. Die Normale zur schrägen Tetraederfläche sei n, p_{nx} und p_{ny} bezeichnen die Komponenten der Gesamtspannung dieser Fläche nach der X- bzw. Y-Richtung, (nx), (ny), (nz) die Winkel, welche die Normale n mit den Achsen bildet. Nach dem d'Alembertschen Satz müssen die auf die Tetraederoberfläche entfallenden Spannungen mit der am Tetraeder angreifenden Massenkraft und dem Trägheitswiderstand die Bedingungen des Gleichgewichts erfüllen. Da letztere kleine Größen höherer Ordnung sind als die Oberflächenspannungen (vgl. S. 5), so können sie gegen diese vernachlässigt werden. Mit dF als Inhalt der schrägen Tetraederfläche erhält man somit nach Abb. 135

$$p_{nx}\,dF - p_x\,dF\cos(n\,x) - \tau_{yx}\,dF\cos(n\,y) - \tau_{zx}\,dF\cos(n\,z) = 0\,.$$

Zwei entsprechende Gleichungen bestehen für die übrigen Achsrichtungen. Insgesamt erhält man also für die Spannungskomponenten der schrägen Schnittfläche

$$\left.\begin{aligned} p_{nx} &= p_x\cos(n\,x) + \tau_{yx}\cos(n\,y) + \tau_{zx}\cos(n\,z)\,,\\ p_{ny} &= p_y\cos(n\,y) + \tau_{zy}\cos(n\,z) + \tau_{xy}\cos(n\,x)\,,\\ p_{nz} &= p_z\cos(n\,z) + \tau_{xz}\cos(n\,x) + \tau_{yz}\cos(n\,y)\,. \end{aligned}\right\} \qquad (269)$$

Mit den Spannungswerten (268) nimmt die Spannungsresultierende S_x, wenn man sie jetzt auf die Raumeinheit bezieht, nach (267) folgende Form an:

$$S_x' = -\frac{\partial p}{\partial x} + \mu\left(\frac{\partial^2 v_x}{\partial x^2} + \frac{\partial^2 v_x}{\partial y^2} + \frac{\partial^2 v_x}{\partial z^2}\right) + \mu\frac{\partial}{\partial x}\left(\frac{\partial v_x}{\partial x} + \frac{\partial v_y}{\partial y} + \frac{\partial v_z}{\partial z}\right).$$

Setzt man hier wieder

$$\frac{\partial^2 v_x}{\partial x^2} + \frac{\partial^2 v_x}{\partial y^2} + \frac{\partial^2 v_x}{\partial z^2} \equiv \Delta\, v_x\,,$$

berücksichtigt die Kontinuitätsbedingung (123) und fügt für die beiden anderen Koordinatenachsen die entsprechenden Gleichungen hinzu, so erhält man

$$\left.\begin{aligned} S_x' &= -\frac{\partial p}{\partial x} + \mu\,\Delta\, v_x\,,\\ S_y' &= -\frac{\partial p}{\partial y} + \mu\,\Delta\, v_y\,,\\ S_z' &= -\frac{\partial p}{\partial z} + \mu\,\Delta\, v_z\,. \end{aligned}\right\} \qquad (270)$$

Die allgemeinen Bewegungsgleichungen für zähe Flüssigkeiten ergeben sich nun sofort, wenn man in den Eulerschen Gleichungen (128) $-\frac{\partial p}{\partial x}$, $-\frac{\partial p}{\partial y}$, $-\frac{\partial p}{\partial z}$ durch die Größen S_x', S_y', S_z' aus (270) ersetzt. Man erhält dann die Navier-Stokesschen Gleichungen

$$\left.\begin{aligned} v_x\frac{\partial v_x}{\partial x} + v_y\frac{\partial v_x}{\partial y} + v_z\frac{\partial v_x}{\partial z} + \frac{\partial v_x}{\partial t} &= X - \frac{1}{\varrho}\frac{\partial p}{\partial x} + \frac{\mu}{\varrho}\Delta v_x\,,\\ v_x\frac{\partial v_y}{\partial x} + v_y\frac{\partial v_y}{\partial y} + v_z\frac{\partial v_y}{\partial z} + \frac{\partial v_y}{\partial t} &= Y - \frac{1}{\varrho}\frac{\partial p}{\partial y} + \frac{\mu}{\varrho}\Delta v_y\,,\\ v_x\frac{\partial v_z}{\partial x} + v_y\frac{\partial v_z}{\partial y} + v_z\frac{\partial v_z}{\partial z} + \frac{\partial v_z}{\partial t} &= Z - \frac{1}{\varrho}\frac{\partial p}{\partial z} + \frac{\mu}{\varrho}\Delta v_z\,. \end{aligned}\right\} \qquad (271)$$

In vektorieller Form kann man dafür auch schreiben (vgl. S. 110)

$$\frac{d\mathfrak{v}}{dt} = \mathfrak{K} - \frac{1}{\varrho}\operatorname{grad} p + \frac{\mu}{\varrho}\Delta\,\mathfrak{v}\,,$$

wo $\frac{\mu}{\varrho} = \nu$ das kinematische Zähigkeitsmaß darstellt (S. 74). Dazu tritt für raumbeständige Flüssigkeiten noch die Kontinuitätsbedingung

$$\frac{\partial v_x}{\partial x} + \frac{\partial v_y}{\partial y} + \frac{\partial v_z}{\partial z} = \operatorname{div}\mathfrak{v} = 0\,.$$

Die Randbedingungen, welche in den Flächen erfüllt sein müssen, in denen die betrachtete Flüssigkeit mit anderen festen oder flüssigen Körpern in Berührung steht, sind bei zähen Flüssigkeiten andere als bei reibungsfreien. Grenzt die zähe Flüssigkeit z. B. an einen festen Körper, so haftet sie erfahrungsgemäß an der Körperwandung; es muß also dort die Geschwindigkeit der Flüssigkeit mit derjenigen des Körpers übereinstimmen. Befindet sich der feste Körper in Ruhe, so ist auch die Geschwindigkeit der zähen Flüssigkeit dort gleich Null. Daraus ergeben sich, selbst im Falle geringer Zähigkeit (wie z. B. bei Wasser und Luft), in nächster Nähe des festen Körpers erhebliche Abweichungen gegenüber dem Verhalten der idealen Flüssigkeit, bei welcher eine tangentiale Bewegung längs der Körperoberfläche möglich ist.

An einer freien Oberfläche müssen die Spannungskomponenten normal und tangential zu dieser verschwinden, da dort Spannungen nicht übertragen werden können. Bezeichnet also z. B. Z die Richtung der Oberflächennormalen, so ist nach Abb. 132 $p_z = \tau_{zx} = \tau_{zy} = 0$. Im Falle verschwindend kleiner Zähigkeit ($\mu \to 0$) folgt daraus nach (268) $p \to 0$; in diesem Falle decken sich die Grenzbedingungen mit denjenigen für ideale Flüssigkeiten.

Durch die Gleichungen (271) in Verbindung mit der Kontinuitätsgleichung und den Randbedingungen ist die Bewegung zäher Flüssigkeiten eindeutig definiert; indessen bereitet die Auflösung dieser Gleichungen — von einigen Sonderfällen abgesehen — bis heute unüberwindliche Schwierigkeiten. Es gilt das insbesondere für alle die praktisch wichtigen Fälle, bei denen die Produktglieder $v_x \frac{\partial v_x}{\partial x}$ usw. (Beschleunigungs- bzw. Trägheitsglieder) und die Reibungsglieder $\frac{\mu}{\varrho} \Delta v_x$ von solcher Größenordnung sind, daß sie gegeneinander nicht vernachlässigt werden dürfen, bei denen also Trägheit und Zähigkeit zusammenwirken. Strenge Lösungen existieren dagegen für die bereits oben besprochenen Laminarbewegungen, bei denen die Trägheitsglieder in Fortfall kommen, so daß die Bewegung (abgesehen von der Schwere und dem Druck) nur von den Reibungsgliedern beherrscht wird. Man nennt solche Strömungen deshalb reine Reibungsströmungen; sie sind gekennzeichnet durch kleine Reynoldssche Zahlen (vgl. S. 87). Außer den bereits behandelten Schichtenströmungen in Rohren fallen u. a. auch die Grundwasserbewegung und die Schmiermittelreibung in das Anwendungsgebiet der Reibungsströmungen und können als solche theoretisch erfaßt werden (vgl. Band 2).

2. Reibungsströmung zwischen zwei planparallelen Platten.

Als erste Anwendung der Gleichungen (271) sei hier ein bereits von Stokes[1] behandelter Sonderfall besprochen, der für die experimentelle Darstellung der Stromlinien Bedeutung hat. Es ist dieses die

---

[1] Vgl. H. Lamb: Hydrodynamik, S. 671. Lorenz, H.: Techn. Hydromechanik **1910**, 413.

stationäre Bewegung einer reibenden Flüssigkeit zwischen zwei festen, eng nebeneinander liegenden planparallelen Platten.

Der Plattenabstand sei h, die Plattenrichtung sei horizontal und der XY-Ebene parallel, die Z-Achse sei lotrecht nach abwärts angenommen (Abb. 136). Dann gelten mit $v_z = 0$, $Y = X = 0$ und $Z = g$ nach (271) folgende Gleichungen

$$\left.\begin{aligned} v_x \frac{\partial v_x}{\partial x} + v_y \frac{\partial v_x}{\partial y} &= -\frac{1}{\varrho}\frac{\partial p}{\partial x} + \frac{\mu}{\varrho}\left(\frac{\partial^2 v_x}{\partial x^2} + \frac{\partial^2 v_x}{\partial y^2} + \frac{\partial^2 v_x}{\partial z^2}\right), \\ v_x \frac{\partial v_y}{\partial x} + v_y \frac{\partial v_y}{\partial y} &= -\frac{1}{\varrho}\frac{\partial p}{\partial y} + \frac{\mu}{\varrho}\left(\frac{\partial^2 v_y}{\partial x^2} + \frac{\partial^2 v_y}{\partial y^2} + \frac{\partial^2 v_y}{\partial z^2}\right), \\ 0 &= g - \frac{1}{\varrho}\frac{\partial p}{\partial z}. \end{aligned}\right\} \quad (272)$$

Aus der letzten Gleichung folgt

$$p = g\varrho z + f(x, y),$$

und man erkennt, daß $\frac{\partial p}{\partial x}$ und $\frac{\partial p}{\partial y}$ von z unabhängig sind. An den Wandungen haftet die Flüssigkeit; es treten also bei der Strömung zwischen den eng nebeneinander liegenden Platten offenbar große Geschwindigkeitsgefälle $\frac{\partial v_x}{\partial z}$ bzw. $\frac{\partial v_y}{\partial z}$ auf, denen gegenüber die Werte $\frac{\partial v_x}{\partial x}$, $\frac{\partial v_x}{\partial y}$, $\frac{\partial v_y}{\partial x}$ und $\frac{\partial v_y}{\partial y}$ im allgemeinen als vernachlässigbar klein angesehen werden können.

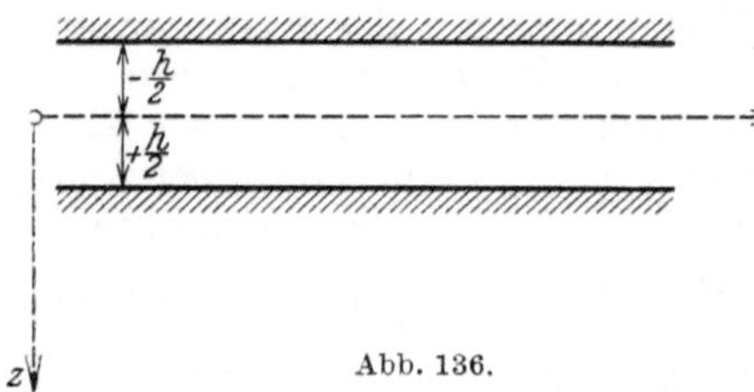

Abb. 136.

Läßt man dieses zu, dann lauten die beiden ersten Gleichungen von (272) einfacher

$$\frac{\partial p}{\partial x} = \mu \frac{\partial^2 v_x}{\partial z^2},$$

$$\frac{\partial p}{\partial y} = \mu \frac{\partial^2 v_y}{\partial z^2},$$

woraus nach Integration folgt $\left(\text{da } \frac{\partial p}{\partial x} \text{ und } \frac{\partial p}{\partial y} \text{ von } z \text{ unabhängig sind}\right)$:

$$v_x = \frac{1}{\mu}\frac{\partial p}{\partial x}\frac{z^2}{2} + C_1 z + C_2,$$

$$v_y = \frac{1}{\mu}\frac{\partial p}{\partial y}\frac{z^2}{2} + C_3 z + C_4.$$

Die XY-Ebene sei in die Mitte zwischen beide Platten gelegt (Abb. 136). Dann bestimmen sich die Integrationskonstanten aus den Randbedingungen $v_x = v_y = 0$ für $z = \pm\frac{h}{2}$ zu $C_1 = C_3 = 0$; $C_2 = -\frac{1}{\mu}\frac{\partial p}{\partial x}\frac{h^2}{8}$; $C_4 = -\frac{1}{\mu}\frac{\partial p}{\partial y}\frac{h^2}{8}$, sodaß

$$v_x = \frac{1}{2\mu}\frac{\partial p}{\partial x}\left(z^2 - \frac{h^2}{4}\right); \qquad v_y = \frac{1}{2\mu}\frac{\partial p}{\partial y}\left(z^2 - \frac{h^2}{4}\right).$$

Versteht man noch unter

$$v_{x_m} = \frac{2}{h}\int_0^{\frac{h}{2}} v_x\,dz = -\frac{h^2}{12\,\mu}\frac{\partial p}{\partial x}$$

und

$$v_{y_m} = \frac{2}{h}\int_0^{\frac{h}{2}} v_y\,dz = -\frac{h^2}{12\,\mu}\frac{\partial p}{\partial y}$$

die „mittleren“ Geschwindigkeitskomponenten längs einer Parallelen zur Z-Achse, so erkennt man, daß diese sich aus einem Geschwindigkeitspotentiale

$$\varphi = -\frac{h^2 p}{12\,\mu}$$

ableiten lassen. Die Flüssigkeit verhält sich also ähnlich wie eine ideale im Falle der ebenen, wirbelfreien Bewegung.

Schaltet man nun nach dem Vorgang von Hele Shaw[1] zwischen die parallelen Platten irgend ein Hindernis oder eine beliebige Berandung ein, wodurch die Flüssigkeit gezwungen wird, einen bestimmten Weg einzuschlagen (um eine vorgeschriebene Kontur bzw. zwischen vorgeschriebenen Kanalwandungen, vgl. S. 155), so müssen sich ganz ähnliche Stromlinien ausbilden wie im Falle der ebenen Potentialbewegung, die man durch Zuführung von Farbstoff sichtbar machen kann. In einer Entfernung von der Wand des eingebauten Hindernisses, die etwa von derselben Größenordnung wie der Plattenabstand h ist, treten allerdings Abweichungen gegenüber der Potentialströmung auf, die durch das Haften der zähen Flüssigkeit an der Wand bedingt sind. Bei hinreichend kleinem Plattenabstand können diese Abweichungen aber in sehr geringen Grenzen gehalten werden.

3. Die Ansätze von Stokes und von Oseen für die „langsame“ Bewegung.

Wie oben bereits bemerkt wurde, stellen sich einer strengen Lösung der Bewegungsgleichungen (271) ganz erhebliche Schwierigkeiten entgegen. Man war deshalb bestrebt, zunächst die beiden Grenzfälle: sehr große Zähigkeit bzw. sehr kleine Reynoldssche Zahl (die bei winzig kleinen Abmessungen auch bei Flüssigkeiten geringerer Zähigkeit vorhanden sein kann) und sehr kleine Zähigkeit bzw. sehr große Reynoldssche Zahl zu erfassen, um aus ihnen gewisse Schlüsse auf die wirkliche Bewegung der Flüssigkeiten ableiten zu können.

Vernachlässigt man unter der Voraussetzung sehr großer Zähigkeit bzw. sehr kleiner Reynoldsscher Zahl in den Gleichungen (271) die Trägheitsglieder $v_x \frac{\partial v_x}{\partial x}$ usw. gegenüber den Reibungsgliedern,

[1] Vgl. die Literaturangabe auf S. 155.

sieht außerdem von Massenkräften ab, so erhält man im Falle stationärer Strömung die Bewegungsgleichungen

$$\frac{\partial p}{\partial x} = \mu \Delta v_x; \qquad \frac{\partial p}{\partial y} = \mu \Delta v_y; \qquad \frac{\partial p}{\partial z} = \mu \Delta v_z,$$

aus denen allgemein folgt:

$$\Delta p = \frac{\partial^2 p}{\partial x^2} + \frac{\partial^2 p}{\partial y^2} + \frac{\partial^2 p}{\partial z^2} = 0.$$

Zur Lösung dieser Gleichungen kann man die Geschwindigkeitskomponenten in der Form

$$\left.\begin{aligned} v_x = \frac{\partial \varphi}{\partial x} + v'; \qquad v_y = \frac{\partial \varphi}{\partial y} + v''; \qquad v_z = \frac{\partial \varphi}{\partial z} + v''';\\ \Delta v' = \Delta v'' = \Delta v''' = 0 \end{aligned}\right\}$$

ansetzen, wobei φ ein Geschwindigkeitspotential bezeichnet. Auf diese Weise hat Stokes[1] den Flüssigkeitsdruck berechnet, den eine im ungestörten Zustande parallel zur X-Achse mit der Geschwindigkeit V strömende, unendlich ausgedehnte Flüssigkeit auf eine in ihr ruhende Kugel vom Radius r_0 ausübt, bzw. den Widerstand, den eine mit der Geschwindigkeit V bewegte Kugel in einer ruhenden Flüssigkeit erfährt. Er fand dafür den Ausdruck

$$W = 6 \mu \pi V r_0, \tag{273}$$

welcher sich für sehr kleine Reynoldssche Zahlen ($\mathfrak{R}$ klein gegen 1) einigermaßen in Übereinstimmung mit den Versuchsergebnissen befindet. Praktische Bedeutung hat diese Formel jedoch nur in beschränktem Maße erlangt (Kolloidchemie, Meteorologie). Mathematisch ist die Stokessche Theorie insofern unbefriedigend, als in hinreichend großer Entfernung von der Kugel die vernachlässigten Glieder $v_x \frac{\partial v_x}{\partial x}$, $v_x \frac{\partial v_y}{\partial x}$, $v_x \frac{\partial v_z}{\partial x}$ gar nicht klein gegenüber $\frac{\partial p}{\partial x}$ bzw. Δv_x usw. sind[2] Setzt man nämlich

$$v_x = V + v_1, \quad \text{also} \quad v_x \frac{\partial v_x}{\partial x} = V \frac{\partial v_1}{\partial x} + v_1 \frac{\partial v_1}{\partial x},$$

so läßt sich zeigen, daß $V \frac{\partial v_1}{\partial x}$ von der Größenordnung $\frac{1}{r^2}$, dagegen $\frac{\partial p}{\partial x}$ und Δv_x von der Ordnung $\frac{1}{r^3}$ sind $\left(r = \sqrt{x^2 + y^2 + z^2}\right)$. Bei hinreichend großem r kann also $V \frac{\partial v_1}{\partial x}$ gegenüber $\frac{\partial p}{\partial x}$ und Δv_x selbst bei kleiner Geschwindigkeit V beliebig groß werden.

---

[1] Vgl. hierzu H. Lamb: Hydrodynamik. S. 682. Riemann-Webers Diff.-Gleichungen d. Physik **2**, 826 (1927).

[2] Oseen, C. W.: Arkiv mat. astr. fysik **6**, Nr 29 (1910). Noether, F.: Über den Gültigkeitsbereich der Stokesschen Widerstandsformel. Z. Math. Physik **1911**.

Aus dieser Erkenntnis heraus hat C. W. Oseen[1] eine Verbesserung der Stokesschen Theorie dadurch vorgenommen, daß er in den Bewegungsgleichungen (271) die Glieder $V\frac{\partial v_1}{\partial x}$, $V\frac{\partial v_y}{\partial x}$, $V\frac{\partial v_z}{\partial x}$ berücksichtigt, erstere also in der Form ansetzt

$$\left.\begin{aligned} \varrho V \frac{\partial v_1}{\partial x} &= -\frac{\partial p}{\partial x} + \mu \Delta v_1, \\ \varrho V \frac{\partial v_y}{\partial x} &= -\frac{\partial p}{\partial y} + \mu \Delta v_y, \\ \varrho V \frac{\partial v_z}{\partial x} &= -\frac{\partial p}{\partial z} + \mu \Delta v_z. \end{aligned}\right\}$$

Die Lösung dieser Gleichungen ist von Oseen für die Strömung um eine Kugel gegeben, wobei allerdings die Randbedingung an der Kugeloberfläche nur näherungsweise erfüllt ist. Für die Größe des Widerstandes der Flüssigkeit gegen die bewegte Kugel fand Oseen den Wert

$$W = 6\mu\pi V r_0\left(1 + \frac{3}{8}\frac{\varrho r_0 V}{\mu}\right)$$

im Gegensatz zu (273). Man erkennt also, daß die Stokessche Widerstandsformel nur einen Grenzfall für sehr kleine Reynoldssche Zahlen darstellt, da bei verschwindend kleinem r_0 und V, aber großem μ der obige Wert für W in den Stokesschen Wert übergeht.

Die Oseensche Formel ist durch zahlreiche Versuche[2] geprüft worden, indem man Kugeln aus verschiedenem Metall in zähen Flüssigkeiten fallen ließ. Wird dabei nach einer von Faxén angegebenen Methode der Einfluß der Gefäßwandungen berücksichtigt, so zeigt sich innerhalb des Bereiches Reynoldsscher Zahlen, wie sie den Versuchen zu Grunde lagen, eine gute Übereinstimmung zwischen Theorie und Experiment.

4. Oseens Grenzübergang zu verschwindend kleiner Zähigkeit.

Der Grenzfall sehr großer Reynoldsscher Zahl ($\mathfrak{R} \to \infty$) bzw. sehr kleiner Zähigkeit ($\mu \to 0$) würde wieder zu der Bewegung einer reibungsfreien Flüssigkeit führen, wenn nicht die die Flüssigkeit begrenzenden Wände den Bewegungsvorgang beeinflussen würden. Es ist das darauf zurückzuführen, daß die natürlichen Flüssigkeiten — selbst bei geringer Zähigkeit — an den festen Wänden haften, die reibungsfreien dagegen sich tangential zur Wand bewegen. Das Verfahren, im Falle kleiner Zähigkeit von vornherein die Reibungsglieder in den Gleichungen (271) gegenüber den Trägheitsgliedern zu vernachlässigen, muß also im allgemeinen zu falschen Ergebnissen führen. Andererseits ist es aber von Bedeutung, das Verhalten einer Flüssigkeit von verschwindend kleiner Zähigkeit (bzw. sehr großer Reynoldsscher Zahl) zu kennen, da bei vielen praktischen Anwendungen $\mathfrak{R}$ so groß ist, daß

[1] Oseen, C. W.: Vorträge aus dem Gebiete der Hydro- u. Aerodynamik (Innsbruck 1922), S. 127. Berlin 1924. Hydrodynamik, S. 166ff. Leipzig 1927. Riemann-Webers Diff.-Gleichungen d. Physik **2**, 828.

[2] Vgl. etwa Handb. Physik von Geiger u. Scheel **7**, 110 (1927).

der Grenzfall $\mathfrak{R} \to \infty$ bzw. $\mu \to 0$ immerhin gewisse Schlüsse auf den tatsächlichen Vorgang zulassen wird.

Es erhebt sich also die Frage: Wie muß der Grenzübergang zu $\mu \to 0$ vollzogen werden, damit die theoretisch ermittelte Strömung der wirklichen entspricht?

Mit der Beantwortung dieser für die moderne Hydromechanik grundlegenden Frage beschäftigen sich insbesondere die Arbeiten von Prandtl (vgl. Ziffer 5) und von Oseen. Letzterer[1] geht von den allgemeinen Bewegungsgleichungen in der Lambschen Form aus, von denen die erste lautet

$$\varrho\left\{\frac{\partial v_x}{\partial t} + v_y\left(\frac{\partial v_x}{\partial y} - \frac{\partial v_y}{\partial x}\right) - v_z\left(\frac{\partial v_z}{\partial x} - \frac{\partial v_x}{\partial z}\right)\right\} = \varrho X - \frac{\partial q}{\partial x} + \mu \varDelta v_x, \tag{274}$$

wo

$$q = p + \frac{\varrho}{2}(v_x^2 + v_y^2 + v_z^2),$$

und betrachtet einen Körper, der sich mit konstanter Geschwindigkeit in der zähen Flüssigkeit bewegt. Hier soll umgekehrt die stationäre Bewegung einer im Unendlichen mit der Geschwindigkeit $v_x = V$, $v_y = v_z = 0$ strömenden Flüssigkeit um einen in ihr festgehaltenen Körper zugrunde gelegt werden. Setzt man nun

$$v_x = V + v_1; \qquad v_y = v_2; \qquad v_z = v_3,$$

so kann (274) wegen $V = \text{const.}$ und $\frac{\partial v_x}{\partial t} = 0$ auch wie folgt geschrieben werden:

$$\varrho\left\{v_2\left(\frac{\partial v_1}{\partial y} - \frac{\partial v_2}{\partial x}\right) - v_3\left(\frac{\partial v_3}{\partial x} - \frac{\partial v_1}{\partial z}\right)\right\}$$
$$= \varrho X - \frac{\partial p}{\partial x} - \varrho\left(V\frac{\partial v_1}{\partial x} + v_1\frac{\partial v_1}{\partial x} + v_2\frac{\partial v_2}{\partial x} + v_3\frac{\partial v_3}{\partial x}\right) + \mu \varDelta v_1$$

oder, mit $q' = p + \frac{\varrho}{2}(v_1^2 + v_2^2 + v_3^2)$,

$$\varrho V\frac{\partial v_1}{\partial x} + \varrho\left\{v_2\left(\frac{\partial v_1}{\partial y} - \frac{\partial v_2}{\partial x}\right) - v_3\left(\frac{\partial v_3}{\partial x} - \frac{\partial v_1}{\partial z}\right)\right\} = \varrho X - \frac{\partial q'}{\partial x} + \mu \varDelta v_1. \tag{275}$$

Analoge Gleichungen bestehen für die beiden anderen Koordinatenrichtungen.

Der Grenzübergang der klassischen Hydrodynamik zu $\mu \to 0$, d. h. verschwindender Zähigkeit, besteht nun in folgendem: Zunächst werden die Glieder $\mu \varDelta v_1$ usw. vernachlässigt; darauf wird nach den Helmholtzschen Wirbelsätzen (vgl. S. 183) gefolgert, daß in einer reibungsfreien, anfangs wirbellosen Flüssigkeit die Entstehung von Wirbeln ausgeschlossen ist und demnach auch die in den runden Klammern von (275) enthaltenen Ausdrücke mit Rücksicht auf (138) ver-

[1] Oseen, C. W.: Innsbrucker Vorträge 1922 (vgl. S. 207). — Hydrodynamik, S. 211ff.

schwinden müssen, so daß (275) — wenn wieder von Massenkräften abgesehen wird — übergeht in

$$\varrho V \frac{\partial v_1}{\partial x} = -\frac{\partial q'}{\partial x}.$$

Die Vollziehung dieses Grenzüberganges führt aber, wie die Erfahrung lehrt, zu Ergebnissen, die im allgemeinen erheblich von der Wirklichkeit abweichen, muß also unzutreffend sein.

Demgegenüber geht Oseen folgendermaßen vor: Er unterdrückt zwar in den Gleichungen (275) in erster Näherung für den Fall sehr kleiner Zähigkeit ($\mu \to 0$) auch die die Wirbelkomponenten $\frac{\partial v_1}{\partial y} - \frac{\partial v_2}{\partial x}$ und $\frac{\partial v_3}{\partial x} - \frac{\partial v_1}{\partial z}$ enthaltenden Glieder, behält aber die Zähigkeitsglieder zunächst bei, löst das auf diese Weise „linearisierte" Gleichungssystem

$$\left.\begin{aligned} \varrho V \frac{\partial v_1}{\partial x} &= -\frac{\partial q'}{\partial x} + \mu \Delta v_1 \\ \varrho V \frac{\partial v_2}{\partial x} &= -\frac{\partial q'}{\partial y} + \mu \Delta v_2 \\ \varrho V \frac{\partial v_3}{\partial x} &= -\frac{\partial q'}{\partial z} + \mu \Delta v_3 \end{aligned}\right\}$$

mit den Randbedingungen $V + v_1 = 0$; $v_2 = v_3 = 0$ an der Körperoberfläche, $v_1 = v_2 = v_3 = 0$ im Unendlichen, auf und setzt erst nachträglich $\mu = 0$.

Das Ergebnis dieser (umfangreichen und schwierigen) Rechnung, auf deren Wiedergabe hier verzichtet werden muß, läßt sich kurz fol-

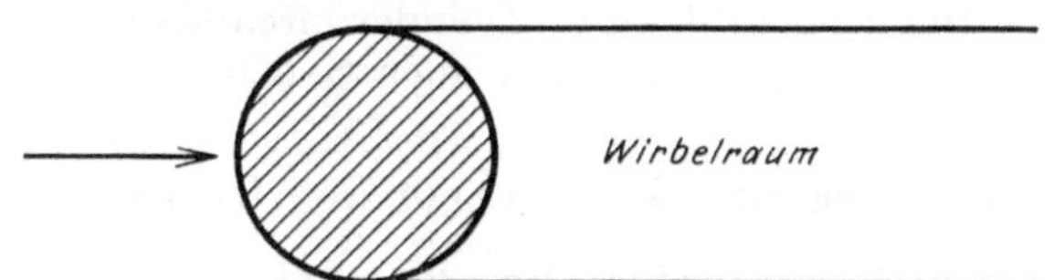

Abb. 137. Unstetigkeitsfläche hinter einem Zylinder nach Oseen.

gendermaßen zusammenfassen: Hinter dem Körper bildet sich in der Flüssigkeit eine Unstetigkeitsfläche aus, welche einen der Bewegungsrichtung parallelen, unendlich langen Streifen einschließt und den eingetauchten Körper tangiert (Abb. 137). Durch diese Fläche wird die Flüssigkeit in zwei Bereiche geteilt, in denen die Strömung wesentlich verschiedenen Charakter aufweist: Im äußeren Bereiche herrscht Potentialbewegung — die Flüssigkeit gleitet also an der Vorderseite des Körpers — während im innern Bereiche der wirbelfreien Bewegung eine Wirbelbewegung überlagert ist (Kielwassergebiet), woraus Oseen folgert, daß der Schluß der klassischen Hydrodynamik: Wirbelfreiheit beim Übergang zu verschwindender Zähigkeit sich als unzutreffend erweist.

Qualitativ gibt die Oseensche Theorie demnach den Strömungsvorgang im ganzen annähernd richtig wieder. Die wirklichen Verhältnisse in unmittelbarer Nähe der Körperoberfläche und in dem Wirbelgebiet hinter dem Körper finden jedoch durch sie keine physikalisch befriedigende Erklärung (vgl. hierzu Ziffer 5 und 6). Die sich aus der Theorie ergebende Widerstandskraft fällt durchweg zu groß aus, obgleich die Druckverteilung auf der Vorderseite des Körpers sich nahezu mit den experimentell bestimmten Werten deckt. Demnach muß der theoretische Druckabfall hinter dem Körper zu groß sein. Neuerdings sind die Oseenschen Gedankengänge u. a. von Zeilon[1] und Burgers[2] weiter entwickelt und auf verschiedene physikalisch und technisch wichtige Probleme angewandt worden. Insbesondere hat ersterer für den Kreiszylinder (ebenes Problem) die Widerstandsberechnung durch Annahme einer nicht mehr parallelen Kielwasserströmung vervollkommnet und dadurch eine befriedigende Übereinstimmung mit den Versuchsergebnissen erzielt. Abb. 138 zeigt die Druckverteilung am abgewickelten Zylinderumfang und zwar nach der Potentialtheorie, nach Messungen von Eisner[3] für $\mathfrak{R} = \frac{Vd}{\nu} > 2{,}1 \cdot 10^5$ ($\mathfrak{R}$ = Reynoldssche Zahl, d = Zylinderdurchmesser) und nach der Zeilonschen Rechnung (vgl. hierzu auch S. 220).

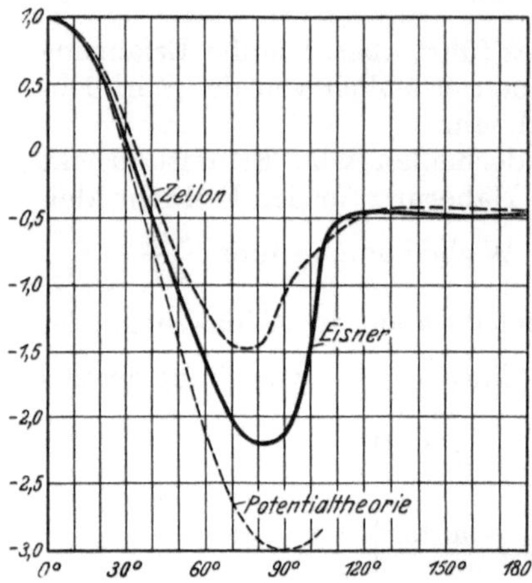

Abb. 138. Druckverteilung am Zylinderumfang nach Zeilon (berechnet), Eisner (gemessen) und nach der Potentialtheorie.

5. Die Prandtlsche Theorie der Grenzschicht.

a) Grundsätzliche Bemerkungen.

Von einer Flüssigkeit mit geringer Zähigkeit (Wasser, Luft) darf angenommen werden, daß sie sich in größerer Entfernung von einer festen Wand bzw. der Oberfläche eines in sie eingetauchten festen Körpers nahezu wie eine reibungsfreie Flüssigkeit verhält. Ist nämlich μ sehr klein, dann kann die Reibung mit Rücksicht auf (268) nur dann einen merklichen Einfluß ausüben, wenn ein großes Geschwindigkeitsgefälle vorhanden ist. In der freien Strömung ist das im allgemeinen nicht der Fall, wohl aber in nächster Nähe einer Wand. An dieser haftet

[1] Zeilon: Anhang zu Oseens Hydrodynamik, sowie Verhandlungen des 2. Internat. Kongresses für Techn. Mech. Zürich **1927**.

[2] Burgers: Z. ang. Math. Mech. **1930**, 326. Verhandl. d. 3. Intern. Kongr. f. Techn. Mech. Stockholm **1930**, I, S. 191.

[3] Eisner, F.: Z. ang. Math. Mech. **1925**, 486. — Widerstandsmessungen an umströmten Zylindern, S. 56. Berlin 1929.

bekanntlich die Flüssigkeit, hat also dort die relative Geschwindigkeit Null. Dagegen besitzt sie bereits in sehr geringem Abstand von der Wand den durch die reibungsfreie Bewegung bedingten Geschwindigkeitswert. Es existiert also (bei kleinem μ) eine dünne Übergangsschicht — die sogenannte Grenzschicht —, in welcher ein starkes Geschwindigkeitsgefälle vorhanden ist, und letzteres ist nach den obigen Darlegungen die Ursache, daß selbst bei kleiner Zähigkeit in unmittelbarer Nähe der Wand erhebliche Reibungswiderstände ausgelöst werden. Danach kann das von der Flüssigkeit durchströmte Gebiet in zwei Bereiche eingeteilt werden: denjenigen, in welchem angenähert reibungsfreie Bewegung herrscht, und den in unmittelbarer Nähe der Wand gelegenen — eben die Grenzschicht —, für welchen die Gesetze der zähen Flüssigkeit maßgebend sind. Es ist das große Verdienst von L. Prandtl[1], diese Trennung zuerst vorgenommen und die Verhältnisse in der Grenzschicht genauer untersucht zu haben.

b) Differentialgleichung der Grenzschicht[2].

Die weitere Betrachtung sei auf ebene Flüssigkeitsbewegungen beschränkt. Außerdem sei zunächst eine gerade Begrenzungslinie der Wand angenommen und das Koordinatensystem so gewählt, daß die X-Achse in die Wandrichtung fällt, während die Y-Achse rechtwinklir dazu steht. Faßt man ferner nur stationäre Bewegungen ins Auge und sieht wieder von Massenkräften ab, dann lauten die Gleichungen (271) für das ebene Problem:

$$\left.\begin{aligned}
&\qquad\ \ 1\cdot 1 \qquad\qquad \varepsilon\cdot\frac{1}{\varepsilon} \qquad\qquad\qquad 1 \qquad\qquad\quad 1 \qquad\qquad \frac{1}{\varepsilon^2}\\
&\varrho\left(v_x\frac{\partial v_x}{\partial x}+v_y\frac{\partial v_x}{\partial y}\right)=-\frac{\partial p}{\partial x}+\mu\left(\frac{\partial^2 v_x}{\partial x^2}+\frac{\partial^2 v_x}{\partial y^2}\right),\\
&\varrho\left(v_x\frac{\partial v_y}{\partial x}+v_y\frac{\partial v_y}{\partial y}\right)=-\frac{\partial p}{\partial y}+\mu\left(\frac{\partial^2 v_y}{\partial x^2}+\frac{\partial^2 v_y}{\partial y^2}\right).\\
&\qquad\ \ 1\cdot\varepsilon \qquad\qquad \varepsilon\cdot 1 \qquad\qquad\qquad\qquad\qquad\qquad \varepsilon \qquad\qquad \frac{1}{\varepsilon}
\end{aligned}\right\} \tag{276}$$

Diese Gleichungen erfahren nun, wie eine Betrachtung der Größenordnung der einzelnen Glieder ergibt, für die Grenzschicht (näherungsweise) eine erhebliche Vereinfachung. Innerhalb der als dünn vorausgesetzten Grenzschicht muß die tangentiale Geschwindigkeit v_x vom Werte Null (an der festen Wand) auf einen durch die äußere Strömung bedingten endlichen Wert ansteigen. Bezeichnet also ε die Größenordnung der Grenzschichtdicke, so muß $\frac{\partial v_x}{\partial y} \sim \frac{1}{\varepsilon}$ und $\frac{\partial^2 v_x}{\partial y^2} \sim \frac{1}{\varepsilon^2}$ sein ($\sim$ bedeutet proportional), wenn v_x von der Größenordnung 1 gesetzt wird. $\frac{\partial v_x}{\partial x}$, $\frac{\partial^2 v_x}{\partial x^2}$ und $\frac{\partial p}{\partial x}$ haben normale Werte, sind also ebenfalls ~ 1.

---

[1] Prandtl, L.: Verh. d. 3. Intern. Math. Kongr. Heidelberg **1904**, sowie Vier Abhandlungen zur Hydrodynamik u. Aerodynamik (zus. m. A. Betz), Göttingen **1927**.

[2] Blasius, H.: Dissert. Göttingen **1907**; Z. Math. Phys. **56**, 1 u. f. (1908).

Mit Rücksicht auf die Kontinuitätsbedingung

$$\frac{\partial v_x}{\partial x} + \frac{\partial v_y}{\partial y} = 0$$

ist ferner $\frac{\partial v_y}{\partial y} \sim 1$, also $v_y \sim \varepsilon$, $\frac{\partial^2 v_y}{\partial y^2} \sim \frac{1}{\varepsilon}$, $\frac{\partial v_y}{\partial x} \sim \varepsilon$, $\frac{\partial^2 v_y}{\partial x^2} \sim \varepsilon$. In den Gleichungen (276) ist zu jedem Gliede seine Größenordnung hinzugefügt, und man erkennt aus der ersten dieser Gleichungen, daß das Reibungsglied von derselben Größenordnung wird wie die übrigen Glieder, wenn $\mu \sim \varepsilon^2$ wird. In dieser Gleichung verschwindet dann $\frac{\partial^2 v_x}{\partial x^2}$ als klein höherer Ordnung, während aus der zweiten Gleichung folgt: $\frac{\partial p}{\partial y} \sim \varepsilon$, d. h. klein gegen 1. Daraus ergibt sich, daß der Druck (näherungsweise) von y unabhängig, also $\frac{\partial p}{\partial x} \approx \frac{d p}{d x}$ ist. Innerhalb eines Querschnitts der Grenzschicht darf demnach der Druck p als konstant angesehen und gleich dem durch die reibungsfreie Strömung am äußeren Ende der Grenzschicht bestimmten Werte gesetzt werden; er erscheint somit in den Gleichungen (276) als eine bekannte, eingeprägte Kraft. An den Ergebnissen der vorstehenden Überlegung ändert sich im wesentlichen auch dann nichts, wenn die Begrenzungslinie der Wand nicht gerade, sondern mäßig gekrümmt ist, sofern nur der Krümmungsradius groß gegenüber der Grenzschichtdicke angesehen werden darf[1].

Unter Beachtung des oben Gesagten kann die erste der Gleichungen (276) für die Grenzschicht in der vereinfachten Form geschrieben werden:

$$\varrho \left(v_x \frac{\partial v_x}{\partial x} + v_y \frac{\partial v_x}{\partial y} \right) = - \frac{\partial p}{\partial x} + \mu \frac{\partial^2 v_x}{\partial y^2}, \qquad (277)$$

welche in Verbindung mit der Kontinuitätsgleichung

$$\frac{\partial v_x}{\partial x} + \frac{\partial v_y}{\partial y} = 0$$

und den Randbedingungen

$v_x = v_y = 0$, für $y = 0$,

$v_x = V_x$ (Geschwindigkeit der ungestörten Bewegung) am äußeren Rande der Grenzschicht, die Strömung in der Grenzschicht bestimmt, sofern $p = f(x)$ entweder aus der reibungsfreien Bewegung oder durch Messung gefunden ist.

Aus der weiter oben angegebenen Beziehung $\mu \sim \varepsilon^2$ folgt, daß die Dicke der Grenzschicht proportional $\sqrt{\mu}$ ist oder, wenn man an Stelle von μ das kinematische Zähigkeitsmaß $\nu = \frac{\mu}{\varrho}$ einführt (S. 74), proportional $\sqrt{\nu}$. Die Grenzschicht wird demnach um so dünner, je kleiner die Zähigkeit ist (vgl. hierzu S. 224).

---

[1] Vgl. die Literaturangabe[2] auf S. 211, sowie R. v. Mises: Bemerkungen zur Hydrodynamik. Z. ang. Math. Mech. **1927**, 425; **1928**, 249.

c) Impulssatz für die Grenzschicht.

Mit Hilfe des Impulssatzes (S. 58) läßt sich für die Grenzschicht eine Beziehung ableiten, welche mit Vorteil zur näherungsweisen Behandlung gewisser Strömungsaufgaben herangezogen werden kann, sobald über die Verteilung der Geschwindigkeit in der Grenzschicht $[v_x = f(y)]$ etwas Genaueres bekannt ist[1].

Zu diesem Zwecke sei die Grenzschichtdicke als Funktion von x eingeführt, $\delta = \delta(x)$, während im übrigen wieder die gleichen Annahmen gemacht werden, wie sie der Ableitung von Gleichung (277) zugrunde gelegt wurden; speziell soll wieder der Druck in der Grenzschicht als bekannte Funktion von x angesehen werden. In Abb. 139 sind zwei Querschnitte der Grenzschicht dargestellt, deren Abstand dx betrage. V sei die X-Komponente der reibungsfreien Strömung am äußeren Rande der Grenzschicht, $\delta(x)$ die variable Dicke der letzteren.

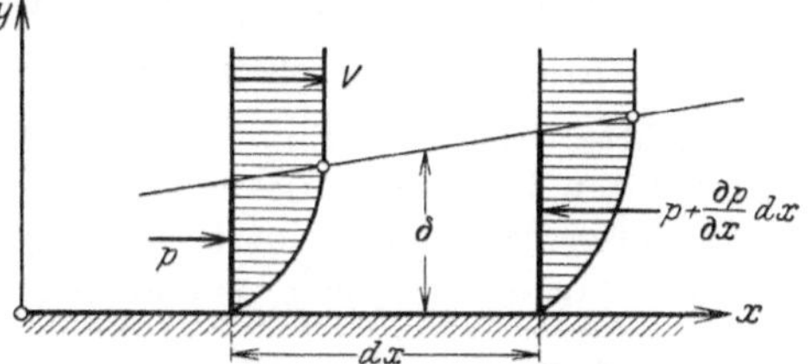

Abb. 139. Geschwindigkeitsverteilung in der Grenzschicht längs einer geraden Wand.

Auf den durch die beiden Querschnitte x und $x + dx$ abgegrenzten Bereich der Grenzschicht soll nun der Impulssatz angewandt werden, wonach unter der Voraussetzung stationärer Strömung der zeitliche Überschuß des ausströmenden über den einströmenden X-Impuls gleich der Summe der auf die abgegrenzte Flüssigkeitsmasse in der X-Richtung wirkenden äußeren Kräfte ist. Der X-Impuls (Bewegungsgröße in Richtung der X-Achse bezogen auf die Tiefe Eins), welcher in der Zeiteinheit durch den Querschnitt der Grenzschicht geht, ist

$$J = \varrho \int_0^\delta v_x^2 \, dy ,$$

demnach der Unterschied des bei $x + dx$ austretenden über den bei x eintretenden Impuls

$$\frac{\partial J}{\partial x} dx = \varrho \frac{\partial}{\partial x}\left[\int_0^\delta v_x^2 \, dy\right] dx .$$

Die sekundliche Durchflußmenge durch den Querschnitt beträgt

$$Q = \int_0^\delta v_x \, dy ,$$

der Überschuß der bei $x + dx$ austretenden über die bei x eintretende Flüssigkeitsmenge demnach

$$\frac{\partial Q}{\partial x} dx = \frac{\partial}{\partial x}\left[\int_0^\delta v_x \, dy\right] dx .$$

[1] v. Kármán, Th.: Über laminare und turbulente Reibung. Z. ang. Math. Mech. **1921**, 233ff., Z. 2; Innsbrucker Vorträge **1922**, 155.

Mit Rücksicht auf die Kontinuität muß ebensoviel Flüssigkeit durch den äußeren Rand der Grenzschicht in diese gelangen, so daß der dadurch eintretende X-Impuls wegen $v_x = V$

$$\varrho V \frac{\partial Q}{\partial x} dx = \varrho V \frac{\partial}{\partial x}\left[\int_0^\delta v_x dy\right] dx$$

beträgt.

An äußeren Kräften kommen in Betracht der Druck $-\frac{\partial p}{\partial x} dx \cdot \delta$ und die Reibungskraft an der Wand, welche unter der Voraussetzung einer laminaren Grenzschicht nach S. 72 $-\left[\mu \frac{\partial v_x}{\partial y} dx\right]_{y=0}$ beträgt[1]; beide Kräfte wirken im Sinne der negativen X-Achse. Setzt man jetzt den gesamten Überschuß des aus dem abgegrenzten Bereich austretenden Impulses über den eintretenden gleich der Summe der äußeren Kräfte, so ergibt sich nach Weghebung von dx

$$\varrho \frac{\partial}{\partial x} \int_0^\delta v_x^2 dy - \varrho V \frac{\partial}{\partial x} \int_0^\delta v_x dy = -\frac{\partial p}{\partial x} \delta - \mu \left.\frac{\partial v_x}{\partial y}\right]_{y=0}. \qquad (278)$$

Man kann diese Gleichung dazu benutzen, die Dicke δ der Grenzschicht zu berechnen, wenn es gelingt, für die Geschwindigkeitsverteilung in der Grenzschicht einen Näherungsansatz zu finden, dergestalt, daß v_x als gegebene Funktion von y erscheint, speziell an der Wand den Wert Null und am äußeren Rande der Grenzschicht den Wert der äußeren Strömung besitzt. In diesem Falle geht (278) über in eine gewöhnliche Differentialgleichung erster Ordnung für δ als Funktion von x, deren Lösung in einigen Sonderfällen gute Näherungsergebnisse liefert (vgl. hierzu S. 223).

6. Folgerungen aus der Grenzschichtentheorie.

Weiter oben wurde bereits verschiedentlich darauf hingewiesen, daß bei der Bewegung eines festen Körpers durch eine ruhende, wenig zähe Flüssigkeit (Wasser, Luft) bzw. bei der Strömung einer solchen Flüssigkeit um einen in ihr ruhenden Körper hinter dem Körper ein Wirbelgebiet entsteht (vgl. S. 172). Nach der heute herrschenden, von Prandtl[2] begründeten Auffassung kann die Entstehung dieser Wirbel durch die Grenzschichtentheorie — wenigstens qualitativ — ihre Erklärung finden.

Infolge der Wandreibung an der Körperoberfläche tritt ein ständiger Energieverbrauch und demnach eine Verzögerung der wandnahen Flüssigkeitsteilchen ein. Besteht nun in der Strömungsrichtung ein Druckabfall, so kann diese Verzögerung durch die vorhandene Druckdifferenz wett gemacht werden, so daß die Vorwärtsbewegung längs des Körpers aufrecht erhalten bleibt. Im entgegengesetzten Falle dagegen, d. h. bei Druckanstieg in der Strömungsrichtung, wird die oben angedeutete Verzögerung des Grenzschichtenmaterials weiter verstärkt. Die so verzögerten Flüssigkeitsteilchen werden zunächst von dem äußeren Flüssig-

[1] Über turbulente Grenzschicht vgl. S. 225. [2] Vgl. Fußnote S. 211.

keitsstrome noch eine gewisse Strecke mitgerissen, bei weiter steigendem Drucke aber schließlich zur Ruhe gelangen, ja sogar zur Umkehr gezwungen. Diese rückläufige Strömung schiebt sich zwischen Körperoberfläche und Grenzschicht, wodurch die äußere Hauptströmung immer mehr vom Körper abgedrängt oder „abgelöst" wird. Zwischen beiden Strömungen entsteht eine Unstetigkeitsfläche, die sich jedoch wegen ihrer Labilität (vgl. S. 190) alsbald spiralig in Einzelwirbel auflöst, welche ihrerseits von der äußeren Strömung mit fortgeführt werden.

Im Gegensatz dazu kann an denjenigen Stellen der Körperoberfläche, an denen Druckabfall und demnach Geschwindigkeitsanstieg vorhanden ist, keine Ablösung eintreten, da die hierzu erforderlichen Bedingungen nicht erfüllt sind.

Der hier qualitativ angedeutete Strömungsvorgang läßt sich experimentell nachweisen. Hält man z. B. einen Kreiszylinder in strömender Flüssigkeit fest, so herrscht beim Beginn der Strömung zunächst

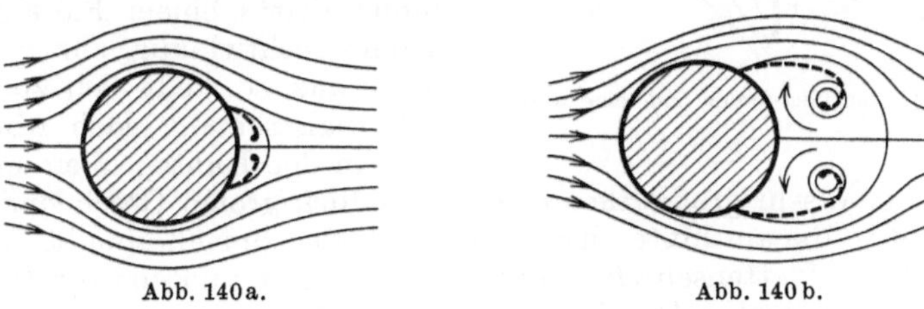

Abb. 140a. Abb. 140b.

Abb. 140a und b. Wirbelbildung hinter einem Kreiszylinder.

Potentialbewegung. Die Geschwindigkeit ist am vorderen Staupunkt Null, steigt von da auf der Vorderseite oben und unten zu ihrem Maximalwert an und fällt auf der Rückseite wieder bis zum Werte Null im hinteren Staupunkt ab (vgl. S. 146). Vorn herrscht also Druckabfall, hinten Druckanstieg, der zu einer Ablösung der Strömung vom Körper führt (Abb. 140a u. 140b)[1]. Durch weitere Ansammlung des abgebremsten Grenzschichtmaterials wird die Ablösungsstelle so lange weiter nach vorn verschoben, bis sich schließlich ein stationärer Zustand einstellt. Die Fortbewegung der Wirbel im Kielwasser erfolgt jedoch nicht paarweise symmetrisch oben und unten, sondern unsymmetrisch, dergestalt, daß abwechselnd oben und unten ein freier Wirbel in den Kielwasserstrom gelangt. Es entsteht auf diese Weise eine stabile Wirbelstraße (vgl. S. 191).

Mit Hilfe der Differentialgleichung der Grenzschicht ist es theoretisch möglich, die Ablösungsstelle des Flüssigkeitsstromes von einem in ihn getauchten Körper zu berechnen (ebenes Problem). Verschiedene Versuche sind auch nach dieser Richtung bereits gemacht worden[2]. Die wesentlichste Schwierigkeit besteht dabei in der richtigen Bestimmung des Druckgefälles $\frac{dp}{dx}$ für die Grenzschicht. Wird dieses aus der äußeren Potentialströmung ermittelt, so führt das, wie die Arbeit von

[1] Nach Prandtl: a. a. O. S. 211. [2] Vgl. Fußnote [1] S. 216.

Blasius[1] gezeigt hat, zu falschen Ergebnissen, da ja die äußere Strömung durch den Ablösungsvorgang wesentlich in Mitleidenschaft gezogen wird. Man hat daher den Druck an der Körperoberfläche experimentell gemessen (Hiemenz[1] auf Vorschlag von Prandtl an einem Kreiszylinder) und damit gute Näherungsergebnisse erzielt[2]. Immerhin ist zu bedenken, daß an den Stellen steigenden Druckes die Grenzschicht sehr an Stärke zunimmt, so daß die der Theorie zugrunde liegende Voraussetzung geringer Grenzschichtdicke im allgemeinen nicht mehr erfüllt ist.

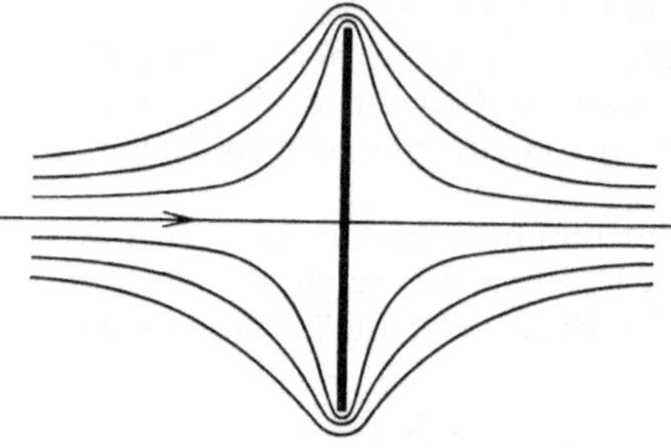

Abb. 141. Potentialströmung um eine dünne Platte.

Besitzt der umströmte Körper vorspringende Ecken oder scharfe Kanten, so findet die Ablösung der Strömung an den Ecken oder Kanten statt. Setzt man z. B. eine dünne Platte einem Flüssigkeitsstrome rechtwinklig zur Plattenebene aus, so stellt sich zunächst Potentialströmung nach Abb. 141 ein. An den Kanten oben und unten tritt eine sehr große (theoretisch unendlich große) Geschwindigkeit auf (S. 140), die am hinteren Staupunkt wieder zu Null abfällt. Auf der rückwärtigen Plattenseite herrscht also am oberen und unteren Plattenrande ein sehr starker Druckanstieg, der zur Ablösung der Strömung an den Plattenrändern und starker Wirbelbildung Veranlassung gibt.

Entstehung der Zirkulation bei einem Tragflügel. Die Grenzschichtentheorie gibt auch Aufschluß über die Entstehung der Zirkulation um ein Tragflügelprofil (vgl. S. 179), für welche die Theorie der reibungsfreien Flüssigkeiten keine Erklärung zu liefern vermag. Beim Beginn der Bewegung stellt sich zunächst wieder Potentialströmung ein, die einen hinteren Staupunkt S auf der Flügeloberseite besitzt (Abb. 142).

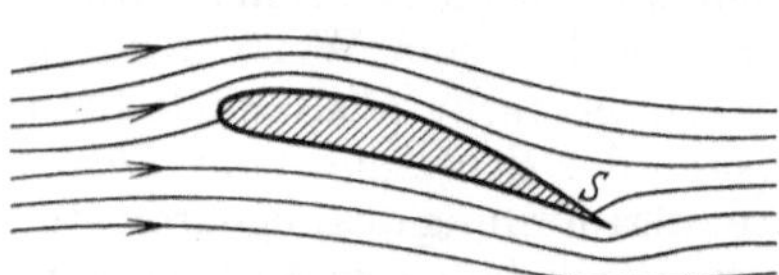

Abb. 142. Potentialströmung um ein Tragflügelprofil.

Die Hinterkante wird dabei von unten her mit einer theoretisch unendlich großen Geschwindigkeit umströmt, welche im Staupunkt S auf Null abfällt. Es herrscht also zwischen Hinterkante und Staupunkt S sehr starker Druckanstieg, der zur Bildung eines Wirbels führt (Abb. 143), welcher nach Prandtl als Anfahrwirbel bezeichnet wird. Denkt man sich nun um den Tragflügel in hinreichend großem Abstande eine geschlossene Linie $A—B—C—D$ gelegt, welche diesen samt dem abgehenden Wirbel umfaßt, so muß die Zirkulation längs dieser flüssigen Linie nach dem Satz von Thomson (S. 115) gleich Null sein,

[1] Blasius, H.: Z. Math. Phys. **1908**, 13. Boltze, E.: Dissert. Göttingen **1908**. Hiemenz, K.: Dissert. Göttingen **1917**.

[2] Pohlhausen, K.: Z. ang. Math. Mech. **1921**, 261, welcher die Aufgabe mit Hilfe des Impulssatzes behandelt (S. 213).

da sie anfangs gleich Null war, falls — wie vorausgesetzt — die Flüssigkeit in einiger Entfernung vom Körper als reibungsfrei angesehen werden darf. Da nun in dem Gebiete *B—C—D* ein Wirbel vorhanden ist, so muß sich zum Ausgleich in dem Gebiete *A—D—B* eine Zirkulation um den Tragflügel von entgegengesetzt gleicher Stärke ausbilden.

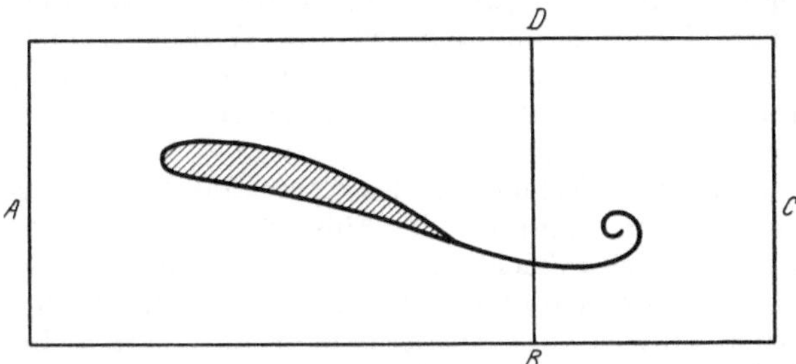

Abb. 143. Anfahrwirbel hinter einem Tragflügel.

Der Anfahrwirbel — bzw. die Stärke der Zirkulation — wächst so lange, bis die Geschwindigkeiten auf beiden Seiten des Flügelprofils an der Hinterkante gleich groß geworden sind, so daß ein Umströmen dieser Kante nicht mehr stattfindet. Nach Entfernung dieses Wirbels, der immer weiter stromabwärts wandert, stellt sich am Tragflügelprofil ein (nahezu) stationärer Zustand ein, bestehend aus einer Parallelströmung mit Zirkulation, durch welche, wie früher beschrieben, der Auftrieb des Flügels zustande kommt.

7. Der Flüssigkeitswiderstand.

a) Allgemeines über den Widerstand von Flüssigkeiten gegen bewegte Körper.

Aus der Erfahrung ist bekannt, daß ein fester Körper bei der gleichförmigen Bewegung in einer natürlichen Flüssigkeit, auch wenn diese noch so dünnflüssig (wenig zäh) ist, einen Widerstand, den sogenannten Flüssigkeitswiderstand, zu überwinden hat. Die gewöhnliche Potentialtheorie vermag die Entstehung eines solchen Widerstandes nicht zu erklären, vielmehr liefert sie, wie an dem Beispiel der Kugel (S. 172) gezeigt wurde, in der Strömungsrichtung keine Druckresultante, also auch keinen Widerstand (d'Alembertsches Paradoxon). Bei der Strömung mit Zirkulation um ein Tragflügelprofil ergab sich in der reibungsfreien Flüssigkeit wohl ein Auftrieb, rechtwinklig zur Strömungsrichtung, aber kein Profilwiderstand in dieser Richtung (S. 180).

Demgegenüber liefert die Helmholtz-Kirchhoffsche Theorie der unstetigen Potentialbewegung (S. 175) unter Zulassung von Trennungsflächen, die sich hinter dem bewegten Körper ausbilden und ein Totwassergebiet zwischen sich einschließen, einen bestimmten Widerstandswert, jedoch ist dieser — wie vergleichende Versuche gezeigt haben — wesentlich zu gering, so daß auch auf diesem Wege eine qualitative Lösung des Problems nicht möglich ist. Immerhin bedeutet die Helmholtz-Kirchhoffsche Theorie im Sinne der Widerstandsberechnung gegenüber der gewöhnlichen Potentialtheorie schon einen wesentlichen Fortschritt.

Einen weiteren Versuch, den Flüssigkeitswiderstand mit den Mitteln der Theorie idealer Flüssigkeiten zu bestimmen, stellt die Kármánsche Methode der Wirbelstraßen dar (S. 195). Hier zeigt sich nun in der Tat eine recht gute Übereinstimmung mit der Wirklichkeit; leider kann aber die Theorie nicht auf die experimentelle Ermittlung gewisser, ihr eigentümlicher Größen verzichten, deren rein theoretische Bestimmung z. Z. noch nicht möglich ist.

Eine befriedigende Erklärung des Widerstandsproblems läßt sich überhaupt nur geben, wenn auf die Flüssigkeitsreibung Rücksicht genommen wird. In dieser Richtung bewegen sich insbesondere die Methoden von Oseen-Zeilon und die Grenzschichtentheorie von Prandtl. Letztere vermag zwar gewisse Aussagen über die Vorgänge in der Grenzschicht und die relative Lage der Ablösungsstelle zu machen, die Größe des Widerstandes läßt sich jedoch aus ihr nicht herleiten. Die Oseen-Zeilonsche Theorie dagegen hat für einige Sonderfälle — allerdings unter Benutzung immerhin ziemlich willkürlicher Annahmen (Zeilon, vgl. S. 210) — wohl zu Ergebnissen geführt, die von der Wirklichkeit nicht mehr weit abweichen; sie ist indessen vorläufig noch in mancher Hinsicht physikalisch unbefriedigend.

Zusammenfassend kann gesagt werden, daß z. Z. eine abgeschlossene Theorie zur rechnerischen Ermittlung des Flüssigkeitswiderstandes bei der Bewegung beliebig gestalteter fester Körper nicht vorhanden ist, und daß man deshalb gezwungen ist, weitgehend auf die in den Versuchsanstalten gewonnenen Meßergebnisse zurückzugreifen.

Fragt man sich nun nach den Ursachen des Widerstandes in einer unendlich ausgedehnten Flüssigkeit, so kommen hier zwei wesentlich verschiedene Faktoren in Betracht: die Reibungskräfte an der Körperoberfläche und die Druckunterschiede auf der Vorder- und Rückseite des Körpers, die sich infolge des unsymmetrischen Strömungsbildes einstellen[1]. Der Gesamtwiderstand setzt sich demnach im allgemeinen zusammen aus einem Reibungs- und einem Druckwiderstand. Die Größe des Reibungswiderstandes hängt außer von den physikalischen Eigenschaften der Flüssigkeit von der Größe und Beschaffenheit der umströmten Oberfläche sowie von der Größe der Geschwindigkeit ab. Bei rauhen Oberflächen fällt er größer aus als bei glatten. Der Druckwiderstand dagegen ist eine Folge der Wirbelbildung hinter dem Körper. Da diese ganz erheblich von der Form des Körpers abhängt, so bezeichnet man den Druckwiderstand wohl auch als Formwiderstand, wobei allerdings zu beachten ist, daß die Körper-

[1] Die hier angestellten Überlegungen gelten zunächst nur für Körper, die vollkommen in eine unendlich ausgedehnte Flüssigkeit eingetaucht sind (Luftfahrzeuge, U-Boote usw.). Handelt es sich dagegen um Körper, die an einer freien Oberfläche bewegt werden (Schiffe), so tritt zu den oben genannten Widerständen noch der Wellenwiderstand, welcher durch das am Bug und Heck entstehende Wellensystem bedingt ist. Hiervon wird im 2. Bande noch genauer die Rede sein.

form auch von Einfluß auf die Größe des Reibungswiderstandes sein kann. Starke Wirbelbildung hinter dem Körper bedingt einen großen Energieverbrauch, demnach einen entsprechend großen Arbeitsaufwand zur Vorwärtsbewegung des Körpers. Um also den Druckwiderstand möglichst klein zu halten, muß man bestrebt sein, dem Körper eine solche Form zu geben, daß das hinter ihm entstehende Wirbelgebiet (Kielwasser) möglichst klein ausfällt. Im Sinne der Grenzschichtentheorie heißt das: der Körper muß so geformt werden, daß die Ablösungsstelle möglichst weit nach hinten verlegt wird. Eine nach hinten spitz zulaufende Körperform wird also unter sonst gleichen Verhältnissen einen geringeren Druckwiderstand liefern als eine stumpf abschneidende. Auf diese Weise kann man es erreichen, daß der Druckwiderstand auf ein Minimum herabgesetzt wird, wie das z. B. bei den modernen Formen der Luftschiffe der Fall ist (vgl. hierzu die Druckverteilung in Abb. 117, die derjenigen aus der Potentialströmung sehr nahe kommt, also nur einen geringen Druckwiderstand liefert). Bei guten Luftschifformen wird der Widerstand nur etwa $^1/_{20}$ bis $^1/_{25}$ des Widerstandes einer Kreisplatte, deren Fläche gleich dem größten Schiffsquerschnitt ist (S. 220).

b) Die Widerstandszahl.

Der Widerstand, den ein gleichförmig bewegter Körper in einer unendlich ausgedehnten Flüssigkeit von dieser erfährt, läßt sich allgemein in der Form anschreiben

$$W = c\,F\,\frac{\varrho}{2}\,v^2\,. \tag{279}$$

Dabei bezeichnet F die größte Querschnittsfläche des Körpers senkrecht zur Bewegungsrichtung (Hauptspant), v seine Geschwindigkeit und ϱ die Flüssigkeitsdichte, während c die „Widerstandszahl“ angibt, welche — wie eine Dimensionsbetrachtung sofort zeigt — eine dimensionslose Größe ist.

Der vorstehende Ansatz geht (in etwas anderer Form) schon auf Newton zurück, der allerdings c als eine Konstante betrachtete, die nur von der Gestalt des Körpers auf seiner Vorderseite abhängen sollte, während man heute mit Rücksicht auf die Überlegungen in Ziffer a) weiß, daß für die Größe des Widerstandes besonders die rückwärtige Ausbildung der Körperform verantwortlich ist, und daß c außerdem von der die Strömung kennzeichnenden Reynoldsschen Zahl abhängt. Danach ist bei geometrisch ähnlichen Körpern c nur so lange konstant, als die Reynoldssche Zahl $\mathfrak{R} = \frac{v\,l}{\nu}$ (l = einer charakteristischen Längenabmessung des Körpers) einen unveränderlichen Wert besitzt. Ändert sich $\mathfrak{R}$, so ändert sich im allgemeinen auch c. Nur in denjenigen Fällen, bei denen der Reibungswiderstand klein gegen den Druckwiderstand ist, wird c für eine bestimmte Körperform wesentlich konstant. Das gilt z. B. für dünne Platten, deren Ebene senkrecht zur Strömungsrichtung steht, bei denen also die Oberflächenreibung keine

Rolle spielt. Hier hängt c nur von der Plattenform ab, ist also lediglich ein Formfaktor.

Eine theoretische Bestimmung des durch (279) definierten Widerstandsbeiwertes c ist z. Z. noch nicht möglich, so daß man in der Hauptsache auf Versuchsergebnisse angewiesen ist. Nachstehend mögen einige Angaben darüber folgen[1].

1. Platten, die rechtwinklig zu ihrer Ebene angeströmt werden.

Kreisplatte $c = 1{,}1$ bis $1{,}12$

Rechteck (Breite b, Höhe h)

b/h	c
1	1,10
2	1,15
4	1,19
10	1,29
18	1,40
∞	2,01

2. Während bei Platten und anderen Körperformen, welche quer zur Strömungsrichtung scharfe Kanten besitzen, die Ablösung der äußeren Strömung an diesen Kanten erfolgt, kann bei gewölbten Körperformen (Kugel, Zylinder, Ellipsoid usw.) über die relative Lage der Ablösungsstelle von vornherein nichts Bestimmtes ausgesagt werden. Es kommt dann wesentlich darauf an, ob die Strömung in der Grenzschicht laminar oder turbulent verläuft. Bei kleineren Geschwindigkeiten, bzw. Reynoldsschen Zahlen, strömt die Flüssigkeit in der Grenzschicht laminar; die Ablösungsstelle liegt dann in der Nähe des größten Körperquerschnitts quer zur Strömungsrichtung. Hinter dem Körper bildet sich ein ausgeprägtes Wirbelgebiet aus (Wirbelstraße). Bei wachsender Geschwindigkeit geht die laminare Strömung in der Grenzschicht — mitunter fast plötzlich — in die turbulente über; die Ablösungsstelle verschiebt sich dann weiter nach hinten, und der Widerstand verringert sich.

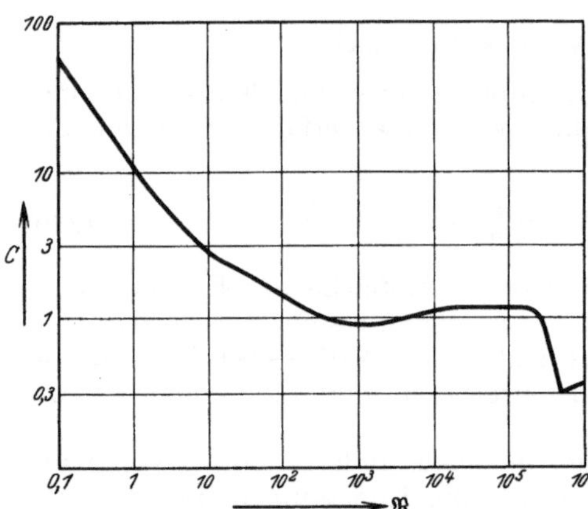

Abb. 144. Diagramm der Widerstandsziffer c für einen unendlich langen Kreiszylinder. $c = f(\mathfrak{R})$.

Abb. 144 gibt die Verhältnisse für einen unendlich langen Kreiszylinder (ebene Strömung) wieder, der senkrecht zu seiner Achse angeströmt wird[1]. Bezeichnet $\mathfrak{R} = \frac{v d}{\nu}$ die Reynoldssche Zahl, wo d

[1] Ergebn. der Aerodyn. Versuchsanstalt zu Göttingen, 2. Lief., S. 22ff. (1923); vgl. auch Hütte 1, 25. Aufl., S. 373.

den Zylinderdurchmesser darstellt, so zeigt Abb. 144, daß c zwischen $\mathfrak{R} = 15000$ und $\mathfrak{R} = 180000$ nahezu konstant ist. Der Widerstand W wird also in diesem Bereiche ungefähr proportional dem Geschwindigkeitsquadrat. Der oben erwähnte Umschwung tritt etwa bei $\mathfrak{R} \approx 200000$ ein. Man erkennt den scharfen Sprung in der Widerstandskurve, wonach c von 1,2 auf 0,3 abfällt.

Ähnliche Verhältnisse liegen vor bei Kugeln, wo die kritische Reynoldssche Zahl $\mathfrak{R} \approx 230000$ beträgt, sowie Ellipsoiden und anderen Körpern von gewölbter Oberfläche. Es sei noch bemerkt, daß durch die Versuche das Reynoldssche Ähnlichkeitsgesetz gut bestätigt wird.

Im einzelnen ergeben sich etwa folgende Widerstandsziffern:

Kreiszylinder unendl. lang Achse ⊥ Strömung

$\mathfrak{R} = \frac{vd}{\nu} =$	10	10^2	10^3	10^4	10^5	10^6
$c =$	2,71	1,43	0,97	1,11	1,21	0,35

Kreiszylinder Durchm. d, Länge l Achse ⊥ Strömung $\mathfrak{R} = \frac{vd}{\nu} = 8{,}8 \cdot 10^4$

$\frac{l}{d} =$	1	2	5	10	40	∞
$c =$	0,63	0,68	0,74	0,82	0,98	1,20

Kreiszylinder Achse ∥ Strömung

$\frac{l}{d} =$	1	2	4	7
$c =$	0,91	0,85	0,87	0,99

Tropfenrohr (Strebenprofil)[1] ⟶ d, t

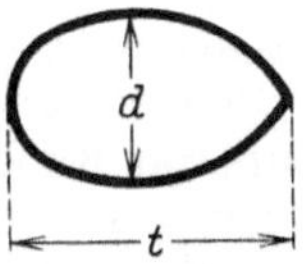

	$\mathfrak{R} = \frac{vd}{\nu} =$	$2 \cdot 10^4$	$3 \cdot 10^4$	$4 \cdot 10^4$	$5 \cdot 10^4$	$6 \cdot 10^4$	$7 \cdot 10^4$	$8 \cdot 10^4$
$d/t = 1/2$	$c =$	0,63	0,62	0,61	0,2	0,2	0,2	0,2
$d/t = 1/3$	$c =$	0,33	0,15	0,13	0,12	0,11	0,10	0,10

Kugel (Durchm. d)

$\mathfrak{R} = \frac{vd}{\nu} =$	10	10^2	10^3	10^4	10^5	10^6
$c =$	4,3	1,0	0,49	0,40	0,49	0,21

Rotationsellipsoid $\frac{d}{t} = \frac{5}{9}$ ⟶ d, t

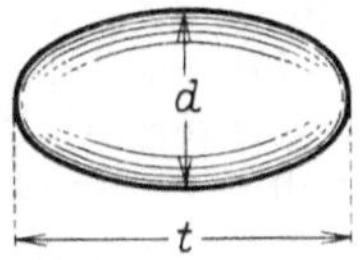

$\mathfrak{R} = \frac{vd}{\nu} =$	10^5	$2 \cdot 10^5$	$3 \cdot 10^5$	$4 \cdot 10^5$	$5 \cdot 10^5$	$6 \cdot 10^5$
$c =$	0,10	0,06	0,06	0,07	0,08	0,09

[1] Handb. d. Phys. von Geiger u. Scheel 7, 169.

Rotationsellipsoid $\frac{d}{t} = \frac{4}{3}$ ⟶

$\mathfrak{R} = \frac{v\,d}{\nu} =$	10^5	$2 \cdot 10^5$	$3 \cdot 10^5$	$4 \cdot 10^5$	$5 \cdot 10^5$	$6 \cdot 10^5$
$c =$	0,61	0,60	0,59	0,58	0,3	0,2

Über Einzelheiten der bei Flugzeugen auftretenden Profilwiderstände vgl. etwa Fuchs-Hopf[1], wo reichliche Zahlenangaben zu finden sind.

c) Reibungswiderstand an einer ebenen Platte.

Bei einer unendlich dünnen Platte, die in einer unendlich ausgedehnten Flüssigkeit längs ihrer Ebene bewegt wird, kommt der Druckwiderstand vollkommen in Fortfall. Es ist nun von besonderem Interesse, daß der allein übrig bleibende Reibungswiderstand mit Hilfe der Grenzschichtentheorie zahlenmäßig bestimmt werden kann, sofern die Strömung in der Grenzschicht laminar ist.

Zu diesem Zwecke denke man sich eine unendlich dünne Platte in einer stationären Parallelströmung mit der Geschwindigkeit V so festgehalten, daß die Stromlinien der Plattenebene parallel laufen. Es kommt das auf dasselbe hinaus, als wenn man die Platte in der ruhenden Flüssigkeit bewegt und das Bezugssystem mit ihr fest verbunden denkt. Die Bewegung sei als eben vorausgesetzt, das Koordinatensystem so gewählt, daß der Ursprung in den vorderen Plattenrand fällt und die X-Achse in die Plattenebene (vgl. Abb. 139). Infolge des Haftens der Flüssigkeit an der Plattenwandung bildet sich beiderseits eine Grenzschicht aus. Am äußeren Rande derselben herrscht die konstante Geschwindigkeit V der ungestörten Parallelströmung; also ist dort auch p konstant, was unmittelbar aus der Energiegleichung (148) folgt. Dasselbe gilt nach Seite 212 auch für den Druck in der Grenzschicht, in dieser ist also $\frac{\partial p}{\partial x} = 0$. Damit vereinfacht sich die Differentialgleichung (277) auf folgenden Ausdruck

$$v_x \frac{\partial v_x}{\partial x} + v_y \frac{\partial v_x}{\partial y} = \nu \frac{\partial^2 v_x}{\partial y^2},$$

wozu noch die Kontinuitätsgleichung und die Randbedingungen treten (S. 212).

Die vorliegende Aufgabe ist von H. Blasius[2] behandelt worden, welcher gezeigt hat, daß die partielle Differentialgleichung auf eine gewöhnliche Differentialgleichung 3. Ordnung reduziert werden kann. Er hat sowohl die Geschwindigkeitskomponenten v_x und v_y bestimmt als auch die Schubspannung $\tau = \left[\mu \frac{\partial v_x}{\partial y}\right]_{y=0}$ an der Wand und aus letzterer die Reibungskraft berechnet, mit welcher die längs der ruhen-

[1] Fuchs-Hopf: Aerodynamik, **1922** 184ff.

[2] Blasius, H.: Z. Math. Physik **56**, 4 (1908).

den Platte strömende Flüssigkeit an dieser zieht, bzw. den Widerstand, der überwunden werden muß, um die Platte durch die ruhende Flüssigkeit mit konstanter Geschwindigkeit V zu bewegen. Bezeichnet l die Plattenlänge und b ihre Breite, so findet Blasius als gesamte Reibungskraft für beide Plattenseiten

$$W = \left[2\,\mu\, b \int\limits_{x=0}^{x=l} \frac{\partial v_x}{\partial y}\, d x\right]_{y=0} = 1{,}327\, b\, \sqrt{\mu\, \varrho\, V^3 l}. \tag{280}$$

Zu dem vorstehenden Ergebnis gelangt man näherungsweise auch mit Hilfe des Impulssatzes für die Grenzschicht (S. 213), wenn die Geschwindigkeitsverteilung in der Grenzschicht so weit bekannt ist, daß man für $v_x = f(y)$ einen geeigneten Ansatz machen kann. Als solcher hat sich folgender Ausdruck 4. Grades erwiesen[1]

$$v_x = V\left(2\,\frac{y}{\delta} - 2\,\frac{y^3}{\delta^3} + \frac{y^4}{\delta^4}\right), \tag{281}$$

welcher die Grenzbedingungen

$$v_x = 0; \qquad \frac{d^2 v_x}{d y^2} = 0 \text{ für } y = 0,$$

$$v_x = V; \qquad \frac{d v_x}{d y} = 0; \qquad \frac{d^2 v_x}{d y^2} = 0 \text{ für } y = \delta$$

befriedigt, und in dem $\delta = \delta(x)$ wieder die Grenzschichtdicke bezeichnet (Abb. 139). Die Erfüllung der Bedingung $\frac{d^2 v_x}{d y^2} = 0$ für $y = 0$ und $y = \delta$ ist notwendig, damit der Gleichung (277) wegen $\frac{\partial p}{\partial x} = 0$ sowohl am Innen- als auch am Außenrande der Grenzschicht genügt wird.

Für den Fall der umströmten Platte nimmt die Impulsgleichung (278) wegen $\frac{\partial p}{\partial x} = 0$ die Form an

$$-\frac{d}{d x}\int\limits_0^\delta v_x^2\, d y + V\,\frac{d}{d x}\int\limits_0^\delta v_x\, d y = \nu \left.\frac{d v_x}{d y}\right]_{y=0}. \tag{282}$$

Nun ist mit Rücksicht auf (281)

$$\int\limits_0^\delta v_x^2\, d y = \frac{367}{630}\,\delta V^2; \qquad \int\limits_0^\delta v_x\, d y = \frac{7}{10}\,\delta V; \qquad \left.\frac{d v_x}{d y}\right]_{y=0} = \frac{2V}{\delta}.$$

Mit diesen Werten geht (282) über in die Differentialgleichung für δ

$$\frac{37}{630}\, V\,\frac{d\delta}{d x} = \frac{\nu}{\delta},$$

bzw.

$$\delta \cdot d\delta = \frac{630}{37}\,\frac{\nu}{V}\, d x,$$

[1] Pohlhausen, K.: Z. ang. Math. Mech. **1921**, 258.

woraus durch Integration als Dicke der Grenzschicht folgt (wegen $\delta = 0$ für $x = 0$)

$$\delta = 5{,}83 \sqrt{\frac{\nu x}{V}}. \tag{283}$$

Wie man erkennt, wächst δ proportional mit $\sqrt{x}$.

Um die Reibungskraft an der Platte zu berechnen, benutze man wieder den Ansatz (280). In diesem ist nach (281)

$$\left[\frac{\partial v_x}{\partial y}\right]_{y=0} = \frac{2V}{\delta}$$

zu setzen, so daß

$$W = 2\mu b \int\limits_{x=0}^{x=l} \frac{2V}{\delta} dx = \frac{4\mu b V}{5{,}83} \sqrt{\frac{V\varrho}{\mu}} \int\limits_0^l \frac{dx}{\sqrt{x}} = 1{,}372\, b \sqrt{\mu \varrho V^3 l}\,.$$

Die Übereinstimmung mit dem genauen Wert (280) von Blasius ist also recht befriedigend.

Versteht man in Gleichung (279) unter F die Plattenoberfläche, so kann die Widerstandszahl c_f der Oberflächenreibung (mittlerer Reibungskoeffizient) wie folgt angesetzt werden:

$$c_f = \frac{W}{2bl\frac{\varrho}{2}V^2}, \tag{284}$$

woraus mit Rücksicht auf (280) folgt

$$c_f = \frac{1{,}327\sqrt{\mu\varrho V^3 l}}{l\varrho V^2} = 1{,}327\sqrt{\frac{\nu}{Vl}} = \frac{1{,}327}{\sqrt{\Re}}, \tag{285}$$

wenn $\Re = \frac{Vl}{\nu}$ die Reynoldssche Zahl bezeichnet.

Der obigen Rechnung wurde für die Ermittlung der Schubspannung an der Wand das Elementargesetz der laminaren Reibung $\tau = \left[\mu \frac{\partial v_x}{\partial y}\right]_{y=0}$ zugrunde gelegt, was einer laminaren Strömung in der Grenzschicht entsprechen würde. Die Erfahrung hat jedoch gelehrt, daß diese Annahme nur für kleine Reynoldssche Zahlen gilt, daß dagegen bei großen $\Re$-Werten — ähnlich wie bei der Strömung in Rohren — die Bewegung in der Grenzschicht turbulent wird. In diesem Falle nimmt c_f mit wachsendem $\Re$ viel langsamer ab, als der Gleichung (285) entsprechen würde. Um den Umschlag der einen Strömungsart in die andere zu kennzeichnen, bezieht man die Reynoldssche Zahl gewöhnlich auf die Grenzschichtdicke, setzt also $\Re_\delta = \frac{V \cdot d}{\nu}$. I. M. Burgers und B. G. van der Hegge Zynen[1] fanden bei den von ihnen angestellten Messungen, daß der kritische Wert $\Re_\delta$ etwa zwischen 1650 und 3500 schwankt und bestätigten im wesentlichen den für die Grenz-

[1] Burgers, I. M. und B. G. van der Hegge Zynen: Measurements of the velocity distribution in the boundary layer along a plane surface. Delft 1924.

schichtdicke im laminaren Bereich theoretisch gefundenen Wert (283). M. Hansen[1] gibt für den Umschlag $\mathfrak{R}_\delta = 3100$ an.

Mit der theoretischen Ermittlung des Widerstandsgesetzes für die turbulente Grenzschicht haben sich zuerst Prandtl und v. Kármán[2] beschäftigt. Letzterer geht dabei wieder von der Impulsgleichung (278) aus, ersetzt aber jetzt das Reibungsglied $\mu \left.\frac{\partial v_x}{\partial y}\right]_{y=0}$ durch die an der Wand übertragene Schubspannung

$$\tau_0 = 0{,}0225\,\varrho\,\nu^{\frac{1}{4}} \left(\frac{v_x}{y^{\frac{1}{7}}}\right)^{\frac{7}{4}},$$

welche er für die turbulente Strömung in Rohren ermittelte [Gleichung (121), S. 104], und führt außerdem für die Geschwindigkeitsverteilung in der Grenzschicht den Ansatz

$$v_x = V\left(\frac{y}{\delta}\right)^{\frac{1}{7}}$$

ein, der ebenfalls der turbulenten Rohrströmung entnommen ist (S. 103). Damit nimmt Gleichung (278), wegen $\frac{\partial p}{\partial x} = 0$ die Form an

$$\varrho \frac{d}{dx}\int_0^\delta V^2\left(\frac{y}{\delta}\right)^{\frac{2}{7}} dy - \varrho V \frac{d}{dx}\int_0^\delta V\left(\frac{y}{\delta}\right)^{\frac{1}{7}} dy = -0{,}0225\,\varrho V^2 \left(\frac{\nu}{V\delta}\right)^{\frac{1}{4}}. \quad (286)$$

Da aber

$$\int_0^\delta V^2\left(\frac{y}{\delta}\right)^{\frac{2}{7}} dy = \frac{7}{9} V^2 \delta; \qquad \int_0^\delta V\left(\frac{y}{\delta}\right)^{\frac{1}{7}} dy = \frac{7}{8} V \delta,$$

so geht (286) über in

$$\frac{7}{72}\frac{d\delta}{dx} = 0{,}0225 \left(\frac{\nu}{V\delta}\right)^{\frac{1}{4}}$$

bzw.

$$\delta^{\frac{1}{4}} \cdot d\delta = \frac{72}{7} \cdot 0{,}0225 \left(\frac{\nu}{V}\right)^{\frac{1}{4}} dx.$$

Durch Integration folgt daraus die Grenzschichtdicke

$$\delta = 0{,}37 \left(\frac{\nu}{V}\right)^{\frac{1}{5}} x^{\frac{4}{5}} \quad (287)$$

im Gegensatz zu (283) bei der laminaren Grenzschicht. Für die beiderseitige Reibungskraft an der Platte erhält man

$$W = 2\,b\int_0^l \tau_0\,dx = 0{,}045\,b\,\varrho\,V^2 \left(\frac{\nu}{V}\right)^{\frac{1}{4}} \int_0^l \delta^{-\frac{1}{4}} dx$$

---

[1] Hansen, M.: Abhandlungen aus dem Aerodyn. Institut der T. H. Aachen H. 8, S. 39 (1928).

[2] v. Kármán, Th.; Z. ang. Math. Mech. **1921**, 242.

oder, mit Rücksicht auf (287),

$$W = \frac{0{,}045}{0{,}37^{\frac{1}{4}}} b \varrho V^2 \left(\frac{\nu}{V}\right)^{\frac{1}{5}} \int_0^l x^{-\frac{1}{5}} dx = 0{,}072\, b (\varrho^4 V^9 l^4 \mu)^{\frac{1}{5}}. \quad (288)$$

Schließlich liefern (284) und (288) die Widerstandsziffer für die Oberflächenreibung

$$c_f = 0{,}072 \left(\frac{\nu}{V l}\right)^{\frac{1}{5}} = \frac{0{,}072}{\sqrt[5]{\mathfrak{R}}}. \quad (289)$$

Sofern am Vorderende der Platte längs einer gewissen Strecke Laminarströmung herrscht, was z. B. bei einer vorn zugespitzten Platte der Fall sein wird, gibt Prandtl[1] an Stelle der Gleichung (289) den Wert

$$c_f = \frac{0{,}073}{\sqrt[5]{\mathfrak{R}}} - \frac{1600}{\mathfrak{R}}$$

an. Das zweite Glied verschwindet nahezu, wenn infolge eines breiteren Plattenkopfes gleich am Vorderende Turbulenz entsteht.

Die hier entwickelte Theorie der turbulenten Grenzschicht gilt nur für glatte Oberflächen. Bei rauhen Oberflächen nähert sich c_f mit zunehmender Rauhigkeit einem konstanten Wert (vgl. auch S. 97); jedoch sind die Verhältnisse hierüber noch wenig erforscht[2].

Weiter ist zu bedenken, daß der Ableitung der Gleichungen (288) und (289) für die Geschwindigkeit v_x und die Schubspannung τ_0 Ansätze zugrunde gelegt wurden, welche der turbulenten Strömung in Rohren entnommen sind, die aber nur innerhalb eines beschränkten Bereiches Reynoldsscher Zahlen Gültigkeit haben. Auf S. 104 war ja bereits bemerkt, daß das aus der Blasiusschen Potenzformel (98) gewonnene Gesetz der $\frac{1}{7}$-Potenz für die Geschwindigkeitsverteilung in der Wandnähe für größere Reynoldssche Zahlen nicht mehr zutrifft, was sich offenbar auch in den Ergebnissen der obigen Rechnungen auswirken muß. Tatsächlich haben die neusten Versuche von G. Kempf[2] in der Hamburgischen Schiffbau-Versuchsanstalt gezeigt, daß die nach Gleichung (289) bei großen Reynoldsschen Zahlen für glatte Wände ermittelten Widerstandsziffern zu klein sind. Der prozentuale Unterschied wird ungefähr durch folgende Zahlenangaben ersichtlich: Für $\mathfrak{R} = \frac{V l}{\nu} = 4{,}18 \cdot 10^8$ ergibt sich nach (289) $c_f = 0{,}00136$, während Kempf für Wände mit einer durchschnittlichen Unebenheit von 0,2 mm $c_f = 0{,}001717$ fand, wonach der theoretische Wert um ca. 20% zu klein ausfällt.

[1] Prandtl, L.: Ergebn. d. Aerodyn. Versuchsanst. zu Göttingen, 1. Lief., S. 136 (1923).

[2] Vgl. hierzu M. Hansen: Liter.-Zitat 1 auf S. 225. Kempf, G.: Neue Ergebn. d. Widerstandsforschung. Werft Reederei Hafen **1929**, 234 u. 247.

Aus dieser Erkenntnis haben L. Schiller und R. Hermann[1] den Kármánschen Gedankengang dahingehend abgeändert, daß sie die Geschwindigkeit v_x (siehe oben, S. 225) proportional der $\frac{1}{n}$-Potenz des Wandabstandes setzen (an Stelle von $\frac{1}{7}$) und den Exponenten $\frac{1}{n}$ der Geschwindigkeitsverteilung aus Messungen entnehmen.

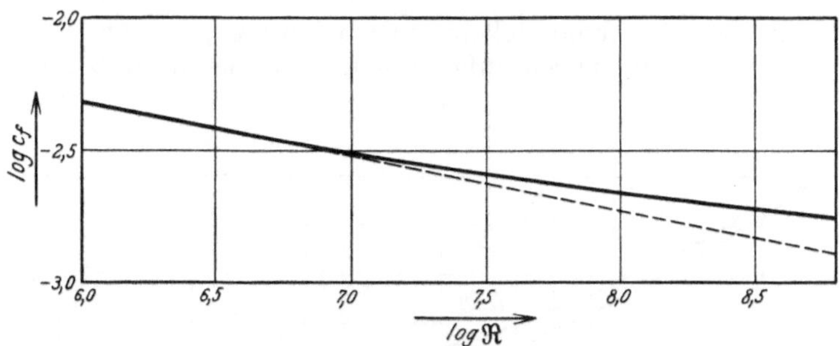

Abb. 145. Diagramm der Widerstandsziffer c_f nach Schiller und Hermann.

Abb. 145[1] zeigt den Zusammenhang zwischen der Reynoldsschen Zahl $\mathfrak{R}$ und der Widerstandsziffer c_f. Die ausgezogene Linie entspricht der neuen Rechnung, während durch die punktierte Linie Gleichung (289) zur Darstellung gelangt[2].

In jüngster Zeit hat v. Kármán[3] gezeigt, daß sich das von ihm für Rohre und Rinnen entwickelte Widerstandsgesetz (103) [S. 94] auch auf die Berechnung der turbulenten Reibung an der eingetauchten Platte übertragen läßt. Für die spezifische Widerstandsziffer

$$\psi = \frac{\tau_0}{\frac{\varrho}{2} V^2}$$

findet er für sehr große Reynoldssche Zahlen $\mathfrak{R}$ die Beziehung

$$k \sqrt{\frac{2}{\psi}} = \ln(\mathfrak{R}\,\psi) + C', \tag{290}$$

wo $\mathfrak{R} = \frac{V \cdot x}{\nu}$ ist (x = Abstand des betreffenden Querschnitts von der vorderen Plattenkante).

Nach der älteren Prandtl-Kármánschen Theorie ist mit $v_x = V\left(\frac{y}{\delta}\right)^{\frac{1}{7}}$ nach S. 225

$$\tau_0 = 0{,}0225\,\varrho\, V^2 \left(\frac{\nu}{V}\right)^{\frac{1}{4}} \cdot \frac{1}{\delta^{\frac{1}{4}}}.$$

[1] Schiller, L. und R. Hermann: Ing.-Arch. **1930**, 391.

[2] Vgl. hierzu auch H. Lerbs: Werft Reederei Hafen **1930**, 365, wo ähnliche Überlegungen angestellt werden.

[3] v. Kármán, Th.: Mechanische Ähnlichkeit und Turbulenz, Verhandl. des 3. Intern. Kongr. f. Techn. Mech., Stockholm **1930**, I, S. 91.

Führt man hier für δ den Wert (287) ein, so wird

$$\tau_0 = \psi \frac{\varrho}{2} V^2 = \frac{0,0225}{0,37^{\frac{1}{4}}} \varrho V^2 \left(\frac{\nu}{V \cdot x}\right)^{\frac{1}{5}},$$

also

$$\psi = \frac{0,045}{0,37^{\frac{1}{4}}} \cdot \frac{1}{\sqrt[5]{\Re}} = \frac{0,0577}{\sqrt[5]{\Re}}. \tag{291}$$

Abb. 146 zeigt ψ in Abhängigkeit von $\Re$ nach (290) und (291); die Abszissen $\Re$ sind logarithmisch aufgetragen. Man erkennt, daß die beiden

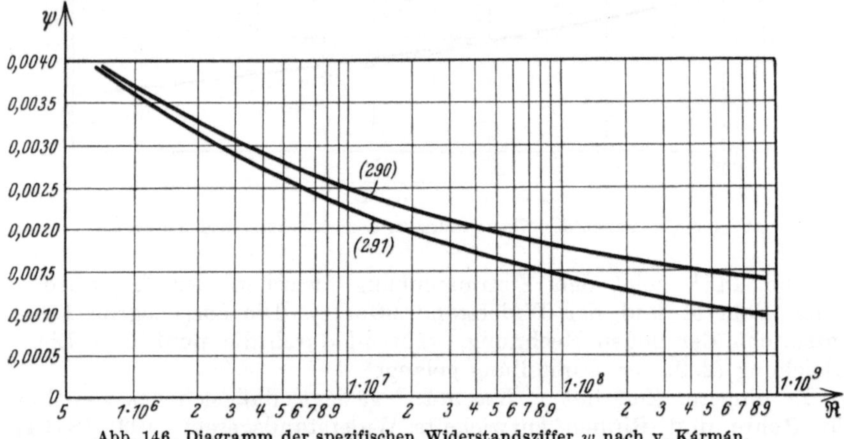

Abb. 146. Diagramm der spezifischen Widerstandsziffer ψ nach v. Kármán.

Gesetze bei etwa $\Re = 5 \cdot 10^5$ zu demselben Ergebnis führen, bei größeren $\Re$-Werten dagegen nicht unwesentlich voneinander abweichen. Die neuen Werte stimmen gut mit den Kempfschen Versuchsergebnissen[1] überein. Für die Konstanten der Gleichung (290) ist nach früherem (S. 94 und 100) $k = 0,38$ zu setzen, während $C' \approx 0,65$ ist.

[1] Vgl. die Literaturangabe auf S. 226.

Sachverzeichnis.

Absolute Rauhigkeit 98.
Adiabatische Zustandsgleichung 3.
Ähnlichkeit in den kleinsten Teilen 129.
Ähnlichkeitsgesetz, Froudesches 87.
—, Reynoldssches 85.
d'Alembertsches Paradoxon 172.
Analytische Funktion 126.
Anfahrwirbel 216.
Anlauflänge 88.
Anlaufstrecke 77.
Äquipotentialflächen 9, 118.
Äquipotentiallinie 123.
Archimedessches Prinzip 32.
Arcus 131.
Argument 131.
Atmosphäre 12.
Auftrieb ruhender Flüssigkeit 30.
Auftrieb, hydrodynamischer 176.
Ausfluß aus Gefäßen 53.
Ausflußziffer 54.
Axialsymmetrische Strömung 165.

Ballonkörper 173.
Barometer 14.
Benetzter Umfang 90.
Bernoullische Gleichung 48.
— —, verallgemeinerte 69.
Bewegungsgröße 58.
Biot-Savartsches Gesetz 185.
Blasiussches Gesetz 91.
Bodendruck 24.
Boyle-Mariottesches Gesetz 3.

Cauchy-Riemannsche Differentialgleichungen 125.
Curl 112.

Deformation eines Flüssigkeitselements 111.
Differentialquotient 109.
—, konvektiver 109.
—, lokaler 109.
—, substantieller 109.
Divergenz 106.
Doppelquelle 148, 169.
Druck auf Behälterwände 23.
— — gekrümmte Flächen 27.
— unter Einwirkung der Schwere 11.
—, dynamischer 50.
—, statischer 50.
Druckdyname 29.
Druckgefälle 73.
Druckgradient 10.
Druckhöhe 12, 49.
Druckverteilung an einem Luftschiffkörper 174.
Druckwiderstand 218.
Durchflußmenge, sekundliche 46.

Ebene Potentialbewegung 123.
Einfach zusammenhängender Raum 114.
Einheitskreis 132.
Einlaufstörung 88.
Einschnürung 53.
Einschnürungsziffer 54.
Energieerhaltende Kräfte 9.
Energiegleichung 48, 120.
— für nichtstationäre Strömungen 56.
Energieverlust 67.
Englergrade 77.
Englerscher Zähigkeitsmesser 77.
Ergiebigkeit einer Quelle 136, 168.
Eulersche Bewegungsgleichungen 46, 108.
— Gleichgewichtsbedingungen 7.

Flächen gleichen Druckes 9.
Fluß 107, 125.
Flüssige Linie 116.
Flüssigkeit, Eigenschaften 1.
—, gepreßte 21.
—, ideale 2, 105.
—, natürliche 2.
—, raumbeständige 2.
—, tropfbare 1.
Flüssigkeitsdruck 4.
Flüssigkeitsreibung 71.
Flüssigkeitswiderstand 195, 217.
Formwiderstand 218.
Freistrahlbildung 56.
Froudesche Zahl 87.

Gase 3.
Gaskonstante 3.
Gaußscher Integralsatz 107.
Gaußsche Zahlenebene 126.
Gay-Lussacsches Gesetz 3.
Gay-Lussac-Mariottesches Gesetz 3.
Gesamtdruck 50.
Geschwindigkeit, mittlere 70.

Geschwindigkeitshöhe 49.
Geschwindigkeitskoeffizient 53.
Geschwindigkeitspotential 113, 118.
Geschwindigkeitsverteilung, laminare 74.
—, turbulente 84, 99.
Gefälle 73.
Glatte Kreisrohre 90.
Gleichgewichtsbedingungen 7.
Gradient 10.
Grenzschicht, Differentialgleichung der 211.
—, turbulente 224.
Grenzschichtdicke 212, 224, 225.
Grenzschichttheorie von Prandtl 210, 214.
Grenztiefe 67.
Grenzübergang zu $\mu \rightarrow 0$ 208.

Hagen-Poiseuillesches Gesetz 75.
Hauptspant 219.
Heber 15.
Helmholtzsche Wirbelsätze 182, 183.
Hodograph 176.
Hohlraumbildung 121.
Hydraulik 44.
Hydraulische Höhe 49.
— Presse 22.
Hydraulischer Radius 90.
Hydrodynamischer Auftrieb 176.
Hydrostatik 7.
Hydrostatisches Paradoxon 25.

Ideale Flüssigkeiten 2, 105.
Ideelles Niveau 49.
Imaginäre Achse 126.
Impulssätze 58.
Impulssatz für die Grenzschicht 213.
Inkompressibilität 2.
Inverse Funktion 130.
Isothermische Zustandsänderung 3.

Joukowskysche Abbildung 159.

Kapillardruck 39.
Kapillaritätskonstante 39.
Kapillarröhren 40.
Kármánsche Theorie des Flüssigkeitswiderstandes 195.
Kármánsche Wirbel 191.
Kavitation 121.
Kielwasser 209, 215.
Kinematisches Zähigkeitsmaß 74.
Kommunizierende Gefäße 13.
Komplexe Funktion 126.
Komplexes Strömungspotential 127.
Komplexe Zahlen 131.
Kompressibilität 2.
Konforme Abbildung 128.
Konjugierte Geschwindigkeit 127.
Konservative Kräfte 9.
Konstanz der Strömungsenergie 121.
Kontinuitätsgleichung 45, 106, 123, 166.
Kontraktion 53.
Konvektive Änderung der Geschwindigkeit 109.
Korrosion 121.
Kräftepotential 9, 110.
Krängung 37.
Kritische Geschwindigkeit 87.
Krümmungsdruck 39.
Kugelströmung 170.
Kuttasche Abbildung 161.
Kutta-Joukowskyscher Satz 179.

Lagrangesche Gleichungen 110.
Lambsche Gleichungen 208.
Laminare Strömung 72.
— Grenzschicht 214. 222.
Langsame Bewegung 205.
Laplacesche Gleichung 113, 123, 124.
Laplacescher Operator 113.
Leistung des Strahldruckes 63.
— der Turbine 65.
Leistungsverlust 69. 71.
Linearisierte Gleichungen der zähen Flüssigkeit 209.
Lokale Änderung der Geschwindigkeit 109.
Luft, Dichte und spez. Gewicht 4.
Luftdruck 12.
Luftschiffkörper, Druckverteilung 174.

Magnuseffekt 180.
Manometer 13.
Mehrblättrige Riemannsche Fläche 133, 138.
Mehrdeutiges Potential 115.
Meniskus 41.
Metazentrische Höhe 37.
Metazentrum 36.
Mischbewegungen 99.
Mischweg 99.
Mittelstationäre Strömungen 80.
Moment des Quellpaares 148.

Navier-Stokessche Bewegungsgleichungen 198.
Netzeinteilung 152.
Niveauflächen 9.
Normaldruck 4.

Oberflächenspannung 38.
Ortshöhe 49.
Oseens Grenzübergang 207.

Paralleldruck 64.
Parallelströmung, einfache 139.
— um Kreiszylinder 145.
— mit Zirkulation 157.

Piezometer 50.
Pitotrohr 51.
Poiseuillesches Gesetz 75.
Potential 9.
—, mehrdeutiges 115.
Potentialbewegung mit Trennungsflächen 175.
Potentialbewegung, ebene 123.
Potentialströmung 113, 118, 123.
— in gekrümmten Kanälen 151.
— um Rotationskörper 168.
Potenzgesetze 103. 104.
Prandtlsche Grenzschicht 210.
Profilradius 90.
Pulsation 79.

Quadratnetz 152.
Quelle, ebene 136.
—, räumliche 168.
— und Senke von gleicher Ergiebigkeit 140.
Quellpaar 148.
Quellströmung 133.
Quertrieb 180.

Randbedingungen für ideale Flüssigkeiten 109.
— — zähe Flüssigkeiten 203.
Randwertaufgabe 120.
Rauhe Rohre 95.
Rauhigkeitszahl 96.
Raumbeständigkeit 2.
Reelle Achse 126.
Reibungskraft 72.
Reibungsströmung 203.
Reibungswiderstand 218.
— an einer ebenen Platte 222.
Relative Rauhigkeit 96.
Reynolds' Ähnlichkeitsgesetz 85.
Reynoldssche Zahl 86.
Reziproke Radien 132.
Riemannscher Abbildungssatz 130.
Riemannsches Blatt 133, 138.
Rohre, glatte 90.
—, rauhe 95.
Rohrkrümmer 60.
Rotation eines Flüssigkeitselementes 112.
Rotationskörper, Strömung um 168.
Rotor 112, 180.

Saugpunkt 124.
Saugstrahlpumpe 56.
Saugwirkung 54.
Schallgeschwindigkeit 122.
Scheinbares Gewicht 32.
Schichtenströmung 72.
Schütztafel, angehoben 136.
Schwankungsgeschwindigkeiten 81.
Schwerpunkt des Wirbelsystems 188.
Schwimmachse 32, 35.
Schwimmebene 35.
Schwimmen 32, 34.
Schwimmfläche 35.
Schwingung eines Schiffskörpers 33.
Schwingungen in einem U-Rohr 57.
Segmentschütz 30.
Segmentwehr 144.
Seitendruck 25.
Senke 133, 136, 169.
Shaws Verfahren zur Darstellung von Stromlinien 155, 205.
Singulärer Punkt 131.
Spannungszustand in der zähen Flüssigkeit 199.
Spiegelung am Einheitskreis 132.
Spundwand 27.
Stabilität schwimmender Körper 34.
Stabwirbel 186.
Stationäre Bewegung 44.
Statischer Druck 50.
Staudruck 50.
Staugerät 51.
Staupunkt 124, 146.
Stokesscher Integralsatz 116.
Stokessche Stromfunktion 167.
Strahldruck, gerader 62.
—, schiefer 64.
Strahlreaktion 61.
Streckenquelle 169.
Streckensenke 173.
Stromfaden 45.
Stromfunktion 124.
Stromlinie 44.
Stromlinie, Gleichung der 119, 124.
Stromröhre 44.
Strömung 114.
— um Luftschiffkörper 173.
— um Tragflügelprofil 159.
Strömungen mit Verlusten 67.
Strömungsenergie 49, 69.
Strömungsfunktion 127.
Substantieller Differentialquotient 109.

Thomsonscher Satz 114.
Torricellisches Theorem 53.
Totwassergebiet 175.
Tragflügel 159.
Trennungsflächen 175, 190.
Turbinengleichung, Eulersche 65.
Turbinentheorie, Hauptgleichung der 65.
Turbulente Grenzschicht 224.
Turbulente Strömung 79.
Turbulenz, Einsatz der 87.

Überfallstrahlen 154.
Überlagerung von Strömungsbildern 148, 168.
Umfang, benetzter 90.
Unstetigkeitsflächen 175, 190.

Venturirohr 52.
Verdrängung 31, 35.
Verlusthöhe 69, 90.
Viskosimeter 77.
Viskosität 71.

Walzenwehr 143.
Wandrauhigkeit 97.
Wandwelligkeit 97.
Wasser, Dichte und spez. Gewicht 2.
Wassermesser, Venturischer 52.
Wassersprung 65.
Wehr, kreiszylindrisches 143.
Wellenwiderstand 87.
Widerstand von Flüssigkeiten gegen bewegte Körper 217.
Widerstandsgesetz der turbulenten Strömung 88.
Widerstandszahl 89, 219.
— für verschiedene Körper 220.
Winkeltreue Abbildung 129.
Wirbelbewegung 110, 180.
Wirbelbildung 215.
Wirbelfaden 181.
Wirbelfaden, gerader 185.
Wirbelfluß 182.
Wirbelfreie Bewegung 110, 118.
Wirbelfreiheit 123, 166.
Wirbelkomponenten 112.
Wirbellinie 181.
Wirbelmoment 183.
Wirbelpunkt 187.
Wirbelröhre 181.
Wirbelsätze, Helmholtzsche 182, 183.
Wirbelschicht 189.
Wirbelstärke 112.
Wirbelstraße 191.
Wirbelvektor 112, 181.

Zähe Flüssigkeiten 198.
Zähigkeit 71.
Zähigkeitskoeffizient 72, 76.
Zeilonsche Widerstandstheorie 210.
Zirkulation 114, 182.
—, Entstehung der — bei einem Tragflügel 216.
Zirkulationsströmung 157.
Zustandsgleichung 3.

Vom selben Verfasser erschien:

Statik der Tragwerke. Von Professor Dr.-Ing. **Walther Kaufmann**, Hannover. (Handbibliothek für Bauingenieure, IV. Teil: Konstruktiver Ingenieurbau, Band I.) Zweite, ergänzte und verbesserte Auflage. Mit 368 Textabbildungen. VIII, 322 Seiten. 1930. Gebunden RM 19.50

Hydro- und Aeromechanik nach Vorlesungen von L. Prandtl. Von Dr. phil. **O. Tietjens**, Mitarbeiter am Forschungs-Institut der Westinghouse Electric and Manufacturing Co., Pittsburgh Pa., U. S. A. Mit einem Geleitwort von Professor Dr. **L. Prandtl**, Direktor des Kaiser-Wilhelm-Institutes für Strömungsforschung in Göttingen.

Erster Band: Gleichgewicht und reibungslose Bewegung. Mit 178 Textabbildungen. VIII, 238 Seiten. 1929. Gebunden RM 15.—

Zweiter Band: Bewegung reibender Flüssigkeiten und technische Anwendungen. Mit 238 Textabbildungen und 69 Strömungsbildern auf 28 Tafeln. Etwa 300 Seiten. Erscheint etwa im August 1931

Grundlagen der Hydromechanik. Von **Leon Lichtenstein**, o. ö. Professor der Mathematik an der Universität Leipzig. (Die Grundlehren der mathematischen Wissenschaften in Einzeldarstellungen, Band XXX.) Mit 54 Textfiguren. XVI, 507 Seiten. 1929. RM 38.—; gebunden RM 39.60

Mechanik der flüssigen und gasförmigen Körper. Bearbeitet von **J. Ackeret, A. Betz, Ph. Forchheimer, A. Gyemant, L. Hopf, M. Lagally.** Redigiert von **R. Grammel.** (Handbuch der Physik, Band VII.) Mit 290 Abbildungen. XI, 413 Seiten. 1927. RM 34.50; gebunden RM 36.60

Die Differentialgleichungen des Ingenieurs. Darstellung der für Ingenieure und Physiker wichtigsten gewöhnlichen und partiellen Differentialgleichungen einschließlich der Näherungsverfahren und mechanischen Hilfsmittel. Mit besonderen Abschnitten über Variationsrechnung und Integralgleichungen. Von Professor Dr. **Wilhelm Hort**, Oberingenieur der AEG Turbinenfabrik, Privatdozent an der Technischen Hochschule zu Berlin. Zweite, umgearbeitete und vermehrte Auflage unter Mitwirkung von Dr. phil. W. Birnbaum und Dr.-Ing. K. Lachmann. Mit 308 Abbildungen im Text und auf 2 Tafeln. XII, 700 Seiten. 1925. Gebunden RM 25.50

Foundations of Potential Theory. By **Oliver Dimon Kellogg**, Professor of Mathematics in Harvard University, Cambridge, Massachusetts, U. S. A. (Die Grundlehren der mathematischen Wissenschaften in Einzeldarstellungen, Band XXXI.) With 30 figures. IX, 384 pages. 1929. RM 19.60; gebunden RM 21.40

Mathematische Strömungslehre. Von Privatdozent Dr. **Wilhelm Müller**, Hannover. Mit 137 Textabbildungen. IX, 239 Seiten. 1928. RM 18.—; gebunden RM 19.50

Zur Bestimmung strömender Flüssigkeitsmengen im offenen Gerinne. Ein neues Verfahren. Von Dipl.-Ing. **Oskar Poebing**, München. Mit 23 Textabbildungen und 1 Tafel. IV, 56 Seiten. 1922. RM 1.65

Handbuch der Hydrologie. Wesen, Nachweis, Untersuchung und Gewinnung unterirdischer Wasser: Quellen, Grundwasser, unterirdische Wasserläufe, Grundwasserfassungen. Von Zivilingenieur **E. Prinz.** Zweite, ergänzte Auflage. Mit 334 Textabbildungen. XIII, 422 Seiten. 1923. Gebunden RM 18.—

Die Wasserkräfte, ihr Ausbau und ihre wirtschaftliche Ausnutzung. Ein technisch-wirtschaftliches Lehr- und Handbuch. Von Professor Dr.-Ing. Dr. techn. h. c. **Adolf Ludin,** Berlin. Zwei Bände. Mit 1087 Abbildungen im Text und auf 11 Tafeln. Preisgekrönt von der Akademie des Bauwesens in Berlin. Band I: XVI, 763 Seiten. Band II, IV, 640 Seiten. 1913. Unveränderter Neudruck 1923. Gebunden RM 66.—

Die nordischen Wasserkräfte. Ausbau und wirtschaftliche Ausnutzung. Von Professor Dr.-Ing. Dr. techn. h. c. **Adolf Ludin,** Berlin. Unter Mitarbeit von Dr.-Ing. **Paul Nemenyi,** Diplom-Ingenieur. Mit 1005, zum Teil farbigen Abbildungen im Text und auf 2 Tafeln. VIII, 778 Seiten. 1930. Gebunden RM 160.—

Österreichs Energiewirtschaft. Auf Veranlassung des Wasserwirtschaftsverbandes der österreichischen Industrie in Verbindung mit Ingenieur **P. Dittes,** Ingenieur **H. Grengg,** Ingenieur **L. Kallir,** Ingenieur Dr. **O. v. Keil-Eichenthurn,** Dr. **G. Pokorny,** Dr. **E. Wiglitzky** herausgegeben von Ingenieur Dr. **J. Ornig.** Mit 21 Abbildungen im Text sowie 2 farbigen Karten, 32 Tabellen und 3 Tafeln. IX, 285 Seiten. 1927. Gebunden RM 36.—

Energiewirtschaft. Eine Studie über kalorische und hydraulische Energieerzeugung. Von Privatdozent Dr.-Ing. **Michael Seidner,** Budapest. Mit 55 Textabbildungen. VI, 133 Seiten. 1930. RM 9.—

Die Wasserkraftnutzung in Österreich und deren geographische Grundlagen. Von **Bartel Granigg,** Leoben. Mit 17 Abbildungen im Text, 4 zum Teil farbigen Tafeln und einer geographischen Übersichtskarte. IV, 123 Seiten. 1925. RM 13.30; gebunden RM 15.—

Energie-Umwandlungen in Flüssigkeiten. Von Professor **Dónát Bánki,** Budapest. Erster Band: Einleitung in die Konstruktionslehre der Wasserkraftmaschinen, Kompressoren, Dampfturbinen und Aeroplane. Mit 591 Textabbildungen und 9 Tafeln. VIII, 512 Seiten. 1921. Gebunden RM 20.—

Grundwasserabsenkung bei Fundierungsarbeiten. Von Dr.-Ing. **Wilhelm Kyrieleis.** In zweiter Auflage neubearbeitet von Dr.-Ing. **Willy Sichardt.** Mit 152 Abbildungen im Text und 3 Tafeln. VIII, 286 Seiten. 1930. RM 21.—; gebunden RM 22.50